귀소

The Homing Instinct

본능

귀소

The Homing Instinct

본능

베른트 하인리히 글·그림 | 이경아 옮김

더숲

차례

3부 | 왜 회귀하는가

하늘과 별, 그리고 신에 대한 끊임없는 집착은
귀소성에서 비롯된 욕망을 보여준다.
누구나 자신을 세상에 나오게 한 근원에 마음이 끌리는 법이다.

－에릭 호퍼(Eric Hoffer)

우리는 세상 모든 존재와 이어져 있다.

－북아메리카 원주민(수우족) 속담

일러두기

1. [ ] - 인용문에 대한 저자의 첨언
2. * - 옮긴이 주

책머리에

10여 년 전부터 '귀소성'을 주제로 한 자료를 수집해오던 차에 나는 2011년 출간을 앞둔 책의 집필에 들어갔다. 당시에는 메인주의 숲속 '오두막'에 살고 있었는데, 그 숲은 지난 수년간 뒤영벌에 대한 현장조사를 벌인 곳이기도 했다. 최근에 벌인 연구 중에는 겨울철 큰까마귀에게 소의 사체를 먹이는 일이 포함돼 있었는데, 그 과정에서 나는 여름에 쥐의 사체를 묻는 벌의 행태에 흥미를 갖게 됐다. 온갖 동물의 사체가 재활용되는 '순환'이, 특정한 장소로 되돌아가는 동물의 귀소성보다 시급히 다뤄야 할 주제로 보였다. 그래서 귀소성에 관한 집필은 잠시 미뤄두기로 했다.

집필을 재개할 무렵에는 내가 염두에 두었거나 관심을 보인 것들이 모두 어떤 식으로든 고향이나 귀소성과 연관이 있는 것처럼 느껴졌다. 나 역시도 '귀향'이라는 개인적 문제에 봉착해 있던 때였다.

버몬트대학교 교수직에서 퇴임한 나는 어린 시절의 구심점이던 고향 메인주로 돌아가 살고 싶었다. 35년 전쯤 나는 고향집에 일렬로 나무를 심어두었다. 아름드리로 성장한 나무를 보면 거기에 얽힌 수많은 추억이 떠올랐다. 무엇보다 아버지에 대한 기억이 되살아났다.

아버지가 그 나무들을 좋아하셨던 건 고국의 고향집 길목에 줄지어 늘어서 있었던 밤나무들에 대한 추억과 애정 때문일 게다. 아버지는 이따금 고국에 있던 그 나무들에 대한 이야기를 들려주시곤 했다.

그런 아버지에 대한 책은 썼지만 누이들이나 어머니에 대한 책은 쓰지 않았기에 나는 이들의 눈 밖에 나는 신세가 됐다. 어머니가 돌아가시기 전에 부모 자식 간의 갈등이 있었고 그 후 고향집은 빈집으로 남아 있었다. 그러자 고향집을 둘러싸고 동기들 간에 경쟁이 벌어졌다. 사회생물학 이론의 실제 상황이 벌어졌다고 해야 할까. 굳이 비유를 하자면, 무리 가운데 한 녀석이 알 굵은 감자를 발견하자 다른 녀석들이 서로 제 것이라고 우기다 결국 목소리가 큰 녀석이 우두머리가 되는 벌거숭이두더지쥐와 별반 다를 게 없었다.

당시 나는 인간 무리와 벌거숭이두더지쥐 무리 속에서 벌어질 수 있는 상황의 차이가 대개 이를 기술하는 용어의 차이에 불과하다는 사실을 깨달았다. 이런 일련의 경험 덕분에 집과 귀소성 문제에 대해 훨씬 폭넓은 시각을 갖게 되었다.

시작하며

-우리는 자기 집을 어떻게 찾아내고
그것을 어떻게 자기 집으로 인식하는가

열 살 되던 해, 나는 우리 가족이 어디로 가는지 전혀 모른 채 배의 선미에 있는 난간에 기대어 있었다. 엔진의 묵직한 굉음과 윙윙대는 바람소리, 세차게 출렁이는 파도소리가 귓가에 들려왔다. 지칠 줄 모르는 거센 파도에 부딪혀 물보라를 맞는 나뭇잎처럼 이리저리 표류하는 기분이 들었다. 그때 나는 전혀 짐작하지 못했다. 미지의 세계에서 일생일대의 기회를 잡고자 힘든 결정을 내린 사람들 사이에 우리가 끼어 있다는 사실도, 왜 그때까지 내가 유일한 집으로 알고 있던 독일의 숲속 오두막을 우리 가족이 떠나왔는지도. 내가 새로운 보금자리에 대해 상상할 수 있는 것이라고는 고작해야 마법의 벌새를 찾아내고 칼, 활, 화살, 창, 도끼로 무장한 원주민들과 한바탕 싸움을 벌일지도 모른다는 정도였다.

내게 아늑함이라는 단어는 우리가 나고 자란 곳에 대한 기억, 그중에서도 특히 나를 에워싼 숲속의 작은 오두막과 푸른 잎사귀가 드리워준 나무그늘을 의미했다. 그곳은 마치 안에서는 밖을 내다볼 수 있지만 어느 누구도 안을 들여다볼 수 없게 만든 고치와도 같았다. '아늑함'은 또한 짤막한 꼬리를 위로 추켜올린 갈색의 작은 굴뚝새와 교감을 나눈다는 의미이기도 했다. 굴뚝새는 둥지 부근에서 우렁차게 노래하곤 했다. 녀석들은 어두운 숲속 뒤집힌 나무뿌리 밑에 자생하는 초록빛 이끼에 깃털을 덧대어 아늑한 둥지를 만들었다. 나는 그런 새둥지에 마음을 빼앗긴 채 하릴없이 시간을 보냈다. 그러다 역시 몸집은 작지만 꼬리가 긴 박새의 둥지를 찾아내기도 했다. 키 큰 오리나무의 굵은 가지 틈새에 자리 잡은 작은 새둥지는 지의류로 위장돼 있어서 좀처럼 사람들 눈에 띄지 않았다.

끝없이 펼쳐진 바다에는 음산한 기운마저 감돌았다. 그렇게 바다에서 며칠을 보내고 났을 때였다. 꽁무니가 검고 몸집이 큰 흰 새 한 마리가 어딘가에서 불쑥 나타났다. 녀석은 배에 바짝 붙어 우리를 쫓아오고 있었다. 무표정한 검은 눈으로 우리를 정탐하고 있다는 느낌이 들었다. 알바트로스였다. 녀석은 파도 위를 스치듯 날다가 간간이 몸을 들어올려 한 바퀴 원을 그린 다음 탄력을 얻어 다시 배 가까이에서 스치듯 날기를 반복했다. 몇 시간, 아니 며칠 동안 녀석은 그렇게 우리를 따라왔던 것 같다.

알바트로스는 몸집이 컸지만 날갯짓 없이 하늘을 날았다. 그로부터 몇 년이 지난 어느 날, 문득 '날마다 거기가 거기인 듯한 아무런 특색 없는 망망대해에서도 녀석은 어떻게 자기가 지금 어디에 있는지를 알 수 있을까' 하는 의문이 들었다. 우리는 자기 집을 어떻게 찾아내고 그것을 어떻게 자기 집으로 인식하는가? 이런 의문은 당시에는 어설펐지만, 다른 동물의 사례에 견주어 집과 귀소성에 대해 다양한 생각을 갖게 해주었다.

대학원생 시절 나는 낯선 지역에 비둘기를 풀어놓아도 녀석들이 자기 집으로 돌아올 수 있으며 어떤 새들은 태양과 별을 이용해 대륙을 가로지르는 장거리 비행도 할 수 있다는 사실을 책을 통해 알게 됐다. 하지만 녀석들이 어떤 식으로 자기 집을 찾아오는지에 대한 해답은 얻기 힘들었다.

비둘기 머리에 자석칩을 부착해 녀석들을 헷갈리게 만든 코넬대학교 연구팀의 연구 결과를 본 적이 있다. 과학계에서 내게 영웅이나 다름없는 도널드 그리핀(Donald Griffin)은 갈매기가 전혀 가본 적이 없는 숲에 녀석들을 풀어놓은 다음 비행기로 뒤쫓으면서 그들의 비행경로를 추적하기도 했다. 이유는 분명치 않았지만, 대부분의 갈매기는 원을 그리며 선회했고 그중 몇 마리는 곧장 날아올랐다. 학위논문 주제를 찾던 나는 그에게 서신을 보내 구름을 통과하는 새들이 무리의 신호음을 들으며 이동 중에도 직선의 대오를 유지하는지 물었다. 그는 내 생각이 너무 단순하며 쉽게 봐서는 안 되는 그보다 훨씬 복잡한 메커니즘이 있다는 사려 깊은 장문의 답신을 보내왔다. 그의 답변은 흠잡을 데가 없었다. 당시 내게는 이런 의문 가운데 어느 것도 해결할 방법이 없었다. 하지만 세월이 흐르면서 동물이 자신의 서식지에 이르는 나름의 항법과 관련해 나날이 발전하는 연구 결과를 접할 수 있었다.

인간과 그 밖의 동물에게 집은 살아가면서 새끼를 키우는 '보금자리'다. 물론 거기에는 삶을 지탱해주는 주변 영역도 포함된다. '귀소성'이란 생존과 번식에 적합한 장소를 찾아 이동하고, 그렇게 찾아낸 곳을 자신의 필요에 맞게 만들고, 떠나갔던 보금자리를 찾아 되돌아오는 능력을 말한다. 귀소성은 동물 종마다 고유한 성질이지만, 대부분의 동물과 관련된 성질이기도 하다. 따라서 예외적인 경우도 원칙에 근거해 설명된다.

수십 년이 지나서야 나는 과거 배 위에서 목격한 알바트로스를 이해하게 됐다. 녀석들이 평생에 걸쳐 짝짓기를 하며 1,500킬로미터에 이르는 먼 거리를 비행해 자신이 태어난 섬의 해변으로 정확히 되돌아온다는 사실을 알게 된 것이다. 성체로 성장하고 나서 몇 년 동안 녀석들은 뭍에 나타나지 않는다. 둥지를 떠난 지 7~10년이 돼서야 보금자리로 되돌아온다. 녀석들이 돌아오는 것은 짝짓기를 위해서다. 둥지에서 새끼를 낳은 알바트로스는 오징어처럼 큰 먹이를 찾아 바다 위를 1,500킬로미터 넘게 비행하기도 한다. 먹이를 충분히 모으고 나면 녀석들은 둥지를 향해 직선거리로 날아온다. 언제 어디서나 자기가 어디 있는지를 알고 있기 때문이다.

귀소성이라는 광범위한 주제에는 다양한 생물학 분야가 포함된다. 나는 동물과 인간의 관계를 규명하고자 그동안 사용되던 동물의 '세력권(territory)*' 혹은 '행동권(home territory)**'이라는 단어를 간단히 '집(home)'으로 설명했다. 우리는 대개 '집'을 주거지로 생각하지만, 이 책에서는 다른 동물의 주거지 역시 집으로 간주했다. 서로 다른 동물 종에 대해 같은 용어를 사용한 것은 과학적 엄밀성과 객관성을 확보하는 동시에 인간과 동물의 삶에 얽힌 연관성을 인정하려는 의도가 담겨 있다. 물론 이런 시도가 다른 동물을 인간과 구분하고자 경멸적으로 써온 의인화라는 표현과 정면충돌한다는 것은 알고 있다. 그럼에도 귀소성과 관련된 동물의 행동에는 욕구와 감정, 그리고 어느 정도의 이성까지 담겨 있다고 생각한다.

집은 수많은 동물의 삶을 가능하게 해준다. 이처럼 생명을 가능케 하는 집에는 이를 소유하고 지키려는 욕구가 수반된다. 숨쉬는 공기, 그릇에 담긴 먹이와 물을 제외하고는 거의 모든 것이 결핍된 우리에 동물을 가둘 때, 수많은 동물종에게 삶의 터전이나 다름없는 서식지를 파괴할 때조차 인간은 동물의 '집'에 대해 별 생각이 없다. 그런 이유로 나는 수명이 수십 년에 이르기도 하는 아비새 가운데 가장 흔한 검은부리아비(Gavia immer)의 사례를 통해 동물의 집과 이들에게 집이 갖는 의미에 대한 탐구를 시작하려 한다. 세 명의 생물학자 월터 파이퍼(Walter Piper), 제이 마거(Jay Mager), 찰스 월콧(Charles Walcott)과 공동으로 진행한 연구는 집이 동물에게 얼마나 중요한지를 보여준다. 동물은 제 집을 지키기 위해 죽을힘을 다해 싸우기도 한다.

아비새는 넓은 바다에서 겨울을 나지만, 봄이면 고향인 북부의 특정한 연못이나 호수로 돌아와 물가에 둥지를 짓고 한두 마리의 새끼

---

* 동물들이 다른 개체들과 공유하지 않는 자기만의 생활 영역을 말한다. 즉 자기만 사용하는 배타적·방어적 공간으로 행동권에 포함되는 개념이다.
** 'home range'라고도 하며, 동물이 일상적으로 생활하는 지역을 말한다.

를 낳아 기른다. 해빙과 결빙 시기에 맞춰 개장과 폐장을 하는 호수 인근의 캠핑장 운영자들은 여러 해 동안 이곳을 찾아드는 아비새 한 쌍을 목격했다. 해마다 똑같은 한 쌍이 찾아와 난공불락 같은 자신들의 보금자리에서 일자일웅(一雌一雄)으로 살다간다는 것이 사람들의 오랜 생각이었다.

정말 놀라운 사실은 1992년 이후에야 밝혀졌는데, 그 연구에는 보트, 강한 조명, 그물을 이용해 아비새를 포획한 다음 그들의 다리에 여러 가지 색깔의 식별용 밴드를 붙이는 기술력까지 동원되었다. 위스콘신주에 있는 100여 개의 호수에서 아비새 무리를 오랫동안 관찰한 결과 실제로 암수 한 쌍의 아비새가 해마다 자신들의 보금자리로 돌아온다는 사실이 드러났다. 하지만 녀석들이 항상 똑같은 새는 아니었다. 긴 수명과 번식능력에 비춰볼 때, 예상대로 여전히 집 없는 '뜨내기'가 많았으며 그중 일부는 상대가 매번 바뀌었다.

이들 뜨내기 아비새는 틈만 나면 호수에 보금자리를 꾸린 부부 아비새를 찾아 날아들었고, 그때마다 시끌벅적한 새소리 경연이 한바탕 벌어졌다. 싸움까지 벌어지지는 않는다 해도 녀석들의 방문은 부부 아비새에게 달갑지만은 않았다. 처음에는 '여별 생식'을 위해 이들 뜨내기 아비새가 다른 아비새의 보금자리를 침입한다고 추정됐다. 여기서 여별 생식이란 수컷의 경우에는 짝외 교미를, 암컷의 경우에는 다른 새의 둥지에 알을 낳는 탁란(托卵)을 의미한다. 하지만 40여 쌍의 아비새 가족에게서 태어난 새끼들에 대한 DNA 지문감식 결과, 단 한 건의 여별 생식 사례도 찾아내지 못했다. 오히려 뜨내기 아비새의 방문 목적은 전혀 다른 데 있었다. 녀석들의 방문에는 문자 그대로 '치명적인' 목적이 있었다. 뜨내기 아비새는 다른 새의 주거지 가치와 그곳에 거주하는 수컷의 방어 능력을 판단해 장차 그곳을 빼앗을 수 있는지 여부를 알아보기 위해 염탐에 나선 것이었다.

섬의 상황이 여의치 않을 경우 아비새는 해안을 따라 육지에 둥지를 튼다. 해안가 저지대는 이른 봄 바닷물 범람의 위험이 있을뿐더러 라쿤이나 스컹크를 비롯한 천적이 쉽게 접근할 수 있는 사정거리에 있기 때문에 둥지를 틀기에는 위험한 장소다. 대부분의 새는 그곳에서 새끼를 기르는 데 성공했는지 여부와 같은 직접 경험을 통해 그곳이 '좋은 집'인지 아닌지를 평가한다. 아니면 아비새의 경우처럼 다른 새가 그곳에서 새끼를 길렀는지 여부를 따지기도 한다. 염탐을 통해 그곳이 새끼를 얻은 장소임을 알아낸 뜨내기는 자기 영역을 지키려는 수컷을 제거하기 위해 위험을 무릅쓰고 싸움을 건다. 탈취에 성공하면 둥지에 남아 있는 암컷도 자동적으로 녀석 차지가 된다.

뜨내기가 이런 식의 공격을 감행하려면 네다섯 살은 돼야 한다. 신체조건이 최고조에 이르고 얻을 것이 많아지면, 즉 집을 소유할 수 있는 잠재적 유효기간에 이르면 싸움을 벌여도 좋은 것이다. 싸움이 벌어지면 기존에 자기 영역을 차지하고 있던 나이 많은 수컷은 죽기 살기로 버틴다. 잃을 것이 너무 많은 데다 다시 집을 갖게 될 기회가 거의 없기 때문이다.

아비새가 집을 얻기 위해 겪어야 하는 과정은 다른 새들이 수천 킬로미터를 이동해야 하는 위험을 감수하는 것만큼이나 험난해 보일 수도 있다. 내가 열 살 때 미국으로 가는 배에서 넋을 잃고 본 영화에서는 조랑말에 올라탄 사람들이 마차 행렬을 향해 활을 쏘아댔다. 각자 신성시 여기는 것을 지키기 위한 싸움이었기에 다들 감정이 격앙돼 있었고 집을 지키려는 쪽이나 빼앗으려는 쪽이나 기꺼이 목숨을 내놓을 용의도 있었다.

　일 년에 두 번 정확히 어떤 지점을 향해 목숨을 내놓고 이동하는 수천 종의 동물에 대해 우리는 이미 많은 사실을 알아냈다. 그 지점이 알바트로스의 경우에는 바다에 떠 있는 한 조각 섬일 테고, 아비새의 경우에는 광활한 대륙 어딘가에 있는 연못일 것이다. 이들 종은 설명하기 힘든 동물의 사고에 대한 인간의 끊임없는 탐구를 거시적으로 바라볼 수 있는 창을 열어주었으며, 그 과정에서 우리는 스스로를 들여다볼 수 있는 기회를 얻었다. 다른 동물은 물론 인간에게도 개인적으로나 사회적으로 강력한 영향을 주는 방대한 개념을 어떻게 하나로 묶어 설명할 수 있을까?

　이 책을 쓰면서 50년 넘게 역사의 소용돌이에 거의 무의식적으로 올라탔다가 마침내 집의 토대를 쌓기 위해 각양각색의 수많은 자연석들 가운데 적당한 돌을 고르기 시작했던 때가 떠올랐다. 연결을 매끄럽게 한답시고 불가피하게 생긴 공간에 꼭 들어맞도록 돌을 자르거나 가장자리를 부술 수는 없었다. 그렇다고 돌을 원하는 형태로 만들어 벽돌처럼 깔끔하지만 인위적인 구조를 만들고 싶지도 않았다. 자연에서 발견한 돌들은 이루 헤아릴 수 없이 다양하고 거칠면서도 복잡하다. 나는 이 책이 귀소성의 토대를 이루는 '밑돌'과 그 기원, 현실에서의 적용 방법에 대한 생각의 실마리를 제공할 수 있었으면 한다.

귀소성은 인간을 비롯한 동물의 삶에 나타난 수많은 양상 가운데 중심축을 이룬다. 집의 의미를 이해하려면 다른 현상과 마찬가지로 한 발짝 물러나 다른 동물의 세계를 살펴보는 것도 도움이 될 것이다. 자연계에서 동물은 귀소성의 이유와 방식에 대한 단서 이상의 것을 제공해준다. 다시 말해, 어떤 방식이 가능한지, 검증된 방식이 무엇인지, 수백만 년에 이르는 진화의 역사를 통해 어떤 방식이 효과를 거두었는지를 보여준다.

이 책에서 나는 감히 모든 문제를 면밀히 다루겠다는 생각은 하지 않았다. 나의 관점이 폭넓기는 하지만 개인적이라는 점도 인정한다. 어느 주제든 수천 건에 이르는 과학적 참고자료가 존재한다. 나는 모든 주제의 전문가는 아니다. 내가 인용한 참고자료를 해당 주제에 대한 특정한 결론으로 받아들여서는 안 된다. 나는 다만 내게 가장 익숙한 자료를 인용했을 뿐이다. 그런 점에서 이 책이 모든 놀라운 이야기와 그 구체적인 내용을 전부 다루지 못한 점에 대해 독자 여러분께 양해를 구한다. 나는 어느 것에도 구애받지 않고 자유롭게 사고하고자 노력해왔다. 모쪼록 이 책이 귀소성에 관해 솔직한 논의를 이끌어내는 데 도움이 되었으면 한다.

1부

태어난 곳,
옛집으로 귀향하다

우리는 새들의 놀라운 신체 능력뿐 아니라 녀석들에게
내재된 인지 능력이나 정신적 능력에 당황하기보다 깊은
감명을 받을 수도 있을 것이다. 알바트로스나 슴새, 바다
거북처럼 바다를 무대로 살아가는 동물들은 특히 주목할
만한 가치가 있는데, 이는 유일하지는 않더라도 우리의
주요 수단인 눈에 보이는 이정표만으로는 녀석들의 행동
을 설명할 길이 없기 때문이다.

내 책상 위에 놓인 두개골은 그 둘레가 납작한 머그잔만 하다. 전면의 돌출된 부위에는 커다란 두 개의 눈구멍이 있다. 골골이 주름이 잡힌 두개골 상부는 마치 비바람에 풍화된 돌 같다. 뒤에서 살펴보면 두개골 양 측면에는 뒤로 구멍이 나 있다. 이 구멍들은 동물의 튼튼한 턱 근육을 단단히 고정시키는 역할을 했을 것이다. 이들 구멍 사이로 이보다 훨씬 작은 구멍이 하나 보인다. 나는 이 구멍(대후두공)을 통해 뇌강을 살펴보는 중이다. 그런데 이렇게 큰 두개골에 뇌수*는 거의 들어 있지 않고 다만 목에서 타고 올라간 등쪽의 신경색이 확장된 모습만 보인다.

이 두개골의 주인은 알을 낳기 위해 자갈밭에 구덩이를 파려고 길을 건너다 최후를 맞은 암컷 늑대거북이다. 몇 해 전 녀석은 불과 100여 미터밖에 떨어지지 않은 습지에서 나오던 참이었다.

이 지역의 늑대거북은 행동반경이 그리 넓다고 볼 수 없다. 그에 비해 바다거북에 해당하는 녹색거북(Chelonia mydas)과 장수거북(Dermochelys coriacea)은 이동 범위가 대양을 횡단할 만큼 넓은 것으로 유명하다. 다 자란 장수거북은 북쪽의 차가운 바닷물 속에서 먹이를 구하지만 녀석이 알을 낳는 곳은 적도지방의 해변이다. 녀석의 무게는 1톤에 육박하기도 한다. 내가 예전에 조사했던 장수거북의 두개골은 농구공만큼이나 컸지만, 뇌강은 늑대거북처럼 척추 끄트머리에서

---

* 두개골 속에서 중추신경계의 대부분을 차지하며 온몸의 신경을 지배하는 부분.

약간 팽창된 정도에 불과했다. 거기에는 호두 한 알도 들어가기가 힘들었다. 그에 비해 녹색거북의 뇌강은 밤톨이 두 개 정도 들어갈 만큼 컸다. 녹색거북의 두개골은 오늘날까지 현존하는 거북이든 2억 1,500만 년 전에 살았던 거북이든 어느 종과도 거의 차이를 보이지 않는다. 2억 1,500만 년은 최후의 공룡이 살았던 것보다 세 배 이상 거슬러 올라가는 시기다.

일부 동물의 작은 뇌 용량은 이들의 귀소 능력만큼이나 놀랍다. 다양한 종의 바다거북 역시 알바트로스와 마찬가지로 특정한 해안가에서 종족과 무리를 지어 알을 낳는다. 모래 속에 묻혀 있다가 알을 까고 나온 새끼 거북은 바다로 나가 몇 년을 보낸다. 녀석들은 수천 킬로미터를 여행하다가 10~20년이 지나 알을 낳을 때가 되면 자신이 태어난 곳으로 돌아온다. 물가에서 짝짓기를 마치면 암컷은 해변으로 와서 구덩이를 파고 알을 낳는다. 드넓은 바다를 오랫동안 떠돌던 녀석들이 어떻게 옛집을 찾을 수 있는 걸까? 고도로 정교한 대용량 뇌를 소유한 우리도 눈을 가린 채 낯선 숲으로 끌려간다면 제대로 방향을 잡기는커녕 잘못된 길로 들어설 가능성이 더 크지 않을까? 낯선 지역을 돌아다니려면 우리들 대부분은 현장에서 눈으로 확인하고 그 위치를 찾아낼 수 있는 지도와 나침반이 필요하다. 이 도구들은 이정표 탐색에 매우 요긴하다.

1만 킬로미터에 가까운 거리를 쉬지 않고 밤낮없이 날아가는 새들에게는 어떤 지식과 욕구가 필요할까? 이 경우 녀석들은 체내에 저장해둔 에너지를 남김없이 소진하는 것은 물론 근육과 소화관을 비롯한 내장에 이르기까지 뇌를 제외한 거의 모든 신체기관이 손상돼 몸무게가 절반으로 줄어든다고 알려져 있다.

캐나다두루미 밀리와 로이의 귀향

만약 진심으로 느끼지 못한다면, 목적을 달성하지 못할걸세.

– 요한 볼프강 폰 괴테, 『파우스트』

밀리와 로이는 연중 대부분의 시간을 텍사스나 멕시코에서 보내고 4월이면 북쪽으로 이동하는 암수 한 쌍의 캐나다두루미다. 녀석들은 알래스카주 페어뱅크스 인근의 골드스트림 밸리에 있는 작은 늪지에서 15년 넘게 해마다 한두 마리의 새끼를 낳아 길러왔다. 녀석들의 보금자리는 내 친구 조지 햅과 그의 아내 크리스티 융커 햅 부부가 사는 집에서 가깝다.

곤충 생리학자인 조지는 1980년 내가 버몬트대학교에 부임했을 당시 동물학과 학과장으로 있었으며, 나중에 알래스카대학교로 자리를 옮기면서 아이디타로드(Iditarod)*의 땅 알래스카로 이주했다. 이들 부부는 페어뱅크스 인근의 불모지에 집을 지었다. 두 사람은 자신들의 새 보금자리로 나를 초대하면서 '그들의' 두루미도 보러 오라고 했다. 나는 그날을 손꼽아 기다렸다.

중앙 알래스카의 영구동토층은 수천 제곱킬로미터에 이르며 알래스카 북방 침엽수림의 주된 수종은 키 작은 청록색 가문비나무와 흰 자작나무다. 지표면에는 녹황색 이끼와 가녀린 래브라도 차가 서식한다. 사시사철 초록색을 띤 래브라도 찻잎은 가장자리가 둥글게 말려 있으며 뒷면에는 베이지색의 부드러운 솜털이 나 있다. 지표면 아래로 30미터까지 뻗은 영구동토층을 얇게 덮고 있는 검은 토양을 장식하는 것은, 회백색의 지의류와 반들반들하게 윤이 나는 크랜베리 잎이다. 이처럼 광활한 땅에는 수많은 늪지와 핑고(pingo)가 존재한다. 핑고는 지하수가 얼어 볼록렌즈처럼 위로 불룩하게 솟아오른 얼음 언덕으로, 이런 핑고가 녹으면 지반 침하가 이루어지면서 연못이나 호수가 형성된다. 200~300년이 지나면 물 위를 떠다니는 수상식물이 가장자리에서부터 자라나 떠다니는 늪지를 형성한다. 얼음 언덕이 만들어낸 늪지는 캐나다두루미의 서식지로 인기가 높다.

조지와 크리스티 부부의 집에서 가까운 골드스트림 밸리의 핑고는 다른 지역의 핑고와 마찬가지로 나무가 거의 없고 다만 키 작은 가문비나무에 둘러싸여 있을 뿐이다. 이곳은 두루미뿐만 아니라 보나파르트 갈매기를 비롯한 여러 종의 갈매기, 고방오리, 청둥오리, 때로는 귀뿔논병아리의 보금자리가 되기도 한다. 두루미의 귀향을 지켜보고

---

* 에스키모어로 '먼 길'을 뜻하며, 매년 개썰매 경주가 벌어지는 경로 혹은 경주 자체를 의미한다.

암수 한 쌍의 캐나다두루미 밀리와 로이.
두루미는 텍사스나 멕시코에서 시작해 5,000킬로미터의 장거리 비행을 마친 후
알래스카에 도착하면, 각자의 보금자리를 향해 흩어진다.
그중 3분의 1은 시베리아에 있는 자신들의 보금자리를 향해 더 멀리까지 날아간다.

싫었던 나는 녀석들이 돌아오기로 예정된 날보다 며칠 먼저 가 있을 계획이었다. 5월 첫째 주에 이루어지는 귀향은 녀석들의 삶에서 가장 중대한 사건일 터였기에 이들 두루미가 옛 보금자리에 대해 어떤 반응을 보일지 자못 궁금했다.

　밀리와 로이는 늪지를 떠나 남쪽으로 이주하던 작년(2008년) 9월 11일에 마지막으로 목격됐다. 녀석들이 보통 이곳을 떠나는 8월 말경보다는 늦춰진 날짜였다. 녀석들 사이에서 태어난 새끼 오블리오가 다리를 다쳐서 이들 두루미 가족이 제때 서부 텍사스로 날아갈 채비를 하는 데 차질이 생겼기 때문이다. 그렇게 기다린 덕분에 새끼는 목숨을 건질 수 있었다.

거위나 백조와 마찬가지로 어린 두루미 역시 겨울나기를 하는 곳에서 번식지까지 날아가는 길을 부모에게서 배운다고 알려져 있다. 어린 새끼가 그렇게 먼 길을 이동하려면 부모나 부모 역할을 하는 새를 따를 만한 능력이 필요하다는 점을 가장 설득력 있게 입증해 보인 사람은 윌리엄 리쉬만일 것이다. 그는 자신이 부모 노릇을 하며 키운 거위 새끼 무리를 초경량 비행기를 이용해 이끌었다. 캐나다두루미도 같은 방식으로 이끌었다. 마지막으로 그는 위스콘신주에 있는 번식지에서 새로운 보금자리인 플로리다주까지 아메리카흰두루미 무리를 이끌었다. 하지만 내가 알기론 어느 누구도 야생의 조류를 그런 식으로 인도할 수는 없다. 올해 이곳까지 날아올 밀리와 로이가 처음으로 지상에 내려앉는 장면을 지켜볼 가능성은 희박할 수도 있었다. 그럼에도 나는 이런 시도가 나름 가치 있다고 생각했다.

몸집이 큰 다른 새들과 마찬가지로 두루미 역시 성장 속도가 더디다. 두 개의 알이 부화되기까지는 30~32일이 걸리고 부화한 새끼(대개 한 마리)가 부모를 따라 먼 거리를 이동할 만큼 비행 실력을 키우기까지는 또다시 55일이 걸린다. 두루미가 번식지를 찾아 이처럼 멀리 북쪽으로 이동하는 데는 시간적 여유가 많지 않다. 멕시코에서 겨울나기를 하고 번식지인 시베리아까지 이동해야 하는 두루미의 경우에는 더더욱 그렇다. 번식지에 도착하는 시간이 늦어질수록 녀석들은 수천 킬로미터에 이르는 비행에서 더 많은 에너지를 소진하게 된다. 올 겨울은 중앙 알래스카에 폭설이 잦았다. 북방올빼미조차 눈 때문에 들쥐를 찾지 못해 굶어죽는 지경에 이르렀다. 내가 도착한 4월 말

밀리와 로이의 보금자리인 늪지 주변 숲에는 여전히 50센티미터가 넘는 눈이 쌓여 있었고, 녀석들은 그때까지도 모습을 보이지 않았다.

나는 두루미가 고향으로 돌아오는 여정을 따라 비행하고 싶었다. 하지만 두루미가 목적지에 이르기 전에 선수를 쳐 미리 가 있는 것 말고 내가 할 수 있는 최선의 노력은 녀석들의 비행경로 일부를 직접 눈으로 확인하는 것이었다. 뉴욕 존 F. 케네디 공항에서 시작된 3,872킬로미터의 대륙횡단 비행을 마치고 난 다음에는 직항편을 이용해 시애틀에서 페어뱅크스로 이동해야 했다. 시애틀에서 보잉 737-800편에 몸을 싣고 북쪽을 향해 3시간 반에 걸쳐 2,467킬로미터를 비행하는 내내 나는 두루미를 보고 싶은 마음에 비행기 유리창에 바짝 얼굴을 댄 채 대부분의 시간을 보냈다. 텍사스나 멕시코에서 시작해 5,000킬로미터에 이르는 장거리 비행을 마친 두루미는 대체 어떻게 끝없이 펼쳐진 알래스카의 침엽수림 전역에 산재한 수천 곳의 얼음 언덕 가운데 자신들의 보금자리를 찾아 날아들 수 있을까?

수척한 모습으로 주요 집결지인 네브래스카주 플랫강에 도착한 녀석들은 이곳에서 3주를 머물며 북쪽으로의 비행에 필요한 체력을 보강한다. 준비가 되면 수천 마리에 이르는 두루미가 거대한 '굴뚝' 모양으로 대오를 이뤄 하늘 높이 선회한 다음 함께 기나긴 여정에 오른다. 알래스카에 도착하면 녀석들은 각자의 보금자리를 향해 뿔뿔이 흩어지고, 그중 3분의 1은 시베리아에 있는 자신들의 보금자리를 향해 더 멀리까지 날아간다.

시애틀에서 이륙한 지 얼마 지나지 않아 비행기는 능선이 칼날처럼 뾰족한 설산과 숲이 울창한 계곡, 삼면이 잿빛 바다로 둘러싸인 반도를 지났다. 한 시간이 지나 11킬로미터 상공에서 시속 800여 킬로미터로 비행을 하는 동안에도 창밖 풍경은 달라지지 않았다. 가도 가도 끝없이 펼쳐진 설산뿐이었다. 또다시 한 시간을 가는 동안에도 마찬가지였다. 그때였다. 한데 뒤섞여 형체를 분간할 수 없던, 끝없이 펼쳐진 산봉우리 사이에서 두드러진 풍경 하나가 간신히 눈에 들어왔다. 광활한 산맥 일색으로 이어지던 풍경을 바꿔놓은 것은 다름이 아니라 저녁 어스름 속에서 반짝이는 얼어붙은 호수였다. 그렇게 또 한 시간이 흘렀다. 페어뱅크스에 이른 비행기가 착륙준비에 들어가자 굽이쳐 흐르는 강물이 만들어낸 우각호가 보였고, 마침내 한 가닥 실처럼 희미한 활주로가 시야에 들어왔다.

두루미, 백조, 거위는 가을이면 가족 단위로 남쪽을 향해 이동한다. 어린 새끼는 이동 중에 이듬해 봄 북쪽으로 돌아갈 길을 익힌다. 자기가 태어난 고향 근처로 돌아와 정착하기 위해서다. 녀석들이 보고 기억하는 것은 믿기 어려울 만큼 놀랍다. 나의 경우 집중력을 최대한 발휘해 길의 일부를 기억할 수는 있다. 저 산을 넘을 때는 이렇게 저렇게 돌아야 하고 그다음에는 ……. 그러나 이들 두루미는 내가 출발한 워싱턴주가 아니라 훨씬 먼 남쪽에서부터 날아온다. 알래스카주 낚시 및 사냥 담당 부서에서는 골드스트림 밸리 태생의 두루미 네 마리에게 무선 송신기를 부착시켜두었는데, 그 두루미들은 겨울이 되자 텍사스주 여기저기에서 모습을 드러냈다고 한다. 시애틀에서 시작된 훨씬 짧은 비행조차 반년이 아니라 그다음 날 돌아온다 해도 나로서는 절대 되짚어올 수가 없다. 새들은 어떤 인지 메커니즘으로 이런 비행을 할 수 있는 걸까?

8개월 가까이 핑고에는 두루미 한 마리 보이지 않았다. 그 시기에는 대개 땅이 눈 속에 깊숙이 파묻혀 있어서 먹이를 구하는 일이 불가능하기 때문이다. 먼 거리를 비행하고 난 두루미 한 쌍이 자신들의 보금자리에 도착했는데 습지가 온통 눈과 얼음으로 뒤덮여 크랜베리도 들쥐도 전혀 찾을 수 없다면 어떻겠는가? 두루미는 제시간에 맞춰 혹은 그보다 좀 이르게 이곳에 도착하기 위해 시간적으로 얼마나 여유를 둘 수 있을까?

눈보라가 또 한 차례 지나가고 난 4월 마지막 주에 이르러서야 날씨는 급격히 따뜻해졌다. 멀리서 들리는 두루미 소리가 귀에 들어온 것은 내가 이곳에서 첫 번째 아침을 맞은 4월 24일이었다. 하지만 25일, 26일, 27일에도 두루미는 핑고에 모습을 나타내지 않았다. 이튿날 동틀 무렵, 나는 나팔소리처럼 귀청을 뚫는 시끄러운 두루미 울음소리에 잠이 깼다. 녀석이 내는 금속성의 쇳소리는 소름이 끼칠 정도였다. 알도 레오폴드(Aldo Leopold)*가 「습지의 슬픈 노래(Marshland Elegy)」에서 언급한 대로 그 소리는 마치 '야생의 화신'을 불러내는 것만 같았다. 녀석은 계속해서 새벽의 정적을 깨뜨리는 소리를 냈고, 나는 녀석을 보기 위해 밖으로 달려나갔다. 하지만 녀석은 멀리에 있었고 소리가 들리는 위치도 계속 바뀌었다. 아마도 장애물이 없는 땅을

---

* 토지에 대한 새로운 윤리체계를 제시한 환경운동가로 근대 환경 윤리의 아버지로 평가받는다.

찾아 크게 원을 그리며 선회하는 모양이었다. 바닥이 이끼로 뒤덮인 인근의 키 낮은 가문비나무숲이 여전히 눈 속에 깊이 파묻혀 있었기 때문이리라.

그날 저녁 우리는 눈앞에 얼음 언덕의 전경이 훤히 펼쳐진 창가에 앉아 저녁을 먹었다. 해는 아직 중천에 높이 떠 있었다. 금방 구운 연어구이 접시를 마지막으로 깨끗이 비우고 났을 때였다. 우리는 두 날개를 활짝 펼친 채 땅으로 내려앉는 두루미 한 마리에 넋을 잃었다. 녀석의 길고 가녀린 다리가 연못의 두꺼운 얼음 위에 사뿐히 닿았다. 녀석은 나팔소리를 내며 0.5미터쯤 튀어올랐다. 우아하게 이어지던 도약이 절정에 이르렀을 무렵, 녀석은 부리를 위로 향하고 날개를 펼친 채 긴 목을 똑바로 곧추세웠다. 지금 이 순간을 지속시키고자 공중에서 동작을 멈춘 듯했다. 기쁨과 흥분이라는 감정이 두루미의 몸을 빌려 나타난 것만 같았다. 소란스런 나팔소리가 계속되는 가운데 녀석의 도약도 이어졌다. 두루미가 땅에 내려앉을 때마다 언제나 이런 모습을 보이는 것은 아니다. 그러니까 이 녀석은 정말 특별한 착륙을 하고 있는 셈이었다. 춤사위가 끝나자 녀석은 지금까지와는 대조적으로 느릿하면서도 조심스럽게 걸음을 옮기기 시작했다. 발을 내디딜 때마다 녀석은 고개를 곧추세워 앞으로 내민 채 부리를 열고 이전과는 전혀 다르게 떨리는 소리를 냈다.

두루미는 그런 식으로 여러 차례 반복된 춤사위를 보이며 걷기도 하고 뛰어오르기도 했다. 그러다 마침내 날개를 규칙적으로 파닥거리며 날아올라 자신이 왔던 방향으로 사라졌다. 영원히 잊지 못할 녀석의 울음소리가 멀리로 점점 희미해져 갔다. 두 시간이 지나 (아마도 같은) 두루미가 다시 돌아왔다. 하지만 이번에 녀석은 습지를 한 차례만 선회한 뒤에 울음소리를 내며 떠나갔다. 돌아온 것이 기쁘기도 하지만 불안스럽게 무언가를 찾는 듯한 느낌이 들었다. 짝을 찾고 있었던 걸까? 조지와 크리스티의 말에 따르면, 작년까지 밀리와 로이는 늘 함께 돌아왔다고 한다. 하지만 확인이 어려워서 과연 이 녀석이 둘 중 하나일지는 장담할 수 없었다.

그날 밤, 또 한 마리 혹은 두 마리일지도 모르는 두루미가 기를 쓰고 울부짖는 소리에 나는 좀처럼 잠을 이룰 수가 없었다. 세 번째 울음소리가 멀리서 화답처럼 들려왔다. 나는 잠자리를 박차고 일어나 밖을 살펴봤다. 두루미 한 쌍이 습지 한쪽 끝에서 다른 쪽 끝으로 걸어가고 있었다. 조지와 크리스티 역시 일어나 있었다. 어둠이 내린 밤 11시 15분까지 우리는 한 시간 남짓 녀석들을 지켜봤다. 두 마리 가운데 우뚝선 한 녀석은 머리와 목을 앞으로 내밀어 곧추세웠다. 잘난 체 거드름을 피우는 수컷 큰까마귀를 연상시키는 모습이었다. 이 녀석이 로이였다. 두 번째 녀석은 왜가리처럼 목과 머리가 좀 더 아래로 구부러져 있었는데, 걸음을 내디딜 때마다 앞으로 살짝 고개를 내밀었다. 걸음걸이와 음성, 좁고 흰 안면의 반점을 보고 나는 녀석이 암컷이라는 사실을 금방 알아차렸다. 암컷은 부들 잎과 풀을 부리로 집어들어 바닥에 내려놓고 그 위에 잠시 앉았다. 암컷은 이런저런 후보지에 둥지를 만들기 시작해야 한다고 수컷에게 권유하고 있었던 걸까? 이들 두루미에게 다음에는 무슨 일이 벌어질지 무척이나 궁금했다.

집으로 돌아오는 두루미 한 쌍.

이른 새벽, 시끄러운 소리에 또다시 잠이 깼다. 새벽 4시경이었다. 밤사이 된서리가 내렸고, 두루미 두 마리는 습지 한복판의 얼음 위에 서 있었다. 밀리와 로이 모두 머리를 위로 빠르게 쳐들고 소리를 낼 때마다 부리를 활짝 열었다. 금속성의 종이나 드럼을 망치로 두드리는 듯한 소리가 들려왔다. 수컷이 부리를 단 한 차례 열어 소리를 내는 데 비해, 맞장구치듯 즉각적으로 화답하는 암컷은 부리를 두 번 열어 고음의 짧고 비슷한 울음소리를 냈다. 두 마리가 듀엣으로 함께 만들어낸 화음이었다. 바로 그때, 멀리서 제3의 두루미가 화답을 해왔다. 멀리서 들려오는 울음소리와 암수 한 쌍이 듀엣으로 만들어낸 울음소리가 주거니 받거니 시끄럽게 반복됐다.

조화를 이룬 암수 한 쌍의 활기찬 울음소리는 여명이 밝아와 캄

로이가 높이 뛰어오르면서 날개를 활짝 펼친 채 춤을 추자.
밀리가 날개를 파닥이며 달려들어 둘만의 춤사위를 마무리 지었다.

느리면서도 신중한 두루미들의 걸음걸이.
교미 후 두 녀석은 서로에게 절을 하고는 계속 걸음을 옮겨갔다.
둥지를 틀기 위해 고향집으로 돌아온 녀석들의 거래도 이로써 모두 끝이 났다.

캄캄했던 가문비나무숲의 윤곽이 드러날 때까지도 귓전에 또렷이 들려
왔다. 녀석들이 이곳에 이르고자 쏟아부은 엄청난 노력에 대해 생각
하며 나는 이들이 위험을 무릅쓰면서까지 얻고자 했던 것이 무엇인지
알게 됐다. 그것은 바로 '자기 집'이었다. 암수 한 쌍이 내는 금속성의
시끄러운 소리는 멀리서 날아오는 다른 두루미를 유인하려는 것이 아
니었다. 그보다는 소리를 통해 '출입 금지' 신호를 보내는 것이 맞을
듯했다. 이곳을 넘보는 자는 누구든 한 마리가 아니라 일심동체로 뭉
친 암수 한 쌍과 맞붙어야 할 것이라는 위협적인 신호 말이다.

　　나는 녀석들을 또 한 시간 동안 지켜봤다. 암컷은 그때까지도 이
따금씩 깃털을 부풀리며 골풀 따위의 둥지 재료를 끌어다놓은 자리에
전날처럼 계속 웅크리고 앉아 있었다.

　　이들 두루미는 그날 아침에도 습지를 물샐 틈 없이 점검하듯 한
쪽 끝에서 다른 한쪽 끝으로 느리면서도 신중한 걸음을 옮겼다. 밤 9
시, 우리는 로이가 높이 뛰어오르면서 날개를 활짝 펼친 채 얼음 위에
서 혼자 춤추는 모습을 지켜봤다. 그러자 밀리가 날개를 파닥이며 수
컷에게 달려들면서 둘만의 춤사위를 마무리 지었다. 잠시 뒤 밀리는
양옆으로 날개를 펼친 채 가만히 멈춰 서서 가르랑거리는 소리를 냈
다. 목을 쭉 빼고 부리를 위로 치켜올린 로이는 암컷의 꽁무니에 올라
타 서너 번의 날갯짓으로 몸의 균형을 맞춘 다음 교미를 시작했다. 몇
초 후 로이는 암컷에게서 내려왔다. 두 녀석은 서로에게 절을 하고는
계속 걸음을 옮겨갔다. 둥지를 틀기 위해 고향집으로 돌아온 녀석들
의 거래도 이로써 모두 끝이 났다.

이들의 구역을 침범한 짝 없는 두루미는 고분고분 물러나지 않았다. 어째서 이 녀석은 함께 둥지를 틀 짝도 없으면서 남의 보금자리를 노렸던 걸까? 혹시 녀석은 지난해 여름 밀리와 로이에게서 태어난 새끼 오블리오였던 걸까? 새로 둥지를 틀어 더 이상 누구도 곁에 두기가 귀찮은 제 부모에게 '버림을 받은' 것일까? 아마 그럴 것이다. 새끼 새는 대부분 집에 대한 집착이 강하다. 집이 성공적인 번식을 보장하는 곳으로 입증됐기에 이런 감정은 생물학적 욕구라 할 수 있다. 그러나 새끼는 부모보다 수명이 길어서 부모가 사정이 생겨 집으로 돌아오지 못하면 그들의 활동영역을 물려받을 수 있다. 부모가 돌아와 자기 집을 되찾는 경우에는 멀리 떨어진 곳보다는 인근 지역이 새끼의 입장에서 원래 살던 집과 비슷한 환경을 제공할 것이다. 설령 녀석이 짝짓기를 하지 않는다 해도 살기 좋은 거주지를 찾아내는 일은 우선적으로 해결해야 할 과제다.

이튿날 아침식사를 막 끝냈을 때였다. 외톨이 두루미가 또다시 날아왔고 밀리와 로이는 누가 먼저랄 것도 없이 특유의 울음소리로 침입자에 함께 맞서기 시작했다. 이번에는 외톨이가 땅에 내려앉지 않았는데도 밀리와 로이는 공중으로 뛰어올라 녀석을 몰아냈다. 이윽고 세 녀석의 모습이 시야에서 사라졌고 아무런 소리도 들려오지 않았다. 잠시 후 밀리와 로이가 돌아왔고 녀석들은 또다시 몇 차례에 걸쳐 둥지를 짓기 위한 탐색에 들어갔다. 그 후로 며칠 동안 적어도 아침에 한 번, 늦은 오후나 밤에 한 번, 녀석들은 하루 일과처럼 사랑을 나눴다.

이튿날 새벽, 눈을 떴을 때 녀석들은 머리를 꽁무니 깃털에 파묻은 채 한쪽 다리로 서 있었다. 엊그제 가장자리를 따라 얼음이 일부 녹았던 연못은 다시 꽁꽁 얼어 있었다. 밀리와 로이는 잠을 자고 있는 듯이 보였다. 한쪽 다리로 균형을 잡고 있던 수컷은 이따금 발끝으로 턱과 머리를 긁기 위해 다른 쪽 다리를 높이 치켜들었다. 하지만 멀리서 두루미 울음소리가 들려오면 두 녀석은 즉각 고개를 쳐들고 암컷은 짧게 두 번, 수컷은 저음으로 한 번 소리를 내며 한마음이 되어 격렬한 반응을 보였다.

우리는 그때까지도 녀석들이 먹이를 먹는 모습을 보지 못했다. 여하튼 당시로서는 먹이를 구하는 일은 꿈도 꿀 수 없었다. 운이 좋으면 녀석들은 지금쯤 들쥐 한 마리를 잡거나 작년산 크랜베리를 몇 알 찾아낼 수도 있었을 것이다. 그런데 올해는 눈이 녹고 나서 며칠이 지났는데도 그럴 가능성이 없어 보였다. 몸집이 큰 두루미는 몸집이 작은 다른 새들에 비해 훨씬 많은 먹이를 필요로 한다. 하지만 먹이 구하기가 여의치 않아 몸이 여위는 시기에 위기를 극복하고 고향집으로 돌아가 고대하던 먹이를 원 없이 먹을 수 있으려면 그렇게 큰 몸집이 유리하다.

그날 새벽, 여명이 밝아오자 두루미 부부에게 손님이 찾아왔다. 백조 한 쌍이 모습을 보이더니 잠시 뒤 다섯 마리의 캐나다기러기가 무리를 지어 하늘을 날았다. 울새의 노랫소리도 들렸다. 아침 7시경이 되자 두루미 부부도 습지를 돌아다니면서 부리로 여기저기를 쪼기도 하고 다시 짝짓기도 하며 활기찬 움직임을 보였다.

그날 오후에는 두루미 부부의 모습이 거의 보이지 않았다. 녀석들이 자리를 비운 사이 외톨이 두루미가 다시 찾아들었다. 녀석은 이번에는 땅에 내려앉아 두리번거리면서 반복적으로 울음소리를 냈다. 하지만 15초쯤 지나 두루미 부부가 어디선가 불쑥 나타났고 그중 한 마리는 침입자를 공격하려는 듯 얼음 위로 쏜살같이 내려앉았다. 외톨이는 부랴부랴 날아가버렸다. 두루미 부부 역시 녀석을 뒤쫓아 날아갔고 세 마리 모두 시야에서 사라져버렸다. 몇 분 뒤 외톨이가 다시 돌아왔고 두루미 부부도 돌아와 녀석이 날아오르기 전에 인정사정없이 몰아붙였다. 파닥거리는 부산한 날갯짓 속에서 한바탕 소동이 일었다.

이곳에 모습을 드러낸 지 사흘이 지났을 무렵 두루미 부부는 대부분의 전투에서 승리를 거뒀다. 별다른 일이 없다면 녀석들은 며칠 안으로 두 개의 알을 낳아 새끼를 기르게 될 터였다. 대개 알은 모두 부화하지만, 일부 독수리나 콘도르와 마찬가지로 그중 한 마리만이 살아남는다. 먹이를 덜 얻어먹어 허약해진 새끼가 굶어죽기 때문인 것으로 보인다. 진화의 역사에 비춰볼 때, 8월 무렵 이뤄지는 이동시기에 맞춰 충분히 발육하려면 성장속도가 빨라야 하기 때문에 한 번에 새끼 두 마리를 기를 만큼 먹이가 충분치 않을 수도 있다. 두루미가 알을 하나만 낳는다고 생각할 수도 있겠지만, 간혹 부화되지 않는 알도 있기 때문에 두 번째 알은 일종의 예방책인 셈이다.

두루미 부부는 침입자와 마지막 싸움을 벌인 이후로 더욱 생기가 흘러넘쳤고 저녁에 녀석들은 또다시 (그날만 해도 벌써 세 번째인) 짝짓기에 들어갔다. 대부분의 새는 한 번의 교미만으로도 충분히 수정이 이루어진다. 여러 차례에 걸친 교미는 만일에 대비한 예방책이었을 테지만, 이번에는 예방책치고는 좀 과한 듯했다. 짝짓기는 춤과 마찬가지로 암수를 하나로 결합시키는 의식의 일부인 것 같다.

저녁나절에는 청둥오리 한 쌍과 고방오리 한 쌍이 도착했고 오리들은 연못 가장자리에 있던 두루미 근처에서 나란히 헤엄을 쳤다. 낮 동안 연못 여기저기서 얼음이 다시 녹기 시작했기 때문이다. 두루미 부부는 이들 오리는 아랑곳하지 않고 위풍당당하게 연못의 얼음 위를 돌아다녔다. 녀석들은 연못 가장자리를 따라 키 작은 식물을 부리로 쪼았다. 눈이 녹아내리면서 드러난 크랜베리를 찾는 모양이었다.

그날 저녁 내가 떠나기 전 크리스티와 조지는 포트럭 파티*를 열어주었다. 서녘 하늘이 황금빛 석양으로 물들어가면서 가문비나무의 거뭇한 실루엣이 드러나자 하얗게 얼어붙은 얼음언덕 한복판에도 어둠이 드리워졌다. 또다시 한 쌍의 고방오리가 연못가를 따라 얼음이 녹은 물에 내려앉았다. 두루미 부부는 머리를 꽁무니 깃털에 파묻은 채 각자 한 다리로 서 있었다. 파티에 모인 사람들은 거실에 놓인 망원경 주위로 모여들었다. 두루미는 이따금씩 자리를 바꿔가며 한쪽 다리를 낮추고 고개를 내밀어 주위를 둘러봤다. 그때 망원경을 들여다보던 누군가 큰 소리로 외쳤다. "짝짓기에 들어갔어요!" 그녀는 수컷 두루미가 날개를 펼친 암컷에게로 접근해 올라탄 다음 몇 차례 날

---

* 각자 본인이 만든 음식을 가져와 즐기는 파티.

개를 파닥이다 뛰어내리는 모습을 지켜보고 있었다. 그런 다음 두 녀석은 서로를 향해 절을 했다. 망원경 주위는 순식간에 이를 지켜보려는 사람들로 북적였다.

그 자리에 있던 사람들 가운데 모두는 아니더라도 대부분의 사람들이 두루미의 짝짓기를 지켜보고 싶어했던 이유는 뭘까? 오리나 다양한 홍방울새의 짝짓기에는 어째서 아무도 관심을 보이지 않았던 걸까? 우리가 다른 새보다 두루미에게 동질감을 더 많이 느껴서였을까?

두루미는 우리와 비슷한 점이 여러모로 많다. 두루미 중에는 사람 키만 한 녀석도 있다. 녀석들은 우리처럼 긴 두 다리로 걷는다. 물론 우리보다 훨씬 기품 있고 느긋한 걸음걸이로. 그래서인지 녀석들은 유유히 거니는 신사나 귀부인을 연상시킨다. 캐나다두루미의 붉은 대머리와 노란색을 띤 기민한 눈도 녀석들의 이미지를 형성한다. 두루미는 평생 짝을 이루고 살아가며 가족 단위로 함께 머물지만, 군집성도 있어서 큰 무리에 합류하기도 한다. 녀석들은 자기 집에 대한 애착이 강하다. 두루미는 나팔이나 트럼펫 같은 소리를 낼 뿐만 아니라 춤도 추고 상황에 따라 다양한 행동을 취하기도 한다.

지구상에 존재하는 14종의 두루미는 모두 춤을 춘다. 두루미 춤에는 달리고, 공중으로 뛰어오르고, 날개를 파닥거리고, 원을 그리고, 뻣뻣하게 번정다리로 걷고, 맞절을 하고, 쉬엄쉬엄 나아가고, 한쪽 발로 서서 빠르게 돌고, 심지어 나뭇가지를 던지는 동작까지 포함된다. 두루미는 대개 짝을 이룬 상태에서 함께 춤을 추는데, 녀석들의 춤은 짝짓기와 동조번식* 모두 혹은 둘 중 어느 하나를 공고히 하는 것으로 보인다. 녀석들은 어느 때든 춤을 출 수 있고 녀석들의 춤은 다른 두루미를 자극해 춤을 추게 만들기도 한다. 새끼들도 두루미 춤을 어느정도 출 수 있다. 두루미 세계에서 춤은 관습과도 같은 역할을 하며, 짝짓기 할 때 중요한 건강 지표로 꼽히는 행복한 감정은 녀석들이 춤을 추게 만드는 동기로 작용하기도 한다.

두루미가 춤추는 모습은 이따금 인간에게도 춤추고 싶다는 욕망을 불러일으키며, 그 결과 전 세계적으로 다양한 문화권에서 두루미 춤을 모방한 춤이 만들어졌다. 고대 중국, 일본, 남아프리카, 시베리아 사람들은 두루미 춤을 추었다. 굳이 춤을 모방하지는 않더라도 인간에게 두루미는 동경의 대상이다. 일례로, 몬태나주 북부에 거주하는 북아메리카 원주민 블랙풋족에게 '달리는 두루미'는 가장 흔한 성(性) 가운데 하나다.

인류학자 네리사 러셀과 코넬대학교의 조류학자 케빈 맥고완은 오늘날 터키에 있는 신석기 유적지에서 8,500년 전 신석기인들이 양팔에 레이스 장식을 한 버팀목으로 날개를 만들어 두루미 춤을 췄다는 사실을 밝혀냈다. 게다가 이들 가운데 누군가는 흙벽돌로 지은 집 벽 틈에 소뿔, 염소뿔, 개의 머리, 석퇴**처럼 특별한 물건과 함께 두루미 날개 한 짝을 숨겨두기까지 했다. 한편 러셀과 맥고완은 신석기인들이 특별한 의식에 쓸 분장용 깃털을 얻기 위해 독수리를 사냥했

---

* 동물이 동시에 번식하는 현상으로, 따로 떨어져 있을 때보다는 무리를 이룰 때 성적으로 상호 자극하여 보다 활발한 번식이 일어나고 효율성도 높아진다고 알려져 있다.
** 돌로 된 곤봉의 머리.

음을 보여주는 증거를 찾아냈다. 이들 두 사람은 두루미가 행복, 활력, 다산, 부활(녀석들은 봄에 돌아온다)과 연관이 있다는 결론에 이르렀다. 두루미 춤이 삶과 출산, 결혼과 부활을 상징했던 반면, 독수리 춤은 죽음이나 사후세계로의 회귀와 관련이 있었던 것으로 보인다.

러셀과 맥고완은 두루미 날개를 흙집 벽 틈에 넣어둔 데는 사람들의 눈에 띄지 않게 하려는 의도가 있었다고 본다. 두루미 날개는 결혼이나 새로 집을 짓는 것과 관련된 상징적인 물건이었기 때문에 결혼하거나 집을 지을 때면 사람들은 이를 어김없이 챙겼을 것이다. 내가 밀리와 로이를 살펴본 것처럼 고향으로 돌아오는 두루미를 지켜본 사람들에게는 춤, 짝짓기, 새끼 양육, 집을 연관 지어 생각하는 일이 지극히 자연스러웠을 것이다. 자신들의 삶과 비슷한 점이 많은 새들의 생태를 관찰하면서 두루미 춤이 행운을 불러온다고 생각한 신석기인들이 귀향과 새 생명을 상징하는 두루미 춤을 모방한 것은 어쩌면 당연한 일이었는지도 모르겠다.

벌들의 경이로운 소통방식

관찰은 의문을 만들어낸다.
해결할 수 있다는 전제 하에 이루어진 실험은
그 의문을 풀어준다.

– 장 앙리 파브르(Jean-Henri Fabre)

두루미는 해마다 두 차례에 걸쳐 엄청난 거리를 비행한다. 그런데 벌 역시 작은 몸집에 비하면 어마어마한 거리(최대 10킬로미터)를 비행한다. 꿀을 채집하는 일벌의 경우는 매시간 그런 비행을 할지도 모르겠다. 우리는 벌이 어떻게 길을 찾는지 알아보는 실험을 할 수 있다. 벌의 귀소성과 관련해 지금까지 밝혀진 놀라운 사실은 반세기 이상 거슬러 올라가는 오랜 탐구의 역사를 기반으로 하며, 그 개척자는 창의력 넘치는 실험을 고안해 실행에 옮긴 오스트리아의 카를 폰 프리슈(Karl von Frisch)와 그의 동료들이다. 그런데 현재 우리가 가진 지식은 이보다 훨씬 더 거슬러 올라가 벌이 채집한 꿀을 찾아내려 한 미국의 초기 개척민들에까지 이른다고 해야 맞을 것이다.

　　1782년, 프랑스 태생의 작가이자 뉴욕주 오렌지카운티에서 농부로 살았던 헥터 세인트 존 크레브쾨르(Hector St. John Crèvecoeur)는 다음과 같은 글을 남겼다.

　　파종을 마친 뒤 기분 전환의 한 방법으로 나는 숲으로 일주일 일정의 짧은 여행을 준비한다. 이웃들처럼 사슴이나 곰을 사냥하려는 게 아니라 숲에 해가 되지 않도록 벌을 잡으려는 것이다. …… 숲에 아름드리나무가 많은지 주의깊게 살펴본다. 만약 그렇다면 편한 장소를 찾아 납작한 돌 위에 자그맣게 불을 지핀다. 불 위에 밀랍을 조금 올려둔다. 이렇게 지펴둔 불 가까이에 또 다른 화롯불을 피워 그 위에 꿀을 한 방울씩 떨어뜨린 다음 돌 위에 올려둔 소량의 주홍색 안료로 주변을 두른다. 조심스럽게 물러나 벌이 나타나는지 살펴본다. 근처에 벌이 있다면 밀랍 태우는 냄새가 틀림없이 녀석들을 유인할 것이다. 벌들은 제 것이 아닌 먹이를 좋아하는 성향이 있기 때문에 꿀을 찾아나설 것이다. 벌들이 접근하면 주홍색 안료 가루가 어쩔 수 없이 몸에 묻게 되고 오랫동안 지워지지 않을 것이다. 이제 나침반을 준비해 벌들의 이동 경로를 탐색한다. 시계를 보면서 주홍색 안료가 묻은 벌들이 돌아오는 데 걸리는 시간을 측정한다. 이동 경로는 물론 거리(나는 이를 쉽게 짐작할 수 있다)까지 어느 정도 파악한 상태에서 첫 번째 녀석을 따라가면 십중팔구 벌집이 자리 잡은 나무에 이르게 된다. 그럼 그 나무에 표식을 해둔다[소유권을 주장하기 위해 자기 이름을 써두었을 것이다].

　　미국 개척민의 역사를 담은 연작소설 『가죽스타킹 이야기』의 저자이자 『모히칸족의 최후』로 잘 알려진 제임스 페니모어 쿠퍼(James Fenimore Cooper)는 1848년에 『참나무 틈, 벌 사냥꾼(The Oak-Openings or, The Bee-Hunter)』을 출간했다. 이 소설에서 쿠퍼는 '벌 미행'으로 불리게 된 미국 개척민들의 활동 가운데 크레브쾨르의 방식과 다르면서 더욱 믿을 만한 방식을 보여준다. 쿠퍼의 소설 속 이야기는 1812년 7월 '사람이 살지 않는 미시간주의 숲'에서 벌어진다. 그곳에는 토지를 정리하기 위해 주기적으로 불을 놓는 북미 원주민들 때문에 드문드문 남은 참나무 사이로 온갖 꽃들이 만발했다. 이는 꿀벌의 서식지로 더할 나위 없는 환경이었고 '윙윙 벤'이라는 별명까지 붙은 벌 사냥꾼 벤저민 보든은 이곳에서 자신만의 기술을 갈고 닦는다. 벤은 큰 유리컵으로 꽃을 덮은 다음 입구를 슬며시 손으로 막아 벌을 잡는다. 채집한 벌이 들어 있는 유리컵은 나무 그루터기에 올려둔다. 그 옆에는 꿀이 꽉 찬 벌집 한 덩어리가 놓여 있다. 그는 벌이 도망갈 수 없게 유리컵과 벌집에 모자를 덮어둔다. 그러고는 벌이 어둠 속에서 허우적대다가 마침내 꿀을 찾아낼 때까지 기다린다. 꿀 빼는 일에 몰두하면 벌은 더 이상 윙윙대지 않는다. 아무런 소리가 들리지 않으면 이제는 모자와 유리컵을 집어들 때가 온 것이다. 벌은 만찬을 끝낼 때까지 꼼짝 않고 있다가 어느 순간 날아올라 벌집 위를 돌고 나서 곧장 자기 집으로 날아갈 것이다. 벌을 따라간 벤은 어느 나무에 이르고 100킬로그램이 넘는 꿀을 손에 넣는다. 하지만 그것이 말은 쉬워도 실제로 따라 하기는 쉽지 않을 것이다.

마침내 미국의 꿀 사냥꾼들은 이런 벌 미행 기법에 몇 가지 개선점을 추가시켰다. 주요 개선 사항은 '벌 상자'를 만들어 사용하는 것이었다. 이렇게 작은 나무상자는 잡은 벌이 벌집 덩어리 위에서 꿀에 '취하도록' 만들어졌다. 벌 상자는 어린 시절 내가 살던 메인주에서 이용됐으며 나는 지금도 벌 상자를 갖고 있다. 평생 벌을 따라다닌 뉴햄프셔주 출신의 벌 사냥꾼 조지 해럴드 에드겔(George Harold Edgell)은 1949년 출간된 『벌 사냥꾼(The Bee Hunter)』이라는 제목의 소책자에서 "가장 중요한 일은 벌을 잡아 꼬리를 파랗게 칠하는 것"이며 "벌이 눈치 채지 못하게 살살 다뤄야 하고, 벌에 칠을 하려면 녀석이 걸쭉한 설탕시럽을 빨아먹는 데 정신이 팔려서 아무것도 신경 쓰지 않을 때까지 기다리는 것"이라고 기록해두었다.

1901년 벨기에의 극작가이자 노벨 문학상 수상자인 모리스 마테를링크(Maurice Maeterlinck)는 『꿀벌의 생활』(2010년 국내 번역출간)에서 색색이 칠을 해둔 식별 가능한 벌에 대한 몇 가지 실험을 소개했다. 이 실험을 통해 그는 벌들이 뜻밖의 먹이를 발견하면 동료에게 이를 알려 먹이가 있는 곳으로 곧장 날아오게 할 수 있다는 결론에 이르렀다. 그런데 미국의 숲에서 살아가는 사람들은 이 같은 방법 외에도 자기들만 알고 있는 특별한 벌 미행을 통해 벌의 행태에 대해 이미 놀라운 식견을 갖고 있었다. 마테를링크는 자신보다 앞선 미국인들의 발견을 인정하면서 다음과 같이 썼다. "벌에게 이 같은 [먹이의 위치를 동료들에게 알려 먹이가 있는 곳으로 찾아오게 하는] 능력이 있다는 사실은 미국의 벌 사냥꾼들 사이에서는 이미 잘 알려져왔다. 벌집을 찾을 때 그들은 바로 이런 점을 이용했다."

초창기 미국의 숲에서 자연과 밀접한 관계를 맺으며 얻은 지식에 의지해 살아갔던 사람들은 꿀벌이 동료를 불러모은다고 생각했고, 그런 이유로 벌 미행에 적극적이었다. 하지만 정작 벌집 내부에서 벌들이 소통하는 경이로운 방식을 밝혀낸 사람은 오스트리아의 동물학자 카를 폰 프리슈였다. 그는 이에 대한 연구로 노벨 생리의학상을 수상했다. 메인주에 살 때 이웃인 플로이드 애덤스가 열한 살이던 나를 데리고 벌 미행에 나섰던 일과 폰 프리슈가 쓴 『벌 : 벌의 시력, 화학적 감각, 언어(Bees: their vision, chemical senses, and language)』라는 소책자를 십대 시절 아버지에게서 건네받은 일은 정말이지 행운이었다. 이 책은 프리슈와 그의 동료들이 수행한 실험을 소개하고 있었다. 메인주 숲에서 실제로 이루어진 벌 미행 경험을 벌의 세계에서 핵심이나 다름없는 벌집까지 파고든 과학적 상상력과 결부시켰다는 점은 당시 내 마음을 사로잡기에 충분했다.

플로이드 가족이 살던 집은 우리 집에서 흙길을 따라 400여 미터 떨어진 농가였다. 그의 집에는 닭, 거위, 젖소, 돼지, 그 밖에도 무질서를 용인하는 장소에서나 살아갈 법한 온갖 야생동물이 살고 있었다. 플로이드 말고도 그의 네 아들 버치, 빌리, 지미, 로버트 역시 내 친구들이었다. 검은 머리에 콧수염을 기른 해병대 출신의 상이군인으로 최근 태평양에서 돌아온 플로이드는 심하게 다리를 절었고 블랙라벨 맥주 애호가였다. 자그마한 체구에 금발인 아내 레오나는 꿀에 대한 남편의 애정은 인정하면서도 맥주 취향에 대해서는 그리 너그럽지 못했다. 플로이드와 '사내아이들'은 무더운 날 건초 만들기를 끝내고 나면 해질녘 집 근처에 있는 피즈 연못으로 낚시를 하러 가곤 했다. 하지만 8월 들어 우리들 사이에서 가장 큰 인기를 끌었던 건 언제나 벌 미행이었다.

벌 나무(bee tree, 야생 꿀벌이 집을 짓는 속이 빈 나무)를 찾아내면 우리는 나무껍질에 각자의 이름 첫 글자를 새겨 소유권을 분명히 했다(벌 나무와 관련해서는 토지 경계선이 무의미했다. 찾은 사람이 임자였으니까). 또 마음이 내키면 언제든 가로톱, 도끼, 쐐기, 벌집, 꿀 담은 들통, 주전자를 챙겨서 집으로 돌아왔다. 삶에 필요한 것의 일부를 땅에서 얻는 일은 흥미로웠다. 이는 숲에서 속이 빈 나무를 찾아다니는 벌의 귀소성을 이해하고 그런 습성을 이용할 뿐만 아니라 벌을 새 집으로 이주시킨다는 것을 의미했다. 집으로 가져온 벌집을 다락방 창문가에 놓아두기도 했으니까.

이제 시간의 태엽을 훨씬 뒤로 돌려 25년 후로 가보자. 조카인 찰리 세월(Charlie H. Sewall)과 나는 미역취가 만발한 초원에 자리를 잡고 있다. 이곳에는 해마다 가을이 되면 다가올 겨울에 대비해 비축해둘 꿀을 채집하려는 야생 꿀벌이 모여든다. 우리는 벌 한 마리를 잡아 벌 상자 속에 넣어두는 것으로 행동을 개시한다. 벌 상자는 바닥에 설탕 시럽을 가득 채운 15×10센티미터의 벌집 하나가 들어 있는 사각형의 단순한 나무 상자다. 우리는 향기가 나는 아니스* 한 방울을 상자에 살짝 바르고 벌이 꽃에 내려앉으면 벌 밑으로 상자를 대고 뚜껑을 닫아 벌을 잡는다. 상자 속에 갇힌 벌은 처음에는 이리저리 날아다니면서 탈출하려고 애쓰지만 녀석이 설탕시럽을 발견하고 정신없이 빨아먹기 시작하면 더 이상 윙윙거리는 소리가 들리지 않는다. 그렇게 1~2분이 흘러간다. 우리는 상자 뚜껑을 열고 상자를 미역취 끝부분에 닿을락말락한 위치의 장대 위에 올려둔다. 벌이 설탕시럽에 빠져 있는 동안 녀석의 몸에 조심스럽게 칠을 한다. 이 모두 플로이드가 하던 일을 기억해낸 것이다. 그런 다음 미역취 옆에 쭈그리고 앉아 벌이 새로 발견한 먹이를 정신없이 빠는 광경을 지켜본다.

얼마 안 있으면 녀석은 먹이를 동료들과 공유할 것이다. 2분 정도 지나자 녀석의 꿀주머니가 그득해진다. 녀석은 상자 가장자리로 기어나와 더듬이에 묻은 설탕시럽을 앞다리로 문질러 닦아낸 뒤에 날아올라 바람이 부는 대로 이리저리 날아다닌다. 벌이 한쪽 방향으로 점점 더 크게 원을 그리며 날아오르기 시작할 때 하늘을 배경으로 윤곽을 드러낸 녀석의 모습을 시야에서 놓치지 않기 위해 우리는 몸을 낮춘다.

이윽고 비행경로를 정비한 벌은 하늘로 날아올라 '직선거리'로 멀리 날아간다. 그쪽으로는 벌을 치는 사람이 없기 때문에 녀석은 틀림없이 벌 나무로 갈 것이다. 녀석은 곧 동료들을 데리고 돌아올 테고, 우리는 손목시계를 들여다보면서 소요 시간을 측정한다. 벌은 1분

---

* 씨앗인 아니시드가 향료로 이용되는 미나릿과 식물. 아니시드에는 독특한 향과 단맛을 내는 아네톨이 들어 있다.

에 400미터 정도 날아간다. 그러니 녀석이 집으로 돌아가 꿀주머니 속의 설탕시럽을 토해 이를 서로 받아먹으려는 벌들의 입속에 넣어주는 데는 3~6분이 소요될 것이다.

우리는 편안히 앉아 기다린다. 10분이 채 지나지 않아 벌 한 마리가 불쑥 나타나 벌 상자를 향해 지그재그로 순식간에 날아든다. 녀석의 날갯짓 소리는 근처 미역취 꽃에서 먹이를 찾는 벌들의 소리보다 고음이다. 이는 이제 곧 만찬을 즐기리라는 기대 때문에 흥분해서 녀석이 체온도 높아졌다는 걸 의미한다. 상자 속으로 들어간 녀석은 설탕시럽을 빨기 시작한다. 곧 있으면 더 많은 벌이 올 테고 녀석들이 벌 상자 부근에 이르면 상자가 있는 곳을 알려주는 아니스 향에 이끌리게 될 것이다. 벌들이 식사를 마치고 나면 우리는 녀석들의 비행 방향을 관찰하게 된다.

먹이가 집 근처에 있을 경우 벌은 집으로 돌아와 벌방(honey comb, 벌집) 위에서 '원무(圓舞)'를 춘다. 녀석은 복부를 흔들면서 작은 원을 반복적으로 그리며 날다가 잠시 춤을 멈추고 채취해온 먹이를 조금씩 토해낸다. 집으로 돌아온 벌이 선전한 먹이의 질과 향에 관한 정보에 한껏 고무된 동료들은 벌집을 떠나 먹이를 찾아나선다. 먹이가 200~300미터보다 먼 곳에 있으면 원무를 추던 벌은 먹이의 위치와 관련된 정보를 담은 춤으로 바꾼다. 먹이까지 이동하는 거리는 벌들이 날개를 흔들며 8자춤을 추는 시간과 비례한다. 또 길잡이 벌이 직선으로 날아갈 때 수직 방향과 이루는 각은 벌집을 떠날 때 어느 방향으로 날아야 하는지를 알려준다. 길잡이 벌의 비행경로가 벌방(벌집에서 항상

052
053

수직으로 매달려 있다)에서 수직으로 올라가면 먹이는 태양과 같은 방향에 있다. 가령 먹이의 위치가 수직 방향에 대해 오른쪽으로 10도 기울어진 곳에 있으면 벌이 벌집에서 날아오르는 방향은 태양 쪽 수평 분력의 우측으로 10도 기울어져 있다. 결국 길잡이 벌의 동작은 먹이를 찾아가는 비행을 몸짓으로 보여주는 상징적인 의사표현이다.

먹이 채집에 나설 동료를 끌어모으는 첫 번째 단계는 출발 직전에 벌집 입구 쪽에서 간단한 경고 신호를 보내는 일일 것이다. 짧은 거리인 경우에는 그렇게 신호를 보내는 길잡이 벌의 냄새에 의지해 동료 벌들이 따라갈 수 있었을 것이다. 몇 백만 년이 지나는 동안 그런 경고 신호는 훨씬 중요한 기능을 갖게 되었다. 즉, 먹이가 있는 쪽에서 길잡이 벌들이 눈에 띄는 방식으로 비행을 함으로써 뒤따르는 벌들이 정확한 방향으로 출발할 수 있게 한 것이다. 진화 과정에서 이런 벌들의 비행은 벌방 꼭대기에서 먹이가 있는 쪽을 향해 곧장 한 번에 날아오르는 것으로 제한됐다. 이런 추론이 가능한 것은, 벌방이 야외에 있어서 이런 메커니즘이 통하는 몇몇 열대지방 꿀벌 종의 경우에는 여전히 그렇게 '원시적인' 방법으로 동료 벌을 모집하기 때문이다. 야외에 노출된 벌집은 먹이가 있는 곳에 대한 정보를 그런 식으로 나누는 데는 편리해도 천적에게 당할 위험이 있는 데다 추운 지방을 포함한 지구의 넓은 지역에서 살아가는 벌들에게는 무리인 주거환경이다.

그에 비해 속이 빈 나무 속에 지은 벌집은 춥거나 천적 때문에 서식지로 부적합한 지역에서도 벌들이 살아갈 수 있게 해준다. 그런데 그렇게 안전한 집이라도 벌방이 나무 공동(空洞)의 천장에 매달려 있어서 출출 수 있는 공간이 여의치 않을 뿐만 아니라 '춤추는 무대'가 어두워 먹이가 있는 곳을 똑바로 가리키지 못한다는 문제도 있다. 설령 벌들이 춤을 춘다고 해도 어둠 때문에 보이지 않을 것이다. 하지만 몇몇 벌들이 공중에 매달린 벌방의 평평한 표면을 춤추는 무대로 이용하자 수직면에서 수평 방향을 가리키는 일이 가능해졌다. 즉 벌들의 머리 위쪽이나 벌들의 춤이 '향하는' 방향을 태양이 있는 쪽으로 보는 것이다. 이로써 벌집 안에서 암호를 읽어내야 하는 벌들에게는 시각보다 촉각을 이용한 방향감각이 더욱 중요해졌다.

• • •

놀랍게도 동물에게는 한 번도 가본 적이 없는 곳을 찾아갈 수 있는 능력이 있다. 그런데 일부 개미 종이 보유한 능력은 이보다 훨씬 놀랍다. 북아프리카의 사막개미는 사막의 열기를 피해 땅 밑에 지은 집에서 살아간다. 하지만 녀석들은 뜨거운 열기에 희생된 동물의 사체를 찾아 타는 듯한 지표면으로 나오는 모험을 주기적으로 감행해야만 한다.

달리기 선수에 비유될 만큼 발이 빠른 것으로 알려진 개미는 열기에 강한 내성을 보이도록 진화되어왔다. 그러나 이런 개미에게조차 땅속의 시원한 집으로 돌아가는 것이 생사를 가르는 중요한 문제가 될 때도 있다. 집으로 피신해 데워진 몸을 식히고 체액을 보충하지 않은 채로는 모래 위를 오랫동안 돌아다닐 수 없기 때문이다. 바로 이

점에서 개미의 귀소 능력은 중요해진다. 녀석들은 열기에 타죽은 곤충을 찾아내려고 사방으로 기어다닐 수 있지만 일단 한 마리를 찾아내고 나면 '개미 길'을 만들어내면서 곧장 집으로 돌아가야 한다. 여기서 다음과 같은 의문이 떠오른다. 아무런 특징도 없는 초원에서 늘 다니는 정해진 길이 없다면 개미는 집으로 가는 방향을 어떻게 알 수 있을까?

초원에서 벌을 채집해 다른 지역에 풀어주면 대개는 자신이 원래 살던 곳을 향해 떠난다. 그런데 자신이 새로운 곳으로 옮겨졌다는 사실을 알아차리지 못한 벌들은 우리의 예상대로 행동한다. 취리히대학교의 뤼디거 베너와 동료들은 평생에 걸친 실험 연구를 통해 사막개미의 귀소성에 대해서도 같은 결론에 이르렀다. 개미는 태양을 나침반으로 이용하지만, 그것만으로는 충분치 않다. 제 발로 기어가지 않은 낯선 곳에 개미를 풀어놓았더니 초원에서 채집해 다른 지역에 풀어놓은 벌과 마찬가지로 길을 잃고 말았다.

집을 정확히 찾아가려면 출발에 앞서 '지도'에서 자신의 위치를 알고 있어야 한다. 사막개미는 집으로 돌아올 수 있지만, 이는 현재 위치까지 제 발로 '걸어간' 경우에만 가능하다. 베너는 개미가 집을 찾아가는 귀소 메커니즘에는 자기 위치를 쉬지 않고 계산하는 치밀함이 얼마간 필요하다는 결론에 이르렀다. 이를테면 걸음수를 헤아려 거리를 측정한다든지, 태양을 기준으로 집과 현재 위치가 이루는 각을 계산하는 것이다. 베너의 생각은 단순한 추측이 아니라 다양한 실험을 거치며 각고의 노력 끝에 얻은 가설이다. 개미가 중요하게 여

기는 정보가 어떤 것이며 녀석들이 이를 어떻게 이용하는지 알아내고
자 그는 개미의 태양 인지능력에 변화를 주기도 하고(벌처럼 길을 찾는
과정에서 녀석들이 이용하는 편광의 방향을 바꿀 수 있는 여광기를 개미 위에 올
려두었다) 보폭을 바꾸기도 했다(다리에 접착제를 붙여 다리 길이를 줄였다).
벌도 개미와 비슷한 '지도 감각'을 갖고 있을 것이다. 베를린의 신경
생리학자 란돌프 멘첼(Randolf Menzel)은 그런 지도 감각이 어떻게 작
용하는지 밝혀내기 위해 노력했다.

　　멘첼은 베를린 자유대학교에서 신경생리학 연구소를 활발히 운
영 중이다. 그는 꿀벌이 원하는 곳에 이르기 위해 현재 자신의 위치를
어떻게 알아내는지 밝혀내는 연구도 진행한 바 있다. 꿀벌은 사람들
의 최대 관심사인 이 문제를 연구하기에 적합한 곤충이다. 개미와 마
찬가지로 꿀벌 역시 먹이를 양껏 먹고 나면 집으로 돌아가려는 욕구
가 있기 때문이다.

　　벌의 뇌를 들여다보면서 녀석이 무엇을 알고 있고 무엇을 원하는
지 알아낼 수는 없다. 그럼에도 벌의 자연사에 입각한 재치 있는 실험
은 몇 가지 추론을 가능케 한다. 가령 우리는 벌집과 관련해 벌이 자
신의 위치를 감지하는 지점을 알아낼 수 있다. 먹이가 있는 곳에 벌이
규칙적으로 찾아온다면 녀석은 자신의 위치를 알고 있는 것이다. 먹
이가 있는 곳에서 집까지 늘 직선으로 날아가기 때문이다. 그런데 벌
집이나 먹이통 중에 하나를 제거하면 녀석은 자신이 목표한 지점에서
원을 그리며 선회한다. 녀석이 선회하는 지역 안에 벌집과 먹이통 중

에 적어도 하나를 제공하면 이를 눈 깜짝할 사이에 찾아내기 때문에 우리는 녀석이 무얼 찾고 있는지 짐작할 수 있다. 여기서 꿀이나 설탕 시럽으로 배를 채운 벌을 평소에 먹던 장소에서 채집해 어두운 상자에 넣어 녀석이 한 번도 가본 적이 없는 곳에 '앞이 안 보이는 상태로' 데려간다고 가정해보자. 앞에서 언급한 대로 대부분의 벌은 평상시 집으로 돌아가기 위해 날아가던 방향대로 직선을 그리며 날아갈 것이다. 이 경우 녀석들은 갈 수 있는 데까지 날아갈 테지만 집을 찾지는 못한다. 하지만 평상시에는 성공적으로 귀가한다. 녀석들은 어떻게 길을 찾는 걸까? 집에 도착할 때까지 녀석들은 어떤 노력을 기울이는 걸까? 멘첼의 실험이 있기 전까지는 벌이 시야에서 사라져버렸을 때 비행 중인 녀석들을 추적하는 일은 불가능했다. 멘첼은 레이더에 꾀임을 한 번 넣어 추적에 필요한 장치를 만들었다. 이 레이더를 이용해 그는 1킬로미터 이상 떨어진 지점을 날아가는 벌들의 실제 비행경로를 추적해 컴퓨터에 기록할 수 있었다. 그는 내게 진행과정을 함께 지켜보는 게 어떻겠냐는 제안을 해왔다.

　레이더를 이용해 곤충처럼 작은 물체를 장거리 추적할 때의 문제점은 언제나 레이더에 너무 많은 물체가 '보인다는' 것이었다. 온갖 물체에서 반사된 반향에 포함된 이질적 잡음으로부터 특정한 벌을 구분하기란 쉽지 않다. 1999년에는 새로운 곤충 탐지 레이더 기술이 등장했다. 영국의 조 라일리(Joe Riley)는 곤충에 소형 장치를 부착해 아무리 작은 물체라도 장거리 추적이 가능하도록 레이더 시스템을 개선했다. 이 장치는 전자기 음파 에너지를 받고 나면 전송된 초음파의 주

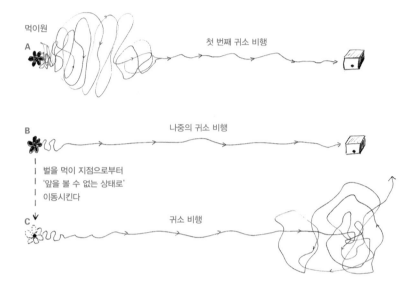

먹이원

A

첫 번째 귀소 비행

B

나중의 귀소 비행

벌을 먹이 지점으로부터
'앞을 볼 수 없는 상태로'
이동시킨다

C

귀소 비행

벌의 비행경로
A. 꽃이 만발한 지역이나 벌 상자에서 벌 나무(벌집)로 되돌아가는 첫 번째 여행은 정위비행으로 시작된다.
B. 나중의 여행은 보다 직선 경로에 가깝다.
C. 벌을 '앞을 볼 수 없는 상태로' 새로운 지점에 데려다놓으면 녀석은 여전히 이전과 같은 장소에 있는 것으로 인식하는 듯한 행동을 한다.

파수가 아닌 다른 주파수에 반응을 보인다. 수신기는 그런 주파수만을 증폭시키도록 맞춰져 있다. 이런 식으로 온갖 물체에서 반사된 반향이 여과됐기 때문에 미리 선별해 적절한 송수신기를 장착해둔 벌들의 비행경로를 추적하는 일이 가능해졌다.

  멘첼이 이끄는 연구팀의 전자기술 분야 전문가인 우베 그레거스(Uwe Greggers)는 1999년과 2001년에 라일리 시스템을 도입해 흥미로운 결과를 얻었으나 뒤늦게 소프트웨어 쪽에서 문제가 발생했다. 그럼에도 과학자들은 이들의 자료를 통해 얻게 된 전망에 힘입어 이 시스템을 발전시키기로 한 독일 북부 엠덴의 레이더 전문가와 접촉을 시도했다. 멘첼의 연구팀은 레이더 시스템을 이용할 적당한 장소를 물색해야 했다. 벌이 물체를 피하려고 애쓰거나 물체에 유인되는 등의 방해를 받지 않고 녀석들의 비행경로를 완벽히 기록할 수 있으려면 나무가 없는 넓은 평원이 실험장소로 적격이었다. 가장 가까우면서도 적합한 지역은 베를린에서 자동차로 약 두 시간 거리에 있는 광활한 습지 초원이었다. 클라인 뤼벤 마을 인근에 있는 규모가 크고 목가적인 농장과 부속 토지는 일곱 명이 넘는 조수들의 숙소를 갖추고 있었기 때문에 실험장소로 선정되는 데 이견이 없었다.

내가 현장을 찾았을 당시 진행 중이던 멘첼 팀의 실험에는 멀리 떨어진 두 군데의 먹이 장소에서 먹이를 기다리도록 벌들을 개별적으로 훈련시키는 과정이 포함돼 있었다. 먹이 장소는 한 번에 한 곳만 열리게 돼 있었고 어떤 일이 벌어질지는 전혀 예측할 수 없었다. 나는 연구팀과 함께 벌을 목격하고 이들의 실험이 성과를 거두는 현장을 지켜볼 수 있었으면 하는 마음이 간절했다.

이른 아침 멘첼은 브란덴부르크 교외에 있는 실험 장소로 가는 길에 그레거스와 나를 데리러 왔다. 우리가 탄 차에는 벌들의 비행경로를 출력하는 데 쓰일 육중한 대형 프린터가 실려 있었다. 얼마 후 차는 고속도로를 벗어났고, 두 시간이 지나 우리는 클라인 뤼벤에 도착했다. 겉보기에는 중세 이후로 변한 것이 거의 없을 듯한 조용한 농촌 마을이었다. 수 평방킬로미터에 걸쳐 펼쳐진 들판은 평평하고 습해서 개구리와 황새가 살기에도 더할 나위 없는 환경이었다. 황새는 붉은 기와지붕 꼭대기에 매달아놓은 바구니에 둥지를 틀고 살아가고 있었다. 찌르레기 무리가 공중에서 소용돌이치듯 빙빙 돌았다. 비포장도로를 끼고 있는 수로에서는 흰 백조 한 쌍이 유유히 헤엄을 치고 있었고, 회색 솜털이 덮인 새끼 다섯 마리가 한 줄로 늘어선 채 그 뒤를 따르고 있었다.

실험 장소인 들판의 한쪽 끝에서는 신호를 보내는 대형 안테나가 부착된 레이더 장치가 쉼 없이 돌아가고 있었다. 그 위에 올려둔 소형 접시 안테나는 들판을 날아다니는 벌에 장착해둔 송수신기에 부딪혀 반사된 신호를 수신하고 있었다. 들판에는 파란 삼각 텐트가 두 개, 노란 삼각 텐트가 세 개 설치돼 있었다. 벌들이 접근할 수 있는 이들 텐트는 그 위치를 바꿔가며 실험조건을 변경하도록 제작된 실험용 지형물이었다. 멀리에 벌집이 하나 있었고 거기서 누군가 달려오는 모습이 보였다. 멘첼의 조수로 있는 남학생이었다. 그는 정신없이 손을 휘두르면서 방어 자세를 취하고 있었다. 그는 벌집 근처에 있는 벌들에게 먹이를 준 다음 먹이통을 서서히 벌판으로 이동시켜 벌들이 먹이통을 따라 벌집에서 나오도록 하는 임무를 맡았다. 오전 중에 도착한 우리가 그 장면을 관찰할 수 있게 하기 위해서였다. 그런데 그는 벌집에 너무 가까이 접근했고, 그 순간 혼비백산해서 벌판으로 정신없이 쫓겨온 것은 벌이 아니라 조수였다. 그때쯤이면 벌들이 먹이통에 모여 있어야 할 테지만 두 곳의 먹이통을 향해 날아오는 벌은 한 마리도 없었다. 아마도 그 남학생은 그날 늦잠을 잤거나 벌을 유인하는 임무에 온전히 집중하지 못했던 것 같았다.

이로써 우리가 계획한 실험은 성공이 불확실해졌다. 상황은 심각했다. 이날 실험 비용으로 2,000유로를 이미 써버린 상태였고 멘첼은 부주의가 초래한 이 같은 상황을 용납할 수가 없었다. 다행히 또 다른 실험을 위해 사전에 준비된 벌집에서 나온 벌들이 먹이통을 찾아 벌판으로 날아오고 있었다. 그는 이들 벌 가운데 일부가 먹이통을 찾도록 한 다음 특정한 장소로 되돌아가는 훈련을 시킬 수 있었다.

실험을 위해 우리는 두 개의 먹이통을 서로 300여 미터 떨어진 A, B 두 곳에 설치해둘 필요가 있었다. 어떤 벌은 일련의 과정에 이미 길들어져 있었다. 벌판을 가로질러 걸어가는 나를 벌 한 마리가 따라오기 시작했다. 그런데 녀석의 모습이 무척이나 기이했다. 녀석의 몸은 일반적인 꿀벌처럼 평범한 갈색이 아니라 파란색과 초록색을 띠고 있었다. 멘첼의 조수와 내가 먹이통을 설치하자마자 이 녀석은 설탕시럽이 그득한 먹이통에 내려앉아 잽싸게 빨아먹기 시작했다. 녀석을 가까이에서 관찰할 절호의 기회가 찾아온 것이다. 초록색 벌의 가슴에는 29번이라 적힌 플라스틱 번호표가 달려 있었고, 벌의 배에는 파란색 물감이 발라져 있었다.

몇 분도 지나지 않아 색색의 벌들 몇 마리가 설탕시럽이 들어 있는 접시 둘레에 줄지어 앉았다. 모두들 설탕시럽을 빨아먹느라 정신이 없었다. 몇몇은 가슴이 초록색 혹은 파란색이었고 개중에는 가슴에 노란색 번호표가 붙은 벌들도 있었는데, 하나같이 배에는 흰색, 파란색, 노란색 물감이 추가로 발라져 있었다. 우베 그레거스와 그날 운이 안 좋았던 조수는 들판에 모습을 보인 벌들의 명단을 노트에 기록하기 시작했다.

재빨리 배를 채운 벌들은 벌판의 반대편에 있는 벌집을 향해 직선으로 날아갔다가 먹이를 구하러 곧바로 돌아왔다. 새로이 먹이 수집에 나선 (표식이 없는) 벌들 역시 매분마다 A지점으로 찾아왔다. 두 번째 먹이통(B지점)에서도 먹이 수집에 참여한 벌만 다를 뿐 A지점에서와 같은 부산한 움직임이 포착됐다.

멘첼은 먹이통 A를 먹이통 B쪽으로 100미터 이동시키라는 지시를 내렸다. 파란색 꼬리에 가슴이 초록색인 29번과 30번 벌, 흰색 꼬리에 가슴이 노란색인 2번 벌, 붉은색 꼬리에 가슴이 초록색인 39번 벌(녀석들은 모두 먹이통 A에 있었다)은 즉시 새로운 먹이통 B에 모습을 드러냈다. 녀석들이 먹이를 먹고 나자 우리는 먹이통 하나를 치우고 처음에 두 먹이통이 있던 지점의 중간에 남은 먹이통을 가져다놓았다. 그런 다음 지점 B로 먹이통을 옮겨놓았다. 이전 지점에 있던 파란색 꼬리에 가슴이 초록색인 29번 벌과 붉은색 꼬리에 가슴이 초록색인 39번 벌을 비롯해 대부분의 벌이 다시 모습을 나타냈다. 결국 우리는 어느 지점에 있던 벌들을 다른 지점으로 이동시키는 훈련을 한 셈이다. 이로써 녀석들이 두 지점을 구별할 줄 알며 집으로 돌아가기 위해서 두 지점 가운데 어느 하나를 기준 위치로 이용할 수도 있다는 사실이 확인됐다.

멘첼의 계획대로라면, 벌들이 멀리 떨어진 두 곳의 먹이 지점에 이르도록 하는 데 중요한 역할을 했던 중간 지점을 잊어버리는 것이 중요했다. 그래서 그다음부터는 벌에게 교대로 먹이를 공급했다. 먼저

A지점에, 다음으로 B지점에 먹이를 가져다놓은 다음 어떤 벌들이 두 지점에 모두 나타나는지 관찰했다(대부분의 벌은 두 지점 가운데 어느 한곳에서만 계속 먹이를 찾아다녔다).

저녁 무렵이 돼서야 비로소 우리는 훈련에서 실험으로 전환할 준비를 마쳤다. 실험 계획은 양쪽 지점을 모두 체험한 벌들 가운데 한 마리를 선별하는 것이었다. 한쪽 지점에서 먹이를 먹고 떠날 채비가 되면 이 벌은 어두운 상자 속에 채집돼 '앞을 볼 수 없는 상태로' 한 번도 가본 적이 없는 제3의 먹이 지점으로 옮겨진다. 여기서 녀석은 몸에 레이더 추적 송수신기를 장착하고 나서 풀려난다. 우리는 녀석이 셋 중에 적어도 한 가지 반응을 보일 거라고 생각했다. 첫째, 자신이 어디 있는지 알고서 집을 향해 곧장 날아간다. 둘째, 원래 있던 곳(이제는 잘못된 방향)으로 날아간다. 셋째, 자신이 낯선 곳에 와 있다는 걸 즉시 깨닫고 두 곳의 먹이 지점 중에 한 곳을 찾아나섰다가 찾고 나면 거기서부터 직선거리로 집까지 날아간다. 벌의 정확한 비행경로를 알면 세 가지 반응에 나타난 차이를 알 수 있으며, 이는 궁극적으로 벌의 귀소 메커니즘을 해독하는 데 결정적인 역할을 할 것이었다. 이 실험을 준비하는 데는 오랜 시간이 걸렸지만, 이제 나는 상상조차 할 수 없었던 흥미진진한 벌의 귀소성 실례를 직접 눈으로 확인하게 될 참이었다.

멘첼은 무전기를 들고 레이더 기지국을 호출했다. "마이크, 벌에다 송수신기를 장착할 건데, 준비됐어요?" 마이크는 군에서 수년간 레이더 훈련을 받았고 지금은 파트타임으로 일하면서 컴퓨터 기술 분야의 학위를 준비 중이었다. 저쪽에서 준비가 됐다는 응답이 왔다. 멘첼은 먹이통 A가 놓여 있는 곳으로 나를 데려갔다. 이곳에서는 벌들이 일렬로 줄지어 오가고 있었다.

"어떤 녀석으로 할래요?" 멘첼이 물어왔다. 나는 벌들을 종일 지켜보는 동안 알게 된 녀석이면 좋겠다는 생각이 들었다. 그래서 붉은색 꼬리에 가슴이 초록색인 39번을 골랐다. 우리는 녀석이 도착하기를 기다렸다가 녀석이 먹이를 먹도록 한동안 내버려두었다. 계획한 대로 벌이 설탕시럽을 빠느라 정신을 팔고 있는 사이 멘첼은 유리병으로 녀석을 잡았다. 멘첼은 코르크마개로 유리병을 막은 다음 손으로 감싸쥐어 어둡게 만들었다. 우리는 양쪽 먹이 지점에서 멀리 떨어진 곳으로 녀석을 데려갔다. 이곳은 지금까지 벌들에게 한 번도 먹이를 공급한 적이 없는 장소였고 우리는 바로 이 자리에서 녀석을 풀어줄 계획이었다.

'39번 초록색 벌'을 넣은 유리병은 위쪽에는 성근 그물망이, 바닥에는 막대 피스톤이 있었다. 멘첼은 슬며시 피스톤을 밀어 녀석을 그물망 쪽으로 몰아붙인 다음 작은 송수신기(한쪽 끝에 끈적거리는 패드가 달린 다이오드*를 심어둔 전선)를 집어들었다. 그는 가느다란 핀셋으로 패드에 붙은 보호용지를 능숙하게 뗀 뒤 벌의 가슴 윗부분에 송수신기를 붙였다. 그가 무전기로 마이크를 불렀다.

"준비됐나요?"

---

* 전류를 한 방향으로만 흐르게 하는 성질을 가진 반도체 소자의 명칭.

"네."

멘첼은 피스톤을 제거한 다음 벌이 기어오르도록 입구를 열어둔 채 유리병을 손에 쥐고 있었다. 녀석은 병 가장자리에서 머뭇거리며 더듬이를 손질한 뒤에 공중으로 날아올랐다. 녀석은 비행 중에 아무런 제약도 받지 않는 듯했다. 송수신기의 무게는 20밀리그램인데 비해, 벌은 꿀주머니에 자기 몸무게의 두 배에 이르는 200밀리그램의 꿀을 넣고 뒷다리에 두 개의 꽃가루 뭉치를 붙인 채 날 수 있다. 하지만 녀석은 고작 2~3미터 날다가 풀밭으로 내려앉았다. 전열을 재정비하기 위해 잠시 쉬는 것이었다. 몇 분 뒤 녀석은 마침내 다시 하늘로 날아올랐다. 녀석의 비행을 지켜보던 마이크는 우리에게 무전으로 알려왔다. 무전기 너머로 간간이 그의 목소리가 흘러나왔다. "녀석이 남쪽, 북쪽, 동쪽, 북쪽, 서쪽, 남쪽으로 날아갑니다." 마이크의 보고는 계속 이어졌다. "이제는 일직선으로 움직입니다. 제 집을 향해 곧장 날아가고 있어요!"

녀석은 갑자기 정확한 방향을 찾아냈고, 이것이야말로 주목해야 할 사항이었다. 녀석은 분명 무언가에 의해 '지도 위에서 자기 위치를 파악했고' 덕분에 집에 이르려면 어느 방향으로 날아야 할지 '알' 수 있었던 것이다. 한 번도 가본 적이 없는 경로를 택했다고 가정하면 성공적인 귀가는 녀석의 '방향감각'을 보여주는 걸까?

나는 레이더가 설치된 텐트로 달려갔고, 마이크는 레이더 화면 속에 나타난 점들을 보여주었다. 3초 단위로 이어진 눈금이 벌의 행적을 추적하고 있었다. 소프트웨어 덕분에 벌의 비행시간과 비행경로의 방향은 알아보기 쉽게 다채로운 영상으로 바뀌었다. 그 영상이 담긴 컴퓨터 화면을 통해 벌이 처음에는 우리가 먹이지점에서 녀석을 이동시키지 않았더라면 벌집이 있었을 지점을 향했다는 사실을 확인할 수 있었다. 우리가 녀석을 풀어줬을 때 녀석은 자기가 어디에 있는지 모르는 것처럼 행동했다. 하지만 우리 예상대로 녀석은 벌집이 있었을 지점에 이르고 나서 사방으로 원을 그리며 선회했다. 결국 실제 벌집의 위치와 벌집이 '있었을' 지점으로부터 훨씬 멀리까지 날아갔다 온 뒤에야 녀석은 갑자기 방향을 제대로 잡아 집을 향해 곧장 날아간 것처럼 보인다. 놀랍게도 녀석의 비행경로는 두 곳의 먹이지점으로부터 녀석이 평상시에 먹이를 찾아다니던 길이 아니었다. 녀석이 파란색이나 노란색 텐트를 보고 과거 정위비행* 중에 이들 지점 사이의 관계를 학습했기 때문에 자신의 새로운 위치를 확인하기 위해 그런 정보를 뒤바꿨던 것일까? 그야 벌을 몇 마리 더 실험해보면 밝혀질 일이다.

벌의 귀소성 연구를 위해 그 밖에도 수백 마리의 벌이 동원된 다양한 실험이 진행 중에 있었다. 13명의 저자로 이루어진 멘첼의 연구팀은 그로부터 2년이 지나 마지막으로 출간한 책에서 꿀벌이 과거의 비행과 눈에 띄는 지형적 특징을 통해 학습한 비행 방향 정보와, 벌집

---

* 동물이 자신의 위치를 파악하기 위해 하는 비행. 가령 벌은 집을 떠날 때 집 주위의 특징을 기억하기 위해 집 상공을 날아다닌다.

내부의 동료들을 통해 습득한 비행 방향 정보를 통합한다는 결론을 내렸다. 그러나 벌은 벌집을 오가는 비행 방향을 바꿔 자신이 학습한 비행경로와 동료로부터 전달받은 비행경로 사이에서 새로운 최단 경로를 찾아낼 수도 있다.

꿀을 얻으려고 벌 미행에 나섰던 모든 미국인들이 알았고 활용했던, 또 벌의 언어를 해독한 폰 프리슈도 이용했던 '그' 귀소 본능은 오늘날에도 여전히 매력과 신비의 원천으로 남아 있다. 폰 프리슈는 이를 두고 길어 올리면 올릴수록 더 많이 솟아오르는 '마법의 우물'에 비유하기도 했다. 그가 예언자 같은 말을 남긴 지 75년이 지난 지금도 '우물'은 마를 틈 없이 차오르고 있다.

저마다의 낙원을 찾아 이동하는 동물들

좋은 장소에 둥지를 트는 것과 나쁜 장소에서 빠져나오는 것은
지도상으로 종점이 정해져 있는 장거리 이동처럼
늘 쉽게 구분되는 것은 아니다.

천막벌레나방(Malacosoma americaum)은 북아메리카에서 흔히 볼 수 있는 나방이다. 녀석들은 늦여름이면 담황색 누에고치에서 빠져나오는데, 암컷은 이때 이미 100개가 넘는 알을 낳을 준비가 돼 있다. 암컷은 사과나무나 벚나무를 찾아다니다 지름이 약 0.5센티미터 되는 잔가지 위에 알을 낳는다. 끈적끈적한 거품과 함께 암컷의 몸에서 나온 알들은 한데 엉겨붙어 나뭇가지를 고리처럼 에워싼다. 알 뭉치를 에워싸고 있던 거품이 말라 굳으면서 겨울나기를 할 가지에 알이 단단히 들러붙는다. 애벌레는 겨우내 알속에 갇혀 있다가 산란 후 약 9개월 만에 정확히 알을 깨고 밖으로 나온다. 이때쯤이면 녀석들이 겨울나기를 한 나무에도 움이 트기 시작한다.

천막벌레나방이라는 이름이 붙여진 것은, 애벌레들이 실을 토해 '천막'으로 불리는 특이한 공동주택을 만들기 때문이다. 2013년 봄, 나는 메인주 오두막 옆에 있는 어린 흑벚나무 위에서 갓 만들어진 천막을 발견했다. 대다수의 지역민들과 마찬가지로 이들 애벌레는 내게도 친숙했지만 그때까지만 해도 녀석들을 자세히 들여다봐야겠다고 생각해본 적은 없었다. 다만 천막 모양의 집이 밤마다 서리가 내리는 시기에 태어난 애벌레들을 따뜻하게 품는 작은 온실 역할을 한다는 정도만 알고 있을 뿐이었다.

이런저런 이점에도 불구하고 집을 가지려면 그만큼의 비용을 치러야 하는 게 사실이다. 우선 집을 만들어야 하는데, 여기에는 시간과 에너지, 전문 지식이 필요하다. 집을 들락거리려면 그에 걸맞은 기술도 요구된다. 한동안 나는 이런 집을 만드는 애벌레가 어디서 나오는지 궁금했다. 놀랍게도, 내가 살펴보던 껍데기만 남은 알들로 이루어진 잔가지 위의 고리는 천막으로부터 1미터 정도 떨어진 곳에 있었다. 부화를 마친 그 많은 애벌레는 어떻게 함께 지낼 '결정을 하고' 힘을 합쳐 천막집을 지었을까? 나는 햇빛 때문에 눈을 찌푸린 채 텅 빈 알껍데기에서부터 녀석들의 집으로 가는 길목에 가느다란 실이 반짝이며 지나간 흔적을 확인할 수 있었다. 녀석들이 함께 기어가다가 어떻게 해서 같은 곳에 자리를 잡는지에 대해 어렴풋이나마 짐작할 수 있는 단서를 찾아낸 것이다.

천막집을 발견한 지 이틀째인 5월 1일에도 숲 바닥에는 여전히 눈이 남아 있었다. 신록의 기운은 어디서도 찾아볼 수 없었다. 하지만 나는 그날 일기에 "흑벚나무에서 이제 막 새순이 돋아나려 한다"고 적어놓았다. 흑벚나무는 잎이 가장 먼저 돋아나는 나무지만, 애벌레는 그때까지도 잎을 먹을 수 없었다. 녀석들은 어떤 행동을 보일까? 해가 뜬 지 한 시간이 지나서 작은 애벌레들이 천막집에서 나와 볕이 잘 드는 곳에 옹기종기 모여들었다. 또다시 한 시간쯤 지나자 녀석들은 이리저리 움직이기 시작했고, 그중 몇 마리는 벚나무 줄기와 가지를 오르내리며 몇 센티미터씩 정처 없이 기어다녔다.

예상대로 작은 애벌레 몇 마리는 앞서 자기들이 실로 만들어놓은 길을 따라 원래 있던 나뭇가지로 돌아가기 시작했다. 하지만 녀석들은 고작 6센티미터를 가다가 되돌아왔다. 일부는 나무줄기를 타고 내려갔다. 늘 그렇듯 몇 마리는 되돌아왔고, 일부는 일렬로 줄지어 다른 애벌레의 뒤를 따랐다. 이윽고 아침 7시 30분이 되자 스무 마리가량 되는 선발대가 나무줄기를 따라 9센티미터를 내려갔다가 두 마리는 되돌아왔다. 그 후로 더 많은 애벌레들이 천막집을 나섰고 결국 모든 애벌레가 한 줄로 길게 늘어서서 나무줄기를 타고 내려갔다가 또 다른 나뭇가지를 향해 움직이는 진풍경이 펼쳐졌다. 30분이 지나 선발대는 73센티미터를 이동해 어느 잎눈에 이르렀다. 나머지는 천막집에 이르는 길목에 일렬로 죽 늘어서 있었지만, 녀석들은 앞서의 두 가지 다른 이주 방향은 포기한 상태였다. 마침내 천막집에서 75센티미터쯤 떨어진 벚나무 잎눈에 모든 애벌레가 집결했고, 한 시간 반이 지나 녀석들은 또다시 길게 줄지어 천막집으로 되돌아왔다.

정오 무렵, 녀석들은 천막집 밖으로 나와 머리를 앞뒤로 흔들면

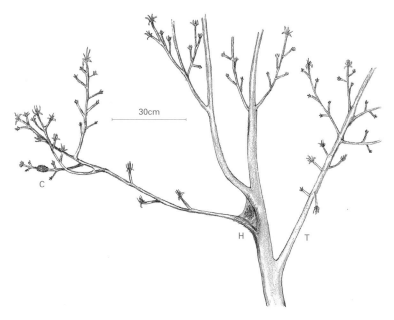

30cm

C

H

T

위치 C에 자리 잡은 천막벌레나방의 알무리. 갓 부화해 모습을 드러낸 애벌레들은 어린 흑벚나무 줄기를 따라 이동해 나무줄기가 갈라진 곳에 집(H)을 만들기 시작하고 최초로 먹이 장소(T)를 향해 무리를 지어 이동한다.

서 기어다녔다. 침샘에서 토해낸 실을 엮어 집을 넓히려는 모양이었다. 또다시 한 시간이 흘렀다. 이제 천막집 안으로 모여든 녀석들은 나무껍질에 단단히 몸을 고정시킨 채 꼼짝 않고 있었다. 가늘고 미세하게 엮은 실 장막에 가려 천막집 내부는 좀처럼 보이지 않았다.

애벌레는 밤새 천막집에 머물렀다. 해가 뜨면 녀석들이 어제 갔던 나뭇가지로 다시 가지 않을까 하는 생각이 들었다. 그런데 이번에는 녀석들이 전혀 다른 길로 줄지어 이동하는 게 아닌가. 녀석들은 전날처럼 나무 아래로 내려가지 않고 다른 곁가지에도 발을 들여놓지 않은 채 곧장 위로 올라갔다. 이제까지 녀석들이 선택한 두 가지 먹이 채집 경로에서는 실을 찾아낼 수 없었다. 이번에 녀석들은 훨씬 멀리까지(130센티미터) 움직였다. 전날 이루어진 한 번의 식사 덕분에 녀석들의 몸은 눈에 띌 만큼 자랐다. 몸집이 전날과 같은 애벌레는 몇 마리 없었고 보아하니 대부분은 체중이 두 배로 불어난 듯했다. 녀석들이 쳐둔 그물망에는 자잘한 배설물 덩어리들이 여기저기 걸려 있었다. 이제 간신히 벌어지기 시작한 잎눈에 먹을 것이 거의 없는 것처럼 보였어도 녀석들은 뭔가를 먹었던 것이다.

셋째 날, 잎눈이 벌어지면서 벚나무는 잎눈을 밀고 나온 작은 새 잎들로 풍성해졌다. 그러나 밤이면 기온이 뚝 떨어져 새벽녘에는 서리가 내렸기 때문에 애벌레들은 느지막하게 집을 나섰다.

녀석들의 먹이 채집 방식은 얼마 안 가서 밝혀졌다. 애벌레는 먹지 않을 때는 낮이건 밤이건 하루의 대부분을 천막집에서 보냈다. 녀석들이 나뭇가지에서 보낸 시간은 잠깐이었지만, 집에 있을 때만큼 체온을 유지하기는 힘들었을 것이다. 기온이나 시간에 상관없이 먹이를 먹자마자 천막집으로 들어가기 바빴기 때문이다.

나는 천막집에서 살아가는 애벌레를 찾아내 지켜보면서 귀소성과 관련된 행동양식을 보여주는 단서를 좀 더 찾아내고자 다른 애벌레도 관찰했다. 놀라운 사실 가운데 하나는 녀석들이 성장할수록 먹이가 있는 곳까지 무리를 지어 오가지 않고 각자 독립적으로 먹이를 찾아다닌다는 점이었다. 게다가 녀석들은 반쯤 성장하면 천막집을 떠나 다시는 돌아오지 않고 먹이 채집을 계속하다가 마침내 가느다란 실로 성긴 고치를 지을 장소를 물색한다. 천막벌레나방 애벌레는 번데기 상태로 머물 장소로 대개 나무껍질 틈새를 택하지만 건물 벽면의 갈라진 틈새에 자리를 잡기도 한다. 어린 애벌레가 집에 틀어박히는 걸 그토록 좋아하는 반면 성장한 애벌레는 그렇지 않은 이유는 뭘까?

어린 애벌레가 고치를 만드는 행위에는 천적으로부터 자신을 보호하려는 조치가 어느 정도 반영돼 있다는 생각이 든다. 천막집에는 불개미(Formica rufa)가 드나들었으며 이들 불개미는 애벌레가 부화한 직후부터 녀석들이 다니는 길목에서 서성이곤 했다. 천막집에 보호 기능이 있는지 알아보려고 나는 집을 찢어 한쪽을 열어두었다. 천막집에는 확실히 보호 기능이 있었다. 개미들이 화가 난 것처럼 더듬이를 자꾸만 북북 문지르면서도 그 안으로 들어왔기 때문이다. 녀석들은 찢어진 천막집 속에서 꾸물댔고, 나는 녀석들이 애벌레를 낚아채 밖으로 나오는 모습을 지켜봤다. 그에 비해 망가지지 않고 멀쩡한 천막집에는 개미 한 마리도 들어갈 수 없었다. 천막집마다 몇 겹의 실로 이중삼중 에워싸여 있었던 것이다. 이로써 천막집의 그물이 개미 같은 천적을 막아주는 역할을 한다는 사실이 밝혀졌다. 뿐만 아니라 몸집이 작은 애벌레들이 대부분의 시간을 집 안에서 보내는 것은 누에쉬파리나 맵시벌에게 당할 염려가 그만큼 덜하기 때문인지도 모른다. 몸집이 커진 애벌레는 정교하게 지은 고치 덕분에 개미는 물론 대부분의 새들로부터 안전해진다. 서리가 내리기 훨씬 전에 번데기에서 성충이 되기 때문에 애벌레는 서리를 피하느라 몸을 땅에 묻을 필요가 없다.

이들 애벌레는 자신들이 지은 여름집과 몸에 두른 고치 덕분에 천적으로부터 안전하다. 또 번데기는 추운 겨울을 피해 여름에 일찍 감치 성충이 될 준비를 마친다(나방의 조기 우화). 알과 유충 역시 체내에 들어 있는 부동액 덕분에 얼 염려가 없다. 이 때문에 천막벌레나방의 생애에서는 '모든 일'이 불과 몇 미터 안에서 벌어질 수 있다. 6월 말, 번데기는 자기 부모가 알을 낳은 사과나무나 벚나무에서 그리 멀지 않은 곳에서 성충으로 모습을 드러낸다. 필요한 조건을 채우기 위해 대륙을 횡단하는 일부 곤충과 달리 천막벌레나방의 일대기는 집에서 멀리 갈 필요 없이 완성될 수 있다.

제왕나비. 모든 곤충 가운데 제왕나비(Danaus plexippus)의 이동은 규모나 범위 면에서 최고라고 알려져 있다. 40년 넘게 제왕나비와 이들 나비의 이동을 연구해온 게인스빌 소재 플로리다대학교(현재 그린브라이어대학)의 링컨 P. 브라우어 박사는 제왕나비의 이동에 대한 인간의 지식이 확장되어온 값진 역사를 기록하고 있다. 초기 자연주의자들은 초원지대에서 '거대한 무리'의 제왕나비를 목격했다. 초원에서는 제왕나비 애벌레들이 이 지역에 서식하는 다양한 박주가리(Asclepias)의 잎을 먹었고 다 자란 성충들은 꽃에서 꿀을 빨아먹었다. 그런 제왕나비는 훗날 농업의 산업화로 다양한 먹이식물이 자취를 감추면서 개체수가 줄어들었다가 개간과 박주가리 확산에 힘입어 19세기 동부지역에서 다시 모습을 나타내기 시작했다.

제왕나비 수백만 마리가 몇 시간에 걸쳐 지나가는 모습이 보스턴
에서 목격되기도 했다. 이는 오늘날 상상하기조차 힘든 현상이지
만 덕분에 당시 녀석들에 대한 대중의 관심은 폭발적으로 높아졌
다. 이들 제왕나비가 새들처럼 장거리 이동을 한다는 가설을 처
음 내놓은 곤충학자 찰스 밸런타인 라일리는 운집해 있던 나비를
목격한 사람들의 말을 인용해 수 킬로미터에 걸쳐 펼쳐진 나비
떼가 태양을 가려 "낮을 밤처럼 어둡게 만들었다"라고 썼다. 1880
년 보스턴을 지나던 거대한 제왕나비 떼는 "거의 믿을 수 없을 정
도"라고 묘사되기도 했다. 재조림 사업과 인간의 경작, 경작지에
서 곤충의 먹이식물을 제거하는 라운드업(Roundup)*을 비롯한 제
초제 사용으로 이제 제왕나비는 과거의 명성을 찾아볼 수 없게
됐다. 지난 수십 년 동안 미국 동부지역에서는 제왕나비가 거의
자취를 감춘 것 같다. 나는 2013년 늦여름부터 제왕나비를 단 한
마리도 보지 못했다. 그럼에도 제왕나비의 이동 범위에 대한 우
리의 지식은 나날이 확장을 거듭해왔다.

제왕나비는 수천 킬로미터를 스스로의 힘으로 이동한다. 철따라
이동하는 그 밖의 수많은 곤충들과 달리 제왕나비 무리(한 마리씩 개별
적으로는 이동하지 않음)는 정기적으로 쌍방향 이동을 한다. 하지만 다른

---

* 미국 몬산토사(社)가 개발한 제초제 글리포세이트의 상품명. 특정 잡초만 방제하는 선택적 제
초제와 달리 모든 잡초를 방제할 수 있는 비선택성 제초제로 매년 5억 톤 정도가 사용된다.

곤충 이주자들처럼 되돌아오는 나비와 떠난 나비가 같지는 않다.*

뉴잉글랜드에서 알이나 애벌레, 번데기, 성충의 형태로 겨울을 나는 대개의 북아메리카 나비나 나방과 달리 제왕나비는 어떤 성장 단계에서도 그곳에서 겨울을 나지 못한다. 오늘날 북아메리카 동부 일대의 들판을 화려하게 수놓는 제왕나비 무리는 남서쪽으로 수천 킬로미터 떨어진 멕시코시티 인근의 화산 남서쪽 비탈에 자리 잡은 울창한 전나무숲(약 해발 3,000미터 높이)에서 겨울을 보낸다. 제왕나비는 그런 전나무숲에서 비와 우박, 이따금 내리는 눈을 피할 만한 은신처를 찾는다. 이 지역은 나비가 얼어 죽을 정도로 춥지는 않으며, 녀석들이 남쪽으로 이동하면서 체내에 축적한 에너지원으로 버틸 수 있을 정도의 적당한 기온이 유지된다.

여름철이면 제왕나비는 뉴잉글랜드 들판 위를 지그재그 형태로 이리저리 날아다니다 꿀을 채취하기 위해 간간이 내려앉는다. 간혹 짝짓기에 나선 암수 한 쌍을 목격하기도 하는데, 이때 암컷은 비행을 계속하는 데 비해 수컷은 날개를 접고 생식기를 암컷에 붙인 채 수동적으로 매달려 있는 모습을 보게 된다. 오랫동안 지속된 교미(엄밀히 따지면, 수컷이 교미 전후로 암컷과 함께 있으면서 다른 수컷의 접근을 막기 위한 '짝보호'일 가능성도 있다)를 마친 암컷은 금빛 반점이 새겨진 은은한 문양의 초록색 알을 한 번에 하나씩 박주가리 아래쪽에 붙여둔다. 사나

---

* 겨울나기를 위해 가을에 남쪽으로 이동했던 제왕나비는 이듬해 봄이 되면 북쪽으로 되돌아오다가 도중에 잠시 멈춰 알을 낳고 죽는다. 앞에서 부화해 다 자란 2세대는 북쪽으로의 여행을 계속한다.

제왕나비 애벌레, 번데기, 성충.
제왕나비는 수천 킬로미터를 스스로의 힘으로 이동한다.

흘 후면 노란색, 검정색, 흰색으로 알록달록한 애벌레가 알에서 나와 먹이를 우적우적 씹기 시작한다. 보름 정도(기온에 따라 변동 가능) 지나면 애벌레의 몸무게는 갓 부화한 애벌레 몸무게의 2,780배에 해당하는 1.5그램까지 늘어난다. 애벌레는 배의 뒤쪽 끄트머리에 달린 갈고리 모양의 기관을 이용해 나뭇잎 뒷면에 몸을 붙인 다음 거꾸로 매달린다. 그 후로 애벌레는 허물을 벗고 반짝이는 금빛 반점을 지닌 초록색 번데기로 변모할 것이다. 이는 분명 대부분의 아이들에게 친숙한 모습일 것이다. 며칠 지나면 번데기 몸이 짙은 색을 띠기 시작하면서 주황색 무늬가 새겨진 날개의 윤곽이 아직은 투명한 각피를 통해 드

러난다. 등 쪽의 약한 부분을 따라 번데기가 갈라지면 축 늘어진 성충
이 빠져나오면서 양 날개를 펼친다. 2~3시간이 지나면 호르몬이 생
화학적 과정을 일으켜 외피를 단단히 하고 날개를 뻣뻣하게 만들어줄
것이다. 이제 나비는 날아갈 준비를 마쳤다. 날개는 나비를 어디로 데
려다줄까?

제왕나비의 연구는 1935년 토론토대학교 동물학과 출신의 프
레드 어커트(Fred Urquhart) 박사와 그의 아내 노라 어커트(Norah
Urquhart)에 의해 시작되었다. 이후 수천 명에 이르는 아마추어 자원
봉사자들의 조언과 협력 덕분에 오늘날까지 이어진 제왕나비의 연구
결과 현재 우리는 제왕나비에 관해 놀라운 사실을 알고 있다. 1930년
대 말 어커트 부부는 자신들이 캐나다에서 5월 말과 6월 초에 날개가
넝마처럼 너덜너덜한 제왕나비를 목격했다고 기록했다. 그들은 제왕
나비가 캐나다에서 겨울을 나는 일은 없으며 그럴 수도 없다고 알고
있었기 때문에 이들 나비가 아주 먼 길을 날아오지 않았을까 하는 의
문을 가졌다. 제왕나비는 가을이면 남서쪽을 향해 날아가지만 녀석들
의 종착지가 어딘지는 아무도 모른다. 나비의 이동과 관련해 뭔가 알
아내기 위해 이들 부부는 1937년 "캐나다 토론토대학교로 보내주세
요"라는 글귀가 적힌 꼬리표를 제왕나비의 날개에 붙이기 시작했다.
제왕나비의 몸무게는 0.5그램 정도인 데 비해 날개에 붙여둔 꼬리표
는 0.01그램에 불과했기 때문에 나비가 이동하는 데 지장을 줄 정도
는 아니었다. 오늘날 이용되는 이와 비슷한 꼬리표에는 접착제가 발
라져 있어 반으로 접어 날개의 인분(鱗粉)*을 제거한 뒤에 앞날개 가

장자리에 붙일 수가 있다.

제왕나비에 꼬리표를 붙이는 연구의 목적은 나비가 이동했는지 여부를 알아내는 것이었다. 그런 계획은 어커트의 말마따나 당시만 해도 "도저히 불가능한 것으로 여겨졌다." 그러나 나비가 어디로 가고 어디서 오는지에 대한 의문은 인간의 상상력을 붙잡았고 꼬리표가 달린 나비를 본 사람은 누구든 나비를 잡으려고 나섰을 것이다. 아니나 다를까, 수십 년이 흐르는 동안 멀리서부터(최대 1,288킬로미터) 수많은 꼬리표가 되돌아와 나비의 이동 양식을 보여주었다. 1957년 온타리오주에서 꼬리표를 붙인 어느 제왕나비는 18일이 지나 1,184킬로미터 떨어진 조지아주의 애틀랜타에서 발견되기도 했다. 분명한 것은 가을에 캐나다를 떠나는 나비들이 남쪽을 향했다는 사실이다.

그럼에도 나비 무리에 무슨 일이 벌어졌는지는 아무도 밝혀내지 못했다. 그러다 1975년 1월 멕시코시티에 사는 캐시와 켄 브루거는 2.2헥타르(약 6,650평)에 이르는 부지에서 휘황찬란한 오렌지 빛을 뿜어내는 2,250만 마리로 추산되는 제왕나비 떼를 발견했다. 이곳은 멕시코의 산악지역에 있는 13군데의 월동 장소 가운데 한 곳으로 밝혀졌다.

수백만 마리에 이르는 제왕나비는 멕시코시티 인근 미초아칸 산맥의 숲을 화려하게 수놓고 있었다. 1976년 1월 18일, 이 지역을 살펴보고자 설레는 마음으로 여행 중이던 어커트 부부는 "멀리서 폭포

---

* 곤충의 날개에 있는 털 모양의 미세한 구조물.

수가 떨어지듯 수천 개의 날개가 파닥이는 소리"를 들었다. 이들은 눈부신 나비들의 몸짓에 압도돼 아무런 말도 할 수가 없었다. 나무에 내려앉은 나비들의 몸무게만으로 솔가지가 부러져 이들 부부 바로 앞에 떨어졌다. 프레트 어커트는 이렇듯 떨어져내리는 나비 떼에 둘러싸인 채 내셔널지오그래픽 사진작가를 위해 포즈를 취하다 이들 나비 가운데 꼬리표가 달린 나비 한 마리를 발견했다. 나비의 원산지를 추적하던 그는 이 나비가 1975년 9월 6일 미네소타주의 채스카에서 짐 길버트에 의해 꼬리표를 달게 됐다는 사실을 알게 됐다. 그때까지 꼬리표가 달린 나비를 수도 없이 봐왔지만 그는 "내 생애에서 가장 흥분된 순간이었다"는 말을 남겼다.

수십 년간의 연구를 통해 지금까지 알려진 사실은 가을이면 나비들이 겨울을 나기 위해 개별적으로 온타리오주에서 멕시코까지 이동하는데, 겨울나기를 할 장소에 10월 내내 파죽지세의 기세로 당도한다는 것이다. 녀석들은 축 처진 상태로 겨울의 대부분을 멕시코에서 보내지만 따뜻한 날에는 높이 날아올라 물도 마시고 꿀도 보충한다. 이른 봄 성적인 충동이 일기 시작하면 한바탕 짝짓기가 벌어진 뒤에 대대적인 이동이 이루어진다. 암컷은 대개 짝짓기를 마치고 나서 떠난다. 지난해 늦가을 이들 나비를 남쪽으로 안내했던 '나침반'은 녀석들을 다시 북쪽으로 안내하도록 '맞춰진다.'

나비 떼가 북쪽을 향해 나아갈 때 암컷은 도중에 멈춰 박주가리에 알을 낳는다. 멕시코에서 날아간 나비의 일부는 북쪽의 목적지까지 한 번에 날아가지만, 암컷이 도중에 낳은 알에서 부화해 성장한 새끼는 그보다 늦게 목적지에 도착한다. 1세대 나비 가운데 일부는 다소 너덜너덜해진 날개로 북쪽에 도착하는 반면, 늦게 도착하는 나비의 날개는 멀쩡하다. 하지만 제왕나비라고 해서 반드시 이동하는 것은 아니며, 이동하는 제왕나비가 모두 북아메리카 북동부지역의 개체군과 같은 방향으로 이동하는 것도 아니다.

프레드 어커트를 곤혹스럽게 했던 의문 가운데 하나는 나비가 어떻게 집을 찾아가느냐 하는 것이었다. 1987년 출간된 제왕나비에 관한 책에서 어커트는 나비가 어쩌면 지구의 자력선*을 이용할지도 모른다고 추정했다. 하지만 서로 다른 나비 무리는 서로 다른 방향으로 이동하기 때문에 모든 무리가 같은 방식으로 자력선에 맞출 수는 없을 거라는 생각도 덧붙였다.

어쩌면 이보다 어려운 문제는 이들 나비가 이동하는 궁극적인(진화론적) 이유가 무엇인가 하는 것이었다. 어커트는 자신이 수용한 생각이 "터무니없는 것인지도 모른다"고 솔직히 인정했다. 그의 생각을 요약하면, "지구는 일 년에 두 차례 동물의 생명에 영향을 줄 수 있는 태양열 복사가 강한 지역을 통과하는데, 이는 체세포에 어떤 식으로든 영향력을 미쳐 가을이면 생식기관의 성장을 저지했다가 봄이면 성장을 촉진하고 동물의 이주 반응까지 일으킬 수 있다"는 것이다. 그런데 이는 대체로 진화론적 설명에 맞지 않는 메커니즘을 따르고 있기 때문에 가능성이 없는 이론이다. 오히려 그런 현상이 진행돼온 적합

---

* 자기장에서 자기력이 작용하는 방향을 나타내는 선.

한 이유에 대한 보다 일반적인 견해는 다음과 같은 주제에 초점을 맞추고 있다. 즉, 북쪽에서는 겨울을 날 수 없었던 제왕나비가 열대지방에서 진화하는 과정에서 있을 수 있는 제약 조건을 극복하기 위해 에너지 절약이나 자원 활용을 극대화한다는 점이다. 제왕나비는 왕나빗과에 속하지만, 엄격히 따지면 열대 생물군으로 분류된다. 봄철 제왕나비가 북쪽으로 이동하는 것은 애벌레의 먹이기지나 다름없는 박주가리에 대한 행동 개시인 셈이다. 박주가리는 북아메리카 대부분 지역에 분포한다. 더구나 제왕나비로서는 포식의 측면(녀석들이 먹이식물에서 채취해둔 독 성분 덕분에 천적의 공격으로부터 화학적으로 보호를 받기 때문이다)으로든 에너지 비용의 측면(녀석들이 여행 도중 흡수한 에너지가 여행에 소모되는 에너지를 충분히 보충하고도 남기 때문이다)으로든 그다지 손해 볼 것 없는 여행일 것이다. 실제로 체내에 저장해둔 지방이 이동 중에 완전히 고갈되는 대개의 새들과 달리 제왕나비들은 여행 도중에 오히려 살이 쪄서 월동 단식을 시작하는 멕시코에 도착할 무렵이면 50퍼센트의 체지방을 보유하게 된다.

나비와 나방은 엄청난 선택압(selective pressure)*을 경험하는데 이 때문에 이들의 생존전략은 끊임없이 바뀔 수밖에 없다. 날씨는 비행 활동과 범위, 애벌레의 성장률뿐만 아니라 간접적으로는 바이러스 감염에도 영향을 줌으로써 개체수에 변화를 가져온다. 하지만 어커트는

* 지구 환경이 생존의 조건에 맞으면 생명체가 살아남게 하고 조건에 맞지 않으면 사라지게 하는 작용을 하는데 이를 '선택압'이라고 한다. 자연의 '선택압'에 적응하여 살아남은 것을 적자생존이라 한다.

암컷 제왕나비 한 마리가 700개의 알을 낳는다는 점을 들면서 불과 4세대를 거치고 난 뒤에(시기상으로는 늦여름) 암컷 한 마리의 '생물 번영 능력(도중에 죽는 경우가 없을 때의 개체수)'이 300억 1,250만 마리의 성체라고 계산했다. 식물의 입장에서는 다행스럽게도 동물의 이러한 번식 능력은 그대로 실현되는 법이 없다. 동물 군집이 먹이(이 경우는 박주가리)를 다 먹어치우면 한계상황이 빨리 찾아온다. 북아메리카에 서식하는 제왕나비 대부분이 몇 년 동안 바이러스에 의해 떼죽음을 당했지만 다시 몇 년이 지나면 개체수를 회복했다. 그런데 어떤 이유로 개체수 회복이 안 될 수도 있다. 근래 들어 제왕나비 개체수는 회복할 기미 없이 심각한 수준으로 감소했다. 여기에는 자연적이라기보다는 인위적인 원인이 한몫했다. 토지의 대규모 경작지 전용, 제초제에 강한 내성을 지닌 GMO(유전자 변형)작물 재배로 과거 옥수수 밭 사이에서 흔히 찾아볼 수 있던 박주가리가 자취를 감추었다.

제왕나비의 비행은 그야말로 볼 만한 구경거리다. 내 오두막에서 겨울을 난 인근 들판과 숲의 쉬파리 떼와 마찬가지로 녀석들 역시 한 번도 가본 적이 없는 곳에서 겨울을 나기 위해 특정한 곳을 여행할 것이다. 그렇게 집을 찾아 떠나는 이동은 다양하지만 흔히 볼 수 있다. 보스턴 소재 매사추세츠대학교의 로버트 D. 스티븐슨과 윌리엄 A. 하버는 코스타리카 퍼시픽 슬로프의 건조한 저지대에서 살아가는 나비의 약 80퍼센트(250종)가 계절마다 정기적으로 동부의 습한 숲으로 이주한다는 사실을 밝혀냈다. 이들 나비의 이동 거리는 10~100킬로미터에 이르렀다.

전 세계적으로 널리 분포하는 작은멋쟁이나비(Vanessa cardui)는 유럽뿐만 아니라 북아메리카에서도 종종 대규모로 나타났다가 다시 여러 해 동안 자취를 감춘다. 녀석들은 뒷날개에 분홍빛과 푸른빛을 띤 '눈'이 달렸으며 대개 주황색과 검은색인 몸에 흰 반점이 나 있다. 보통 이들 나비는 길을 가로질러 날아가는 모습이 목격되는데, 이 경우 거의 모두가 같은 방향으로 가고 있을 가능성이 높다. 작은멋쟁이나비는 사막에 큰비가 내려 엉겅퀴 같은 먹이식물이 풍성해지면 자신이 태어난 멕시코를 떠나 북쪽을 향해 정기적인 이주에 나선다. 나는 언젠가 친구가 애리조나주에 있을 때 경험한 나비의 목격담을 들은 적이 있다. 당시 운전 중이던 친구는 차량 유리창에 무더기로 달라붙은 작은멋쟁이나비 때문에 와이퍼가 "금세 아무 소용이 없게 돼버렸다"고 했다. 나는 버몬트주와 메인주에서 이들 나비를 정기적으로 봐왔지만 2012년 여름과 같이 이례적인 경우를 제외하고는 그렇게 큰 무리를 만난 적이 거의 없었다.

성충이 되어 이동하고 서식지 일부에서 동면을 취하는 나비 가운데 하나로 유럽큰멋쟁이나비(Vanessa atalanta)를 들 수 있다. 녀석들도 모든 나비가 그렇듯 아름다운 색채를 자랑한다! 흰 반점으로 수놓은 이들 나비의 짙은 앞날개에는 붉은 띠가 가로질러 지나간다. 녀석들의 애벌레는 쐐기풀을 먹고 자란다. 1985년 5월 11일, 나는 버몬트주에 있는 집 근처에서 다음과 같은 일기를 썼다.

오후 2시 반에서 4시 반 사이쯤 30여 킬로미터에 이르는 순환 도로를

유럽큰멋쟁이나비 애벌레, 번데기, 성충. 애벌레는 잎을 잡아당겨 실로 칭칭 감아서 은신처를 만들고 그러는 사이에 잎을 갉아먹는다.

따라 조깅을 하면서 내 앞에서 도로를 가로질러 날아가는 유럽큰멋쟁이나비를 세보니 모두 512마리였다. 녀석들은 대부분 북동쪽을 향하고 있었다. 오후 5시, 집에 돌아와서는 좁다란 대오를 형성해 골짜기를 지나 경작지 위로 날아가는 나비의 방향을 나침반을 이용해 체크한다. 이들 나비가 적어도 50보의 거리(약 75미터)를 어느 방향으로 날아가는지 확인할 수 있다. 관찰한 22마리 모두 북동쪽을 향해 날아갔다. 오후 6시, 나비의 움직임이 거의 잦아들었다. 북동쪽에서 산들바람이 약하게 불어온다.

나는 2001년 여름과 2010년 봄에 다시 한번 큰 무리를 이룬 유럽 큰멋쟁이나비를 목격했다. 녀석들은 이제 막 벌어진 사과나무 잎순을 먹고 있었고, 나중에는 인근의 양 방목지에서 자라는 쐐기풀이 나비의 애벌레로 바글거렸다.

나방의 이동은 나비의 이동보다 더 볼 만하다. 제이슨 W. 채프먼과 그의 동료들은 10여 만 마리의 밤나방(밤나방과)에 대한 레이더 추적 활동을 포함한 최근 10년 동안의 연구 결과를 발표했다. 그중에서도 가을이면 북유럽에서 남쪽으로 이주했다가 봄이면 다시 지중해에서 북쪽으로 이주하는 감마밤나방(Autographa gamma)이 주요 연구 대상이었다. 나비와 마찬가지로 이들 나방 역시 이동하는 도중에 새끼를 낳는다. 녀석들도 나비처럼 특정한 방향을 유지하기 위해 옆에서 불어오는 바람을 일부 조정한다. 가장 놀라운 사실은 나방이 윈드서핑에도 일가견이 있다는 것이다. 녀석들은 봄·가을철 이주 방향에 맞춰 자기에게 가장 유리한 기류를 선택한다. 만약 바람이 자기에게 유리한 방향과 20도 정도의 차이를 보이면 비행 방향을 조정해 바람과 같은 방향으로 맞추고 이를 유지한다. 그러나 바람이 90도 정도의 차이를 보일 경우에는 비행을 멈추고 자기에게 유리한 바람이 불 때까지 기다린다. 이들 나방은 캄캄한 밤에 수백만 마리씩 무리를 지어 날아가며 제왕나비와 마찬가지로 지구의 자기장에 방위가 맞춰져 있는 것 같다.

무선 꼬리표를 부착한 왕잠자리(Anax junius)에 대한 연구는 이들 잠자리가 세대교체를 이루고 돌아온 잠자리들과 함께 북쪽에서 남쪽으로 수백에서 수천 킬로미터까지 이동한다는 사실을 보여준다.

이런 이동을 통해 동물은 겨울나기나 번식에 유리한 장소에 다다른다. 좋은 장소에 둥지를 트는 것과 나쁜 장소에서 빠져나오는 것은 지도상으로 종점이 정해져 있는 장거리 이동처럼 늘 쉽게 구분되는 것은 아니다. 동물이 이동하는 습성은 진화론적으로 뿌리가 깊은 메커니즘이다. 사실 곤충의 날개나 날개를 갖게 되는 변태는 개체 확산을 위해 웅덩이나 동물의 사체, 그 밖의 일시적인 먹이 공급원에 집단 서식하기 위한 곤충 나름의 기발한 적응 방식이었을지도 모른다. 먹이 공급원에 가장 먼저 도착한 녀석은 그곳을 이용하고 번식 경쟁에서 승리를 거뒀다. 그러려면 적당히 걸어다니는 것보다는 먼 곳을 폭넓게 날아다닐 수 있는 날개를 가진 것이 유리했을 것이다.

날개와 변태는 조건이 일정하다면 그리 중요하지 않다. 개체 확산이 '필요' 없을 경우에는 일부 진딧물처럼 날개가 성장하지 않거나 노린재나 매미처럼 날개를 움직이는 근육이 약해지는 대신 단백질을 이루는 아미노산이 더 많은 알을 만드는 데 이용된다는 점에서 어떤 곤충은 자기가 경험하는 조건의 변화, 특히 개체수가 많은 과밀 현상에 즉각적으로 대응할 수도 있다. 간혹 임의의 곤충 군집 내부에는 '개체를 확산시키는 무리'와 '그렇지 않은 무리'가 별개로 존재하기도 한다. 양쪽의 비율은 서식지 수준과 그에 따른 이주나 체류에 따른 비용 대비 이익의 비율에 달려 있다.

'어디로든' 흩어진다는 것은 이주를 하지 않는 동물에 일반적으로 적용되는 말이다. 그런 동물은 암호화되거나 학습을 통해 얻은 방향감각은 갖고 있지 않지만, 일정 거리를 이동하려면 곡선으로 도는 대신 직선으로 움직이라는 지침만은 선천적으로 지니고 있는지도 모르겠다. 아프리카에서는 애기뿔소똥구리가 밤마다 쇠똥에 몰려드는 수천 마리의 경쟁자를 물리치고 쇠똥을 굴리며 쏜살같이 움직이는데, 이때 녀석들이 이정표로 삼는 것은 은하수를 이루는 별무리다. 똥이나 동물의 사체를 먹는 곤충 역시 천적을 끌어들이며, 그런 녀석들은 식사를 마치자마자 천적에게서 멀리 달아난다. 나는 새벽녘에 동물의 사체에 붙어 있던 똥파리 유충이 직선에 가까운 동선을 유지한 채 달아나는 모습을 본 적이 있다. 1935년 뉴잉글랜드에서 발생한 것처럼 먹이가 남아돌아 개체수가 폭발적으로 증가한 나그네쥐(레밍)와 회색큰다람쥐처럼 간혹 일부 설치류에서 나타나는 대규모 이동은 더 좋은 곳으로 가기 위한 개체수 확산의 또 다른 사례일 수도 있다. 하지만 이 경우 목적지가 반드시 예정된 곳일 필요는 없다.

반면 철따라 '진정한' 의미의 이동을 하는 동물은 조건의 변화가 예측 가능하다는 전제 하에 두 곳에서 최선의 조건을 찾아 이용할 수 있다. 북극제비갈매기(Sterna paradisaea)는 북극 전역에 알을 낳은 뒤에 먹이를 구하기가 힘들어질 무렵 겨울나기를 위해 남극으로 날아갔다가 먹이가 풍부해진 봄에 되돌아온다. 녀석들의 이동거리는 왕복 7만 킬로미터에 가깝다. 여름철 북극에서 먹이를 얻은 귀신고래(Eschrichtius robustus) 역시 따뜻한 바다에서 새끼를 기르기 위해 해안선을 따라 멕시코까지 8,000킬로미터를 여행한다.

개체를 확산시키는 동물과 철따라 이동하는 동물은 명확히 구별되지는 않는다. 대개 전자는 후자와는 대조적으로 수동적인 메커니즘에 따라 움직인다. 다시 말해, 녀석들은 스스로의 이동 능력에 맞춰 구체적인 목적에 따라 움직인다. 둘 사이에는 아주 미묘한 차이가 있고, 양쪽 모두 고유하지만 수천 가지 사례가 존재한다. 뱀장어, 메뚜기, 진딧물, 무당벌레로 대표되는 사례를 통해 동물들이 더 좋은 곳에 이르는 다양한 방법을 살펴보자.

뱀장어. 지구상에는 수많은 종의 뱀장어가 있지만, 우리에게 친숙한 미국장어(Anguilla rostrata)와 유럽장어(A. anguilla)는 민물인 연못과 호수에 산다. 그런데 분명치 않은 몇 가지 이유로 녀석들은 고향에서 번식을 하지 않는다. 오히려 두 종 모두 수천 킬로미터에 이르는 편도여행으로 흩어진(혹은 '이동한') 다음 대서양 한가운데에서 알을 낳고 죽음을 맞는다.

새나 곤충이 기류를 이용하는 것처럼 뱀장어 역시 물살을 이용해 평생 살아오던 고향을 떠난다. 뱀장어가 민물을 떠나 바다로 가서 알을 낳고 죽으면 녀석들이 낳은 새끼는 몇 년 동안 해류를 따라 표류한다. 하지만 뱀장어의 이런 행동은 결코 수동적이라 할 수 없다. 뱀장어는 민물인 호수나 강바닥에서 살을 찌우며 본거지를 떠날 준비를 한다. 바다로 떠나기 전 녀석들은 소화관을 몸의 일부로 흡수할 뿐만 아니라 눈을 크게 확대하고 복부를 은색으로 바꾸는 식으로 몸을 변

형시킨다. 복부색을 바꾸는 변형은 방어피음(防禦被陰)*을 형성하여 큰
바다에서 자기보다 아래로 다니는 천적의 눈에 잘 띄지 않게 해준다.

　뱀장어가 민물 서식지에서 바다로 삶의 터전을 옮길 수 있게 해
주는 행동, 형태, 생리적 면에서의 극적인 변화는 강력한 선택압의 작
용을 두드러지게 보여준다. 그렇다면 녀석들은 어째서 자신이 성장하
고 생애 대부분을 보낸 민물 서식지를 떠나는 걸까? 산란지인 사르가
소해**를 향해 일생에 단 한 번 일방적으로 이루어지는 항해는 더 나은
서식지를 찾거나 경쟁을 피하기 위해서가 아닐지도 모른다. 그럼에도
녀석들의 이동은 천적이 자신들의 새끼와 만나거나 새끼를 잡아먹지
못하도록 하는 멋진 결과를 낳았다는 생각이 든다. 결국 이들 뱀장어
의 이주는 천적으로부터의 위협을 감소시켰다는 이유로 종족 내부에
서 발전을 거듭해온 메커니즘이 아닐까?

　뱀장어를 소재로 한 출판물은 6,000건이 넘지만, 경제적으로 중
요한 식용 물고기인 이들 뱀장어의 생애주기는 여전히 베일에 싸여
있으며 오랫동안 추측만 난무했다. 수세기 동안 뱀장어 새끼를 본 사
람이 없을뿐더러 아직까지도 녀석들이 알을 낳는 모습은 목격된 적이
없다. 아리스토텔레스는 지렁이가 자라 뱀장어가 된다고 믿었다. 투
명해서 속이 들여다보이는 이파리처럼 생긴 뱀장어 치어는 대서양에
서 목격된 바 있다. 잎 모양을 한 이들 치어가 더 많이 수집되면서 녀

---

* 햇빛에 노출되는 등 부분은 어둡고 그늘진 복부는 밝은 색이 되는 현상으로 동물의 위장 전략
　가운데 하나다.
** 북대서양 일부로 서인도제도와 아조레스 제도 사이에 위치한 해역.

석들의 크기가 다양하다는 사실이 알려졌다. 가장 작은 치어는 사르가소해의 버뮤다 제도 남쪽에서 발견됐다. 이 때문에 이 지역은 뱀장어의 원산지, 다시 말해 산란 장소로 추정된다.

멕시코 만류에서 부화한 뱀장어 유생은 북쪽으로 표류한다. 녀석들은 우세한 해류에 이끌려 플랑크톤처럼 이리저리 움직인다. 일 년이 지나 5~6센티미터 정도 자라면 제법 뱀장어의 형태를 갖추게 되지만 몸체는 여전히 투명하다. 그때쯤이면 녀석들은 헤엄도 치고 냄새로 강을 찾아 거슬러 올라갈 수 있다. 하지만 이렇듯 속이 훤히 들여다보이는 유생기의 '실뱀장어(glass eel)'는 연어와 달리 바다 냄새만 경험해왔기 때문에 강 특유의 냄새를 따라 거슬러 올라갈 수가 없다.

이 단계의 암컷 실뱀장어는 이른 봄 대서양 연안의 강과 시내를 따라 거슬러 올라간다. 두 달 후에 녀석들은 강에서 10센티미터 정도까지 자란다. '새끼 뱀장어(elver)'로 불리는 녀석들의 몸은 이제 더 이상 투명하지 않으며 이제 호수로 들어가 뱀장어가 된다. 이들 암컷 뱀장어는 8년 넘게 호수에서 살며 살을 찌운다. 반면에 수컷은 염분이 함유된 강어귀에 머문다. 암컷이 적정한 수준의 체지방을 얻게 되면 성적으로 성숙한 단계에 이른 것이다. 암컷은 한 번에 300만~600만 개에 이르는 알을 밴다. 가을이 되면 임신한 암컷은 강 하류로 내려가 바다로 되돌아가는 여정에 오르고 사르가소해에 이르러 알을 낳는다. 수컷은 민물에서 살지 않기 때문에 암컷은 수정을 하려면 바다 한가운데 어디에선가 수컷을 만날 것이다.

멕시코 만류가 북아메리카를 지나 북쪽으로 이어짐에 따라 미국장어와 동일한 산란 장소인 사르가소해에서 태어난 유럽장어 유생의 여정도 계속된다. 이윽고 2~3년이 지나면 녀석들은 유럽 연안에 이르고 이들 역시 강과 시내를 찾아 올라간다. 상류로 거슬러 올라가는 동안 녀석들의 몸 색깔은 변한다. 성체로 자란 녀석들은 대서양으로 되돌아가는데, 사르가소해까지 6,500킬로미터에 이르는 여정을 마친 뒤에 평균 수백만 개의 알을 낳고 생을 마감한다. 수백만 개의 알 가운데 단 하나만이 살아남아 고향으로 돌아가는 여정에 오르고 생식 기능을 갖춘 성체가 될 때까지 민물에서 자랄 것이다.

메뚜기. 곤충의 개체 확산으로 가장 잘 알려진 사례 중의 하나는 '사막메뚜기(Schistocerca gregaria)'로 녀석들은 동물의 왕국에서 가장 볼 만한 대이동을 연출한다. 아프리카 대륙에서 이들 종은 성경의 구약시대부터 유명했다. '메뚜기' 떼가 하늘을 시커멓게 뒤덮고 선봉에 선 녀석들이 땅에 내려앉아 초록색으로 보이는 건 무엇이든 먹어치우기 시작하면 나머지 녀석들은 그 너머의 더 넓은 초원으로 날아가고 뒤에 남은 녀석들도 같은 방식으로 날아오른다. 결국 수억 마리의 메뚜기 떼가 지나간 자리에는 식물이 흔적도 남지 않는다. 이런 메뚜기 떼에는 천적조차 아무런 영향을 주지 못한다. 더구나 사막메뚜기는 천적에게 거부감마저 준다. 이는 이동하면서 무엇이든 닥치는 대로 먹는 이들 메뚜기가 유독식물의 독소를 흡수해 조직의 일부로 받아들이기 때문이다. 제왕나비를 포함한 수많은 곤충의 신체색과 마찬가지로 메뚜기의 밝은 주황색과 노란색은 잠재적인 천적에게 거부감을 느끼게 한다.

이처럼 독특한 색깔을 띤 메뚜기가 갑자기 나타난 것처럼 보여도 녀석은 전혀 다른 모습을 한 채 내내 거기에 있었던 경우가 많다. 녀석의 몸은 먹이식물과 조화를 이루고 천적의 구미를 당기도록 원래 완벽한 초록색을 띠고 있다. 오랫동안 과학자들은 미지의 발원지에서 불쑥 날아와 미지의 목적지를 향해 날아가는 '이주 메뚜기'가 유일한 메뚜기 종이라고 생각했다. 하지만 오늘날은 그런 이주 메뚜기가 개체수 과밀에 따라 색깔, 형태, 행동을 변화시키는 일반적인 메뚜기종의 한 '단계'라는 사실이 알려져 있다. 이는 몇 가지 실험을 통해 증명이 가능하다. 별개의 개체들로부터 이들 '이주 메뚜기'를 만들어내기 위해 약충*을 한 마리 잡아 유리병에 넣고 전동 브러시를 이용해 간지럼을 계속 태운다. 계속되는 간지럼은 개체수 과밀 상태와 흡사한 상황을 연출한다. 사막메뚜기의 경우 개체수 과밀은 신경계가 호르몬을 변화시켜 특이한 몸 색깔, 날개 길이, 행동 양식을 보이며 끊임없이 이주하도록 '선택적' 진화가 진행돼왔다는 사실을 보여준다. 이는 환경이 '가장 중요하다'는 사실을 보여주거나 다른 관점에서 보자면 하나부터 열까지 유전학과 관련된 훌륭한 사례다.

극도로 예민해진 이주 메뚜기는 뛰어올라 위로 날아가는 무리를 따라갈 것이다. 이런 행동 덕분에 개체수 과밀 지역의 메뚜기는 먹이를

---

* 불완전변태 곤충의 유생.

구하고 알을 낳고 새끼를 기를 만큼 여건이 갖춰진 새로운 곳으로 옮겨간다. 얼마만큼 떨어진 곳에 좋은 장소가 있는지에 대해 아무런 정보가 없는데도 메뚜기는 이미 알고 있는 것처럼 그곳을 향해 이동한다.

메뚜기 무리는 서로 합의에 이른다. 녀석들의 합의에는 사고나 토론이 빠져 있지만 상당히 합리적이다. 녀석들은 우세한 바람을 따라 움직이는 무리에 합류할 때까지 날아가기만 하면 된다. 결국 이런 바람은 맞은편에서 불어오는 바람을 만날 테고 습한 열대기류가 서늘한 고도까지 올라가 형성된 구름이 비를 뿌리면 메뚜기는 비가 내리

이주 메뚜기는 유충과 성체라는 두 단계를 거친다.

는 땅에 내려앉는다. 땅이 물기를 머금고 폭신해지면 메뚜기는 배를 흙속에 밀어넣어 알을 낳는다. 새싹이 움트는 시기에 맞춰 새로운 약충도 부화를 마친다. 번식하기에 좋은 곳에서 여정을 끝낸 녀석들의 귀향(혹은 '확산')이 이제야 마무리된 것이다.

진딧물. 이들은 식물에 바글바글하게 달라붙어 군집을 이루며 살아간다. 모기가 동물의 피부에 구멍을 내는 것처럼 녀석들은 식물에 구기(口器)를 찔러넣고 피 대신 식물의 수액을 빨아먹으며 같은 장소에서 생애 대부분을 보낸다. 그럼 녀석들이 이동을 할 수 없거나 그럴 의사가 없는 게 아닌가 하는 생각이 들지도 모르겠다. 하지만 이주 메뚜기와 마찬가지로 녀석들 역시 족히 수백 킬로미터는 이동할 수 있다. 녀석들이 얼마나 멀리 가는지는 확실히 알려져 있지 않으며 그 거리는 다만 바람이 부는 방향에 따라 달라질 수 있다.

이미 좋은 먹잇감 위에 앉아 있는 진딧물은 다른 먹이를 찾아 떠나지 않을뿐더러 짝짓기를 할 필요조차 없다. 대신에 녀석들은 생식을 위해 이동하는 시기가 지나면 단성생식*으로 전환한다. 딸이 바로 엄마 옆에 자리를 잡고 그렇게 여러 세대를 거치는 동안 진딧물 군집

---

* 수정을 하지 않은 배우자가 단독으로 발생하여 새로운 개체가 되는 현상. 처녀생식, 단위생식이라고도 한다.

도 커져간다. 먹이가 떨어지는 늦여름과 가을 사이에 낮이 짧아지면
서 진딧물 새끼는 색다른 발달 노선을 택한다. 마지막 탈피를 하는 약
충은 변화하는 낮의 길이나 먹이를 이유로 날개를 키우고 생식 기능
을 갖춘다. 날개가 부서지기 쉽고 약하지만 약충은 가벼워서 민들레
나 포플러 나무의 씨앗, 혹은 거미줄에 앉아 있는 새끼 거미처럼 바람
에 실려 날아갈 수 있다. 9월에 보게 되는 녀석들의 모습은 대개 공중
에 불규칙적으로 떠다니는 하얀 보풀을 연상시킨다.

진딧물은 바람을 타고 날거나 공중으로 떠돌아다닌다. 결국 녀석
들은 바람에 맞서 싸우는 대신 바람을 타고 떠다니다 지상 어딘가에
다시 내려앉는다. 땅으로 내려올 때 녀석들은 날개의 도움을 받아 무
엇이든 연녹색을 띠는 것을 향해 나아간다. 진딧물을 연구하는 곤충
생리학자가 설치해놓은 접착제로 코팅된 초록색 종잇조각에 속지만
않는다면 이런 색깔은 녀석들이 좋아하는 먹이, 다시 말해 싱싱하게
자란 식물과 연관될 가능성이 높다. 착륙한 이후로는 짝짓기 상대가
이토록 작은 거주지에 정확히 내려앉을 가능성이 희박하기 때문에 녀
석들은 처녀생식으로 다시 전환하고 이로써 진딧물의 생애주기가 다
시 시작된다.

무당벌레. 진딧물의 천적인 무당벌레 역시 계절에 따라 변하는
환경에서 이동을 통해 적응해왔다. 미국 서부지역에서는 무당벌
레가 대개 자력으로 저지대에서 시에라 산맥까지 이주한다. 어떤
곳에서 녀석들은 양동이 하나 가득 떠 담겨 진딧물을 잡으려는

096
097

농부나 정원사에게 팔릴 수도 있다! 나는 캘리포니아대학교 버클리 캠퍼스에서 봄비가 그치고 풀이 마를 때쯤 녀석들이 학교 인근의 스트로베리캐니언에 있는 산비탈에서 떼 지어 날거나 날려가는 모습을 종종 목격했다.

몇몇 종의 무당벌레는 계절에 맞춰 번식을 중단해야 할 때 이동한다. 비행에 소모되는 에너지가 적잖은데도 녀석들이 이동을 하는 이유는 대개 에너지를 아끼기 위해서다. 사정은 이렇다. 먹을 수 있는 진딧물이 많이 남아 있는 한 무당벌레는 애벌레든 성충이든 굶지는 않는다. 하지만 결국 캘리포니아에 찌는 듯한 여름이 찾아와 먹음직한 초록 식물이 자취를 감추면 진딧물도 떠나게 마련이다. 이제 무당벌레의 휴지대사*는 중대한 골칫거리가 된다. 무당벌레의 휴지대사는 체온이 높을 때는 활발하지만 기온이 영하에 가깝거나 그 아래로 떨어져 최저의 체온을 유지하며 무기력하게 견뎌야 할 때는 무시해도 좋을 만큼 미미하다. 미 서부 지역의 건조하고 뜨거운 여름이 수개월 지속되면 무당벌레의 높은 휴지대사는 체내에 축적해둔 에너지와 체수분을 모두 고갈시킨다. 먹이와 물이 공급되지 않는 환경에서 녀석들은 죽을 수밖에 없다. 그러나 녀석들은 상승온난기류의 도움으로 산비탈을 따라 이동해 대기가 서늘한 산속으로 날아간다.

---

* 휴지 시 동물의 신진대사를 휴지대사(안정대사)라 하고, 활동 중인 동물의 신진대사를 활동대사라 한다.

그런데 바로 이 시점에서 녀석들은 진딧물과는 다른 행동을 한다. 즉, 초록색의 식물을 찾아가는 대신 붉거나 냄새가 나는 식물을 찾아가는 것이다. 녀석들이 떼 지어 큰 무리를 이루고 그 속에서 겨울나기를 하는 것은 달리 어떻게 설명할 수 있을까? 녀석들이 무리를 이뤄 얻는 이점은 분명치 않지만 그렇게 함으로써 녀석들에 대한 불쾌감이 증폭되기 때문이 아닐까 하는 생각이 든다. (이런 생각은 어느 정도 경험을 바탕으로 한 것이다. 무당벌레는 해마다 내 오두막으로 찾아와 겨울을 나는데, 곧잘 이부자리에까지 기어들어오곤 한다. 녀석들은 혐오감까지는 아니더라도 몇 가지 이유로 불쾌감을 주는 것만은 분명하다.)

겨울철에 무당벌레는 비축해둔 에너지를 아낄 수 있는 적당한 장소(서늘한 곳)를 찾아 머문다. 녀석들이 단지 어느 한 지역이 아니라 특정 지점으로 찾아든다는 가정은 내 친구이자 동료인 티모시 오터 박사가 아이다호주 스탠리 마을 인근의 소투스 산맥에서 진행해온 관찰을 기반으로 한다. 이곳의 무당벌레는 해마다 가을이면 계곡 바닥 위로 솟은 비탈의 부서진 화강암 더미로 떼 지어 모여든다는 사실이 이지역 목장주들에 의해 알려졌다. 생물학자인 오터는 인근의 비슷한 곳이 아니라 하필 그렇게 특정한 지점에 무당벌레가 모이는 이유가 궁금했다.

겨울잠은 온도와 관련된 동물의 적응 방식이기 때문에 오터는 무당벌레의 온도내성을 밝히는 데 온힘을 기울이면서 이를 그 지역 기온과 비교해보았다. 그런데 이상하게도 인근의 다른 곳과 비교해 '무당벌레 언덕'으로 이름 붙인 특정 지점의 온도에 관해서는 특이사항을 발견할 수 없었다. 무당벌레가 떼 지어 모인 무리의 온도는 주변 온도와 별반 다르지 않았다. 그렇다면 녀석들은 주위 환경보다 따뜻함을 유지하기 위해 모여든 것이 아니었다.

앞에서 언급한 대로 무당벌레는 하나같이 고약한 냄새를 풍긴다. 따라서 무당벌레의 집단화에 담긴 진화론적 의미는 천적을 막아내려고 자신들의 유독성을 널리 선전하는 다른 동물들의 관습적인 집단화와 다를 바 없을 것이다. 땃쥐를 비롯한 천적은 무당벌레 2~3마리 정도는 죽일 수 있지만 이내 뱉어낼 것이다. 녀석들은 무당벌레는 먹지 말아야겠다는 걸 깨닫고 눈앞에 무당벌레가 아무리 많아도 먹지 않을 것이다. 무당벌레 입장에서 개체수가 어느 정도 확보된다면 혼자 겨울을 나는 것보다는 무리에 합류하는 편이 낫다. 이는 먹이 훈련과정에 있는 땃쥐의 희생양이 될 확률이 무리의 개체수에 비례해 어느 정도 줄어들기 때문이다.

이렇게 같은 장소에 반복적으로 모여드는 서로 다른 개체들로 이루어진 대규모의 무당벌레 군집에 대한 논리적 근거는 아직까지 입증된 바 없다. 하지만 나와 동료인 대니얼 F. 보그트는 그런 논리가 불쾌한 냄새를 풍기며 미네소타주의 이타스카호에 사는 또 다른 수서 딱정벌레인 물맴이(Gyrinidae)에게도 적용된다는 사실을 알게 됐다. 이들 딱정벌레는 밤이면 먹이를 찾아 호수 표면을 두루 돌아다니다 새벽녘에 수만 마리씩 무리를 지어 모여들었다. 여기서 두 번째 의문이 생긴다. 녀석들의 군집은 어떻게 형성될까?

곤충에게는 냄새로 집을 찾아드는 놀라운 능력이 있으며, 냄새

의 흐름을 따라가면 무당벌레는 자기 무리를 찾을 수 있다. 기억은 오
터가 발견한 무당벌레, 즉 해마다 세대를 교체해 같은 장소에 모여든
무당벌레와는 관련이 없다. 무당벌레는 9월에 도착해 8개월 동안 머
무르다 계곡 바닥으로 되돌아가 먹이를 찾고 짝을 짓고 번식을 한다.
2~3세대가 지나서야 손주뻘 되는 무당벌레들이 자기 조상이 동면했
던 바로 그 지점으로 되돌아올 수 있다.

   빛을 향해 날아오르고 바람에 흩어졌다가 정착할 초록 식물을 찾
아 날아드는 진딧물의 생존 방식은 무당벌레 무리에서도 가능한 생존
방식의 표본이다. 무당벌레는 진딧물보다 훨씬 뛰어난 비행실력을 갖
고 있지만 상승기류에서는 몸을 가누지 못하고 휩쓸린다. 그런 식의
표류는 해마다 저지대에서 산으로 올라가는 행동은 설명할 수 있어도
수만 마리의 무당벌레가 어떻게 해서 똑같은 돌무더기에 이르는지에
대해서는 아무런 설명도 내놓을 수 없다.

   무당벌레가 색깔로 집을 찾아든다면 종래의 동면장소가 아닌 곳
에 녀석들이 좋아하는 색을 표적으로 남겨두는 실험을 통해 이를 입
증해보일 수 있다. 진딧물을 녀석들이 좋아하는 먹이식물로 유인하는
것처럼 말이다. 하지만 설령 붉은색이 무당벌레를 유인한다고 해도(녀
석들이 바위 위가 아니라 아래로 모여들기 때문에 가능성은 거의 없다고 봐야 한
다) 해마다 같은 장소로 돌아오는 것은 여전히 설명할 길이 없다. 녀
석들은 자기 조상의 냄새를 맡고 찾아오는 걸까? 고약한 냄새를 풍기
며 8개월 동안 서로 몸을 포갠 채 동면해 있던 수천 마리의 무당벌레
가 과연 그곳을 찾아올 자손을 위해 이정표가 될 만큼 충분한 냄새를

남길 수 있을까? 만약 그렇다면 이 역시 실험을 통해 검증할 수 있다. 즉, 기존의 동면장소와 같은 지역에 위치한 물리적 환경이 비슷한 다른 곳에서 겨울을 나도록 무당벌레 무리를 옮겨놓고 새로운 곳이 녀석들의 상호보호 습성에 맞는 종래의 보금자리가 되는지 여부를 확인하는 것이다.

자연의 신호를 읽어내는 법

삶은 헤아릴 수 없는 신비로 가득 차 있다.
하루살이의 유언을 듣기도 전에
인간이 소유한 지식은 세상의 기록창고에서 삭제될 것이다.

– 장 앙리 파브르

찰스 다윈은 인간이 집을 갖게 된 경위를 다루면서 페르디난트
폰 브랑겔(Ferdinand von Wrangel)이 쓴 북극탐험서인 『북시베리아 탐
험(The Expedition to North Siberia)』을 인용했다. 이 책에서 폰 브랑겔은
"대개는 시력의 영향을 받지만 부분적으로는 근육 운동감각의 영향
도 받는 일종의 '추측항법'"에 의해 시베리아인들이 어떻게 방향을 찾
았는지를 기술했다. 이는 우리가 눈을 감은 채 짧은 거리 정도는 거의
직선으로 움직인다든지 수직으로 되돌아올 수 있는 것과 같은 이치
다. 다윈은 존 제임스 오듀본(John James Audubon)*이 야생 거위를 우리

---

* 미국의 조류학자이자 화가.

안에 가두고 진행한 실험을 소개하면서 새와 인간의 귀소 능력을 비교했다. 녀석은 이주철이 되면 "그런 환경에 놓인 여느 철새들과 마찬가지로 극도의 불안 증세를 보이다 마침내 탈출하고 말았다. 가엾은 녀석은 탈출에 성공하자마자 걷는 것으로 기나긴 여정을 시작했지만 방향 감각을 잃어버렸는지 정남쪽으로 가는 대신 전혀 엉뚱한 정북쪽을 향하고 있었다." 거위의 그런 행동은 전혀 놀랍지 않지만, 지식과 '방향감각'이 모두 수반된 우리 자신의 방향정위에 대해서는 더욱 당황스러울 때가 있다. 나는 '칠흑 같은' 어둠 속에서 깨어나 방이나 그밖의 물건들과 비교해 내가 어느 방향에 있다는 걸 정확히 '알고' 있으면서도 정반대 방향에 있다는 '느낌'에 안절부절못했던 적이 여러 번 있다. 당시 내 안에서는 얼마간의 노력을 한 뒤에야 얻을 수 있는 합의에 이르기 위해 싸움이 벌어지고 있었다.

다윈이 살던 시대만 하더라도 인간이 다른 동물에 비해 전반적으로 우월하다는 생각이 지배적이었다. 그럼에도 오늘날 지구상의 모든 생명체를 친족으로 묶고 있는 진화에 대한 당시 그의 가설(나중에 이론이 되었다가 현재는 사실로 밝혀짐)은 무척이나 획기적이었다. 다윈은 거위의 행동에서 이해되지 않는 부분을 발견했는데, 이는 거위, 두루미, 백조가 무리를 이뤄 함께 지낸다는 것과 정확한 이동 경로를 새끼가 자력으로 알아내지는 못해도 부모 세대를 통해 학습한다는 사실을 몰랐기 때문이다. 다른 새들은 이주 방향이 유전적으로 체내에 각인돼 있다. 이런 새는 상당수가 부모 세대보다 앞서 이동을 하기 때문에 이동경로에 대한 아무런 지식이 없는 상태에서 순전히 '느낌'에 의해 움직인다.

인간은 쉽게 길을 잃어버린다. 우리는 이정표를 참조하지 않고서는 멀리까지 갈 수 없다. 이런 추측은 (우연히 이루어진) 몇 가지 실험을 바탕으로 한다. 오랫동안 드나들던 숲에서 나는 앞이 보이지 않는 눈보라 때문에 꼼짝없이 발이 묶여 있었다. 그러다 갑자기 '주위를 돌아보니' 마치 모든 이정표가 어느 순간 사라져버린 것만 같았다. 그래도 나는 내 '방향 감각'을 믿고 직선을 유지하려고 애쓰면서 계속 앞으로 나아갔다. 내가 알고 있는 곳에 이르렀다고 생각했을 때 실상은 내리막길이어야 하는데 주변 풍경은 오르막길이었고 만날 수 있으리라 기대했던 개울은 '다른' 방향으로 흘러가고 있었다. 당시 길을 잃었지만 더 이상 참고할 만한 이정표가 없다고 생각한 나는 눈길을 되짚어 나왔고 그러다 내가 한 자리에서 맴돌고 있다는 사실을 알게 됐다. 그때까지도 나는 '제대로' 방향을 잡아서 왔다고 생각하고 있었다. 그렇다. 우리는 '궤도 적분(path integration)'이라 불리는 과정에 의해 짧은 거리 정도는 눈을 감은 채 비교적 똑바로 걸을 수 있다. 하지만 이는 어디까지나 '비교적' 그렇다는 얘기다.

쥐는 우리보다 사정이 나은 편이다. 언젠가 쥐덫에 땅콩을 미끼로 놓아 멕시코 날새앙쥐를 잡았다는 얘기를 친구에게서 들은 적이 있다. 녀석은 꼬리가 말려 있었고 친구는 녀석에게 '꼬부랑 꼬리'라는 별명을 붙여주었다. 친구는 녀석을 몇 차례 풀어주었는데 그때마다 땅콩을 찾아 되돌아오곤 했다. 결국 친구는 '녀석의 배짱을 시험해보기로' 하고 정확히 1킬로미터 떨어진 덤불숲에 녀석을 풀어주었다. 이

틈날 아침, 녀석은 땅콩을 먹으려고 되돌아왔다. 그런데 2킬로미터 떨어진 곳에 풀어주었더니 녀석은 돌아오지 않았다. 하지만 길을 잘못든 것인지, 다른 먹이를 찾아낸 것인지, 되돌아올 때 얻을 수 있는 이익 대비 비용을 계산한 것인지, 코요테나 올빼미, 족제비를 피해 도망을 다니는 것인지, 녀석이 돌아오지 않은 이유는 알 수가 없었다. 한편, 나는 길을 잘못 들었을 때 내가 정확히 반대쪽으로 가고 있다는 확신이 들었다. 이는 머릿속에 만들어놓은 지도 속 이정표를 통해 얻은 것 말고는 내게 방향 감각이 전혀 없다는 걸 의미했다.

우리가 집에 이르는 것은 최소한 두 개의 기준점에서 계산이 끊임없이 갱신되고 이를 이용하려는 욕구가 있을 때 가능하다. 대개 인간은 좀처럼 떠돌아다니지 않고 선천적으로 집에 있는 걸 좋아한다. 그런 이유로 인간의 진화 역사에서는 고도로 발달된 귀소 메커니즘이 거의 필요 없었다. 다만 낯익은 이정표에 주의를 기울이는 정도면 충분했던 것이다. 대체로 남자가 여자에 비해 낯선 곳을 잘 빠져나온다고 할 수 있는데, 이는 예로부터 남자들이 수렵에 참여했기 때문에 '방향 감각'이 더 낫다는 것을 전제로 한다. 하지만 과연 그럴까 하는 생각이 든다.

외딴 섬에 사는 폴리네시아의 뱃사람들에게서 살펴볼 수 있는 것처럼 학습, 그중에서도 특히 주의력은 방향 감각이 고도로 발전하는데 매우 중요하다. 하지만 이는 근본적으로 더 많은 신호에 주의를 게을리 하지 말아야 한다는 걸 의미한다. 폴리네시아의 뱃사람들은 끝없이 펼쳐진 망망대해를 항해할 수 있도록 어릴 적부터 별, 파도, 바람을 비롯한 자연의 신호를 '읽어내는' 법을 훈련받아왔다. 이렇게 선택된 극소수의 인간 항해사들이 다양한 경험과 도구를 이용해야 수행할 수 있는 일을 수많은 곤충과 새들은 지구 전체를 무대로 삼아 매일 아무렇지도 않게, 그러면서도 훨씬 정확하게 해낸다.

해마다 가을이면 수십억 마리의 새들이 먹이를 구할 수 있는 곳으로 이동해 겨울을 난다. 봄이 되면 녀석들은 보금자리를 찾아 자신이 태어난 곳 부근으로 되돌아온다. 부분적으로는 순풍의 도움을 받지만 대개는 자신의 근력을 이용해 밤낮없이 북반구와 남반구 하늘을 부지런히 오간다. 녀석들이 움직이는 거리는 사나흘 사이에 수천 킬로미터에 이르기도 한다. 보통 새들은 특정한 숲, 들판, 울타리처럼 돌아갈 정확한 목적지를 갖고 있다. 가을이면 녀석들은 종종 왔던 길과 다른 길을 이용해 반대 방향으로 이동하고 겨울나기를 할 정확한 장소에 다다른다. 바다거북은 번식지와 서식지 사이에서 동일한 항해 솜씨를 자랑한다.

이동하는 새들의 규모는 육체적 활동으로 보든 항해 솜씨로 보든 우리의 기존 통념을 무너뜨린다. 개별적으로 보면, 녀석들은 인간인 우리보다 무엇이든 훨씬 잘 수행해내기 때문이다. 오늘날 우리가 알고 있는 새들의 이동은 인간을 기준으로 삼았기 때문에 과거 수세기 동안 믿기가 어려웠다. 거북의 이동은 검토조차 되지 않았다. 끊임없는 연구와 실험을 통해 증명되지 않았다면 동물의 이주 행동은 인간의 무지와 오만으로 인해 여전히 믿기 어려웠을지도 모르겠다.

인간이 새들의 귀소 행동을 알고 이를 이용한 것은 기원전 218년 까지 거슬러 올라간다. 당시 로마 보병들은 군사령부에 둥지를 튼 제비를 잡아 작전에 이용했다. 로마군은 제비 다리에 다양하게 매듭진 실을 묶어 사전에 협의된 신호나 정보를 주고받았다. 그렇게 표식을 달아 놓아준 비둘기는 아군에게서 전갈을 가져왔을 것이다. 오늘날에는 미국에서만 110~120만 마리에 이르는 새들의 다리에 식별 띠가 부착돼 다양한 종류의 새들이 언제 어디로 이동하는지에 대한 더욱 구체적인 정보를 제공해준다.

곤충의 개체수 확산이나 이동과 마찬가지로 새의 귀소성에 대한 우리의 관심과 식견은 과거에는 물론 현재에도 몇 가지 훌륭한 사례를 통해 자극을 받는다. 우리는 새들의 놀라운 신체 능력뿐 아니라 녀석들에게 내재된 인지 능력이나 정신적 능력에 당황하기보다 깊은 감명을 받을 수도 있을 것이다. 알바트로스나 슴새, 바다거북처럼 바다를 무대로 살아가는 동물들은 특히 주목할 만한 가치가 있는데, 이는 유일하지는 않더라도 우리의 주요 수단인 눈에 보이는 이정표만으로는 녀석들의 행동을 설명할 길이 없기 때문이다.

드넓은 바다 위를 항해하는 큰흰배슴새(Puffinus puffinus)는 새의 경이로운 귀소성을 조사하도록 우리를 자극할 만큼 호기심을 불러일으키는 새 중 하나다. 슴새는 절대로 육지를 가로질러 날아가는 법이 없다. 녀석들은 먹이를 모두 바다에서 건져올린다. 대부분의 새들과 마찬가지로 슴새의 새끼 역시 안전한 장소, 이 경우에는 섬에 자리를 잡는다. 그곳에서 부모 중의 하나가 짝과 교대할 때까지 쉬지 않고 한 번에 12일 동안 알을 품는다. 녀석들은 북대서양 섬에 굴을 파고 둥지를 틀기 때문에 식별을 위해 한 마리씩 잡아 표식을 붙이고 놓아주는 작업이 훨씬 수월하다. 벌과 마찬가지로 녀석들이 원하는 것이 집으로 돌아가는 것이라 가정한다면 녀석들이야말로 귀소성 실험에 가장 알맞은 피험자인 셈이다.

제1차 세계대전이 발발하기 전 영국의 조류학자인 제프리 V.T. 매슈스와 로널드 M. 로클리는 웨일스 남서부 연안 앞바다의 스콕홀름 섬에 있는 굴에서 슴새 두 마리를 잡아 녀석들이 가본 적이 없는 곳에서 놓아주었다. 맑은 날 진행된 실험에서 녀석들은 집이 있는 쪽으로 곧장 날아 둥지로 돌아왔다. 그런 식으로 진행된 어느 실험에서는 슴새 한 마리를 비행기에 실어 베네치아까지 옮겨놓았다. 녀석이 살던 둥지에서 슴새가 한 번도 발견된 적이 없는 베네치아까지는 어마어마한 거리였다. 풀려난 바닷새가 바다를 향해 남쪽으로 날아갈 것이라는 예상과 달리 녀석은 이탈리아의 알프스 산맥을 향해 북서쪽으로 곧장 날아갔다. 그러고는 그때까지 한 번도 날아본 적이 없는 항로를 이용해 웨일스 쪽으로 방향을 잡았다. 녀석은 341시간 10분 만에 스콕홀름에 있는 둥지로 되돌아왔다. 물론 녀석은 곧장 날아가지 않고 도중에 쉬었을 수도 있다. 안타깝지만 당시에는 녀석이 먹이를 구하려고 중간에 쉬었는지 혹은 어떤 경로로 날아갔는지 알아낼 방법이 없었다.

대서양을 횡단하는 비행기 여행이 일상화되면서 훨씬 먼 거리를 이동하는 실험이 반복적으로 이루어졌다. 이번에도 역시 스콕홀름에서 잡은 줄무늬의 큰흰배슴새 두 마리를 밀폐된 상자에 넣어 런던행 기차로 운반한 다음 매사추세츠주 보스턴까지 트랜스월드항공사 비행기에 실어 보냈다. 이는 앞에서 꿀벌을 상대로 한 실험에서도 소개한 '눈가리개' 이동의 극치라 할 만하다. 그렇게 옮겨진 슴새 가운데 한 마리는 미국까지 가는 여정에서 살아남지 못했지만 보스턴 항의 부두 인근에서 놓아준 나머지 한 마리는 "갑자기 동쪽으로 방향을 잡아 바다로 날아가버렸다." 영국 본토에서 338마리의 큰흰배슴새를 놓아준 바 있는 조류 귀소성 연구의 선구자 매슈스 박사는 6월 16일 날이 밝기 전에 녀석이 자기 둥지인 굴을 찾아 돌아온 것을 발견했다. 녀석이 5,000킬로미터 떨어진 보스턴을 떠난 지 12일 하고도 12시간이 지나서였다. 녀석의 몸에 부착된 꼬리표를 읽자마자 매슈스는 녀석을 풀어준 사람에게 "Ax6587이 영국 섬머타임 기준으로 16일 01시 30분에 돌아옴. 정말 대단함. 매슈스"라고 전보를 쳤다. 녀석을 다시 한번 살필 겸 순찰을 돌고 난 매슈스는 자기 눈을 믿을 수 없다는 듯 친구인 로사리오 마체오에게 편지를 썼다. 편지에서 그는 "말문이 막힐 정도로 놀라 녀석을 도로 굴에 넣기 전에 꼬리표를 몇 번이고 읽어봐야 했다"는 심정을 전하기도 했다.

1994년, 생물학자들은 무선 송신기를 동물에 부착시켰다. 이 송신기는 최대 4,000킬로미터 떨어진 궤도를 도는 위성으로부터 받은 고주파 펄스를 보내주게 돼 있었다. 두 개의 위성이 동일한 신호를 수집하면 과학자들은 송신기의 위치를 계산하여 이를 해석할 지상 센터로 보낼 수 있었다. 여러 대의 컴퓨터가 새의 위치를 추적했고 몇 달에 걸친 녀석들의 이동 경로를 지도로 작성했다. 이런저런 연구를 통해 우리는 바다거북이나 바닷새처럼 바다를 항해하거나 횡단하는 동물들이 끝없는 망망대해에서 수천 킬로미터를 헤매다 자신들이 태어난 작고 외진 지역의 집으로 돌아온다는 사실을 알게 됐다. 녀석들은 밤에도 직선으로 이동하면서 한편으로는 해류나 바람을 이용하기 위해 경로를 바꾸기도 한다. 신기술에 힘입어 녀석들의 이런 행동은 큰뒷부리도요(Limosa lapponica baueri)의 사례를 통해 입증됐다.

북극지방의 툰드라 지역에 둥지를 틀고 사는 물떼새 큰뒷부리도요는 멀리 호주의 남쪽에서 겨울을 난다. 녀석들은 길고 가는 부리를 이용해 깊은 진흙펄 속에서 벌레를 잡는다. 이들 종은 툰드라 지역 특유의 키 작은 관목이 자라는 비탈을 거점으로 삼아 알래스카나 시베리아의 툰드라 지역에서 찾아볼 수 있는 수백만 개의 구릉 어디든지 둥지를 튼다. 녀석들은 약간 움푹한 곳에 풀과 지의류를 덧대 둥지를 만든다. 암컷은 얼룩덜룩한 올리브 갈색을 띤 커다란 알을 한 번에 네 개씩 낳는다. 암컷과 수컷이 번갈아가며 한 달가량 알을 품고 나서야 부드러운 솜털로 위장한 새끼가 알에서 나온다. 부모가 새끼들을 데리고 주변을 돌아다니면 새끼들은 혼자서 먹이를 잡아먹는다.

큰뒷부리도요가 물떼새 중에 유난히 특별한 것은 아니다. 캐나다 흑꼬리도요(Limosa haemastica) 역시 캐나다 매니토바에서 남미의 티에라 델 푸에고까지 장거리 비행을 했다가 되돌아오기 때문이다. 하지만 지난 10년 동안 생물학자 로버트 길은 미국 지질조사국과 함께 이런 행동을 가능케 하는 녀석들의 귀소 능력과 놀라운 신체 능력이 극

단적으로 어디까지 가능한지 밝혀왔다. 그는 스물세 마리의 큰뒷부리
도요를 선택해 태양열로 가동되는 송신기를 녀석들의 등에 부착하거
나 전지로 가동되는 송신기를 외과수술을 통해 복부강에 주입했다.
녀석들의 꽁무니에는 송신기에 달린 가느다란 안테나가 늘어져 있었
고, 송신기가 극궤도 위성으로부터 받은 전파 신호는 녀석들의 위치
를 알려주었다. 지상에서는 큰뒷부리도요가 비행하는 내내 녀석들의
위치 정보를 산출했다. 2년 동안 아홉 대의 송신기가 제 기능을 다하
여 남쪽인 호주를 향해 가는 가을철 이동뿐만 아니라 알래스카의 번
식지로 돌아가는 봄철 이동에 대한 정보를 제공해주었다.

　　수집된 정보는 큰뒷부리도요가 알래스카에서 호주까지 도중에
한 번도 쉬지 않고 비행한다는 굉장히 놀라운 사실을 밝혀주었다. 큰
뒷부리도요는 6~9일에 걸쳐 태평양을 곧장 가로질러 날아간다. 암컷
가운데 한 마리는 8.1일 만에 남쪽으로 1만 1,680킬로미터를 이동했
고 또 다른 암컷은 6.5일이 지나 송신기를 잃어버리기 전까지 9,621킬
로미터를 이동한 것으로 전해졌다. 먹이는커녕 물도 마시지 않고 잠도
안 자면서 태평양을 가로지르는 비행을 마치고 뉴질랜드나 호주로 돌
아올 때 녀석들의 체중은 처음보다 절반 가까이 줄어들어 있었다.

· · ·

　　번식지를 찾아 북쪽으로 날아가는 큰뒷부리도요의 여정에는 도
중에 잠시 머무는 기착지가 포함돼 있어 남쪽으로 가는 여정과는 좀
다를 수도 있다. 이들 기착지에서 녀석들은 체력을 보충하기 때문에

이동 중인 큰뒷부리도요 무리.
알래스카에서 호주까지 한 번도 쉬지 않고 비행한다.

번식주기 중 가장 많은 에너지가 필요한 시기가 시작되는 때 쇠약해진 상태로 번식지에 도착하지 않아도 된다. 가령 뉴질랜드에서 둥지가 있는 알래스카까지 왕복 2만 9,000킬로미터를 비행한 E7이란 식별번호가 붙은 녀석은 북쪽으로 날아오는 도중에 서태평양과 일본에 있는 몇 군데의 보급기지에 들른 것으로 밝혀졌다. 녀석은 거기서부터 알래스카 서부의 집까지는 비교적 단숨에 날아갔다. 반면 짝짓기를 마치고 남쪽으로 이동할 때는 알래스카에서 태평양을 가로질러 뉴질랜드까지 곧장 날아왔다.

수컷 큰뒷부리도요는 집이 있는 알래스카 툰드라의 특정한 지역으로 되돌아온 직후 공중에서 몇 시간을 선회하며 자신이 선택한 집 부근에서 큰 소리를 낸다. 불과 일주일 전까지만 해도 녀석은 일본 해

큰뒷부리도요는 우리의 기준으로 볼 때
과도 비만 상태로 비행에 나선다. 비행 도중 체지방뿐만 아니라
근육과 기관을 수축시켜 얻은 단백질까지 몽땅 써버린다.
뇌를 제외한 거의 모든 신체의 부분이 소진된다.

안가의 개펄에 머무르면서 굉장한 식욕으로 밤낮없이 벌레와 게를 먹어치웠을지도 모를 일이다. 마찬가지로 알래스카에 아직 겨울의 혹한이 찾아오지 않은 가을에 녀석은 남쪽으로의 대장정을 떠나기에 앞서 2~3배가 될 때까지 체중을 늘릴 것이다.

우리의 기준으로 볼 때 녀석은 과도 비만 상태로 남쪽을 향해 비행에 나선다. 일부의 큰뒷부리도요는 솔로몬 제도와 뉴기니에 잠깐 들르겠지만 나머지는 한 번도 쉬지 않고 하루 평균 최대 1,500킬로미터까지 비행할 것이다. 이처럼 놀라운 비행 도중에 녀석들은 체지방뿐만 아니라 근육과 기관을 수축시켜 얻은 단백질까지도 몽땅 써버리게 된다. 뇌를 제외한 거의 모든 신체 부분이 소진되는 셈이다. 비상근(飛翔筋)은 비행에서 가장 중요한 발전소 역할을 하지만 뇌(새들이 비행을 계속하도록 동기 부여를 하는 기관)는 그보다 더 중요하다.

어쨌든 새들은 왜 떠날까? 또 그렇게 멀리까지 날아가는 이유는 뭘까? 녀석들은 어째서 궁핍과 위험을 감수하면서까지 고된 여정에 나서는 것일까? 무엇 때문에 녀석들은 그렇게 단기간에 살을 찌워 머나먼 목적지까지 가는 연료로 삼는 걸까? 무엇이든 집어삼킬 듯한 강력한 식욕만이 녀석들의 살집을 키우는 원동력이 될 것이다. 무엇으로도 채워지지 않는 비행 욕구만이 녀석들을 떠나게 하고 쉼 없이 날도록 만들 것이다. 북극지방의 여름은 남쪽보다 더 많은 먹이를 제공해주는 반면 겨울에는 먹고 살 만한 것이 거의 나지 않는다. 그런 환경적 조건 때문에 녀석들의 욕구와 행동 역시 거기에 맞춰 진화했으며 수많은 종의 생명체가 그런 서식지에서 편안함을 느끼도록 적응해왔을 가능성이 높다. 이렇게 절박한 필요성 때문에 새들의 대규모 이동이 이루어질 수밖에 없었다.

큰뒷부리도요가 사람처럼 집에 대한 '애정'을 갖고 있다고 볼 수도 있다. 녀석들이 어떤 감정을 느끼는지 우리가 알 수 없다고 해서 녀석들에게 감정이 없다고 단정하기는 어렵다. 앞서 언급한 캐나다두루미 밀라나 로이와 마찬가지로 녀석들이 의식적인 논리를 앞세워 한 대륙에서 다른 대륙으로 이동할 가능성은 거의 없어 보인다. 인간에게는 감정이 논리에 의해 이차적으로 힘을 얻거나 증폭될 수 있을지 몰라도 동물의 행동은 우선적으로 감정에 따른다. 그렇지만 우리는 뭔가 위대한 일을 도모할 때 이를 이룰 수 있도록 도와주는 감정을 예찬한다. 우리는 새들이 보여주는 욕구와 몰입에 감탄하는데, 이는 어떤 개인의 비범한 기량조차 큰뒷부리도요와 비교하면 너무도 미미하기 때문이다.

앞다리에서 털이 나기 시작한 최초의 도마뱀은 비와 추위로부터 자신을 보호할 수 있었으며 몇 미터씩 미끄러지듯 활강이 가능해졌을지도 모른다. 하지만 이 때문에 녀석들은 귀소성과 관련된 욕구가 더 이상 필요 없게 되었다. 망망대해에서 아무것도 먹지 않고 물도 한 모금 마시지 않고 한숨도 자지 못한 채 1만 1,000킬로미터를 쉬지 않고 비행한다는 것은 집이 가진 서사적 중요성과 아울러 작은 새들조차 집으로 돌아가려는 욕구와 능력이 있다는 걸 보여주는 놀라운 사례다.

유럽에서 흔히 볼 수 있는 정원솔새(Sylvia borin)의 경우를 살펴보자. 정원솔새는 5월에 북유럽 어딘가에서 태어난다. 녀석들은 언제 어디로 날아야 하는지 평생 한 번도 배운 적이 없다. 하지만 생후 2~3개월이 지나면 녀석들은 깊은 밤을 이용해 자신들이 한 번도 가본 적이 없는 아프리카로의 비행에 나선다. 대개 남동쪽으로 방향을 잡아 날아가다 중동에 이르고 나면 녀석들은 정남쪽으로 방향을 틀어 사하라 사막을 횡단한다. 마침내 녀석들의 여정은 케냐나 탄자니아의 가시덤불 어딘가에서 종지부를 찍는다. 그곳에서 녀석들은 이듬해 봄까지 머문다. 겨울나기를 마친 녀석들은 북쪽으로 되돌아가되 자신들이 태어난 러시아나 독일 어딘가에 있는 울타리를 용케 찾아갈 것이다. 고향에 둥지를 튼 녀석들은 또다시 아프리카를 향해 남쪽으로 비행을 떠나고 지난해 겨울 자신들이 머문 가시덤불에 안착하게 된다.

북미에 서식하는 명금(songbird)도 이와 별반 다르지 않다. 빅넬 지빠귀(Catharus bicknelli)는 산속의 가문비나무 숲에서 여름을 보낸다. 그런 숲은 내가 사는 오두막 바로 옆에도 있고 뉴잉글랜드와 캐츠킬 산맥, 캐나다 동부 전역에 걸쳐 분포해 있다. 녀석들은 자메이카, 쿠바, 도미니카공화국, 아이티, 푸에르토리코의 하늘과 숲속에서 겨울을 보낸다.

크리스토퍼 럼머와 켄트 맥팔랜드는 동료들과 함께 멸종위기에 놓인 이들 새의 보금자리 요건이 무엇인지를 알아보려고 녀석들을 추적해왔다. 맥팔랜드는 버몬트 생태학 센터의 부책임자로 버몬트주에 둥지를 틀고 살아가는 빅넬 지빠귀의 다리에 식별 밴드를 달아왔다. 녀석들은 해마다 자기가 살던 둥지로 되돌아왔는데, 그가 처음 접한 빅넬 지빠귀는 도미니카공화국에서 겨울나기를 한 녀석으로 그가 1년 7개월 전 다리에 식별 밴드를 달아주었던 녀석이었다. 그는 동일한 새를 포획하는 것은 벼락을 맞는 동시에 복권에 당첨되는 것과 비슷하다고 말하면서 우리 같은 자연주의자들에게 이보다 더 흥분되는 일이 어디 있겠냐고 덧붙였다. 이럴 경우 그는 일반적으로 현장답사가 끝나갈 때나 개봉하는 도미니카식 럼주를 지빠귀가 돌아온 첫날밤에 개봉했다.

집으로 돌아오는 장거리 여정의 경로는 오늘날에는 잘 알려져 있지만, 특정한 목적지까지 이동하는 방법과 방향정위는 아쉽게도 여전히 요원한 문제로 남아 있다. 이동 방법을 완전히 이해하기란 동물의 여러 행태 중에서도 가장 힘든 사항이다. 거기에는 한마디로 동물에 관한 모든 것, 즉 감각, 물질대사, 감정, 역학처럼 뇌와 신체의 나머지 부분을 움직이는 모든 생리작용이 동시에 포함되기 때문이다. 그런 문제를 해결하려면 연구 대상인 동물에 대한 반복적 접근이 필요하다. 녀석들이 저희들 편한 대로 실험실에서 왔다 갔다 하지는 않기 때문이다. 단 하나의 퍼즐 조각이든 서로 연관된 몇 개의 퍼즐 조각이든 모두 유익하게 검토할 수 있다. 대개 하나의 동물 종은 그것이 보여주는 기이한 생명활동 덕분에 특정한 정보에 접근할 수 있게 해주고 또 다른 동물 종은 또 다른 정보에 접근할 수 있게 해준다.

인간과 오랜 관계를 맺어온 집비둘기(Columba livia)는 귀소성의 수많은 양상에 대한 실마리를 제공해주었다. 이렇게 '귀소 성향을 가진 비둘기'가 보여주는 일반적인 귀소 메커니즘은 철새, 그리고 이주는 하지 않지만 드넓은 바다를 무대로 살아가는 바닷새나 바다거북도 똑같거나 비슷하게 이용할 것으로 보인다. 비둘기는 아시리아인과 칭기즈칸에 의해 전쟁에 이용된 이후로 유명해졌다. 줄리어스 시저는 비둘기를 이용해 갈리아에서 본국으로 전갈을 보냈다. 비둘기는 양대 세계대전과 한국전쟁에서도 이용됐다.

녀석들이 보이는 집에 대한 애착 때문에 비둘기는 제비와 마찬가지로 특히 전시에 전갈을 주고받는 데 최고의 적임자로 꼽힌다. 비둘기는 중간에 가로채기가 어려웠기 때문에 오늘날 전화나 인터넷보다 오히려 믿을 만했을 것이다. 미 육군 통신부대에 속한 새들이 1,500킬로미터를 비행하는 것은 일상적이었고 그 두 배에 이르는 거리를 비행한 기록도 남아 있다. 우리는 언제 어디서든 비둘기를 풀어줄 수 있으며 너무 어리지만 않다면 녀석들이 집으로 다시 돌아오리라고 확신할 수 있다.

비둘기가 있는 곳이라면 어디서든 보편적으로 볼 수 있는 풍경은 녀석들이 처마 밑의 둥지 부근에서 무리를 지어 정처 없이 선회하는 것이다. 이런 비행에 참여하는 비둘기는 "이리저리 배회한다"라는 말을 듣는다. 녀석들은 30분에서 한 시간 30분 동안 집 근처에서 모습을 보이지 않을 수도 있다. 이런 비행은 먹이 채집에 나선 꿀벌과 마찬가지로 그동안 집 주변을 익혀야 하는 새끼 새에게는 특히나 중요하다.

비둘기는 집으로 돌아올 때 벌처럼 이정표를 이용할까? 이런 가능성을 알아보고자 조류의 방향정위에 대한 연구로 명성이 높은 클라우스 슈미트-쾨니히와 찰스 월컷은 비둘기의 눈에 반투명 콘택트렌즈를 끼워 주변의 이정표를 보지 못하게 했다. 놀랍게도 녀석들 가운데 일부는 다른 곳으로 옮겨지고 나서 어떻게든 자기 둥지로 돌아왔다. 녀석들은 높은 고도로 날다가 집 부근에서 사뿐히 내려앉았다. 보아하니, 녀석들은 우리 눈에 보이는 이정표 말고도 몇 가지 단서를 더 수집했다.

시간과 경험, 그리고 점점 더 길어지는 열띤 먹이 찾기 여행을 통해 비둘기는 자신들에게 익숙한 지역을 확대해나간다. 여기에 적용되는 가설은 단거리 비행에만 익숙한 '게으른 파리'는 멀리 떨어진 곳에서 집을 찾아올 가능성이 낮다는 것이다. 귀소 능력을 두고 동족과 경쟁을 벌이는 비둘기 주자들은 열띤 비행이 길어질수록 더 빠르고 정확하게 집으로 돌아올 수 있다는 점을 알고 있다. 대략 2주에 걸쳐 헤매고 다닌 끝에 비둘기 주자들은 대개 '훈련 거리'를 점점 더 길게 늘려 잡는다. 일반적으로 최초의 훈련 거리는 집에서 30킬로미터 정도된다. 3주가 지나면 그 거리는 60킬로미터까지 늘어나고, 다시 한 주가 지나면 90킬로미터까지 늘어난다. 녀석들은 귀소성을 점차 높여가면서 자신들이 거주 영역에 대해 뭔가 배우고 있다는 생각을 굳히게된다. 녀석들은 일종의 이정표를 이용해 '지도' 같은 것을 만드는지도모른다. 비둘기가 언제든 자기 집으로 정확히 방향을 잡아 돌아올 수있게 해주는 감각이 어떤 것인지는 정확히 알려진 바가 없다. 그런 감각이 장소와 상황에 따라 다양하다는 것도 어느 정도 이유가 될 것이다. 비둘기가 자기 집을 찾아오는 경위는 분명치 않지만 우리는 거기에 몇 가지 감각이 연관돼 있다는 점을 알고 있다.

앞에서 일부 철새들(거위, 백조, 두루미)이 무리를 지어 함께 머문다는 점과 아울러 이들 철새가 이주 방향을 부모에게서 배운다는 사실을 살펴본 적이 있다. 비둘기 사육사가 비둘기에게 집에서 멀리 떨어진 '훈련 거리'를 경험하게 하듯 부모는 새끼가 적절한 신호를 경험하게 해준다. 부모가 주도하는 현상은 아메리카흰두루미, 캐나다거위, 따오기의 사례를 통해 입증돼왔다. 또한 인간의 손에 길들여진 새끼새에게 초경량 비행기를 각인시켜 녀석들이 새로운 이주 경로를 습득하도록 하는 계획된 실험을 통해 그런 현상의 범위가 확장되었다.

그러나 대부분의 철새는 이주 방향이 유전적으로 정해진 '프로그램' 속에 새겨져 있다. 어느 경우든 철새는 여름 집이 있는 특정한 영역에서 겨울 집이 있는 다른 영역으로 이동한다. 하지만 바닷새의 경우에는 특별히 복잡한 귀소 메커니즘이 필요하다. 바닷새는 바다 위를 멀리까지 떠돌아다니다 5~6년 만에 자기가 태어난 아주 작은 티끌 같은 섬으로 용케 되돌아온다. 녀석들은 우리가 볼 수 없는 바다 지형의 몇몇 특징을 머릿속에 지도로 만들어두는 걸까? 말하자면 바다를 평평하고 균일하게 펼쳐진 공간으로 보는 대신 언제든 자신들의 위치를 알려주는 지구 자기장의 자기 이상(magnetic anomalies)*을 통해 언덕, 계곡, 능선, 산맥처럼 특징을 가진 형태로 인식하는 게 아닐까?

오늘날 확실히 알려진 사실 가운데 하나는 인간이나 벌과 마찬가지로 새들도 집을 찾는 데 태양을 나침반처럼 이용한다는 점이다. 새의 귀소 행동 연구의 주요 선구자인 독일의 조류학자 구스타프 크라머(Gustav Kramer)는 1940년대 말 원형 새장 주변에 규칙적으로 먹이 컵을 가져다놓으면서 비둘기를 상대로 '태양 나침반' 실험을 했다. 그는 녀석들이 특정한 컵에 담긴 먹이를 기다리도록 훈련을 시켰다. 훈련을 마친 뒤에는 새장을 회전시켜도 비둘기가 먹이를 찾는 방향은 바뀌지 않았다. 해를 볼 수 없을 만큼 날이 잔뜩 흐려서 다양한 컵에 들어 있는 먹이를 아무거나 찾아 먹는 경우를 제외하면 거의 그랬다. 크라머는 사람들에게 잘 알려진 북유럽 흰점찌르레기(Sturnus vulgaris)에게도 동일한 실험을 되풀이했다.

버몬트주와 메인주에 서식하는 상당수 혹은 대부분의 흰점찌르레기와 달리 유럽 흰점찌르레기는 가을이면 남쪽으로 이동한다. 이주

---

* 지구 자기가 시공간적으로 평균값에서 벗어나는 현상.

시기가 되면 녀석들은 다른 철새와 마찬가지로 불안증세를 보인다. 크라머는 이를 설명하기 위해 문자 그대로 '이동의 불안'을 뜻하는 이 망증(Zugunruhe)이라는 말을 만들어냈다. 우선 그는 새장 속에 갇힌 찌르레기가 보인 이런 행동을 주목했다. 녀석들은 봄이면 새장 속에서 불안증세를 보이며 종종걸음 치면서 북동쪽을 향하곤 했다. 녀석들은 해가 뜨면 정확히 이주 방향을 향했다가 날이 흐려지면 더 이상 어느 한 방향을 향하지 않았다. 그는 찌르레기가 비둘기와 마찬가지로 태양을 이용해 방향을 잡는다는 생각을 하면서 거울에 비친 태양을 녀석들에게 보여주는 실험을 했다. 결국 그는 찌르레기가 반사된 태양을 향하는 모습을 지켜보며 자신의 가설을 확인했다. 태양은 낮 동안 동쪽에서 서쪽으로 둥글게 원을 그리며 움직인다. 그렇다면 새들은 어떻게 일정한 이주 방향을 유지할 수 있는 걸까? 찌르레기의 행동은 실험실에서 이루어진 인공적인 산물에 지나지 않는 걸까?

크라머는 찌르레기가 낮 동안 비행 각도를 태양에 맞춘다는 사실을 확인하고자 불안증세를 보이는 철새들을 햇빛이 비치지 않는 방으로 데려갔다. 그는 태양을 대신해 백열전구를 정해진 자리에 설치했다. 예상대로 녀석들은 백열전구를 태양 대신 이용하고 시간에 따라 바뀌는 태양 나침반을 손에 넣은 것처럼 낮 동안 점점 왼쪽으로 기울어져갔다. 다시 말해, 녀석들은 백열전구가 태양처럼 한 시간에 15도씩 예정된 시간에 맞춰 움직인다고 생각했는지 일정한 백열전구 방향을 기준으로 해서 예정돼 있던 비행 방향을 변경했다. 그 결과 녀석들은 지면에 대해 거의 늘 '잘못된' 이주 방향을 향하고 있었다.

　크라머는 귀소성을 보이는 동물의 방향정위 실험을 위해 사육할 비둘기 새끼를 잡으려고 절벽을 기어오르다 목숨을 잃고 말았다. 하지만 그의 제자 중 한 사람인 클라우스 호프만이 스승의 연구를 계속 이어나갔다. 나중에 독일에 있는 막스플랑크 행동생리학 연구소에서 일한 그는 '시간에 따라 바뀌는 태양 나침반 가설'에 쐐기를 박는 또 다른 실험을 진행했다. 이 실험에서 그는 찌르레기를 '속여' 녀석이 태양의 실제 위치에 따른 시간을 착각하게 만들었다. 태양이 매시간 15도씩 위치가 바뀐다는 점에서 태양을 이정표로 삼아 직선을 유지하며 비행하되 변화하는 태양의 위치를 보완하려면 찌르레기는 현재 시간을 알아야 한다. 호프만은 보통 12시간 주기로 인공조명을 밝힌 새장 속에 찌르레기를 넣어두고 실제 야외에서 동이 트는 시간보다 6시간 일찍 조명을 밝혀주었다.

　이들 찌르레기는 자신들이 경험한 인공조명 시간에 맞춰 활동했으며 특정한 시간이 되면 원형 새장 안에서 특정한 쪽으로 몸을 돌리고 먹이를 기다렸다. 물론 녀석들의 식사 시간은 실제 태양시보다 6시간 앞서 있었다. '시간이 바뀐' 찌르레기들이 움직임 없는 조명 아래 특정한 쪽에 놓인 먹이 컵에서 먹이를 기다리도록 훈련을 받는 실험이 진행됐을 때 녀석들은 훈련 접시에서 시계방향으로 90도(혹은 시간당 15도씩 이동)만큼 돌아간 방향을 향했다. 이 실험은 크라머가 만든 것과는 다른 실험 규약에 의해 새가 벌처럼 태양을 나침반으로 이용할 뿐만 아니라 태양의 이동 속도를 정확히 보완하기 위해 체내 시계를 참고한다는 놀라운 가설을 입증해주었다. 시간이 바뀐 제왕나비 역시 '잘못됐지만' 예측된 방향으로 이동할 때 태양을 이정표로 이용한다는 사실을 보여주었다.

하지만 이처럼 곤충과 새의 복잡한 행동이 대부분의 귀소 방향정위를 설명해주는 것은 아니다. 명금은 태양의 위치를 방향 지시등으로 편리하게 이용할 수 없는 밤에 주로 이동한다. 몸집이 작은 명금이 밤에 이동해야 하는 까닭은 녀석들이 주로 낮 시간에 먹이를 먹어 에너지를 보충하기 때문이다. 반면 몸집이 큰 새들은 대형 여객기처럼 비행거리는 더 길면서도 체중에 비해 연료 소모는 훨씬 덜하다. 이렇다 할 만한 이정표도 태양도 없이 녀석들이 밤에 어떤 식으로 이동하는지에 대해서는 오랫동안 알려진 바가 없었다. 하지만 1950년대 말 프란츠 사우어(Franz Sauer)와 그의 아내 엘리노어 사우어(Eleanor Sauer)가 휘파람샛과(Sylviidae)에 속한 새들을 대상으로 입증해 보인 실험에서처럼 녀석들은 나름대로 방향정위를 구현하고 있었다.

독일 프라이부르크대학교 출신으로 광범위한 연구를 진행하는 조류학자 프란츠 사우어는 게인즈빌에 소재한 플로리다대학교를 비롯해 미국의 많은 대학에 적을 두고 있다. 기발하게도 그는 칼라하리 사막에서 타조 둥지에 접근하기 위해 흰개미 무덤과 비슷한 은신처를 만든 적도 있다.

프란츠와 엘리노어 사우어 부부는 이망증세를 보이는 휘파람새를 바닥이 유리로 된 원형 새장에 넣어두고 새장 바로 밑에서 둘이 번갈아가며 바닥에 등을 대고 누워 녀석들을 관찰하기 시작했다. 이들 부부는 별이 총총한 밤에 새들이 이주방향으로 추정되는 곳을 향해 새장에서 날아가려고 애쓰는 모습을 관찰했다. 반면에 구름이 잔뜩 낀 흐린 날 밤에는 새들의 움직임이 둔해졌고 이주 경로로 추정되는 방향도 훨씬 부정확해졌다.

사우어 부부는 이들 휘파람새가 별을 이정표로 삼는지 궁금했지만, 이런 가설은 입증해 보이기가 어렵기 때문에 승산이 거의 없어 보였다. 달은 밤에 날아다니는 곤충에게 크게 도움을 줄 수 있다. 이는 곤충이 짧은 시간 동안 비교적 일정한 방향으로 날아가기만 하면 되기 때문이다. 그러나 이론적으로 보자면 달은 매일 밤 뜨는 위치와 상이 달라지기 때문에 장거리 이동에 적합한 방향 신호가 되기는 어렵다. 사우어 부부는 손수 제작한 플라네타리움(planetarium)*을 이용해 그런 가설을 시험하는 간단한 방법을 찾아냈다. 이들은 새장 속에 들어 있는 새들을 플라네타리움에 넣었다. 봄철 별자리를 비췄더니 휘파람새는 플라네타리움 하늘 밑에서 북쪽을 향했고 가을철 별자리를 비췄더니 남쪽을 향했다. 플라네타리움의 전등을 끄자 녀석들은 방향 감각을 잃고 우왕좌왕 했다. 게다가 플라네타리움의 축을 180도 돌렸더니 녀석들은 정반대 방향을 향했다. 사우어 부부의 가설은 설득력을 얻으면서 '새들은 어떻게 하늘을 읽는가?'라는 의문을 불러일으켰다. 하늘에는 눈에 보이는 별이 수천 개이고 별자리도 수없이 많다. 별자리가 지구의 대권(大圈)을 그리며 천구를 가로질러 이동하면서 별의 위치도 밤새도록 변한다.

---

* 반구형의 천장에 별자리나 행성 등을 투영하여 보는 환등 장치.

사우어 부부의 연구에 이어 10년 뒤에는 코넬대학교의 스티븐 T. 엠렌(Stephen T. Emlen)이 새들의 별자리 방향정위 문제에 대한 연구를 계속해나갔다. 그는 유럽 휘파람새가 아닌 북아메리카 유리멧새인 핀치를 이용했다. 새들의 이주 방향에 대한 사우어 부부의 번거롭고 때로는 자의적인 결정을 개선하고자 엠렌이 가장 먼저 손을 본 부분은 매우 독창적이어서 '엠렌의 깔때기'로까지 불리게 됐다. 엠렌의 깔때기란 좁은 바닥 중앙에 잉크 스탬프대를 설치해두고 벽에 종이를 덧댄 깔때기 형태의 새장으로 꼭대기에는 차폐물이 가로놓여 있다. 깔때기 새장 속에 갇힌 이망증세를 보이는 새는 바닥에 놓인 스탬프대에서 반복적으로 뛰어오르고 그럴 때마다 깨끗한 종이벽에는 잉크가 묻은 새까만 발자국이 남는다. 새가 가려고 하는 방향과 뛰어오른 강도가 양적인 기록물을 남기는 것이다. 이런 장치를 이용하면 실험자는 흥분한 새가 들어 있는 새장 밑에 누워 녀석의 움직임에 촉각을 곤두세우지 않고 침대에 누워 잠을 자면서도 훨씬 많은 데이터를 수집할 수 있다. 엠렌의 실험은 사우어 부부가 밝혀낸 새들의 별자리 방향정위와 관련된 사실을 대부분 그대로 재현했다. 그는 여기서 더 나아가 새들의 귀소성과 연관이 있을지 모르는 별자리와 새들이 그런 별자리를 어떻게 인식하는지 밝혀내려는 노력을 계속했다.

북반구에서는 하늘 전체가 북극성 주위를 도는 것처럼 보인다. 밤하늘에 대해 잘 모르는 사람이라도 북두칠성 별자리는 쉽게 알아볼 수 있고 그 가운데 다소 희미한 북극성도 찾아낼 수 있다. 북극성은 북두칠성이 그 주위를 시계반대방향으로 돌아도 밤낮으로 항상 같은 자리에 머물러 있다. 엠렌은 북극성(혹은 같은 자리에 머물러 있는 인근의 별자리)이 오랜 세월 동안 뱃사람들에게 그래왔던 것처럼 새들에게도 방향을 알려주는 이정표 같은 역할을 할지도 모른다고 생각했다. 이를 밝혀내기 위해 그는 플라네타리움의 밤하늘 일부에 조직적으로 빛을 차단했고 그 결과 수많은 별자리를 없애도 유리멧새의 이주 방향이 교란되지 않는다는 사실을 알아냈다.

하지만 이주 방향을 정확히 찾기 위해 녀석들은 북극성 근방의 별자리를 눈여겨볼 필요가 있었다. 예상대로 유리멧새가 밤하늘에서 움직이지 않는 부분을 이정표로 이용한다면 시간이 바뀐 이들 유리멧새는 태양 나침반을 이용해 낮에 이동하는 새들과 마찬가지로 달라진 태도를 보여서는 안 됐다. 더구나 플라네타리움에서 밤하늘의 시간을 바꾸어도 녀석들의 이주 방향은 바뀌지 않았다. 즉 녀석들은 여전히 같은 방향을 향했다. 이런 결과는 새들이 북쪽 하늘의 별을 이정표 삼아 집으로 돌아간다는 사실을 입증하는 데 도움이 됐다.

별자리를 이용한 유리멧새의 방향정위는 처음에 드러난 것보다 훨씬 놀라운 것으로 밝혀졌다. 움직이는 밤하늘의 별자리를 경험해보지 못한 실험실에서 기른 새를 실험했을 때 엠렌은 녀석들이 방향을 찾지 못한다는 사실을 알아냈기 때문이다. 녀석들의 행동 목록에서 뭔가 빠져 있었는데, 엠렌은 그것이 학습이라는 걸 알아냈다.

어린 새가 별자리 이동을 경험하려면 밤하늘을 접할 기회가 있어야 한다. 몇몇 별자리의 위치를 학습한 새들은 정지된 (플라네타리움) 하늘에서도 방향을 알아낼 수 있다. 다시 말해, 인간과 마찬가지로 새

들 역시 밤하늘의 별자리를 분간하고 북극성 부근의 별들이 제자리에
머물러 있는지 북극성 주위를 움직이는지 알아내고 나면 북극성 인근
의 별자리 개수를 이용해 정확한 방향을 추론한다. 엠렌은 자신의 생
각을 확인하고자 북극성 대신 베텔게우스* 부근을 돌게 만든 밤하늘에
적응하도록 유리멧새를 길렀다. 그의 가설에 따른 예측대로, 움직임이
없는 플라네타리움 하늘 아래서 녀석들은 북쪽으로 이동할 준비를 마
치자 북극성이 아닌 베텔게우스를 향했다. 그러나 그가 광주기** 조작
을 통해 여름철 생리 상태로 사육한 뒤에 같은 플라네타리움 하늘 아
래서 실험한 또 다른 무리의 새들은 남쪽을 향했다. 그런 식으로 새들
은 특정한 별자리에 대한 지식은 선천적이지 않지만, 별자리에 관심을
보이고 그것을 학습하고 반응하는 능력은 타고난다.

　　과거 코넬대학교에서 다지류를 전문적으로 연구한 곤충학자 윌
리엄 키튼이 1970년대 비둘기에 매료됐던 어린 시절의 열정을 되살
려 귀소성을 지닌 비둘기에게서 발견한 것처럼 태양 나침반이나 별자
리 방향정위가 조류의 귀소성을 모두 설명해주지는 않는다. 그는 가
장 널리 알려진 실험을 통해 비둘기 등에 자석을 부착하면 녀석들의
귀소 능력이 저하된다는 사실을 알아냈다. 단, 이는 구름이 잔뜩 낀
흐린 날에만 적용됐다.

　　1974년 스토니 브룩에 소재한 뉴욕주립대학교의 찰스 월콧과 로

---

*　오리온자리 α별로 태양으로부터 500광년 떨어져 있으며 밝기등급은 0.4등성이다.
**　빛에 노출되는 낮의 길이. 생물이 가장 적합한 기능을 할 수 있도록 하는 낮의 길이.

버트 P. 그린은 비둘기 머리에 전선을 부착시켜 등에 붙은 배터리에서 전류가 흐르게 함으로써 비둘기 머리 주변에 직접 자기장을 형성시키는 실험을 진행했다. 이들의 실험 결과는 새들이 태양을 이용할 수 있을 경우에는 자기(磁氣)의 영향을 거의 받지 않지만 흐린 날에는 자기를 이용한 방향정위에 의지한다는 사실을 입증해주었다.

자기 나침반을 이용한 방향정위 가설은 꼬까울새(Erithacus rubecula)처럼 작은 유럽 철새의 경우에도 입증되었다. 독일 막스 플랑크 조류 연구소 출신의 볼프강 빌츠코와 로스비타 빌츠코는 새들이 몸에 지닌 자기장을 바꾸는 대신 녀석들이 갇혀 있는 새장 주변의 자기장에 변화를 주었다. 이주 준비를 마친 꼬까울새가 일반적인 지구 자기장을 향하는 경우에는 예상대로 그런 변화에 적절히 반응했다. 그 후로 진행된 수백 건의 연구 결과를 통해 자기를 이용한 방향정위가 온갖 종류의 동물들에게서 거의 보편적이라 할 만큼 흔하다는 사실이 밝혀졌지만, 자기 방향정위와 태양 나침반은 다양한 방식으로 이용되는 다양한 신호들 가운데 두 가지 사례에 불과할 뿐이다.

1990년대 말, 엠렌이 몸담았던 코넬대학교에서 그리 멀지 않은 곳에서는 케네스 에이블과 메리 에이블의 연구팀이 야간에 이동하는 대표적 참새인 초원멧새(Passerculus sandwichensis)를 대상으로 실험한 끝에 녀석들이 자기, 별, 편광 등의 신호, 거기에 태양까지 이용해 집으로 이동하는 방향을 정하고 이동 경로를 유지한다는 사실을 밝혀냈다. 그중에서 녀석들이 선호하는 이정표는 자기다. 인간의 손에 사육돼 하늘을 경험하지 못한 어린 새들조차 가을이면 자력선을 이용해 남쪽을 향한다. 그러나 (별과 편광에서 나온) 시각적 신호는 자기 나침반에 맞춰 조정할 수 있다. 이 경우에는 별자리나 편광에서 나온 정보가 자기 나침반 방향정위보다 우선한다. 녀석들은 이차적으로 태양의 위치에 따라 변하는 편광의 형태를 통해 방향을 파악하는 법을 배운다. 편광은 해질녘에 특히 두드러진다.

최근 윌리엄 W. 코크란과 동료 학자들이 무선 꼬리표를 장착하고 자유롭게 날아다니는 회색뺨지빠귀(Catharus minimus)와 스웬슨지빠귀(C. ustulatus) 연구를 통해 확인한 것처럼 이런 시스템은 오늘날 명금류에게 일반적으로 적용되는 것처럼 보인다.

시험 삼아 자기장을 동쪽으로 바꾸어놓자 지빠귀들은 원래 녀석들이 서쪽을 향하는 시간대인 해질녘에 자기장의 영향을 받아 동쪽을 향했다(녀석들은 풀려나기 전까지는 새장에 갇혀 있었다). 반면 날이 저물고 나서 풀려난 녀석들은 지구의 정상적인 자기장을 받아 서쪽으로 날아갔다. 하지만 앞서의 조치가 없었다면 녀석들은 대개 북쪽으로 날아갔을 것이다. 예측한 대로 해질녘 동쪽으로 바꾸어놓은 자기장의 영향을 받은 녀석들은 밤새도록 같은(잘못된) 방향으로 날아갔다. 하지만 이들 지빠귀를 추적하던 전파신호는 이튿날 밤부터 녀석들이 방향을 바꿔 이제는 '정확하게' 북쪽을 향해 날아가고 있다는 걸 보여줬다. 녀석들은 특히 해질녘 하늘로 날아오르기 직전 자기장 방향을 다시 맞추기 위해 해가 지는 쪽의 편광 형태로 자신들이 가야 할 방향을 찾은 것처럼 보인다. 결국 특정 지역의 자기 이상을 이용해 지구 이쪽에서 저쪽으로 이동할 때조차 녀석들은 항로를 이탈하지 않는다.

자기 감지가 어떤 식으로 이루어지는가 하는 문제는 여전히 수수께끼로 남아 있다. 다만 철분을 포함한 광물질이 나침반에 맞춰 감지 가능한 역학적 편향을 일으키는 것으로 보인다. 쇳가루가 자석에 반응하듯 세포 혹은 세포 속의 무언가가 회전하는 것 같다. 역학적 이동은 세포의 탈분극을 일으킬 수도 있는데, 이는 우리가 소리를 듣는 동안 귓속의 섬모가 구부러지면서 그 아래쪽에 있는 기계적 감각수용기*에서 벌어질 수 있는 상황과 매우 흡사하다. 그런 감각기가 송어의 경우에는 주둥이에, 비둘기의 경우에는 부리 윗부분에 존재한다는 주장이 제기돼왔지만, 자기 정보가 귀에서 나온다고 생각하는 이들도 있다. 자기 정보를 설명하고자 개발된 또 다른 모형은 시각계와 관련이 있으며, 어쩌면 이 모형이 훨씬 방대한 정보를 제공해줄지도 모른다.

자기 지형 지도를 볼 줄 아는 동물의 '능력'은 단지 가설이 아니라 사실에 훨씬 가까울 수도 있다. 시신경이 자기장의 변화를 뇌에 전달하고 자기장에 대한 반응에 빛이 영향을 줌으로써 일부 새들이 자기 정보를 시각적으로 감지할 수 있다는 증거가 점점 늘어나는 상황이다. 다시 말해, 새들이 자력선을 '볼' 줄 아는 것처럼 여겨진다는 것이다. 이것이 이미지 측면에서 무엇을 의미하는지는 여전히 분명치 않으며 우리가 상상하기에도 어려움이 있다. 하지만 우리가 방향 성분에 따라 나침반을 읽는 방식으로 녀석들이 자력선을 볼 수 없다는 것만은 분명하다. 게다가 동물들은 연직(지면에 수직인 방향, 즉 중력의 방

---

* 신체 안팎에 가해지는 각종 물리적 자극에 대해 감각신호를 일으키는 기관의 총칭.

향) 성분에 따라 자력선을 볼 수도 있다. 가령 북쪽에서는 지구 자기장의 자력선이 극에서 한참 위쪽을 강하게 가리키고, 적도에서는 자력선이 거의 수평에 가깝고, 남쪽에서는 극을 향해 아래쪽을 가리킨다. 결국 자력선을 볼 수 있는 새들의 능력은 녀석들에게 위도를 알아내는 능력을 제공해준다.

최근 빌츠코의 연구팀은 철새인 호주동박샛(Zosterops lateralis)과에 속하는 한 부류의 새들에 대한 실험을 진행했다. 새장에 갇힌 새들은 이주 시기가 됐을 때 대부분 북쪽을 향했다. 자신을 둘러싼 자기장의 연직 성분이 주변의 수직면과 정반대로 바뀌자 예상대로 녀석들은 북쪽에서 남쪽으로 방향을 바꿨다. 그런데 여기에는 빛의 세기와 파장 역시 엄청난 영향을 미쳤다. 즉, 실험실의 새들이 밝은 푸른빛에 노출되면 동서의 나침반 방향을 따랐고, 초록빛에 노출되면 다시 서북서쪽을 향했다. 이런 결과는 당혹스러울 뿐 아니라 우리가 알고 있는 것보다 상황이 더 복잡하다는 걸 보여준다. 이는 특히 녀석들이 빛의 변화에 반응해 방향을 선택하면 자기장의 극성을 바꾸어도 그 방향을 바꾸지 않았기 때문이다.

가장 최근에 이루어진 일련의 연구는 새들의 자기 나침반이 망막 속에 들어 있는 감광 색소와 어떤 식으로 관련이 있는지 철저히 파고들었다. 이들 색소 가운데 일부가 새들의 자기장 맞춤에 반응을 보인다는 것이 그 이유였다. 그처럼 빛과 자기를 모두 감지하는 색소는 일부 철새의 망막세포에서 발견되지만 이동을 하지 않는 새들에게서는 발견되지 않는다. 이들 색소에 연관된 신경세포는 새들이 자기 정보에 따라 방향을 찾고 있을 때 높은 활동량을 보여준다. 게다가 카트린 스태풋과 빌츠코의 또 다른 연구팀이 진행한 꼬까울새 연구는 특히 오른쪽 눈이 중요한 역할을 할 수 있다는 사실을 보여준다. 연구팀은 꼬까울새의 눈에 고글을 씌웠다. 시야를 가리도록 왼쪽 눈에 반투명 보안경을 쓴 녀석들은 자기 정보를 정확히 따랐지만, 오른쪽 눈에 보안경을 쓴 녀석들은 그렇지 못했다. 결국 전체적인 관찰 결과는 이들 새가 지각한 사물 이미지에 겹쳐진 지구 자기장의 고스트 이미지*를 볼 가능성을 높여준다.

동물이 방향을 찾는 경위는 현재 신경생물학적 측면에서도 검토가 이뤄지고 있다. 최근 베일러 의과대학의 르칭 우와 데이비드 딕맨은 비둘기의 뇌간에서 주변 자기장의 세기와 방향에 반응하는 53개의 신경세포를 발견했다. 이들 신경세포가 어떤 감각기관으로부터 자기 정보를 입수했는지는 여전히 밝혀지지 않았지만 연구진은 그 기관이 내이(內耳)일 것으로 추정한다.

이처럼 급속한 발전을 이룬 연구의 결론은 설치류와 인간 모두 '격자세포(grid cell)'로 불리는 특화된 신경세포를 갖고 있다는 것이다. 이들 격자세포는 기능적 자기공명영상(fMRI)으로 확인할 수 있는 전기 활동을 뇌에서 국지적으로 일으킨다. 격자세포는 행동을 조정하는 국지적 영역에서 나타나며, 그런 '인지 지도(cognitive map)'는 동물의 운동 방향과 속도를 기록한다. 어떤 동물은 자기가 현재 얼마나 빨리

---

* 유령상, 이미지가 겹쳐 보이거나 여러 개로 보이는 다중영상 현상.

움직이고 있으며 얼마나 멀리까지 이동했는지에 따라 지금까지 어디에 있었으며 현재 어디에 있는지를 기록하는 신경 표시를 갖추고 있는 것 같다. 인간의 경우에는 실제로 이런 신경 표시가 현실의 공간이동을 모방한 가상현실 무대에서 재현될 수 있다.

　지금까지 설명한 메커니즘은 동물들이 신뢰할 만하지만 복잡하게 변하는 신호를 가진 정적인 세계에 적응해 있다는 가정에 기반을 두고 있다. 태양이나 북극성 별자리와 이루는 각은 비교적 일정한 편인 데 비해 동물의 집은 그렇지 못하다. 유럽에 서식하는 검은머리휘파람새에 대한 최근의 연구는 진화과정의 급속한 변화를 역동적으로 보여준다. 북부와 중부 유럽 전역에 흔히 분포하는 검은머리휘파람새는 예로부터 겨울이면 유럽에서 남쪽으로 곧장 날아가 지중해를 거쳐 북아프리카까지 이른다. 녀석들은 나지막한 울타리에 둥지를 틀고 살면서 청아한 목소리로 지저귄다. 그래서 해마다 봄이 되면 사람들은 오랜 여정을 마치고 다시 북쪽의 고향으로 되돌아오는 이들 휘파람새를 반겨 맞는다.

　1950년대와 1960년대에는 개체수가 증가한 검은머리휘파람새들이 영국과 아일랜드에서 겨울나기를 하는 모습이 목격됐다. 이전까지만 해도 겨울에 이곳에서 녀석들이 목격된 적은 한 번도 없었다. 휘파람새는 영국의 섬에서 새끼를 낳아 기르기 때문에 겨울에 이곳에 남아 있는 녀석들은 이주하지 않고 사람들이 사료공급기를 통해 제공해준 먹이로 살아가는 일부의 휘파람새에 불과하다고 여겨졌다. 그런

데 1961년 11월 14일, 고양이 한 마리에 얽힌 우연한 사건을 계기로 상황이 갑자기 복잡해졌다. 고양이가 물고 온 휘파람새를 아일랜드에 거주하는 주민이 입수해 살펴보니 녀석의 다리에 금속 밴드가 부착돼 있었다. 밴드에 적힌 식별번호를 통해 녀석의 고향이 오스트리아라는 사실이 밝혀졌고 휘파람새를 발견한 주민은 녀석을 오스트리아 조류 협회로 보냈다.

고양이가 우연히 물어온 새 한 마리는 영국에서 겨울나기를 하는 휘파람새가 실은 중부 유럽에 있는 번식지에서 왔을 거라는 페테르 베르톨트의 의구심을 더욱 굳혀주었다. 남독일 라돌프첼에 위치한 막스플랑크 조류 연구소에서 당시 베르톨트와 그의 동료들은 역사에 길이 남을 연구를 수행했다. 베르톨트는 영국에서 겨울나기를 하는 휘파람새를 수집해 막스플랑크 연구소 실험실로 보냈고 녀석들이 이주할 준비를 마치는 가을까지 연구소에 머물게 했다. 녀석들을 새장에 넣어 실험한 결과 그는 녀석들이 이망증세를 보이는 시기에 영국의 섬들이 있는 서쪽을 향한다는 사실을 알아냈다.

반면 인근 지역에서 자라 남쪽으로 이주하는 독일 휘파람새는 새장 안에서 그와 같은 쪽을 향했다. 당시 베르톨트는 두 종류의 휘파람새가 선택한 방향이 선천적이라고 생각했다. 즉, 그는 이런 선택이 유전적 프로그램에 의해 결정된다고 봤다. 그는 독일에서 자라 남쪽으로 이주하는 휘파람새와 역시 독일에서 자라 영국에서 겨울을 나는 휘파람새를 교배했다. 새장 속에 간힌 이들 휘파람새의 교배종은 이주 시기가 됐을 때 중간 지점인 남서쪽을 향했다(만약 이들 교배종을 풀어쳤다면 녀석들은 프랑스 연안에서 떨어진 대서양에 착륙했을 테고 그리 되면 살아남기 어려웠을 것이다).

유럽 휘파람새가 영국에서 겨울을 나는 일은 1950년대 초만 해도 보기 드물었지만 오늘날은 흔한 일이 되고 말았다. 해마다 가을이면 겨울나기를 위해 수만 마리의 휘파람새들이 중부 유럽의 서식지에서 영국과 아일랜드 각지에 있는 수천 개의 정원으로 이동한다. 유전적 돌연변이 때문에 최초로 중부 유럽에서 남쪽이 아닌 영국으로 이주한 극소수의 휘파람새는 우연히 새로운 보금자리를 만났고 그곳에서 번식에 성공하며 개체수가 크게 늘어났다.

중부 유럽에서 영국을 오가게 된 휘파람새 돌연변이의 이점에 대해 베르톨트는 새로운 이주 경로가 남쪽으로 이동하는 기존의 경로보다 1,500킬로미터 짧다는 사실과 연관이 있을 수 있다고 본다. 영국에서 중부 유럽의 서식지로 먼저 되돌아온 휘파람새가 아프리카에서 겨울을 나고 장거리 비행을 거쳐 고향에 되돌아온 종래의 휘파람새보다 더 많은 휴식을 취하고 결국 남쪽으로 갔던 경쟁자들이 돌아오기 전에 먼저 최적의 번식지를 찾아 지켜낼 수 있을 것이라는 의미다. 게다가 오늘날 영국에 있는 겨울나기 장소는 기후 변화와 늘어나는 사료 공급 덕분에 점점 더 유리해지고 있다. 이로써 기나긴 진화의 역사에 비춰볼 때 이들 휘파람새에게서 새로운 행동의 변화가 거의 순식간에 일어났다는 점이 분명해졌다.

생각해보면, 귀소 행동에 나타난 이런 변화는 과거에도 있었을 테고 여전히 일상적으로 반복되는지도 모른다. 새들은 자기 방향정위

를 이용하며, 지구의 자기장은 평균적으로 50만 년에 한 번씩 뒤집힌
다. 이런 자기 역전 현상은 철을 함유한 아주 오래된 암석에 나타나
있다. 이는 과거 이런 암석이 단단히 굳을 때 용융물질 속에서 여전
히 자유롭게 움직이던 자기 입자가 당시 존재하던 지구 자기장 자리
에서 '굳으며' 벌어진 현상이다. 점진적으로 펼쳐진 중앙해령에서 화
산을 통해 지구 내부로부터 분출했다가 오늘날 단단하게 굳은 암석은
적어도 1억 5,000만 년에 걸쳐 일어났을 자기 역전 기록을 보여준다.
자기 뒤집힘은 100년에 걸쳐 일어날 수 있으며, 모든 '규칙'이 갑자기
바뀌었기 때문에 결과적으로 방향정위의 대혼란이 야기될 수도 있다.
마찬가지로 불과 1만 년 전만 해도 중부유럽은 빙하로 덮여 있었기에
휘파람새의 안식처가 될 만한 곳이 없었을 것이다. 빙하가 녹고 난 뒤
에 그곳에 보금자리를 만들고자 아무것도 없는 땅에 몰려든 새들은
겨울이면 그곳을 떠났다가 봄에 되돌아와야 했을 것이다. 정확히 집
으로 돌아가려면 녀석들의 유전자에는 비교적 정확한 이주 방향이 새
겨져 있어야 했다. 아웃라이어(outlier)*를 자청한 녀석들은 자칫 융통
성 없는 속박에 묶일 수도 있었던 상황을 박차고 나온 안전장치였다.
결국 상황이 바뀜에 따라 그에 맞춰 변화를 꾀한 녀석들은 번영을 누
렸다.

그렇다면 영국과 아일랜드에 둥지를 튼 휘파람새들이 여전히 이

* 사전적 의미로는 본체에서 분리된 물건, 다른 대상과 확연히 구분되는 통계적 관측치, 각 분
야에서 큰 성공을 거둔 탁월한 사람 등을 뜻하며, 여기서는 남쪽이 아닌 영국이나 아일랜드를
월동지로 선택한 유럽의 검은머리휘파람새를 의미한다.

동을 하는 이유는 뭘까? 녀석들은 어째서 그대로 머물지 않는 걸까? 녀석들은 결국에는 한 곳에 머물게 될지도 모른다. 어쩌면 작은 돌연변이가 이주 방향을 바꿀 수 있을지도 모른다. 그렇더라도 이주 행동 습성을 완전히 제거하는 데는 상당한 시간이 걸릴 것이다. 이는 그런 행동이 수많은 반응과 연루돼 있을 뿐만 아니라 훨씬 깊이 암호화되어 있기 때문이다. 전체적으로 보면 이주에는 이주 시기 선택, 장거리 비행을 가능케 하는 불안증세, 먹이 탐닉, 고도의 체지방 축적 같은 다양한 요소가 연루돼 있다. 이 모든 것들은 한두 가지 유전자 변이만으로는 제거하기 힘든 대규모의 유전 프로그램을 필요로 할 것이다. 다만 확실한 것은 오늘날 영국에서 겨울나기를 하는 휘파람새 무리가 이보다 작은 규모에서 출발했다는 사실이다.

슴새나 알바트로스 같은 바닷새의 신기(神技)에 가까운 장거리 비행은 자료를 통해 충분히 입증됐지만 녀석들의 귀소 메커니즘은 오랫동안 수수께끼로 남아 있었다. 알바트로스의 귀소성에 대한 비밀을 조금씩 파헤쳐온 연구 성과를 살펴보기 전에 이보다 '원시적인' 동물군에 속하는 거북의 귀소성을 잠시 살펴보자. 거북은 진화론적 측면에서 볼 때 새보다 훨씬 오랜 역사를 갖는다. 심지어 거북은 6,000만 년 전 육지와 바다를 어슬렁거리던 공룡과 그 친족들보다 훨씬 오래 전에 나타났다. 오늘날 현존하는 거북은 그보다 세 배 이상 오래된 약 2억 년 전에도 활동했다.

이제는 고인이 된 플로리다대학교의 동물학자 아치 카는 거북의 귀소 능력을 최초로 탐구한 선구자 가운데 한 사람이다. 1955년 이후로 그는 녹색거북 연구에 평생을 바쳤다. 카는 이들 파충류에 대한 세계적인 권위자가 됐고 후대에 길이 남을 업적을 쌓았다. 꼬리표를 붙인 거북에 대한 방대한 연구는 브라질 연안에서 먹이를 얻고 어센션 섬에 둥지를 트는 거북 개체군에 관한 비밀을 밝혀주었다. 어센션 섬은 녹색거북이 먹이를 얻는 취식지에서 2,200킬로미터 이상 떨어진 광활한 대서양의 직경 8킬로미터에 이르는 특정한 영역이다. 녀석들은 보금자리에서 짝짓기를 하고 2~3년에 한 번씩 먹이가 있는 브라질 인근 해역에서 어센션 섬의 서식지까지 오가는 여행을 한다. 카는 이들 개체군이 수천 킬로미터에 이르는 바닷길 여정을 파악할 정도로 진화해왔다고 봤다. 녹색거북이 어떻게든 난관을 극복한다는 것이 분명치 않다면 그처럼 고된 여행에서 녀석들이 맞닥뜨릴 어려움은 도저히 극복 불가능한 것으로 보였을 것이다. 그는 이정표 없이도 장거리 바다 여행을 할 수 있는 능력, 바다에서의 방향정위 능력이 거북의 귀소성 연구에서 '궁극적인 수수께끼'라고 믿었다. 바다에서 지침이 될 만한 어떤 종류의 나침반 감각이 틀림없이 거북에게 있을 거라는 추정에도 불구하고 그는 녀석들이 직선에 가까운 여행 경로를 유지하고 장소를 식별하는 것과 관련된 감각에 대해서는 밝혀내지 못했다.

카는 그런 '나침반 감각'을 시험하기 위해 바다에서 거북의 이동 경로를 추적해야 한다고 생각했다. 이는 최근 멘첼이 꿀벌에 무선 송수신기를 탑재시킨 다음 농촌 지역에서 녀석들의 움직임을 레이더로 추적했던 것과 아주 흡사하다. 처음에 카는 헬륨을 채운 기구를 거북이 끌고 다니게 하는 방식으로 녀석들을 추적했다. 거북이 물속으로 들어가 모습을 감추더라도 헬륨 기구는 눈에 띄었기 때문이다. 하지만 이런 방식은 녀석들의 여정 내내 함께 머물러야 한다는 단점이 있었다. 게다가 기구를 거북의 몸에 무한정 매달아두는 일도 바람직한 처사는 아니었다. 그래서 그는 무선 송신기를 거북의 몸에 부착해 녀석들을 추적할 수 있는지 여부를 타진해보았다. 1965년, 카는 다음과 같이 밝혔다. "머지않아 거북의 몸에 무선 송신기와 전원을 다는 작업이 진행될 것으로 보인다. 송신기의 사정거리 안에서 위성이 지나갈 때마다 신호를 받게 될 것이다. 제어국으로 재송출되는 이들 신호 덕분에 거북의 정확한 위치 탐색이 가능할 것이다." 거북의 귀소 행동이 단순히 개연성이 낮은 우연에서 비롯된 것인지 아니면 진정한 항법에 따라 이루어진 것인지를 따지는 문제는 이런 식으로 해답을 얻을 수도 있다. 다른 동물에 대한 연구와 마찬가지로 현장 실험을 보충하려면 대개 실험실에서 이루어지는 실험이 추가적으로 필요하다.

러트거스대학교 생물학과 교수인 데이비드 에렌펠드는 새끼 녹색거북에게 한쪽 렌즈만 불투명한 안경을 씌웠다. 안경을 쓴 새끼 거북은 길을 잃고 말았다. 녀석들은 양쪽 눈 중에서 앞이 보이는 쪽으로 빡빡하게 작은 원을 그리며 움직이고 있었다. 드넓은 바다에서 수천 킬로미터 떨어진 목표물을 하나의 이미지로 볼 수 없기 때문에 녀석들은 그 대신 방향을 보는 것인지도 모른다. 실제로 바다거북은 근시안으로 악명이 높지만 빛과 어둠에 반응해 방향을 파악한다. 시력은 먹이처럼 가까이에 있는 사물의 이미지 탐지뿐만 아니라 자기장 탐지에서도 어느 정도 역할을 하는 것처럼 보인다.

　새를 통해 알게 된 지식은 바다거북의 방향정위 문제에 다시 적용할 수 있다. 수십 년 전에 아치 카는 거북이 어떤 종류의 나침반 방향정위를 따르고 있다고 가정했다. 하지만 이런 능력만으로 녀석들의 귀소 행동을 설명할 수는 없다. 귀소성에는 나침반뿐만 아니라 '지도'도 필요하다. 노스캐롤라이나대학교의 케네스 로만과 캐서린 로만이 이끄는 연구팀은 지난 20년간 붉은바다거북(Caretta caretta)의 귀소성과 관련한 문제들에 대해 한층 발전된 식견을 내놓았다. 이들 종은 플로리다 동부 해변에 둥지를 틀고 약 1만 4,000킬로미터를 헤엄쳐 다시 그곳으로 되돌아온다.

　붉은바다거북 새끼는 밤사이 모래밭 둥지에서 부화해 알에서 나오자마자 바닷물에 비친 달빛을 따라 해변을 향해 죽기 살기로 기어간다. 바다에 도착한 녀석들은 파도 형태를 이정표 삼아 멕시코만류에 이르고, 대서양 환류는 녀석들을 거대한 소용돌이 속에 가둬 사르가소해로 데려간다. 1만 킬로미터에 가까운 대장정 끝에 성체가 될 때까지 살아남은 거북은 수천 마리 가운데 한 마리에 불과하고, 그렇게 살아남은 녀석들은 20년이 지나 자기가 태어난 해변 근처로 되돌아온다.

　이쯤에서 바다거북에게 귀소성이라고 할 만한 것이 눈곱만큼이라도 있는지, 4,000마리 중에 한 마리만 자기가 태어난 해변으로 돌아오는 것이 다만 어쩌다 벌어진 우연인지 여부가 궁금할 수도 있겠다. 그러나 붉은바다거북이 다른 해변에 도착한 사례가 없다는 점과 천적에 의한 포식이 끔찍하다는 사실은 거북이 고향으로 돌아오는 것이 어쩌다 벌어진 우연이라는 의견에 제동을 건다. 대개 거북의 알은 천적에 의해 둥지에서 들춰져 먹히고 만다. 이제 막 부화를 마치고 몸길이가 5센티미터에 불과한 새끼 거북은 바다에 닿기도 전에 독수리와 그 밖의 천적들로부터 집중 공격을 받을 수밖에 없다. 바다에 들어가면 어류에 의한 포식이 시작되고 거북의 몸집이 커질 때까지 계속되다가 마침내 다 자라고 나면 상어에게 잡아먹히고 만다. 게다가 오늘날 거북은 둥지 습격, 화학물질에 의한 오염, 해변 조명의 빛 공해로 인한 방향감각 상실처럼 인간에 의한 포식에도 직면한 상황이다. 30건이 넘는 전문서적에 요약된 로만 연구팀의 연구 성과에 따르면 붉은바다거북이 연어나 대하만큼이나 뛰어난 자기 감지 능력을 갖고 있지만 집으로 돌아오는 과정에서 예닐곱 가지가 넘는 유형의 정보를 동원한다고 한다.

바다와 해안선에도 육지처럼 지역적으로 고유한 자기적 특성이 있다. 크게 보면 자력선은 특정한 방향과 강도를 모두 갖고 있다. 극지방에서 자력선은 강한 강도와 큰 경사도를 갖는 데 비해 적도지방에서는 약한 강도와 미미한 경사도를 갖는다. 다시 말해, 북극에서는 아래쪽을 향하고 적도에서는 수평을 유지하며 남극에서는 위쪽을 향한다. 여러 겹으로 중첩된 특유의 자기 이상을 감지할 수만 있다면 거북은 자신의 위치를 알아낼 수 있을 것이다. 바다를 경험한 적이 없는 갓 부화한 새끼 거북이라도 북대서양에 있는 특정한 장소에서 나온 자기장을 받으면 적절한 이주 방향에 따라 수조 속에서 헤엄을 친다.

로만의 연구팀은 거북이 이동 경로에 대한 특정한 지침을 자기 지형으로부터 감지하며 이런 자기 신호에 정확히 반응하는 유전적 프로그램을 갖고 있다고 봤다. 하지만 자신이 태어난 고향의 자기 위치는 각인(학습)되므로 녀석들은 고향에 가까워지면 이를 알아차리게 된다. 그 후로 녀석들은 냄새나 파도를 포함해 자기가 태어난 해변에 대한 다양한 신호를 지표로 삼을 수 있을 것이다.

미시적인 부분을 아무리 세세하게 이해하더라도 거시적인 부분을 모두 설명할 수는 없다. 이탈리아 피사대학교의 파올로 루치, 플로리아노 파피와 동료 학자들이 추진한 녹색거북에 대한 위성 추적 연구는 자기 정보가 일정치 않은 지역에서도 일직선을 유지하며 목표 지점으로 정확히 되돌아오는 이들 거북의 능력을 보여준다. 녀석들은 타고난 방향감각으로 바람이나 조류의 방향을 보충한다. 녹색거북이 자신의 위치를 알아내는 능력은 지금까지 알려진 항해 메커니즘으로는 설명되지 않는다.

끝으로, 녀석들이 자신의 위치를 어떻게 알아내는지 궁금증을 자아냈던 알바트로스의 얘기로 돌아가보자. 바다거북과 마찬가지로 수명이 긴 이들 알바트로스는 우리 눈에는 거기가 거기인 듯한 망망대해에서 고향의 위치를 확실히 알고 있다.

스웨덴의 수산네 아셰손과 프랑스의 앙리 바이메르키르쉬는 오랜 위성 추적을 통해 생후 첫 해에 평균 비행 거리가 18만 4,000킬로미터에 이르는 새끼 알바트로스의 경우 유전적으로 정해진 확산 방향을 갖고 있으며 바다의 특정 구역에 도착하면 그곳에서 7~10년을 머물다 새끼를 낳기 위해 고향으로 되돌아간다는 사실을 확인했다. 적어도 갈라파고스알바트로스(Phoebastria irrorata)의 경우는 집으로 돌아가는 일이 자기 조작에 의해 방해를 받지 않았다. 녀석들은 머리에 자석을 부착하고도 수천 킬로미터 떨어진 서식지와 취식지를 계속해서 오갔다. 결국 녀석들의 귀소 능력은 자기 방향정위와는 거의 혹은 전혀 관련이 없는 것으로 보인다! 지금까지 많은 사실이 밝혀졌지만, 불가사의하면서도 신비롭고 경이로운 의문은 아직 해결되지 않은 채 남아 있다. 어떤 동물이 자신이 어디에 있으며 무엇을 하고 있는지 인식하는가 하는 문제는 가장 본질적이지만 여전히 해답을 얻지 못한 채 남아 있다.

냄새로 어떻게 집을 찾을까

당신의 체취가 그립구려. 때론 공중에 떠도는 당신 체취를
또렷이 맡을 수 있을 만큼 간절히 말이오.
– 카이사르 이크발 잔주아

18세기 곤충학자 장 앙리 파브르는 대왕공작나방(Saturnia pyri) 애벌레를 키우던 중 어느 날 아침 암컷이 고치에서 나오자마자 '여전히 축축하게 젖어 있는' 녀석을 철망이 덮인 종 모양의 유리병 속에 넣었다. 이렇다 할 계획도 없이 그는 늘 하던 대로 암컷을 병 속에 가둬놓았다. 무슨 일이 벌어질지 지켜보려는 관찰자의 습성이 몸에 밴 탓이랄까. 그날 밤 9시, 그의 집에서는 한바탕 소동이 벌어졌다. 가족들이 처음에 박쥐라고 생각했던 것이 실은 서재 창문으로 '침입한 나방'으로 밝혀졌기 때문이다. 녀석들은 대왕공작나방 수컷이었다.

유리병에 갇힌 암컷 나방은 8일을 살았고 매일 밤 찾아오는 청혼자도 늘어났다. 녀석들은 하나같이 암컷과의 신체 접촉이 가로막힌

채 사로잡히고 말았다. 그러나 이들 수컷 나방의 수명은 2~3일에 불과했다. 모두 150마리의 수컷이 집 안으로 들어왔다. 파브르는 이들 나방이 보기 드문 희귀종이라는 사실을 알고는 암컷이 수컷들에게 그토록 굉장한 매력을 얻게 된 이유가 궁금해졌다. 그는 노벨상 수상자도 혀를 내두를 만큼 독창적인 실험을 거듭한 끝에, 수컷 나방을 유인했을 것으로 보는 세 가지 가설이 틀렸음을 입증하는 한편, 암컷의 매력이 인간은 전혀 느낄 수 없는 종 특유의 냄새(혹은 '악취')였다는 사실을 증명했다. 나중에 그는 대왕공작나방보다 한 달 앞서 나타나는 산누에나방(Attacus pavonia)을 대상으로 실험한 결과 이들 암컷 나방이 수컷을 밤이 아닌 정오 무렵에만 유인한다는 사실을 알아냈다. 그는 영리한 중학생이라면 누구나 이해할 수 있을 정도로 흥미롭게 이런 내용을 정리했고 두 종의 나방에게 나타난 행동의 차이를 의아해하며 다음과 같은 말로 끝을 맺었다. "이렇게 이상한 습성의 차이를 설명할 수 있는 사람에게 맡겨두자." 하지만 당시는 누구도 이를 설명할 수 없었다.

오늘날 '성페로몬(sex pheromone)'으로 불리는 암컷의 냄새는 멀리 수 킬로미터 떨어진 곳에 있는 동종의 수컷을 유인할 수도 있으며 암컷은 이런 냄새를 일상적으로 풍길 수 있다. 언젠가 나는 알에서 막 부화한 프로메테우스누에나방(Callosamia promethea) 암컷을 작은 나뭇가지에 매달아둔 적이 있는데, 해질 무렵이 되자 수십 마리의 수컷 나방이 녀석을 에워싼 채 주위를 날아다니고 있었다.

성페로몬은 나방을 죽이는 수단으로 이용될 수도 있다. 볼라스거미(Mastophora hutchinsoni)는 거세미나방(Lacinipolia renigera) 암컷의 성
페로몬과 비슷한 화학물질을 만들어 수컷 나방이 날아오는 밤에 이를
널리 퍼뜨려 수컷을 유인한 다음 잡아먹는다. 자정이 지나면 볼라스
거미는 또 늦은 밤에만 활동하는 다른 나방종(Tetanolita mynesalis)의 성
페로몬으로 유인물질을 전환해 이를 퍼뜨린다. 그물망처럼 생긴 거미
줄을 치는 대신 짧은 거미줄에 대롱대롱 매달리는 볼라스거미의 한쪽
다리 끝에서는 끈적거리는 물질이 다량으로 분비된다. 나방이 가까이
접근하면 거미는 '올가미'를 흔들어 목표한 먹이가 걸려들게 만든 다
음 잡아먹는다. (우리도 화학물질을 합성해 만든 성페로몬으로 나방을 유인해
잡을 수 있다. 하지만 도구를 사용하거나 손재주를 부리는 대신 끈적거리는 테이
프를 이용하기 때문에 거미보다는 생동감이 떨어질 것이다.)

　　냄새는 배우자감이나 먹이가 있는 곳으로 안내한다는 점에서 수
많은 동물에게 세상을 보는 중요한 창이나 다름없다. 실제로 냄새는
현재 방출되는 휘발성 화학물질의 원천에 '접근'하는 훌륭한 수단이
된다. 그러나 대개 우리는 후각을 집 찾기와는 연관시키지 않는다. 집
냄새는 다양하면서도 모호한 성향이 있기 때문에 제대로 인도하기보
다 잘못 인도할 가능성이 크다.

　　냄새는 헤아릴 수 없이 많은 화학물질을 무한에 가까울 정도로
다양한 조합을 통해 의미를 전달하고 이를 탐지하는 행위와 관련이
있다. 말하자면 냄새는 온갖 종류의 의미를 가진 신호나 몸짓인 셈이
다. 기네스 세계기록(2000년)에 따르면, 에테인싸이올은 농도가 아무

리 옅어도 세상에서 가장 '역겨운' 냄새를 풍기는 물질이다. 하지만 터키독수리에게는 에테인싸이올이 대단히 매력적인 듯하다. 녀석들은 아무런 냄새도 나지 않는 가스를 감지하고자 우리가 에테인싸이올을 추가로 넣은 가스관에서 누출된 가스에 잘못 이끌리기도 한다. 반면 바나나향처럼 기분 좋은 냄새가 나는 이소아밀아세테이트는 꿀벌이 침을 쏠 정도로 흥분했을 때 발산하는 화학물질이다. 벌 한 마리가 침을 쏘게 될 상황이 벌어지면 벌집이 공격받을 가능성이 생기면서 집단 방어에 들어가기 때문에 이 물질은 동료들의 공격을 유도하는 자극제 역할을 한다. 꿀벌은 그렇게 침을 쏘고 나면 목숨을 잃는다. 갖가지 꽃향기는 곤충이 먹이를 찾아나서게 하는데, 이 경우 녀석들이 저마다 특정한 꽃의 특정한 향기와 관련이 있는 것에서 알 수 있듯 종종 냄새에 대한 학습이 수반된다.

냄새에 의한 신호는 다른 어느 곳보다도 사회성을 띠는 곤충 무리의 조정과 통합에서 중요하다. 이를테면, 꿀벌의 경우 특정한 냄새가 부족하면 일벌들은 여왕벌 애벌레를 지키고자 밀랍 세포를 만든다. 비행 중인 여왕벌이 풍기는 냄새는 짝짓기 할 수벌을 유인하고 또 다른 냄새는 일벌의 난소 발달을 억제해 결국 여왕벌만 벌집에 알을 낳을 수 있게 만든다.

냄새는 사적인 어휘 목록에 들어 있는 단어와 같다. 수많은 동물 종이 저희들끼리 늘어놓는 얘기는 우리로서는 대체로 '알아듣기가' 어렵고 냄새가 어떤 역할을 하는지도 이해하기 힘들 때가 많다. 집 찾기에서 가장 널리 알려진 냄새의 역할은 개미에게서 두드러지게 나타난다. 개미는 땅을 기어다니면서 '추적 페로몬'이라 불리는 냄새를 남길 수 있다. 유능한 일벌은 그런 냄새를 통해 먹이 채집에 나서는 동료들을 유인할 공동의 비행노선을 만드는 것은 물론 되돌아오는 길도 안내할 수 있다.

사하라사막개미는 태양과 이정표를 이용해 집을 찾을 뿐만 아니라 집에 가까워지면 이미 익혀둔 지역 특유의 냄새를 따라 방향을 찾는다. 최근에 연구 성과를 발표한 학자들은 사막개미의 굴 입구에서 다양한 냄새를 풍겨 개미들이 냄새를 학습하도록 유인했다. 그런 다음 군집을 이루는 일부 개미를 새로운 곳으로 이동시켜 이곳에서도 기존의 서식지에서와 동일한 냄새를 풍겼다. 그러자 녀석들은 냄새가 나는 굴 입구를 찾아 헤맸지만, 이 경우 어디까지나 양쪽 더듬이가 모두 손상을 입지 않아야 했다. 녀석들은 냄새 변화를 감지하여 냄새가 나는 곳에서 집을 찾는 능력을 얻는 것처럼 보인다.

꿀벌 역시 집을 찾을 때 냄새를 이용한다. 1만 마리가량의 꿀벌이 정찰병을 따라 '구름처럼' 떼 지어 새로운 보금자리를 향해 비행할 때 녀석들 대부분은 새 집에 가본 적이 없기 때문에 10센트 동전 크기의 '문'이나 입구가 어디 있는지는 신경 쓰지 않는다. 하지만 정찰병은 나무 구멍(집) 입구에 자리를 잡고 배 끝을 공중으로 높이 들어올린 채 분비샘을 열어 우리에게는 레몬향이 나는 냄새를 풍긴 다음 날개를 파닥여 냄새를 널리 퍼뜨린다. 동료 꿀벌들은 그렇게 퍼뜨린 냄새를 맡고서 정찰병에게로 모여든다. 동료들을 유인할 냄새 흔적을 남길 만큼 바람이 충분히 불지 않을 경우, 새 집 입구에 자리를 잡은 정찰병들은 날개를 파닥여 바람을 일으키고 일렬로 늘어서서 집이 있는 방향을 알려주는 기류를 형성할 수도 있다. 냄새 흔적을 따라가다 보면 벌들은 어느덧 새 집에 이르게 된다. 벌들이 집의 위치를 완전히 파악해 찾아갈 수 있을 때까지는 집 입구에 대개 레몬향 표식이 남아 있을 것이다.

슴새목(바다제비, 슴새, 알바트로스)에 속한 '관 모양의 콧구멍을 가진' 바닷새는 냄새를 이용해 먹이를 찾는다. 바다제비는 특히 냄새를 이용해 둥지로 곧장 날아든다. 몸집이 작은 편에 속하는 이들 바다제비는 갈매기에 의한 둥지 약탈을 피하고자 높은 선택압을 경험했을 테고 지하로 내려가는 방식을 택한 결과 천적에 의한 피해를 줄일 수 있었을 것이다. 수컷 바다제비는 2미터 길이의 굴을 파고 암컷이 낳은 알 가운데 하나만 굴 한쪽 끝에 놓아둔다. 갈매기의 약탈을 피하려는 노력의 일환으로 녀석들은 밤에만 굴에서 나왔다 들어간다. 집을 찾는 데는 냄새와 소리가 모두 동원된다. 마찬가지로 몇 가지 실험은 비둘기 역시 냄새를 이용해 처마 밑의 둥지로 곧장 찾아 들어온다는 것을 보여주었다.

집의 위치를 가리키는 표식으로 냄새를 이용할 때 문제가 될 수 있는 것은 신호의 신뢰도와 관련이 있다. 대개 집은 시시각각으로 혹은 계절에 따라 변하는 수없이 많은 화학물질의 영향을 받을 수 있다. 냄새는 어떻게 집을 '분류해' 우리가 그런 신호에 따라 집으로 확실히 돌아올 수 있게 해줄까? 우리가 집과 관련이 있다고 여기는 냄새를 만들어내는 것은 어떤 화학물질 혹은 화학물질의 조합일까? 또 우리

는 어떻게 특정한 냄새가 특정한 지점과 강한 관계가 있다고 분류할
수 있을까?

특정한 냄새에 대한 각인(신속하면서도 돌이킬 수 없는 불가역적 학습)
은 수많은 포유류에게 중요하다. 갓 태어난 수많은 포유류는 어미의
고유한 화학적 특징을 뼛속 깊이 새기며, 반대로 어미도 새끼에 대해
마찬가지다. 이는 분명 어떤 장소, 어미나 젖꼭지처럼 아주 특정한 장
소에 매력을 느끼는 것이다. 이런 현상은 무리를 지어 사는 동물의 경
우에 특히 중요하다. 이 경우 새끼의 활동 영역은 특정한 집에 국한되
지 않는다. 또 새끼가 태어나고 몇 시간 내에 부모와 새끼는 자신들이
있는 집이나 둥지에 의해서가 아니라 무리 중의 개체로서 서로를 찾
아내고 알아볼 필요가 있다.

냄새는 인간뿐만 아니라 돼지, 양, 토끼의 수유 기간 동안 어미와
새끼의 상호작용을 조절하는 역할도 한다. 갓난아이는 엄마의 가슴 냄
새를 각인한다. 하지만 이 냄새는 특정 호르몬은 아니다. 어느 실험에
서 산모들은 가슴에 캐모마일 혼합물을 잔뜩 바른 다음 생후 7개월 된
갓난아기들에게 젖을 물렸다. 14개월이 지나 캐모마일 향이 나는 젖
병과 아무런 냄새가 나지 않는 젖병을 내밀었더니 아기들은 한결같이
캐모마일 향이 나는 젖병을 집어들었다. 출생 후에 캐모마일 향을 접
한 적이 없는 아기들의 경우는 그런 냄새에 대해 거부 반응을 보였다.

일반적으로 방향을 잡거나 집을 찾는 데 이용되는 냄새의 주된
문제는 냄새의 원천이 가까이에 있으면 신뢰성이 높지만 멀리 있으면
신뢰성이 현저히 떨어진다는 것이다. 그럼에도 여전히 냄새는 특정

장소에 대한 동경이나 향수, 가까이 있고 싶은 열망 같은 감정을 유발하여 결국 각인으로까지 이어질 수 있다.

모르긴 해도 인간보다 냄새 감지 능력이 천 배는 높을 쥐나 곰 같은 일부 포유류도 냄새의 도움을 받아 집으로 돌아올 것이다. 사람들은 쥐와 곰('문제를 일으키는 곰'이거나 '문제를 일으키는 쥐'의 경우)의 식료품 급습을 막기 위해 소풍 지역이나 식료품 저장실에서 녀석들을 일부러 쫓아낸다. 동부사슴쥐(흰발생쥐)는 2킬로미터 이상 떨어진 곳에서도 자기가 붙잡힌 그루터기로 되돌아온다고 보고돼왔다. 녀석들은 아마 그만한 거리에서도 카망베르치즈가 그득한 식료품 저장실이 있는 인간의 집을 찾아 돌아올 것이다. 대부분의 동물은 벌과 달리 자신만의 독특한 냄새를 발산하는 기류를 만들어내지 못한다. 그러니 바람이 불어오기만을 기다릴 수밖에 없고 그것도 정확한 방향에서 불어오기만을 기대할 수밖에 없다.

대부분의 동물과 비교하면 인간은 보잘것없는 냄새 감지 능력을 갖고 있는 듯하다. 하지만 우리가 미처 의식하지 못한 냄새에 대해 반응할 수도 있기 때문에 그렇게 단정 지을 수는 없다. 땀에 젖은 티셔츠의 냄새를 맡게 하는 실험은 실험에 참여한 남성들이 매력을 느꼈던 여성이 배란 중에 입었던 셔츠를 다른 여성이 입었던 셔츠보다 잘 찾아냈다는 사실을 보여준다. 말하자면, 냄새는 혐오감뿐만 아니라 매력을 느끼게 하는 촉매제 역할을 할 수도 있다. 우리 대부분이 집과 관련해 느끼는 향수는 냄새가 아닌 눈으로 본 의식적인 기억에 달려 있다. 냄새는 종종 감정을 강력하게 자극하는 유인물질로 작용할 때도 있지만 다시 접하기 전까지는 냄새를 의식적으로 기억하기란 어렵다.

메인주에서 칩거하던 시절, 요크힐로 걸어 올라갔다 되돌아오던 때가 생각난다. 요크힐 정상 부근의 사탕단풍 숲으로 난 굽은 오솔길로 접어들었을 무렵, 문득 기분을 좋게 해주는 미묘한 냄새가 났다. 단풍나무와 자작나무 잎이 이제 막 떨어진 것으로 보아 썩어가는 나뭇잎에서 나는 냄새일 수도 있었고 아니면 거기서 자라는 버섯 냄새일 수도 있었다. 당시 냄새가 나는 원천이 어딘지는 알 수 없었으나 어린 시절을 보내며 행복했던 독일의 숲을 떠올리게 했던 것만은 틀림없다.

냄새로 인해 기억을 되살리고 과거의 장소로 마음이 끌린 것은 비단 내게만 해당되는 얘기가 아니다. 매디슨에 위치한 위스콘신대학교의 아서 D. 하슬러 역시 나와 비슷한 경험을 생생하게 묘사한 바 있다. 그는 그런 경험을 계기로 연어가 바다에서 몇 해를 살다가 자기가 태어난 강으로 되돌아오는, 그때까지만 해도 풀리지 않던 생물학적 수수께끼를 해결하는 데 평생을 바쳤다. 여기에 잠깐 그의 글을 소개해본다.

우리는 최근 내가 동물학과 교수로 부임한 위스콘신주의 매디슨에서 부모님이 계신 유타주 프로보에 있는 집을 향해 샐비어가 만발한 시골길과 고지대 사막을 가로질러 차를 몰았다. 냉정하게 따지면, 이곳은 연어가 사는 곳과는 아주 멀리 떨어져 있다. 내가 성장한 로키 산맥의 일부인 워새치 산맥에서 산길을 따라 걷다 보면 어린 시절 이후로

맡아본 적이 없는 기막힌 냄새 덕분에 연어의 이주행위에 대한 생각은 일순 방해를 받고 만다. 팀파노고스 산의 동쪽 산비탈에 자리 잡은 고산대를 향해 오르면 절벽이 시야를 완전히 가린 폭포에 이른다. 바로 그 때, 바위가 많은 측벽으로 이끼와 매발톱꽃 향을 머금은 시원한 산들바람이 불어오면 산자락에 자리 잡은 폭포와 주변의 세세한 풍경이 불현듯 내 마음의 눈 속에 들어온다. 사실 이런 냄새는 워낙 인상적이어서 오랫동안 기억 속에서 사라졌던 어릴 적 친구들과 노닐던 추억이 물밀듯 밀려온다. 냄새에 얽힌 기억이 너무도 강렬해 나는 곧바로 이를 연어의 귀소성에 관한 문제에 적용해보았다.

연어가 민물에서 알을 낳기 위해 바다에서 강을 따라 상류로 올라온다는 사실은 오랫동안 알려져왔다. 하지만 녀석들이 자기가 태어난 곳으로 되돌아오는지 혹은 이 같은 산란 이동이 2,000~4,000킬로미터에 이를 수도 있는지는 명확히 밝혀지지 않았다. 종종 목숨을 담보로 할 만큼 기나긴 여정과 이를 수행하기 위한 헌신을 생각한다면 녀석들이 강이나 시내에서 생을 마감한다는 것은 썩 훌륭한 선택은 아니다. 연어가 자기가 태어난 고향으로 되돌아오는 것은 적응적인 측면에서 이유를 찾을 수 있다. 가장 주된 이유는 그곳이 새끼를 낳아 기르기 적합한 장소라고 조상들이 찾아냈다는 사실이다. 예나 지금이나 암컷이 '산란구역'이나 보금자리가 될 곳을 긁어내면 자갈이 있게 마련이다. 으레 그런 곳에서는 물살 덕분에 산소가 충분히 공급되고 수온도 적당하고 갓 부화한 새끼의 성장에 필요한 먹이도 충분하고 천적의 공격 위험도 덜하다. 그리고 마지막으로 이런 조건을 갖춘 산란지에 도착하기까지 극복할 수 없는 장애물도 존재하지 않는다.

앞서 언급한 것처럼 냄새가 불러일으키는 향수(혹은 추억)는 바람과 조류의 방향, 강물의 흐름이 믿을 만하다는 전제 하에 고향을 찾아오는 연어에게 방향을 알리는 이정표 역할을 할 수 있다. 민물에는 바닷물과는 다른 화학 성분이 들어 있다. 하슬러는 어릴 적 바다로 이주하기 전에 각인된 특별한 냄새가 강물에서 날 경우에만 연어가 고향으로 되돌아올 수 있다는 가설을 내놓았다. 몇 년이 지나 다 자란 연어가 바다에서 돌아올 때 녀석들은 이와 동일한 냄새를 이용해 자기가 태어난 강의 상류로 회귀하는 이정표로 삼을 수 있다.

1951년 하슬러는 박사과정에 있던 제자 워런 J. 위스비와 함께 연어의 귀소성에 관해 알게 된 사실을 처음으로 발표했다. 두 사람의 발표가 있고 나서 더 많은 연구가 그 뒤를 이었다. 화학에서부터 생태학에 이르기까지 폭넓고 다양한 연구 결과는 실험실과 현장 실험을 결합한 놀라운 과학 기록물로 남겨졌으며 전 세계에 서식하는 연어의 자연사적 생활상을 다루었다.

하슬러-위스비 가설을 입증하기 위한 실험은 대담하면서도 재치가 넘쳤다. 이들의 실험 계획은, 자연의 강에서는 찾아볼 수 없는 화학물질이 합성된 냄새를 연어 새끼에게 각인시킨 다음 다 자란 연어가 산란을 위해 강을 거슬러 올라오도록 유인할 때 그런 냄새를 이용할 수 있는지 살펴보는 것이었다. 이는 시간이 많이 걸릴뿐더러 논리적으로 보더라도 어렵고 위험한 실험이었다. 대개 연어는 한 가지 화학물질이 아닌 혼합된 물질에 적응하는 것처럼 보이기 때문이다. 그렇다면 몇 년 뒤 다 자란 녀석들의 반응을 알아보기 위해 새끼 연어를 어떤 식으로 각인시킬 것인가? 위스비의 박사학위 논문은 우선 연어에게 자연적으로 거부감을 주지도 않고 매력적이지도 않은 화학물질을 찾아 실험하는 것이었다. 그가 찾아낸 화학물질은 모르폴린(MOR)이었다.

하슬러와 위스비가 연어에 대한 가설과 이를 검증하고자 계획된 실험을 발표했을 때 실험할 수 있는 유일한 개체군은 그들이 사는 위스콘신주가 아니라 태평양 연안에 있는 3,000킬로미터 떨어진 곳에 서식하고 있었다. 태평양은 두 사람의 손이 미치지 못하는 곳에 있었기 때문에 그들은 실험에 흥미를 느낀 다른 누군가가 대신 실행에 옮겨주었으면 했다. 그로부터 20여 년이 지나 침입종 청어인 애틀랜틱 피시가 미시간 호수의 골칫거리가 될 때까지도 아무런 조치가 없었다. 미시간주 천연자원부는 청어를 제어하고자 은연어(Oncorhynchus kisutch)를 호수에 투입했다. 은연어는 청어 만찬을 즐긴 뒤에 호수로 합쳐지는 물줄기에서 알을 낳았다. 하슬러와 위스비는 갑작스레 뜻밖의 기회가 왔음을 알아차렸다. 그들은 '뒷마당'에 있는 연어를 이용해 가설에 입각한 실험을 실행에 옮길 수 있었다. 하슬러가 새로이 지도를 맡게 된 학생인 앨런 T. 숄츠와 그 밖의 동료들도 실험에 동참했다.

실험을 위해 그들은 갓 부화한 두 그룹의 은연어를 각각 모르폴린(MOR) 냄새와 페닐에틸알코올(PEA) 냄새가 나는 두 곳의 부화장에서 키웠다. 각인 가설이 옳다면 두 곳의 은어 무리는 물속에서 나는 고유한 화학물질 냄새에 각인되어야 했다. 연어가 고향을 찾아올 때 냄새가 어떤 역할을 하는지를 알아보기 위해 연구원들은 부화장에서 키운 두 그룹의 새끼 연어를 미시간 호수에 풀어주었다. 이처럼 뚜렷한 차이를 보인 두 그룹의 은어는 성체로 자라나 산란을 위해 호수에서 강 상류로 이동할 채비를 했다. 호수로 이어진 하나의 물줄기에서는 PEA 냄새가 났고 다른 물줄기에서는 MOR 냄새가 났다. 이들 두 물줄기와 인공적인 냄새가 나지 않는 17곳의 산란장소 후보지에서 관찰이 이루어졌다.

여기서 가장 중요한 질문은 "연어는 어떤 물줄기를 선택할 것인가?"였고, 실험 결과 "90퍼센트 이상의 연어가 옳은 물줄기, 즉 18개월 전에 자기가 태어난 부화장에서부터 기억해왔던 화학물질 냄새가 나는 물줄기를 선택했다." 이로써 연어가 냄새를 기억한다는 결론이 분명해졌다. 녀석들은 자기가 자랄 때 경험한 냄새에 이끌렸던 것이다. 마침내 하슬러는 논란에 종지부를 찍는 사실을 입증해 보였다. 이런 성과는 교수직 퇴임 2년 전에 이루어졌으며, 그 무렵 그는 박사과정에 있는 52명의 학생을 지도하고 있었다.

최근 워싱턴대학교 수생 및 수산업 과학 학부의 앤드루 디트만과 토머스 퀸은 알래스카에 서식하는 태평양연어(Oncorhynchus)에 대한 연구를 바탕으로 연어의 회귀성 연구 범위를 확대했다. 브리스틀만에 있는 대형 호수의 생태 구조에서 생식적으로 고립된 이들 연어의 개체군은 다른 곳의 연어와 유전적으로 구분되고 특정한 서식환경에 적응한다. 가령 얕은 하천에서 자란 녀석들은 몸집이 작고 혹이 작은 반면, 미세한 기층을 가진 곳에서 산란을 하는 녀석들은 그보다 더 작은 알을 낳는다. 동일한 유역에서 특정한 장소로 분리된 이들 개체 군에서는 산란을 위해 돌아오는 성체의 후각 기억이 부화하던 시절까 지 거슬러 올라간다. 회귀하는 연어는 점점 더 비슷해지는 냄새의 원 천을 구분해 결국은 자기가 태어난 곳을 찾아낸다. 녀석들의 복잡하 면서도 정확한 회귀 능력은 적합한 산란지로 돌아오는 것뿐만 아니라 자기가 태어난 장소를 거의 정확히 찾아내는 높은 선택이익*을 보여 준다. 하지만 '거의' 정확한 것이 완전히 정확한 것보다 낫다.

유동성: 자연계에서 기적에 가까운 동물의 집 찾기를 가능케 해 주는 완벽한 항법 메커니즘만큼 놀라운 것은 없다. 하지만 250년 전 프랑스의 철학자 볼테르(Voltaire)가 내놓은 명언대로 "차선의 적은 최선이다(Le mieux est l'ennemi du bien)." 완벽함에는 그만큼 비용이 들게 마련이다. 즉 완벽함을 추구하기란 어렵고 오랜 시 간이 걸릴 뿐만 아니라 완벽해지기 위해서도 많은 노력이 필요하 며 선택을 제한하는 불리한 상황으로 이어질 수도 있다. 자연계 에는 동물의 집 찾기를 비롯해 불가피하면서도 예상 밖의 변화에 직면하더라도 지속적인 미래에 유리하도록 유동성을 만들어내고 현재의 완벽성에서 벗어나도록 특별히 작동하는 메커니즘(이를테 면 성행위)이 존재한다. 다시 말해, 예외 없이 완벽한 메커니즘은

---

* 일정한 환경에서 어떤 성질을 갖고 있는 것이 그것을 갖지 않는 것보다 생존이나 증식에 유리 한 상태.

일반적으로 최고의 장기적 결과물을 얻지 못한다는 점에 대해 자연과 볼테르는 의견을 같이한다.

그런 물 '냄새'만 갖고는 특정한 하천에 적합한 산란지(연어의 경우는 자갈밭)가 있을지 여부를 단정 지을 수 없다. 어떤 하천에는 적합한 산란지와 취식지가 모두 없을 수도 있고, 다른 하천은 산란지와 취식지가 모두 있지만 지날 수 없는 폭포(오늘날에는 보가 설치된 댐)에 가로막혀 있을 수도 있다. 연어가 태어났던 하천이어야만 산란지와 취식지로의 접근이 모두 가능하다. 연어는 생애 단 한 번 산란을 위한 이동을 하며 고향으로 돌아오는 여정은 수백 킬로미터에 이를 수도 있다. 따라서 잘못된 강을 선택하게 되면 번식의 기회를 영영 잃게 된다. 자기가 태어난 강 상류로 돌아가는 것 말고는 달리 선택(선택할 수 있다면)의 여지가 없는 것이다. 하지만 앞에서 언급한 바와 같이 아서 D. 하슬러와 그의 동료들은 대부분의 은연어가 어릴 적에 고향인 강 냄새에 각인되며 녀석들 가운데 극히 일부만이 '잘못된' 강을 선택한다는 사실을 입증했다.

일반적으로 잘못된 강을 선택하는 연어는 그렇지 않은 연어보다 번식할 기회가 줄어들기 때문에 표면상으로는 더 나은 선택과 식별력이 필요하다고 예측할 수 있을 것이다. 그러나 변화가 현실인 이상, 현재의 완벽성에 갇히게 되면 당연히 참담한 결과로 이어진다. 게다가 완벽성은 대개 충분한 시간을 전제로 한다. 다양성은 미래의 변화에 직면해 선택권을 만들어내는 자연의 방식이다. 오랜 진화의 역사에서 성행위는 다양성을 창조하는 유전자풀*을 얻기 위해 쟁탈전을 벌이는 메커니즘으로 진화해왔다.

진화의 역사를 돌이켜볼 때, 연어 무리가 태어난 하천에서 번식 기회를 제거하는 몇 가지 시나리오를 예상할 수 있다. 가령, 물을 오염시키는 화산 폭발, 하천 유역의 고갈, 통행 불가능한 폭포를 만들어낸 산사태 등이 일어날 수도 있는 것이다. 그와 동시에 기후 변화로 인해 또 다른 물길이 만들어지기도 했다. 그런 상황에서 하천에 서식하던 연어가 완전히 자취를 감추어버릴 수도 있다. 한 번에 1,000여 개의 알을 낳는 연어의 새끼들 가운데 몇 마리가 산란을 위해 '잘못된' 하천에 이르렀지만 결국 녀석들의 선택이 '옳았다고' 밝혀진다면 비용을 거의 들이지 않고 번식에서 예상 밖의 행운을 잡을 수 있을 것이다. 논란의 소지가 없는 새로운 번식지에서 온전히 하나의 개체군을 형성할 수 있기 때문이다. 즉, 모든 계란을 한 바구니에 담지 말라**는 훈계에 비유하면, '불완전한' 집 찾기는 일부 자손에게 목숨을 구할 기회를 제공할 수 있으며 그렇게 살아남은 자손은 새로운 개체군의 선구자가 된다. 실제로 내가 기거하는 오두막 바로 옆에서 비록 양서류이기는 하지만 그와 같은 완벽한 사례를 찾아낸 적이 있다.

오두막은 크고 가파른 산비탈 위에 있는 숲속 깊숙이 자리 잡고 있다. 대개 개구리와 도롱뇽을 만날 수 있으리라 기대되는 습지와는

---

* 어떤 생물집단 속에 있는 유전정보의 총량.
** 한 가지 일에 성패를 모두 건다는 뜻으로 쓰이는 영어 속담.

전혀 거리가 멀다. 하지만 나는 오두막 근처에서 붉은 영원, 얼룩도롱 농, 청개구리, 표범개구리를 본 적이 있다. 이곳은 녀석들이 살 수 있는 습지와는 '전혀 거리가 먼' 곳이었기에 녀석들은 당시 길을 잃은 것처럼 보였다. 하지만 나중에 알고 보니 그런 방랑에는 방법이 있는 듯했다. 나는 장식용 인공 '연못'을 만들려고 너비 5미터 정도의 구멍을 파둔 적이 있었다. 바위 밑에 고인 물 덕분에 구덩이에는 물이 채워졌다. 첫해 봄, 연못을 발견한 서너 마리의 숲개구리가 그곳에 머물며 울음소리를 냈다. 이제 해마다 봄이 되면 연못에서는 귀청이 떨어질 듯한 숲개구리의 합창소리가 들려온다.

어느 해인가 늦은 봄 나는 고성청개구리(Hyla cruifer)의 울음소리를 들었다. 녀석들은 몸집이 내 엄지손가락만 했다. 이 녀석이 이곳에 이르고자 수 킬로미터에 이르는 숲을 어떻게 가로질러 왔을지 도무지 상상이 되지 않았다. 하지만 몇 년이 지나서도 고성청개구리의 합창소리는 여전히 희미하게 들려왔다. 이 같은 일은 청개구리와 도마뱀에게도 벌어졌다. 번식을 위해 이곳에 온 모든 종의 양서류는 자기가 태어난 곳에 보금자리를 만들었지만 모든 개체가 다 그런 것은 아니다. 일부는 다른 곳으로 흩어진다. 그런 녀석들은 엄청난 위험을 감수하면서도 희박하나마 '복권에 당첨될' 가능성이 있다. 여하튼 그중에 몇몇은 희박한 가능성의 바다에서 적합한 장소를 찾아냈다. 하지만 보금자리를 찾아 떠돌아다니는 녀석들의 의지나 보금자리를 찾아내고 그렇게 찾아낸 곳을 인식하는 능력이 과연 진화를 통해 얻은 행동 습성과 무관한지는 의문이다.

집터 후보지를 탐색하다

새로운 보금자리를 향해 날아갈 때
홀로 남겨지지 않으려면 무리와 함께 날아야 한다.

　메인주의 겨울이 끝나는 4월 말에서 5월 초가 되면 숲개구리들은
합창과 짝짓기에 열심이고 새들은 마치 진공청소기로 빨아들인 것처
럼 북쪽을 향해 몰려가기 시작한다. 숲은 새들의 노랫소리로 가득하고
벌들이 윙윙거리는 소리가 대기를 채운다. 버드나무와 단풍나무를 비
롯한 여러 나무의 꽃봉오리가 열리면 뒤영벌은 꿀을 비축하면서 어디
에 보금자리를 만들 것인가 하는 일생에서 가장 중요한 결정을 내릴
준비를 한다. 이맘때면 꽃을 찾아볼 수 없는 엉겨붙은 나뭇잎과 풀 위
에서 녀석들이 몇 센티미터씩 지그재그로 움직이는 모습을 여기저기
서 볼 수 있다. 녀석들은 꽃이 있더라도 본체만체하기 일쑤다. 이따금
그 가운데 한 마리가 땅에 내려앉아 기어다니다가 다시 날아올라 다

른 곳에서 땅바닥 시찰을 계속한다. 최근에 겨울을 난 벌들 가운데 한 마리가 간혹 구멍이나 틈새로 기어들어가 자취를 감추었다가 1~2분 뒤에 다시 나타나 앞다리로 더듬이를 문지른 다음 다시 날아오른다.

뒤영벌을 몇 시간이고 따라다니기는 어렵지 않지만, 이는 녀석이 애벌레 먹이인 꿀과 꽃가루를 찾아다니느라 꽃으로 뒤덮인 벌판을 이리저리 날아다니는 여름에만 가능한 일이다. 한 시간 정도는 작업해야 벌은 비로소 꿀이나 꽃가루를 가득 모을 수 있다. 하지만 이처럼 이른 봄의 벌들은 땅(어떤 좋은 나무줄기)에 관심을 보인다. 밀원이 되는 꽃이 핀 지역에서 필요한 꿀을 재빨리 채울 수만 있다면 녀석들은 날마다 몇 킬로미터씩 날기를 계속할 수 있다. 녀석들은 모두 작년 가을에 교미를 마친 암컷, 즉 '여왕벌'이다. 녀석들은 뭔가를 물색하지만, 그것이 짝짓기일 리는 없다. 녀석들은 남은 생에서 더 이상 정자를 필요로 하지 않는다. 대신에 녀석들은 일 년 정도 남은 생을 보내며 수백 마리에 이르는 새끼 벌을 키울 보금자리를 찾아다닌다. 그런 보금자리는 아무 곳이나 될 수 없다.

북부의 기후에서는 집터를 찾는 여왕 뒤영벌이 유난히 까다로울 수밖에 없다. 잘못된 집터를 선택하는 여왕벌은 번식 과정을 송두리째 잃어버리기 때문이다. 여왕벌은 빈번히 내리는 찬비와 서리를 막아주고 쾌적한 상태가 유지되는 은신처가 필요하다. 이들 벌이 집터 후보지를 어떤 식으로 평가하는지는 알 수 없지만, 녀석들은 푹신푹신한 소재가 들어찬 작고 어둡고 건조한 구멍을 선택한다. 수많은 종의 뒤영벌은 쥐나 다람쥐 집처럼 기존에 있던 집을 인수한다. 녀석들이 원래 집주인을 쫓아내는 경우도 간혹 있다. 언젠가 나는 엘즈미어 섬에서 북극의 여왕 뒤영벌(Bombus polaris)이 깃털을 덧댄 활동적인 흰멧새의 건초 둥지를 차지한 것을 본 적이 있다. 이처럼 멀리 북쪽에서 살아가는 벌들은 집에 대한 부담스런 요건을 갖고 있지만, 꿀벌은 집터를 찾는 데 이보다 훨씬 어려운 과제를 갖고 있다.

열대지방에서 유래한 꿀벌은 일 년 내내 대형 군집을 유지하도록 진화해왔다. 녀석들은 견고하면서도 수천 마리를 수용할 수 있는 널찍한 집을 필요로 한다. 반면 새나 쥐의 둥지는 그럴 필요가 없다.

여하튼 꿀벌이 오늘날 북쪽에서 살아갈 수 있는 주된 이유는 고도로 치밀한 귀소 행위 덕분이다. 뒤영벌은 겨울에 동면하고 봄이면 군집의 창시자인 여왕벌이 땅에 굴을 판다. 하지만 뒤영벌 군집은 가을을 넘기지는 못한다.

그에 비해 꿀벌의 집은 여름뿐만 아니라 다가올 겨울 혹은 앞으로 겪게 될 수많은 겨울 내내 은신처 역할을 해야 한다. 집터는 된서리로부터 녀석들을 보호해야 하고 겨우내 많은 양의 꿀과 꽃가루를 비축할 만큼 넓어야 한다. 군집은 겨울을 나기 위해서뿐만 아니라 새끼를 기르기 위해서도 이런 비축 식량을 필요로 한다. 새끼를 키우려면 먹이를 먹이는 것 말고도 집을 따뜻하게 유지해야 한다. 이는 집에 난방이 필요하다는 걸 의미하며, 그러려면 연료를 지속적으로 사용할 필요가 있다. 봄철 꽃에서 꿀과 꽃가루를 채취할 일벌의 개체수를 늘리려면 지면에 여전히 눈이 남아 있는 시기에 새끼 양육이 시작돼야 한다. 요약하면, 꿀벌의 집은 수만 마리에 이르는 벌뿐만 아니라 먹이가 되는 상당한 양의 꿀을 저장하고 겨우내 열기를 발생시키는 연료를 공급할 수 있을 만큼 충분히 커야 한다. 꿀벌의 집에는 천적의 구미를 당기는 풍부한 꿀과 육아실이 있기 때문에 철통같은 방어가 요구된다. 결국 날씨와 천적으로부터 충분히 보호를 받으려면 북부 온대지방의 꿀벌은 외부세계와 차단된 안전한 구멍 속에 집을 지어야 한다. 하나의 벌집 속에는 대개 25킬로그램 정도의 꿀과 꽃가루를 보관할 수 있지만 50~100킬로그램까지도 저장이 가능하다. 벌집에는 새끼를 키우는 육아실도 갖춰져 있으며 수만 마리에 이르는 벌을 수용할 수 있다.

야생에서 꿀벌이 선택하는 대부분의 집터는 속이 빈 커다란 공동목이다. 단 한 마리만 정착지를 찾아다니는 뒤영벌과 달리 꿀벌은 무리를 지어 새로운 보금자리를 찾아다닌다. 하나의 무리는 대략 절반에서 3분의 2에 해당하는 일벌과 기존의 여왕벌(대개는 새로운 여왕벌이 출현하기 직전에 떠난다)로 구성돼 있다. 만약 기존의 여왕벌이 떠나지 않으면 여왕벌과 딸 사이에는 목숨을 건 사투가 벌어진다. 한편 집에 남아 있던 3분의 1가량의 일벌은 머잖아 새로 태어날 여왕벌을 맞이하게 된다.

뒤영벌과 마찬가지로 꿀벌의 경우도 집터가 여왕벌에 의해 결정되지는 않는다. 대신 자손을 볼 수 없는 1만여 마리의 일벌이 참여하는 사회적 의사결정 방식에 따라 결정되며, 그런 결정은 군집의 대표자들이 내놓은 선택 가능한 몇 가지 대안에 대한 평가에 따라 이루어진다. 집터별로 이루어진 평가 결과는 민주적 절차와 만장일치의 선택에 영향을 미친다.

　꿀벌이 집을 선택하는 방식에 대한 논의는 꿀벌의 춤 언어를 설명한 카를 폰 프리슈에게서 시작됐다고 보는 것이 맞다. 하지만 1950년대 초 그의 제자였던 마르틴 린다우어는 폰 프리슈의 놀라운 발견을 토대로 꿀벌이 집터를 선택하는 방식에 얽힌 수수께끼를 일부나마 풀어냈다.

　린다우어는 벌들이 8자춤을 추는 광경을 목격했다. 녀석들은 혼잡한 벌집을 떠나 새로운 보금자리를 찾기 전에 모인 벌 무리 앞에서 춤을 추고 있었다. 그런 춤은 대개 벌집 내부에서 임무에 성공한 일벌들이 먹이의 방향과 거리를 알릴 때 이용한다. 녀석들은 몸에 꽃가루를 뒤집어쓴 채 뒷다리에 있는 두 개의 꽃가루바구니(꽃가루를 휴대하도록 적응된 체모)에 꽃가루 덩어리를 각각 하나씩 실어나른다. 하지만 린다우어가 관찰한 벌 무리는 꽃가루를 실어나르지 않았다. 대신 녀석들의 몸에는 먼지와 검댕이 묻어 있었다. 무리를 지은 벌들은 새로운 보금자리를 필요로 하기 때문에 린다우어는 이렇게 "지저분한 춤을 추는" 벌들이 제2차 세계대전 이후 폐허가 된 뮌헨의 건물 잔해 속에서 구멍을 찾아내고 새로운 집터 후보지를 동료들에게 알리는 정찰병일 것으로 추정했다.

　정확한 관찰에 입각한 린다우어의 뒤이은 연구는 「집을 찾아나선 벌 무리」라는 제목의 논문을 통해 세상에 알려졌다. 이 논문에서 그는 서로 다른 정찰병에 의해 여러 곳의 집터 후보지가 동시에 알려지는 경우도 있지만 결국 모든 정찰병은 그중에서 가장 훌륭한 하나의 부지로 의견을 모은다고 밝혔다. 춤을 추던 모든 정찰병이 같은 부지로 만장일치에 이르고 난 뒤에 1만 마리가 넘는 벌 떼가 일제히 집을 떠나 벌집 부지로 선정된 곳을 향해 곧바로 날아갔다. 린다우어는 위치(대략적인 거리와 방향)를 암호로 만든 정찰병의 '언어'를 해독할 수 있었기에 녀석들이 알려준 향후 집터 위치를 예측하고 심지어 벌들이 이사를 오기도 전에 선택된 집터에 먼저 도착할 수 있었다! 그럼에도 벌들이 어떤 식으로 합의에 이르렀는지, 대다수가 한 번도 본 적이 없는 집터 부지에 이르는 사회적 협력은 어떤 식으로 이루어지는지에 대한 흥미로운 의문은 여전히 남았다.

캘리포니아대학교 버클리 캠퍼스에서 곤충 생리학을 가르치며 뒤영벌과 꿀벌의 온도 조절 능력을 연구하던 시절, 나는 벌 무리가 어떻게 해서 일제히 날아오를 수 있는지 하는 문제로 골머리를 앓았다. 녀석들이 날아오르기 전에 날개 근육이 섭씨 약 35도로 데워져야 한다고 알고 있었지만, 내가 실험한 벌들은 대체로 거의 무기력한 상태에 있었다. 벌 채집을 위해 나뭇가지를 흔들었을 때 녀석들 대부분이 땅바닥(혹은 녀석들 밑에 설치한 용기 속)으로 곧장 떨어졌기 때문이다. 녀석들은 아직은 몸을 떨지 않았고 온기도 남아 있었다. 녀석들의 체온 측정 결과는 벌 무리의 핵심을 이루는 벌들만 날아가기 충분할 정도로 체온이 따뜻하고 대다수의 나머지 벌들은 그렇지 않다는 걸 보여줬다. 새로운 보금자리를 향해 날아갈 때 홀로 남겨지지 않으려면 무리와 함께 날아야 한다. 하지만 어떻게 모든 벌들이 특정한 시점에 동시에 날아오를 수 있었을까?

나는 버클리 소방·경찰 당국의 도움으로 입수한 야생 벌 떼가 웰 맨 홀 건물의 주차장이 내려다보이는 2층 곤충학과 실험실 창틀에 머물도록 조치를 취해두었다. 또 이들 벌 무리가 머무는 다양한 위치에 온도 센서를 설치해두고 전자식으로 온도를 기록한 다음 이를 도표로 출력해 실험실 내부에서도 녀석들을 지속적으로 관찰할 수 있게 했다.

벌 무리의 체온이 너무 낮아 날 수 없자 며칠 동안 서너 마리의 벌들만 오가는 경우도 있었다. 하지만 어느 날 갑자기 무리 바깥층을 이루는 벌들의 체온이 오르기 시작하면서 녀석들의 몸이 점점 뜨거워졌다. 하나의 집터 부지로 합의를 이뤄 무리 전체가 날아오르기 직전 무리 바깥쪽에 있는 벌들의 체온이 안쪽에 있는 녀석들의 체온과 마침내 같아졌다. 이제야 비로소 날기에 적합한 체온에 이른 것이다. 바로 그 때, 벌 무리가 순식간에 흩어지면서 실험실 창문 아래로 보이는 주차장을 온통 뒤덮었다. 녀석들은 미처 하나의 무리로 합치지 못한 채 어딘가를 향해 날아올랐다. 새로 선정된 보금자리로 향하는 모양이었다. 이 같은 관찰을 통해 나는 알아내고 싶던 사실을 입증했다.

여러 가지 이유로 벌 무리에 대한 연구는 얼마 안 가 종료됐고 나는 다른 연구를 계속해나갔다. 하지만 언제나 그렇듯 한 가지 의문에 대한 해답을 찾아내면 다른 의문이 고개를 들게 마련이다.

벌을 연구하던 학자들이 품었던 첫 번째 의문은 이렇다. "정찰병들은 집터 후보지의 적합성을 어떻게 평가하는가?" "녀석들은 하나의 후보지가 다른 후보지보다 좋은지 나쁜지를 어떻게 결정하는가?" 1975년 하버드대학교에서 박사 학위 연구과제로 이 문제를 택한 또 다른 '벌 전문가'가 있었다. 토머스 D. 실리는 본인이 언급한 것처럼 벌들이 "무엇 때문에 집을 꿈꾸는지" 알아내고 싶었다. 40여 년에 걸쳐 벌에 관한 재밌고도 중요한 두 권의 저서를 남긴 그는 여전히 코넬 대학교에 재직하며 이 분야에서 중요한 성과를 거두고 있다. 그는 기존의 벌집으로부터 반경 10킬로미터 이내에 있는 최상의 집터 후보지에 대한 생사를 가르는 의사결정 과정에서 드러난 벌들의 집단 지성을 면밀히 파헤쳤다.

실리는 집터를 물색하는 과정을 정찰, 보고, 선전, 토론, 선동, 합의된 집터로의 안내, 이렇게 기본적인 여섯 단계로 정리했다. 그는 메인주와 뉴햄프셔주 연안 앞바다의 애플도어섬으로 벌 무리를 데려갔다. 나무를 찾아보기 어려운 이렇게 작은 섬에서 벌들은 그가 녀석들을 데려올 때 사용한 다양한 크기와 특징을 지닌 상자 말고는 달리 집터를 선택할 여지가 거의 없었다. 린다우어와 마찬가지로 그는 벌 무리에게 무슨 일이 벌어지는지 관찰하면서도 녀석들이 물색한 집터 후보지에 주의를 집중할 수 있었다. 개체 구별이 쉽도록 꼬리표를 부착시킨 정찰병들은 자기가 가본 어떤 집터 후보지에 대해서는 춤을 추지 않은 반면, 다른 집터 후보지에 대해서는 열정적으로 춤을 추었다 (집터 후보지마다 관찰자가 배치돼 어느 벌이 다녀갔는지를 보고할 수 있도록 했다). 덕분에 그는 벌들이 중요하게 여기는 집터의 특징을 알아낼 수 있었다.

실리는 집터 후보지 가운데 하나인 벌 상자 내부에서 정찰병이 '보폭'으로 상자 부피를 측정한다는 사실을 밝혀냈다. 그는 부피가 집에 대한 벌들의 평가에서 몇 가지 적절한 기준 가운데 하나에 불과하다는 걸 알게 됐다. 물론 앞에서 살펴본 대로 새로운 보금자리는 모든 벌이 들어갈 정도로 충분히 커야 할 뿐만 아니라 적어도 25킬로그램의 꿀(대개는 겨울철 난방 연료로 이용)과 꽃가루(새끼 벌의 먹이로 이용)를 보관할 저장 공간을 제공할 정도는 돼야 한다. 또 여왕벌이 하루에 약 1,000~1,500개의 알을 낳고 나면 새끼를 기를 공간도 확보돼야 한다. 반면 벌집이나 출입구는 그렇게 클 필요가 없다. 겨울철에 온기를 최대한 유지하기 위해 몸을 떨거나 옹기종기 모여드는 방식이 별반 효과를 거두지 못하기 때문이다. 나무 구멍이 집터로 사용하기에 대체로 적합한 수준이면 이를 발견한 정찰병은 집으로 돌아가 벌 무리 바깥에서 집터가 얼마나 좋은지와 위치를 알려주는 춤을 추었다. 벌 무리는 녀석이 얼마나 열정적으로 춤을 추느냐에 따라 집터의 질을 판단할 수 있다.

그럼에도 집터 부지에 대한 평가는 이제 막 시작된 것이나 다름없었다. 다음으로 실리가 다룬 문제는 벌들이 합의에 이르는 방식이었다. 다양한 정찰병이 각자 발견한 다양한 집터 부지를 알리기 위해 춤을 추었다. 벌들의 합의는 여러 정찰병들이 각자 찾아낸 (다양한) 집터 후보지를 선전하는 다른 정찰병들의 8자춤에 동참하는 춤을 춤으로써 시작된다. 남들보다 뛰어난 집터 부지를 찾아낸 정찰병은 더 오랫동안 강렬한 춤을 추고 더 많은 전향자를 모집하며, 그 과정에서 일종의 예선전이 치러지게 된다. 더 많은 수의 정찰병이 인기 많은 새로운 집터 부지로 마음을 돌리면서 결국 '의결 정족수'에 도달한다. 현실주의자인 벌은 자기 생각만을 고집하지 않는다.

그 시점에서 정찰병은 무리에게로 돌아오자마자 춤을 멈추는 대신 떨리는 듯한 비상근(飛翔筋)의 수축을 이용해 '새된' 소리나 진동을 만들어낸다. 비행 전 녀석들의 상징적인 준비운동인 것 같다. 어쨌든 다른 벌들도 몸을 떨며 준비운동을 하라는 정찰병의 신호에 벌 무리는 새로운 집으로 날아갈 채비를 마친다.

실리는 체온이 오른 벌 무리가 비행 준비를 마치자 정찰병이 이륙 신호를 보내는 광경을 목격했다. 녀석들은 무리를 향해 '윙윙거리며' 미친 듯이 돌진했다. 날아오를 때가 됐다는 신호였다. 윙윙거리는 돌진은 이륙을 상징하는 것처럼 보인다. 녀석들이 내는 새된 소리 역시 날아오르기 전에 준비운동을 하는 과정에서 비상근이 진동한 결과라는 생각이 든다. 준비운동 과정에서 벌의 날개는 근육이 하는 일에 부분적으로 관여한다. 정찰병은 이렇게 다른 벌들에게로 밀고 들어가 부딪히면서 동료들의 이륙을 유도한다. 그 결과 캘리포니아대학교 2층 곤충학과 실험실 창문에서 놀라움으로(불안감까지는 아니어도) 주차장을 내려다볼 때의 광경처럼 벌 무리가 구름처럼 자욱하게 흩어진다.

선정된 집터 부지가 어딘지를 알고 있는 정찰병들은 벌 무리가 이륙한 뒤에 신속하고 짧은 비행으로 무리를 향해 '쏜살같이' 날아간다. 이들 정찰병이 날아가는 방향은 사전에 선정된 집터 부지를 향한다. 녀석들은 다른 벌들이 같은 방향으로 날도록 유인한다. 하지만 벌들이 이동하려면 한 가지 이상의 신호가 필요하다. 이 때문에 녀석들에게는 반드시 여왕벌이 함께할 필요가 있다.

정찰병들은 예정된 집터에 여러 차례 다녀왔지만 여왕벌과 나머지 벌들은 그곳에 한 번도 가본 적이 없다. 따라서 여왕벌은 냄새를 통해 다른 벌들이 선정된 집터로 계속해서 이동하도록 자신의 존재를 확인해주는 것 말고는 무리를 이끄는 과정에서 이렇다 할 역할을 하지 못한다.

오랫동안 학계에서는 무리를 향해 돌진하는 정찰병들이 배 끝에 있는 나소노브 샘에서 분비된 '유인' 페로몬을 이용해 무리를 이끌 수 있다는 의견이 지배적이었다. 하지만 모든 정찰병에게서 나소노브 샘을 막아버린 마들렌 비크맨과 동료들의 연구는 벌들이 이런 냄새 없이도 새로운 집터를 향해 나아갈 수 있다는 걸 보여주었다.

그럼에도 이미 언급한 것처럼 냄새는 집의 출입구를 알려주는 '신호' 역할을 한다. 극소수의 정찰병을 제외하고 수천 마리의 벌들 가운데 출입구(커다란 공동목에 난 작은 구멍)를 알고 있는 녀석은 단 한 마리도 없다. 수천 마리 벌들이 자력으로 출입구를 찾아낼 가능성은 거의 없다. 그럼에도 녀석들이 잽싸게 안으로 들어가는 모습은 인상적이다. 문자 그대로 녀석들은 새로운 집 안으로 흘러들어가는 것처럼 보인다. 이는 정찰병이 집의 출입구에 내려앉아 공중으로 배를 들어올린 채 나소노브 샘에서 페로몬을 분비하기 때문에 가능한 일이다. 정찰병이 날개를 파닥거리면서 냄새를 퍼뜨리는 기류를 만들면 벌 무리는 냄새를 좇아 그 발원지를 향해 날아가다 마침내 새 집 입구에 다다른다.

다른 동물의 경우와 마찬가지로 꿀벌의 서식지 역시 수요와 공급의 법칙에 따른다. 초기 개척자들에 의해 미국 동부 연안에 처음 상륙한 꿀벌은 처음에는 수많은 공동목을 집터로 이용했다. 녀석들은 다른 벌이 이미 차지하지 않은 공동목에 자리를 잡을 수밖에 없었다. 처음에는 그런 나무를 찾아내는 일이 쉬웠겠지만, 수요는 외적인 압력을 만들어냈다. 북미 대륙 전체에서 이루어진 '실험'은 부모 벌이 살던 집에서 적당히 떨어진 곳으로 이주한 새끼 벌이 끼친 영향을 보여주었다. 초기 개척자들이 들어오기 전까지만 해도 북아메리카에는 꿀벌이 살지 않았다. 꿀벌의 개체수는 1622년 버지니아주에서 확장세를 보이기 시작했다. 그 후로 1640년 매사추세츠주에서도 개체수가 폭발적으로 늘어났다. 벌들은 집을 떠나는 것에 대해 아무런 거리낌 없이 서쪽으로 퍼져나갔다. 서쪽으로의 확산 속도는 벌이 인간보다 빨랐다. 개척민이 가는 곳마다 북미 원주민에 의해 '백인들의 파리'라는 별칭을 얻은 벌들은 개척민을 앞질러 퍼져나갔다.

1770년대 꿀벌은 미시시피 강둑으로까지 확산됐다. 개척민들은 어디를 가든 양초 재료인 밀랍과 달콤한 꿀, 알코올기가 있는 벌꿀 술을 얻을 수 있는 '벌 나무'를 찾아냈다. 오늘날과 마찬가지로 당시에도 단맛을 내는 감미료는 가치가 높은 물품으로 꼽혔다. 과거 수천 년 동안 그런 감미료는 꽃에서 꿀을 채취하는 벌의 노동력을 통해서만 얻을 수 있었다. 결국 벌의 본거지 확장은 서쪽으로 뻗어나간 정착민의 본거지 확장에 기여하지는 않았어도 밀접하게 연관돼 있었다.

지구상에는 수천 종의 벌이 존재하지만 대부분이 열대지방에 서식하고 사회성을 띠는 벌이 비교적 적기 때문에 집터 후보지를 평가하는 꿀벌의 방식은 그 범위나 복잡성에 있어 독특할 것이다. 그럼에도 벌의 집터가 특별히 갖춰야 할 요건은 매우 다양하다. 가령 열대지방에 서식하며 사회성을 보이는 꿀벌은 북쪽 지방에 서식하는 벌에 비해 비바람을 막아줄 은신처의 필요성이 적기 때문에 확 트인 절벽 위에 보금자리를 만든다. 종에 따라 결정되는 단생(單生)벌*은 모래톱을 선택해 굴을 판 다음 지하에 보금자리를 만들 수도 있다. 그 밖의 벌은 갈대 줄기나 나무의 벌레구멍처럼 좁은 관을 이용한다. 진흙이나 모래 등으로 집을 짓는 벌들은 모르타르를 이용해 작은 집을 짓는다. 마치 집을 짓는 벌의 신경계에 각각의 벌집 유형이 '주형'처럼 새겨져 있어서 벌마다 집터를 찾고 집을 짓는 데 그런 주형의 몇 가지 특징에 맞추는 것 같다. 귀소성과 마찬가지로 집터 선택 기준은 진화를 통해 특정한 환경에서 살아가는 동물의 생활상에 맞춰진다.

　집터 선택은 거의 모든 동물이 보편적으로 겪는 문제로, 거기에는 두 가지 주요 가능성이 있다. 새들의 경우는 둥지를 틀 최고의 집터 후보지를 찾기 위해 여기저기 탐색에 나선다. 녀석들의 수명은 짧고 집터 후보지는 헤아릴 수 없이 많기 때문에 집터에 대한 표본 조사가 비교적 간단히 이루어져야 한다. 즉, 한 계절만 사는 곤충이 그렇듯이 집터로 적합한 자리를 재빨리 찾아내야 한다.

　대부분의 새는 자신들의 행동 프로그램과 필요에 적합한 서식지

---

* 사회생활을 하거나 집단을 이루어 생활하는 군거벌과 달리 군집을 이루지 않는 벌.

가 어떤 모습을 하고 있는지 선천적으로 새겨진 '틀'을 갖고 있다. 녀석들은 특정한 서식지 유형을 탐색하고 시험하는 과정을 생략한 채 다른 새들이 보내주는 신호를 따르면서 그들의 경험에 의지할 수도 있다. 이런 '논리'에 따르면, 어떤 지역이 좋다는 걸 거기 사는 새들이 인정할 경우 그곳은 좋은 서식지임에 '틀림없다.' 군집을 이루고 살아가는 바닷새가 명백한 사례다. 만약 두 섬이 비슷해 보이지만 그중 한 섬에 둥지를 튼 바닷새 종이 많다면 그 섬에는 여우가 살지 않을 뿐만 아니라 그 밖에도 녀석들이 살아가는 데 필요한 생활필수품이 될 만한 것들이 가까이에 있을 가능성이 높다.

대서양퍼핀(Fratercula arctica)의 모습을 본뜬 마네킹을 메인주 연안 섬들에 설치한 실험은 이들 새를 번식지로 유인하는 데 성공했다. 녀석들은 마네킹을 보기 전에는 그곳에 발을 들여놓은 적이 없었다. 명금류도 다른 개체가 모습을 보이는 서식지로 유인할 수 있는지 알아보기 위한 실험이 실시됐다. 그 실험에는 어느 종의 노랫소리를 음성 지원하고 이들 종의 새가 내려앉는지를 확인하는 작업이 포함됐다. 일부 명금류는 가을철 이주에 앞서 이듬해 봄에 돌아올 집터 부지를 찾아다녔고 이른 아침 자기와 같은 새들의 지저귐을 듣고 소리가 나는 곳으로 날아들었다. 녀석들은 그런 식으로 구체적인 목표를 갖고 있으며 돌아오자마자 둥지를 틀 준비를 한다. 따라서 번식기 이후에 새들의 노랫소리를 음성 지원하는 일은 정착할 새들을 불러모으는 데 도움이 된다. 하지만 연구 결과, 유리솔새(Dendroica caerulescens)가 고향에 자리 잡기 위해 돌아오는 계절에 녀석들의 노랫소리를 음성 지원하는 일은 이주자 모집에 별다른 영향을 주지 못한 것으로 드러났다.

어떤 면에서 집터 부지를 찾는 일은 꿀벌보다 새와 인간에게 좀 더 수월하다. 인간은 둘씩 짝을 이루거나 개별적으로 찾아다니는 경우가 많고 이런 결정을 내리느라 복잡한 합의 절차를 거칠 필요가 없기 때문이다(물론 이런 주장에도 논쟁의 여지는 있을 수 있다). 그럼에도 인간 역시 다양한 가능성을 평가해 선택할 필요는 있다. 새들의 경우, 집터를 선택하는 결정권이 대개 암컷에게 있다. 알을 낳는 암컷이 자연스럽게 최종적인 의사결정자가 되는 것이다. 암컷이 알을 낳을 장소로 봐둔 곳은 땅바닥의 살짝 파인 자국에 지나지 않을 수도 있다. 하지만 천적으로부터 몸을 숨기고 둥지를 틀 만큼 충분한 지원을 받을 수만 있다면 어디든 상관없다. 가령 나뭇가지 위에 자리 잡은 울새의 둥지는 기초공사가 부실하면 오래가지 못할 것이다.

울새는 비스듬히 기운 나뭇가지 위로 여러 차례에 걸쳐 풀과 나무껍질을 물어다 나른다. 이런 재료는 둥지가 나뭇가지에서 미끄러져 바닥으로 떨어지지 않도록 해준다. 언젠가 나는 울새 한 마리가 이렇게 둥지를 짓는 모습을 잠시 지켜본 적이 있다. 녀석은 결국 작업을 멈추고 다른 곳에 다시 둥지를 짓기 시작했다. 녀석은 새로 짓는 둥지에 재료를 쌓아올리느라 여념이 없었다. 다양한 재료가 쌓여 있었다면 녀석은 그 위에 앉아 가장자리를 빙 둘러 더 많은 재료를 쌓아올리며 둥지를 조금씩 완성해나갔을 것이다. 한 가지 결과는 다음 단계를

위한 토대를 마련해준다. 하지만 언제든 집을 짓는 첫 번째 단계는 정
확한 집터를 찾는 일이다. 처음에 선택한 집터가 좋을수록 시간 낭비
도 그만큼 줄게 된다. 대부분의 새는 능숙한 솜씨로 최적의 집터를 찾
아낸다. 녀석들은 수많은 후보지를 '둘러보고' 범위를 좁혀나가다 결
국 '가장 적당해' 보이는 한 곳으로 결정을 내리는 과정을 거쳤을 것
이다. 내가 관찰해온 넓적날개말똥가리 둥지 예닐곱 곳은 하나같이
활엽수의 세 갈래로 뻗은 가지에서부터 10미터 이상 올라간 곳에 자
리를 잡고 있었다. 송골매의 둥지는 가급적 절벽 위에 있는 경우가 많
았다. 뉴잉글랜드에서 관찰해온 수십 개의 굴뚝새 둥지는 모두 바람
에 뒤집힌 나무뿌리에 자리를 잡고 있었다. 또 미국 개고마리 둥지는
하나같이 평평한 나뭇가지 위에 있었고, 갈색나무발바리 둥지는 언제
나 벗겨진 죽은 나무껍질 밑에 있었다.

　집은 온갖 위험과 천적으로부터 안전할 수 있도록 지어야 하며
위험에 취약한 어린 새끼가 있는 경우라면 더더욱 그렇다. 알이나 어
린 새끼는 어느 천적에게든 쉽게 희생되므로 결국 동물의 집터 선택
에서 가장 중요한 요인은 언제나 안전이다. 집터를 평가하는 방식은
선천적인 선호도의 조합에 따라 결정되지만 거기에는 학습도 한몫한
다. 내가 버몬트주의 비버 습지에서 20년 넘게 지켜본 캐나다기러기
는 일부 조류 종의 전형이라 할 수 있는 분명한 행동양식을 보여줬다.
우리 집 근처의 비버 습지에 처음으로 둥지를 틀 때 녀석들은 작은 언
덕이 산재한 탁 트인 지역의 골풀 언덕을 선택했고 새끼를 낳아 기르
는 데 성공했다. 지금은 해마다 수많은 캐나다기러기가 습지를 찾아

와 둥지를 틀지만, 그곳에 가면 기러기 알을 찾을 수 있다는 걸 녀석들의 천적인 코요테, 라쿤, 밍크, 수달이 모를 리 없다. 그 결과 이런 언덕 가운데 한 곳에 둥지를 튼 기러기는 너나 할 것 없이 품고 있던 알을 모두 잃고 마는 수난을 겪는다. 그럼에도 지금까지 온전히 보존된 둥지가 한 군데 있는데, 그곳은 물이 사방을 에워싼 비버 굴 위에 자리 잡고 있다.

기러기들은 서로 안전한 자리를 차지하려고 필사적인 싸움을 벌인다. 하지만 녀석들이 안전하다고 여기는 장소가 그런 식으로 고립된 곳만은 아니다. 다른 지역의 캐나다기러기는 (미시시피 강을 따라 우뚝 솟은) 절벽 위나 나뭇가지 위에 버려진 맹금류의 둥지에 터를 잡기도 한다. 녀석들이 온타리오주 케임브리지에 있는 공장건물 3층 혹은 보도를 따라 배치된 대형 화분 속에 둥지를 틀었다는 보고도 전해진다. 그런 지역에 있는 기러기 암수 한 쌍이 다른 곳에 둥지를 틀면 알이 부화되기도 전에 둥지가 습격받는 일이 흔하다.

둥지를 트는 장소의 안전성은 주변에서 살아가는 이웃과도 관계가 있다. 해럴드 그리니와 그의 조교들은 애리조나주 키리카후아 산맥에서 검은턱벌새(Archilochus alexandri)의 둥지가 매 둥지 바로 옆에 옹기종기 모여 있는 모습을 목격했다. 이들 매는 벌새를 해치지 않고 대신 벌새를 잡아먹는 어치나 다람쥐를 사냥하기 때문에 벌새에게 천적이 없는 환경을 만들어준다. 그렇다고 해서 이들 매 옆에 둥지를 틀기 위해 벌새가 의식적으로나 일부러 찾아다닐 필요는 없다. 녀석들은 다만 번식에 성공을 거둔 곳에 다시 둥지를 틀고자 돌아갈 따름이고 번식에 실패한다면 둥지를 옮기게 될 것이다.

마찬가지로 열대지방에 서식하는 어떤 종의 새는 대개 공격성이 강한 말벌 집 옆에 둥지를 튼다. 말벌은 원숭이처럼 둥지가 매달린 나뭇가지를 흔드는 불청객은 누구든 공격한다. 이런 맥락에서 온대지방에 서식하는 몸집이 작은 새들은 커다란 나뭇가지에 자리 잡은 독수리나 그 밖의 맹금류 둥지 바로 밑에 보금자리를 만든다. 이는 독수리 같은 맹금류가 자기 둥지 밑에 세 들어 사는 '한 입 거리도 안 되는 세입자'에게는 별 관심을 보이지 않기 때문인 것 같다.

집터가 더 이상 임의로 정해지지 않고 특별하고 소중한 자산이어야 집터를 정하는 규칙도 달라진다. 새의 둥지는 상당한 비용과 기술을 필요로 하는 소중한 재산 목록일 수도 있다. 그럴 경우 둥지는 암컷을 두고 경쟁하는 수컷들의 혼수품이 되기도 한다. 베짜는 새와 딱따구리 수컷은 집터 마련을 거의 도맡아 한다. 수컷이 불완전하나마 최소한의 둥지를 짓거나 단단한 나무에 생긴 구멍을 부리로 쪼아 터를 닦아놓으면 암컷은 이를 둘러보고 그중 마음에 드는 곳을 선택해 수컷과 둥지를 튼다.

2부

동물들이 집을 짓고
가꾸는 법

집은 여러 위험과 다양한 천적에게서 동물을 보호하는
구조물이라고 할 수 있지만, 어려운 환경에 대처할 준비
가 될 때까지 새끼를 키워내는 요람이라는 점에서 특히
중요하다고 할 수 있다.

　　다른 동물의 귀소 메커니즘은 실험할 때를 제외하고는 분명치 않기 때문에 종종 신비스럽게 느껴지기도 한다. 그런 메커니즘에는 인간에게는 부족한 감각 능력과 신경 처리 과정이 포함돼 있다. 집짓기는 가장 광범위하고 다양하면서도 때론 눈부신 장관을 연출하기도 하는 동물의 행위로, 그 과정은 단순히 추론만으로는 이루어지지 않는다. 집짓기 행위의 결과물은 동물의 다양한 행동 단계를 보여주는 실제 기록과 개별적 산물로 보존돼 있다. 이상한 것은, 책의 주제로 자주 등장하는 동물의 집과 집짓기 행위가 생존과 번식에 필수적인 특징일 텐데도 동물의 행동양식을 주제로 한 책 중에 집짓기를 언급한 사례가 지극히 드물다는 점이다.

정교하고 아름다운 동물들의 건축술

벌들은 다른 벌이 해놓은 작업에 계속 힘을 보태는데,
그 결과 동물의 왕국에서 가장 아름답고 완벽한 솜씨를 자랑하는
건축물 가운데 하나가 탄생한다.

집짓기는 진화 나무(evolutionary tree)에서 동물이 차지하는 위치와 상관없이 실행된다. 집은 여러 위험과 다양한 천적에게서 동물을 보호하는 구조물이라고 할 수 있지만, 어려운 환경에 대처할 준비가 될 때까지 새끼를 키워내는 요람이라는 점에서 특히 중요하다고 할 수 있다. 집은 곤충과 새의 경우에 가장 두드러지게 드러나지만 포유류, 거미류, 갑각류, 어류, 일부 파충류에게서도 다양한 형태로 나타난다. 집짓기 방식은 대개 동물종마다 고유하지만, 동시에 작용하면서 빈번히 부딪히는 기능 때문에 특이해 보이는 경우가 많다. 집짓기는 포유류, 조류, 곤충류에 상관없이 주로 안전과 새끼 양육 같은 주된 기능을 제외하고는 일반론적으로 뚜렷한 다른 기능이 없는 게 사실이다.

경우에 따라 동물의 집짓기는 세대 간의 공통분모를 만드는 결정적 수단으로 작용하면서 진정한 의미의 사회적 생활양식을 이끌어낸다.

꿀벌의 집처럼 단단한 벽에 난 구멍이든, 벌거숭이두더지쥐의 집처럼 지하 터널과 구멍이든, 흰개미 군단의 집처럼 '진흙으로 만든 성'이든, 집짓는 일에는 땅을 파는 굴착 작업이 요구된다. 그런 다음에는 나뭇가지, 돌, 섬유질 등 헤아릴 수 없이 다양한 재료를 쌓아올리고 여기에 명주실, 진흙, 배설물, 침을 한데 뭉쳐 복잡하고 아름다운 다양한 구조물로 굳히는 작업이 이어진다. 집이 특정한 용도로 쓰이지 않는다면 이런 창조물의 일부는 가장 정교한 예술작품으로 평가받을 수도 있을 것이다. 동물이 지은 집 중에 실제로 '전시용'인 경우도 있다.

동물의 집짓기에는 기존의 은신처를 활용하는 방안도 포함된다. 그런데 거기에는 집짓기에 필요한 재료를 직접 만드는 일도 포함될 수 있다. 가령 새는 침을 전부 둥지를 만드는 데 이용하고 개구리는 배설강에서 분비된 거품으로 집을 만든다. 또 매미는 일종의 호흡 장치 겸 공기 펌프라 할 수 있는 신체기관을 이용해 복부의 분비물을 휘저어 만든 거품으로 집을 짓고 애벌레는 몸에서 분비된 실을 이용해 쌀쌀한 아침에도 태양열을 가둘 수 있는 공동주택을 짓는다.

카를 폰 프리슈가 『동물의 건축술』에서 고상하게 기술한 것처럼 집짓기는 일부의 벌, 말벌, 개미, 흰개미 종에서 주목할 만한 '진보'(조상의 집짓기 방식에서 변화)를 이루었다. 특히 배설물을 접합재로 재활용해 지은 흰개미 집은 수백만 마리를 수용할 수도 있다. 경우에 따라 높이가 7미터에 이르기도 하는 흰개미 집은 축소된 도시를 연상시킨

다. 녀석들의 집은 끊임없는 수리와 보수를 거치면 수십 년 넘게 유지
되기도 한다. 아프리카에 서식하는 흰개미 종인 마크로테르메스 벨리
코수스(Macrotermes bellicosus)의 집은 뜨거운 열기를 바닥의 냉기로 흡
수하는 장치에 의해 가동되는 냉방 장치를 갖추고 있다. 개미집에 거
주하는 수백만 마리의 흰개미는 위험하게 밖으로 나가지 않고서도 이
렇게 열사이펀(thermosiphon)* 온도 조절 장치로 조성된 쾌적한 환경
에서 살아간다. 찌는 듯한 더위에 나무 한 그루 찾아보기 힘든 호주의
건조한 초원지대에서 살아가는 나침반 흰개미(Amitermes meridionalis)
는 최대 5미터에 이르는 집을 나란히 지어 효율적인 온도 조절 효과
를 거둔다. 개미집의 넓적하고 평평한 표면은 고도가 낮은 아침과 저
녁의 태양광선은 흡수하는 반면, 날카롭고 뾰족한 꼭대기는 타는 듯
이 더운 한낮의 태양에 대해 반사면을 최소로 줄인다.

　홍수가 아니라 더위가 문제가 되는 지역에 서식하는 개미와 흰
개미, 수많은 설치류는 지하에 집을 지어 별다른 냉방 장치가 필요 없
다. 거대한 공동주택에는 일부 개미 종에서 살펴볼 수 있듯이 먹이작
물을 키우고 진딧물의 꽁무니에서 배출되는 달콤한 분비물을 '빨아
먹기 위해' 진딧물을 사육하는 정원을 갖출 수도 있다. 개미집은 종에
따라 다르지만 때로 속이 텅 빈 도토리 한 알에 불과할 수도 있고 가
위개미(Atta)의 경우에는 집이 워낙 커서 그 안에 들어간 사람조차 왜

---

* 밀폐된 곳에서 자기 증발, 온도차 등의 열적(熱的) 불균형을 이용해 찬공기와 더운 공기를 순
　환시키는 방법.

소해 보이기도 한다. 이런 지하 공간에는 개미의 먹이인 균류를 배양하는 정원이 갖춰져 있으며 그곳에는 균류를 배양하려고 녀석들이 수확해둔 잎을 보관해두는 곳도 있다. 또 개미집에는 쓰레기더미를 쌓아둘 공간과 육아실, 수백만 마리의 암컷 가운데 생식 가능한 한 마리의 여왕개미가 지내는 방도 갖춰져 있다. 변형된 개미집은 일일이 열거할 수 없을 정도로 다양하며, 녀석들이 단순히 쓸 만한 은신처를 찾는 수준에서 '진흙 성'을 만들어내기까지 발전한 진화의 메커니즘은 이해하기 힘들 때가 많다.

꿀벌의 집짓기를 살펴보면서 녀석들에 대한 이야기를 계속해보자. 새로운 보금자리가 될 나무 구멍으로 군집이 이주하자마자 꿀벌은 벽을 따라 턱을 움찔거리면서 부스러기와 썩은 부분을 부숴 밖으로 끌어내 버린다. 단단한 목질이 그대로 남아 있을 경우 녀석들은 (나무눈에서 수집한) 밀랍이 섞인 나무진을 입혀 매끄럽게 만든다. 열기가 새나갈 수 있는 작은 틈새 역시 나무진으로 틀어막는다. 이와 동시에 몇 마리 벌은 먹이 채집에 나섰다가 꿀주머니에 꿀을 가득 채워 돌아온다. 한편, 벌집을 지을 때 꼭 필요한 것은 벌방에 들어갈 밀랍이다.

아리스토텔레스가 벌집에 관한 글을 남긴 이후로 2,000년이 넘도록 꿀벌은 집을 짓기 위해 꿀과 꽃가루를 얻는 꽃에서 밀랍을 채집한다고 알려져왔다. 하지만 오랜 시간이 흘러 이제 우리는 젊은 일벌들이 체내에서 밀랍을 합성한다는 사실을 알게 됐다. 생후 2주 무렵이 되면 녀석들의 밀랍 생산은 최고조에 이른다. 밀랍은 복환절(배마디) 사이에 있는 샘에서 분비되는 당으로 만들어진다. 꿀을 보관할 곳이 없는 둥지로 돌아온 일벌은 꿀을 보관할 용기의 필요성을 느끼고 채집해온 꿀을 밀랍으로 바꾼다. 벌이 뒷다리를 휘둘러 집어올린 작은 조각을 입으로 옮겨 씹으면 밀랍이 흘러나온다. 그렇게 벌의 몸에서 나온 밀랍은 벌들의 공동작업을 통해 벌방을 만드는 데 이용된다.

　정확한 규칙성을 자랑하는 벌집의 형태는 놀라움까지는 아니어도 궁금증을 불러일으키는 원천이었다. 벌이 벌집의 형태를 만드는 방법에 대해서는 지금까지 이런저런 논의가 있어왔다. 오늘날에는 일벌이 벌방을 만들 때 머리를 움직여야 한다고 알려져 있다. 접착제를 이용해 벌의 머리를 가슴에 붙여 움직이지 못하게 고정시켰더니 벌방을 만들지 못한다는 것이 실험을 통해 드러났기 때문이다. 그 밖에도 벌집을 탐구한 350건의 과학 논문이 발표되고 꿀벌의 밀랍을 다룬 책까지 출간됐지만, 벌이 벌집을 만드는 방법에 대해서는 이렇다 할 만한 해답을 얻지 못하고 있다. 그럼에도 우리는 밀랍의 화학적 구성은 물론 밀랍이 온도와 관련해 특별한 성질을 갖고 있음을 알고 있다. 벌집의 온도는 섭씨 35도로 조절된다. 그 정도 온도에서 밀랍은 고체 상태지만 역학적 구조에 손상을 주지 않는 선에서 모양을 바꿀 수 있을 정도의 부드러운 연성을 갖는다.

　일반적인 꿀벌의 벌집은 표면적이 약 2.5제곱미터에 이르는 10만여 개의 '벌방'을 보유한다. 벌방은 다목적으로 이용되는 벌집의 6각형 구성단위다. 하지만 어느 벌도 혼자서는 벌방 하나를 온전히 만들어내지 못한다. 벌들은 다른 벌이 해놓은 작업에 계속 힘을 보태는데, 그 결과 동물의 왕국에서 가장 아름답고 완벽한 솜씨를 자랑하는 건축물 가운데 하나가 탄생한다.

꿀 채집에 나섰던 일벌은 장차 벌꿀로 변모할 꽃꿀을 텅 빈 벌방이나 이미 꿀이 들어 있는 벌방에 토해넣기도 하고, 다리에서 비벼 털어낸 꽃가루 덩어리를 텅 빈 벌방이나 이미 꽃가루가 들어 있는 벌방에 밀어넣기도 한다. 묽은 꽃꿀에서 벌꿀을 만드는 과정은 대개 벌집의 실내온도 조절 기능을 통해 완성된다. 고온이 유지되고 벌들의 날갯짓으로 공기가 순환되면서 꽃꿀의 수분이 증발해 마침내 걸쭉하면서도 황금빛을 띤 벌꿀이 완성된다. 이렇게 만들어진 벌꿀은 워낙에 농도가 높아 곰팡이나 세균이 서식할 수 없다. 벌꿀은 여름철에는 벌들의 왕성한 활동을 가능케 하고 겨울철에는 열기를 만들려고 몸을 떠느라 '소진'(일종의 대사 작용)되는 에너지 기지와 같은 역할을 한다.

봄철 밀랍 저장소에 꿀과 꽃가루가 남아 있지 않게 되면 여왕벌은 벌방을 둘러보며 빈 벌방마다 알을 하나씩 낳는다(하루 최대 1,500개). 이제 벌방은 한 마리의 애벌레를 품어줄 '구유'가 된다. 새끼를 낳는 일이 더 이상 시급하지 않으면 애벌레를 품고 있던 구유는 다시 먹이 저장소로 변모한다. 수컷을 품는 구유(꿀과 꽃가루 저장소로도 이용)는 생식기능을 갖추지 못한 암컷인 일벌의 구유보다 크다.

꿀벌의 벌방은 위에서 아래로 자라고 벌집 내부에서 대개 이들 벌방은 서로 평행하게 자리를 잡는다. '벌 공간(bee space)'으로 불리는 벌방 사이의 공간은 벌들이 벌집 내부에서 이리저리 돌아다니다가 모이기도 하는 좁은 공간으로 이용된다. 벌집으로 이용되는 공동목에서 아래쪽에 위치한 벌방은 육아실로 이용되는 경우가 많고 벌들의 춤사위가 벌어지는 곳도 여기다. 반면 벌집의 다락에 높이 자리 잡은 벌방은 주로 꿀을 보관하는 데 이용된다.

꿀벌은 농작물의 수분(受粉)과 아울러 식량(꿀)을 직접 생산하는 중요한 식량 공급자 역할을 하기 때문에 오늘날 인간의 집짓기는 벌의 집짓기와 밀접한 관계를 맺고 있다. 늦여름이면 우리 가족은 이듬해 봄에 벌들이 살아남을 수 있을 정도만 남겨두고 벌집 하나에서 한 해에 필요한 당분을 모두 수확한다. 인간은 벌과의 공생관계를 구축해왔다. 녀석들은 우리에게 꿀과 농작물 수분을 제공하고, 우리는 이에 화답해 녀석들에게 집터를 제공해준다. 대부분의 공생과 마찬가지로 벌과 인간도 서로를 이용하면서 관계를 시작했다.

유럽에서는 이른바 벌 나무에 접근하려면 나무에 기어올라 벌집이 있는 구멍을 드러내기 위해 나무 안쪽을 쳐내야 했다. 벌집에서 꿀벌을 밖으로 유인한 뒤에는 나중에 드나들 것을 대비해 구멍을 문으로 덮어두었다. 이후로 벌 나무를 주기적으로 찾아가 벌에게 연기를 쐬고 새로 만들어진 벌집을 제거한 다음 구멍을 다시 막았다. 숲에서 벌을 치던 '벌꾼들'은 가급적 새끼들이 있는 벌집은 건드리지 않고 남겨두었을 것이다.

유럽 전역에서 유일하게 남아 있는 원시림으로 수령이 500년 넘는 참나무, 참피나무, 소나무를 볼 수 있는 폴란드와 러시아의 바이알로비에자 보호구역에는 그런 고목에 자리 잡은 수백 년 된 벌집들이 여전히 남아 있다. 그런 벌집을 관리하던 벌꾼들은 이제 오래전 이야기가 되고 말았다. 동아프리카(탄자니아)에서 최근까지도 이루어지던 야생벌 관리에는 벌집으로 쓸 나무로부터 가로로 속을 파낸 통나무를 달아매는 작업이 수반됐다. 이집트에서는 파라오가 통치하던 시절부터 오늘날까지 진흙으로 빚은 원통형 용기가 벌집으로 이용돼왔다.

오늘날 인간은 곳곳에서 농작물의 수분과 꿀 생산에 벌을 이용하고 그 대가로 벌들이 손수 지은 놀라운 건축물(벌집)이 들어갈 수 있는 조립식 주택을 제공한다. 1851년 필라델피아주의 로렌조 랭스트로스 목사가 고안한 벌집은 '계상(繼箱, supers)'으로 불리는 구조물로 이루어져 있다. 다층주택의 탈부착이 가능한 바닥처럼 생긴 계상은 여러 층으로 쌓아올릴 수 있도록 돼 있다. 이런 방식 덕분에 벌꾼은 하나의 계상이 채워질 때마다 벌집의 크기를 연속적으로 늘리거나 줄일 수가 있고 벌집을 분해해 내용물을 확인한 다음 꿀을 채취할 수 있다. 하지만 랭스트로스 벌집에서 가장 획기적인 부분은 벌집이 전체적으로 단단히 고정돼 있던 과거와 달리 벌방을 만드는 벌들을 이동 가능한 상자 속으로 보낼 수 있다는 점이다.

각각의 계상마다 이동식 상자가 대개 10개씩 들어 있다. 그런 상자는 야생의 벌집과 마찬가지로 꿀이 바닥을 드러내는 봄이면 육아실의 역할을 하다가 늦여름에서 가을 사이에는 꽃가루와 꿀을 보관하는 저장고로 변신할 수 있다. 상자는 벌꾼이 들어올리고 꿀은 원심분리기를 이용해 추출하게 되므로 벌방은 몇 번이고 재활용이 가능하다. 그렇지 않으면 꿀을 채취할 때마다 벌방이 망가지게 될 것이다. 일반적인 벌집은 약 1킬로그램의 밀랍을 만드는 데 7킬로그램의 꿀이 소요되며, 여기에는 밀랍으로 벌집을 만드는 벌의 노동력까지는 포함되지 않았다. 랭스트로스 벌집이 등장하기 이전의 양봉 역사는 물론 오늘날까지도 몇몇 지역에서는 벌집 내부를 살펴보고 꿀을 꺼내는 과정에서 꿀 저장고에 접근하려면 벌집을 망가뜨릴 수밖에 없다. 하지만 랭스트로스 벌집의 등장 이후 벌에게 좋은 집을 제공해주기 시작했더니 우리가 쓸 여분의 꿀을 녀석들이 생산하기가 더욱 쉬워졌다. 녀석들도 집을 짓는 데 들어가는 노동력을 줄일 필요가 있었던 것이다. 게다가 우리는 꿀과 꽃가루를 제공해주는 꽃이 만발한 곳으로 언제든 녀석들의 집을 옮길 수도 있다.

랭스트로스 벌집은 꿀벌의 개체수를 어마어마한 규모로 늘려놓았고 이를 광범위한 지역으로 확산시켰다. 이런 성과는 벌과 관련된 세부적인 사항에 대해 우리가 민감하게 반응한 덕분이다. 벌과의 관계 맺기는 소, 개, 고양이, 말, 닭, 칠면조, 거위 등의 다양한 동물에게 집을 제공함으로써 공생관계를 유지하는 자연계의 유일한 존재인 인간이 성취한 기존의 위상을 한층 넓혀준다.

랭스트로스 벌집은 거의 만들어진 것이나 다름없는 집을 벌에게 제공해 산업적 규모에서는 물론 취미로 벌을 키우는 사람들도 쉽게 꿀벌을 관리할 수 있게 해주었다. 오늘날 벌은 우리에게 주거 환경의 일부라고 할 수 있다. 녀석들은 모든 존재의 그물망을 이롭고 튼튼하게 한다. 벌이 없다면 아마 우리도 존재할 수 없을 것이다. 벌들이 꽃에 내려앉아 사부작거리는 모습을 지켜보지 않는다면, 녀석들이 날갯짓을 하며 윙윙거리는 소리에 귀를 기울이지 않는다면, 녀석들이 만든 꿀과 벌꿀주를 맛보지 않는다면, 대체 우리는 어디서 존재의 이유를 찾을 것인가? (이런 물음에 대답하기라도 하듯, 글을 쓰고 난 직후 나는 이메일 한 통을 받았다. 하버드 마이크로로봇 연구소의 컴퓨터과학자와 엔지니어들로 이루어진 연구팀이 GMO 작물의 수분을 돕는 로봇벌을 제작 중이며 이들 로봇은 몬산토 사가 판매한 농약과 제초제의 대량 살포에도 끄떡없으리라는 내용이었다. 로봇의 '최대 결점'은 그것이 '지금 당장' 외부 동력을 필요로 한다는 것이다. 로봇벌은 전원에 연결된 상태에서만 날 수 있다. 실로 치명적인 결점이 아닐 수 없다. 자연에서 만들어진 것은 무엇이든 주요 성분으로 동력이 내재돼 있다. 동력이 없다면 다른 것들은 모두 빛 좋은 개살구에 불과하다.)

단독생활 동물* 역시 이동식 주택을 이용한다. 800종이 넘는 소라게는 버려진 달팽이 껍질 따위를 등에 업고 다니면서 천적과 온갖 위험으로부터 자신을 보호하는 전략을 구사한다. 그러나 쓸 만한 달팽이 껍질을 구하기란 쉽지 않아서 일부는 소형 이동식 주택을 스스로 만드는 수준까지 진화했다. 주머니나방 애벌레는 휴대 가능한 작은 집을 만들어 일 년 정도 머물다 성체가 되면 떠난다. 어떤 종은 성체가 되고 나서도 그곳을 떠나지 않는다. 녀석들이 분비한 실로 만든 은신처 내부는 희고 매끄럽지만 바깥쪽은 종에 따라 제각기 다른 재료로 빽빽이 엮여 있다.

주머니나방의 집은 솔방울처럼 보이기도 하고 출입구가 두 개 달린 길쭉한 통나무집처럼 보이기도 한다. 위쪽 출입구는 애벌레가 머

---

* 집단 단위로 생활하는 동물이 집단에 소속되지 않고 단독으로 행동하는 개체.

리와 다리를 이용해 뻗을 수 있고, 반대편 출입구는 오물을 처리하는 배출구로 이용된다. 주머니 바깥은 풀잎 조각이나 세로로 잘린 잔가지처럼 애벌레가 구할 수 있는 온갖 부스러기를 엮어 만들 수 있다. 집을 만드는 재료는 주머니를 따라 세로 혹은 수직선 방향으로 붙여진다. 여름이 끝날 무렵 애벌레가 성체로 성장하면 녀석은 버팀대에 주머니 전단부를 묶어 앞'문'을 닫는다. 그런 다음 주머니 안에서 몸을 돌려 반대편 출입구를 향하고 번데기로 변한다. 이듬해 봄, 번데기에서 나방이 나온다. 날개가 없이 작은 소시지처럼 생긴 암컷나방은 뒷문 출입구로 다가와 때맞춰 성페로몬을 발산한 다음 짝짓기 할 수컷을 기다린다. 짝짓기에 성공하면 암컷은 몸을 돌려 복부 끝에서 몸을 길게 늘여 뒷문으로 되돌아가 이제 막 벗어놓은 번데기 허물 위에 수백 개에 이르는 알을 낳는다. 그런 다음 암컷은 주머니 안으로 되돌아가 거기서 생을 마감하고 녀석의 몸뚱이는 헐거운 마개처럼 주머니 한쪽 끝에 남게 된다. 번데기 허물을 벗는 과정이 생략되는 일부 종의 경우, 알은 암컷의 난소를 벗어나지 못한다.

언젠가 케냐의 아카시아 관목 숲에서 찾아낸 도롱이벌레 애벌레는 5센티미터가량 되는 아카시아 관목과 거칠고 날카로운 가시를 씹어 몸에서 나온 실을 이용해 몸 전체를 관(tube)처럼 세로로 길게 붙여가며 집을 지었다. 녀석은 이런 가시관에 살면서 앞서 언급한 주머니나방처럼 위쪽에 남겨진 구멍을 통해 다리와 머리를 밖으로 내밀어 관목에 매달리기도 하고 그 위를 기어다니거나 나뭇잎을 뜯어먹기도 했다. 위협이 닥치면 녀석은 나뭇가지에 단단히 들러붙었다. 내가 수

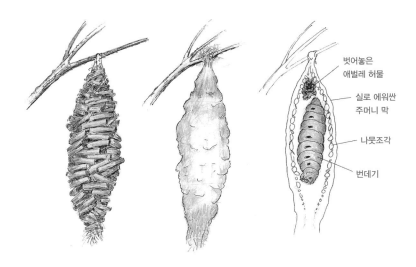

벗어놓은
애벌레 허물

실로 에워싼
주머니 막

나뭇조각

번데기

그림에서처럼 주머니나방 애벌레가 만들어놓은 집에는 번데기도 기거한다. 왼쪽의 그림은 100여 개의 나뭇조
각을 엮어 만든 녀석의 집이다. 녀석은 먹이를 먹을 때 집 내부에 마련해둔 위쪽 출입구를 통해 머리와 다리를
뻗어 집을 드나든다. 한편, 다 자란 애벌레는 출입구를 봉쇄하고 몸에서 분비한 실을 이용해 나뭇가지처럼 단
단한 구조물에 집을 붙들어 매둔다. 그런 다음 녀석은 주머니 안에서 몸을 돌려 번데기로 변신한다. 과거에 녀
석이 오물을 처리하는 배출구로 이용하던 출입구는 몇 개월이 지나 나방이 모습을 드러내는 출구로 이용될 것
이다. 수리남에서 채집한 이 주머니나방종의 애벌레에게서는 한 가지 특징이 더 눈에 띄었다. 녀석은 번데기
가 되기 전에 실을 분비해 통나무 구조물 전체를 에워쌌다(가운데).

리남에서 발견한 또 다른 주머니나방의 집은 나뭇가지를 세로로 붙인
'통나무집' 모형에다 한 가지 특징을 더 갖고 있었다. 이들 애벌레는
거친 캔버스천 같은 실로 짠 얇은 막으로 '통나무' 구조물 전체를 덮거
나 둘러쌌다. 얇은 막이 어떤 기능을 하는지 나로서는 짐작조차 할 수
없지만, 그것을 만들려면 곡예에 가까울 정도의 재주가 필요하기 때문
에 중요한 것임에는 틀림없다. 애벌레가 몸에서 나온 실로 자신을 에
워싸는 상자를 만들어내는 광경을 목격하기는 어렵지 않다. 그런데 어

떻게 애벌레는 자기가 이미 들어 있는 상자를 에워쌀 수 있을까?

독이나 가늘고 날카로운 가시, 먹이 섭취가 가능한 때와 방법이 크게 제한되는 정교한 은신법을 동원해 자신을 보호하는 대부분의 애벌레와 달리 날도래(Trichoptera) 애벌레는 방어적 성격을 띠는 이동식 주택 안에서 천적을 앞에 두고서도 먹이를 먹을 수 있다.

날도래 애벌레는 엄밀히 따지면 수생 생물이지만 주머니나방 애벌레와 거의 비슷한 이동식 주택을 만든다. 날도래 종마다 고유의 특정한 건축 재료와 이들 건축 재료를 수집하는 아주 독특한 방식이 존재한다. 살아 있는 식물 조각, 죽은 잔가지, 자갈, 납작한 돌, 갑각류 껍질 조각, 나뭇잎 조각 등의 건축 재료는 무작위로 방사형 관 속에 수집된다. 그러나 흰점네모집날도래(Lepidostoma hirtum)와 같은 종은 직사각형의 나뭇잎 조각으로 사각형 관 모양의 상자를 만든다. 이처럼 예술적인 애벌레의 창조물은 인간의 예술작품에도 영감을 주었다. 프랑스 출신의 아티스트 위베르 뒤프라(Hubert Duprat)는 자연적으로 만들어진 날도래 상자에 대한 일종의 변형을 시도한다. 즉, 자신의 스튜디오에 있는 수족관으로 애벌레를 옮겨놓고 황금빛을 띤 원석 조각을 제공하면 녀석들은 이들 재료만 갖고서 상자를 만들어낸다.

메인주의 우리 집 옆에 있는 앨더천에는 적어도 다섯 종이 넘는 날도래가 서식하고 종마다 제각기 독특한 '상자'를 만들어낸다. 이곳에 사는 애벌레에게는 상자를 만들기 위해 선택할 수 있는 재료가 많지만, 종마다 선호하는 재료가 다르다. 어떤 종은 모래가 뒤덮인 하천 바닥에 가라앉은 모래 알갱이를 이용해 납작한 용기를 만든다. 자잘

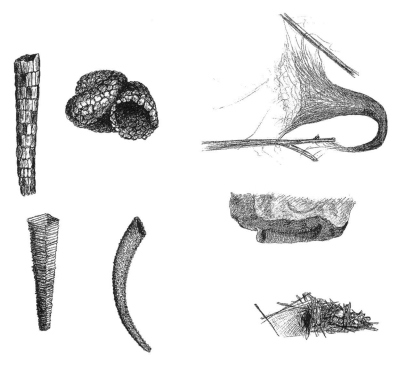

다양한 날도래 종의 애벌레가 만든 이동식 주택으로 이용되는 '상자'의 예. 왼쪽에 보이는 네 상자는 이동이 가능하며 잔잔한 물에서 발견된다. 오른쪽에 보이는 세 상자는 흐르는 물에서 발견되지만 한 자리에 고정되어 먹이 잡는 덫으로도 이용된다.

한 자갈을 이용하는 종이 있는가 하면, 가늘고 긴 나무껍질을 길게 이어붙여 원형의 관을 만드는 종도 있다. 또 풀을 짧게 잘라 주머니나방처럼 세로로 길게 엮지 않고 십자형으로 엮는 녀석들도 있다. 어느 경우든지 날도래 집은 주변 환경을 비슷하게 모방하고 있으며 녀석들은 집 안에서 자유롭게 돌아다닐 수 있다. 그런 집 덕분에 날도래는 그렇지 않았다면 몇 분도 안 돼 하천에 사는 송어와 피라미 밥이 될 수도 있었을 곳에서 살아갈 수 있다.

최고의 집은 떠나거나 이동할 필요가 없는 집이라고 생각하는 사람도 있을 것이다. 실제로 깃날도래과의 뉴렉리프시스 비마쿨라타 (Neureclipsis bimaculata) 애벌레가 사는 집은 두 가지 조건을 모두 만족시킨다. 하지만 먹이에게 가는 대신 자신이 살 집을 먹이 잡는 덫으로 만드는 전략은 독특한 식습관과 주거지를 필요로 한다. 말하자면 녀석들은 플랑크톤이 사는 흐르는 물에 집을 지어야 한다. 이들 날도래 애벌레는 집의 출입구에 몸에서 나온 실을 나팔꽃 모양으로 펼쳐 그물처럼 이용한다. 출입구가 물살을 정면으로 향하면 애벌레는 그물망 바닥에 자리를 잡고서 먹잇감이 물살에 떠내려오기만 기다린다.

애벌레가 만든 집들 가운데 단연 두드러지지만 대개 당연시되는 것으로 나방의 번데기가 살아가는 고치를 꼽을 수 있다. 애벌레와 성체의 중간단계로 이동이 자유롭지 못한 번데기에게 고치는 더할 나위 없이 안전한 장소다. 북반구에 서식하는 나방은 대부분 9개월 정도를 번데기 상태로 머문다. 그동안 번데기는 생존을 위해 꼼짝없이 집에만 의지할 수밖에 없다. 가령 박각시나방과 올빼미나방 같은 일부 종의 나방 애벌레는 땅속에 굴을 파고 고치와 같은 역할을 하는 작은 구멍을 만든다. 그 밖의 수많은 나방도 몸에서 나온 실로 집을 짓고 땅위에 머문다. 이들 고치는 아무런 힘이 없는 번데기를 요새처럼 견고한 구조물 안에 숨기는 '속임수'를 구사할 수도 있다. 누에나방 (Bombyx mori) 고치를 만드는 데 이용되는 실은 고급 직물을 생산하는 원료로도 유명하다.

북미 대륙에 서식하는 일반적인 '누에나방' 가운데 내게 가장 친숙한 종은 긴꼬리산누에나방, 프로메테우스누에나방, 폴리페무스누에나방, 세크로피아누에나방이다. 긴꼬리산누에나방과 폴리페무스누에나방은 9개월 동안의 번데기 시기를 대비해 몸 전체를 나뭇잎으로 감싸고 나뭇잎과 애벌레 몸 사이의 빈 공간은 실로 막을 쳐둔다. 실로 쳐둔 막은 엉성하고 얇지만 나뭇잎이 서로 떨어지지 않게 단단히 붙이는 위장도구로 이용된다. 고치는 가을에 나뭇잎이 떨어질 때 함께 땅에 떨어져 낙엽에 묻혔다가 눈 속에서 겨울을 난다.

프로메테우스누에나방 애벌레 역시 나뭇잎으로 몸을 두르지만 훨씬 단단하고 가죽처럼 질긴 껍데기 모양의 고치를 만들어내며 고치의 크기는 번데기가 겨우 들어갈 정도로 아주 작다. 프로메테우스누에나방 애벌레는 대개 한 장의 나뭇잎만을 사용한다. 녀석은 양말목처럼 생긴 출구에서 잎자루를 따라 실을 두껍게 엮어 집을 확대해나가면서 나뭇가지를 단단히 부여잡는다. 덕분에 이들 고치는 나뭇잎이 떨어진 뒤에도 가지에 그대로 붙어 있다. 간혹 쭈글쭈글하게 들러붙은 나뭇잎처럼 보이는 고치가 겨우내 나뭇가지에 남아 있는 경우도 있다.

안전한 집을 추구하는 세크로피아누에나방은 번데기를 노리는 다람쥐, 쥐, 새 같은 천적에 대한 심리적 속임수를 전략으로 삼은 것처럼 보인다. 몸집이 무척 큰 이 나방은 번데기 역시 시선을 집중시킨다. 실제로 이들 나방의 번데기 고치는 풍선처럼 보이기도 한다. 고치는 바깥쪽 껍질과 번데기가 살아가는 안쪽 껍질을 갖고 있지만, 둘 사

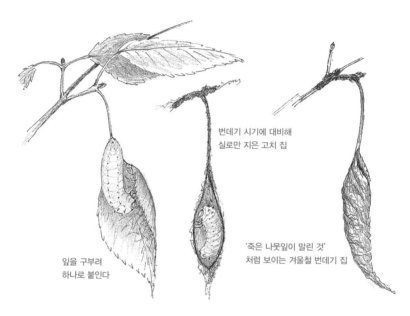

번데기 시기에 대비해
실로만 지은 고치 집

'죽은 나뭇잎이 말린 것'
처럼 보이는 겨울철 번데기 집

잎을 구부려
하나로 붙인다

번데기 시기를 대비해 고치 집을 만드는 프로메테우스나방(Collosama promethea) 애벌레. 나뭇가지에 잎자루를 연결하는 질긴 실을 여러 겹 붙이는 일로 고치 만들기는 시작된다. 잎이 돌돌 말리면서 내부는 두껍고 질긴 실이 여러 겹으로 덧대진다. 고치는 겨우내 나뭇가지에 붙은 채로 남아 있으며 나뭇잎과 분간이 안 된다.

이에는 빈 공간이 넓게 남아 있다. 바깥쪽 껍질을 뚫고 들어온 천적은 빈 공간으로 보이는 곳을 발견할 테지만 그 너머에 두 번째 공간이 존재하리란 생각은 하지 못할 것이다.

앞에서 단독생활을 하는 애벌레가 자기 자신이나 생애주기에서 맞이할 다음 단계의 번데기를 보호하고자 만든 집을 예로 들었지만, 성체로 살아가는 그 밖의 단독생활 동물도 다수의 애벌레를 키우고 먹이를 공급하기 위해 집을 짓는다. 단생 말벌의 경우 애벌레의 먹이는 대개 벌침에 쏘여 마비된 곤충이나 거미줄에 걸린 먹잇감으로, 이

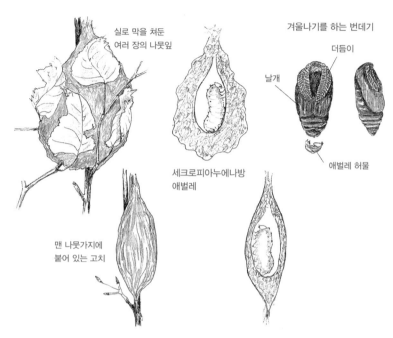

세크로피아누에나방(Hyalophara cecropia) 애벌레는 여러 장의 나뭇잎을 한데 모아(왼쪽 위) 얇고 헐거운 고치를 지은 다음 솜처럼 푹신한 실을 두껍게 엮어 채우고 고치 내부에 튼튼한 두 번째 껍질을 만든다. 봄에 나방이 빠져나갈 수 있도록 출구 하나는 남겨둔다. 애벌레는 인접한 나뭇잎에 실을 에워싸지 않고서도 나뭇가지 측면에 단순히 붙이는 것만으로도 고치를 가지에 부착시킬 수 있다(왼쪽 아래). 애벌레(위쪽 가운데)는 번데기로 허물을 벗기 전에 고치의 내부 층 만드는 일을 마친다.

들 먹이는 공동목의 구멍이나 벌집을 만들려고 파놓은 구멍으로 옮겨진다. 나는 아버지에게서 아프리카 앙골라가 원산지인 특이한 단생 말벌에 관한 얘기를 들은 적이 있다. 아버지는 총열에 목탄이 조금이라도 들어차 있다 싶으면 그런 날은 어김없이 텐트 밖에다 엽총을 걸어두셨다. 총열이 막힌 총을 쏘면 폭발사고가 날 수도 있었기 때문이다. 아버지는 현지인 조수 가운데 한 사람이 몹쓸 짓을 했을 거라고

의심했지만, 범인은 목탄을 부지런히 실어나르던 푸른 말벌로 밝혀졌
다. 녀석은 육생 갑각류인 쥐며느리도 잡아들였다. 말벌은 목탄층을
이용해 잡아들인 쥐며느리를 분리했고 이로써 애벌레마다 자기만의
먹이칸을 갖게 되었다. 호리병벌(Eumenes)속에 속하며 메이슨말벌로
도 불리는 호리병벌은 나무에 굴을 파거나 비단벌레 애벌레가 나무에
뚫어놓은 구멍을 이용하기도 하고 흙과 구토물을 빚어 목이 좁은 둥
근 단지를 만들기도 한다. 녀석들이 만들어낸 단지의 형태와 방식은
아메리카 원주민이 제작한 단지의 모델이 됐을지도 모를 일이다.

가위벌(Osmia)속에 속하며 메이슨말벌로 불리는 몇몇 종의 말벌
역시 비슷한 흙단지를 만들어낸다. 하지만 녀석들이 만든 단지에는
성장 중인 애벌레에게 제공될 단백질원으로 침에 쏘여 마비된 곤충
이 아닌 꽃가루가 담긴다. 그 밖의 메이슨말벌은 이미 존재하는 관 모
양의 구조물에 둥지를 튼다. 이들 벌은 농작물 수분에 이용되는데, 이
때문에 녀석들에게는 유인용 벌집이 제공되기도 한다. 녀석들에게 제
공되는 집은 구멍이 많이 뚫린 나무토막에 불과하며, 이는 알팔파가
재배되는 들판이나 과수원처럼 꽃가루가 만들어지는 화분원 근처에
배치된다. 오늘날 이들 벌과 벌집은 상업적으로도 판매되지만, 나는
그냥 장수하늘소 애벌레가 뚫어놓은 구멍투성이에 껍질이 벗겨진 오
래된 소나무를 이용한다. 집을 제공하면 녀석들이 모여들 것이다.

. . .

새둥지는 알을 낳고 품고 새끼를 기르는 데 이용되는 경우가 대

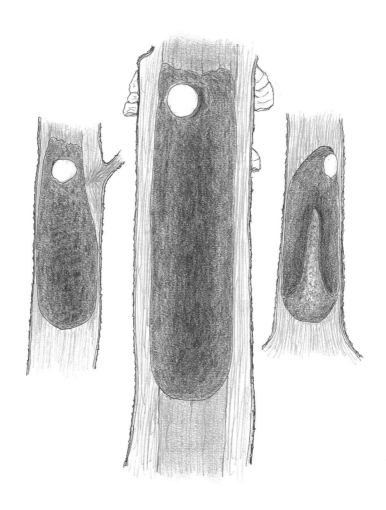

노란배수액빨이딱따구리(가운데)와 쇠박새의 둥지 구멍을 보여주는 나무의 단면. 수액빨이딱따구리는 그 중심부가 말굽버섯 덕분에 부드러워진 포플러나무를 선호한다. 녀석들은 한 번 썼던 둥지 구멍을 다시 쓰는 법이 없지만, 박새 등의 다른 새는 그런 둥지를 이용하기도 한다. 물론 박새는 나무를 두드려서 스스로 둥지구멍을 만들 수도 있다. 여기에 보이는 두 개의 둥지구멍은 일부가 썩은 죽은 사시나무에서 발견한 것이다. 그중 하나의 둥지구멍(오른쪽)은 새들이 단단한 부위를 넓게 파낸 뒤에 써보지도 못한 채 버려져 녀석들의 노력이 허사가 되고 말았다. 딱따구리는 이런 둥지구멍에 둥지를 틀지 않지만, 버려진 구멍을 이용하는 다양한 종의 새들은 여기에 둥지를 튼다.

부분이지만, 일부는 겨울철 공동숙소나 은신처로 이용되기도 한다. 바우어새는 이런 집을 변형해 배우자감을 유인하는 전시물로 이용한다. 북미지역에 서식하는 솜털딱따구리와 큰솜털딱따구리는 봄과 여름철 모두 나무에 구멍을 낸다. 봄에 낸 구멍은 새끼를 기르는 데 이용하고 가을에 낸 구멍은 밤새 몸을 피할 은신처로 이용한다.

　　포유류의 집은 새둥지와 유사한 부분이 많지만, 그보다 더 많은 기능을 갖는다. 생쥐(Peromyscus)속에 속한 흰발생쥐나 미국흰발붉은쥐의 집은 봄과 여름에는 새끼를 기르는 데 이용된다. 또 가을에는 씨앗을 보관하는 곡물 저장고로, 겨울에는 체온 유지를 위해 다른 쥐들과 옹기종기 모여드는 장소로 이용된다. 어느 해인가 10월 중순에 습지대에 있는 버려진 개똥지빠귀 둥지를 학생들에게 보여주다가 흰발생쥐 두 마리가 둥지에서 뛰쳐나오는 모습을 목격했다. 개똥지빠귀 둥지는 잔가지 위에 뿌리와 거친 나무껍질을 엮어 만든 컵 모양의 구조물로 쥐의 은신처가 되리라는 생각은 전혀 못했기 때문에 놀라지 않을 수 없었다. 그런데 둥지를 자세히 살펴보니 이들 생쥐 두 마리가 뭔가 바꾸어놓은 흔적이 눈에 들어왔다. 녀석들은 뿌리로 내벽을 두른 둥지를 나뭇가지 밑에서 떼어내 박주가리 씨로 이루어진 희고 푹신한 솜털로 그 틈새를 메워놓았다. 나는 내 도요타 픽업트럭 사물함에서도 이들 흰발생쥐가 만들어놓은 집을 찾아냈다. 트럭은 겨우내 집 옆에 주차돼 있었다. 자동차 등록증을 찾으려고 사물함을 열었을 때 안에 있던 종이란 종이는 모두 잘게 찢겨 녀석들의 집 단열재로 이용된 상태였다. 세 번째로 발견한 흰발생쥐의 집은 우편함 옆 기둥 위에 올려둔 (사용하지 않은) 종이 택배 상자 속에 있었다. 밤나무로 둘러싸인 휘파람새 둥지 위에 있던 또 다른 흰발생쥐 집은 블랙체리 씨앗이 가득 채워지고 으아리꽃 씨앗의 솜털로 덮여 있었다.

조류와 포유류의 집짓기는 두 가지 중요한 생존 전략으로 구분된다. 첫째, 앞을 볼 수 없는 상태로 태어나 먹이를 구걸해 먹고 배설하는 일 말고는 아무것도 할 수 없는 대부분의 명금류처럼 무력한 '늦되기새(만성조)'* 새끼의 전략이다. 둘째, 오리나 닭처럼 태어나자마자 움직일 수 있어서 둥지가 필요 없는 '올되기새(조성조)' 새끼의 전략이다. 올되기새의 전략에서 천적의 위협을 줄이는 주요 해법은 수컷이 감시를 한다든지(두루미, 백조, 거위처럼 몸집이 큰 조류의 경우), 다리를 저는 척하며 새끼에게서 천적을 유인해 빼내고 새끼의 반응을 숨긴다든지(들꿩, 도요새의 경우) 하는 것이다. 하지만 둥지를 갖게 되면 다양한 이점이 따라온다. 우선 단순히 숨는 것 말고도 다른 선택을 할 수가 있다. 그런 선택에는 물 위나 절벽 꼭대기, 깊숙이 들어간 동굴 천장, 가느다란 나뭇가지 끝처럼 접근하기 힘든 장소와 헤아릴 수 없이 많은 은신처로 새끼를 데려다놓는 일도 포함된다. 다만 이 경우 부모가 새끼에게 먹이를 가져다줄 수 있어야 한다. 게다가 아주 특별한 건축 재료와 기술이 요구된다.

새가 고안해낸 '창작품'은 무궁무진하며 때론 기이한 느낌마저

---

* 알에서 깨어날 때 몸에 깃털이 거의 없고 눈을 감고 있으며 두 다리로 서지 못하는 새, 부화 후에 어느 정도 클 때까지 어미새가 한동안 돌봐줘야 한다. 반대는 올되기새.

나무(혹은 땅)에 구멍을 파는 대신 회반죽을 이용해 공간을 에워싸는 새들도 있다. 이런 구조 안에 자리 잡은
둥지는 부드러운 깃털과 식물성 소재로 이루어져 있다. 이 그림 속 삼색제비의 둥지는 군집 내부의 다른 둥지
옆에 있을 때가 많다. 이 경우 하나의 둥지는 옆의 둥지와 부착할 목적으로 이용되기도 한다.

든다. 하지만 새들이 만들어낸 집은 하나같이 놀라울 정도로 아름답
다. 단순한 둥지는 '눈에 띄지 않는' 것을 최고의 미덕으로 삼으며, 따
라서 땅바닥에 살짝 파인 자국만으로도 충분할 수 있다. 그렇지 않은
둥지는 우리의 상상력을 시험하는 건축기술이 포함된다. 새들이 보여
주는 놀라운 건축기술 가운데 내가 가장 좋아하는 형태는 공중에 매

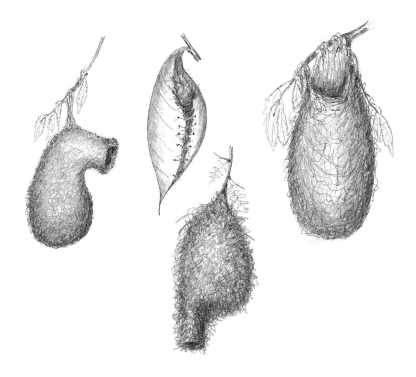

그 밖의 새들은 둥지를 엮어 나뭇가지 끝에 매달아둠으로써 비교적 접근하기 어려운 둥지를 만든다. 여기 네 가지 형태의 둥지를 소개한다(왼쪽에서 오른쪽으로). 스윈호오목눈이(Remiz pendulinus)는 펠트가방처럼 생긴 둥지를 짓는다. 재봉새(Orthotomus sutorius)는 부리를 바늘처럼 이용해 커다란 나뭇잎에 구멍을 내고 섬유조직으로 꿰매 두 장의 잎을 합치거나 잎의 양끝을 잇는다. 금란조(Euplectes orix)는 풀을 엮는다. 뉴잉글랜드에 서식하는 볼티모어찌르레기(Icterus galbula)는 대개 죽은 지 한참 된 박주가리에서 섬유조직을 뽑아내 둥지를 엮는 데 이용한다.

달린 둥지다. 땅바닥에 살짝 파인 자국보다 훨씬 진일보한 방식의 둥지라고 할 수 있다. 식물의 잎에 구멍을 내고 이런 구멍에 넣어 누빌 만한 섬유조직(실)을 찾은 다음 마치 외과의사가 피부를 봉합하듯 잎을 꿰매는 재봉새(Orthotomus sutorius)를 살펴보자. 녀석들은 그렇게 만든 나뭇잎 주머니 안에 아늑한 둥지를 만든다. 종류가 다양한 제비 역시 이와 비슷한 구멍을 만들어 그 안에 둥지를 짓는다. 녀석들은 종에 따라 다양한 선택을 하게 된다. 가령 딱따구리가 만들어놓은 것처럼 기존의 구멍을 찾아내기도 하고, 땅바닥에 직접 구멍을 내기도 한다. 또 대개의 제비가 그렇듯 점토질의 진흙을 이겨 발라 빈 공간을 만들 수도 있다.

새둥지 구멍은 기발한 바구니 디자인으로 재탄생되기도 한다. 다양한 종의 베 짜는 새는 수많은 천적이 접근할 수 없는 가느다란 나뭇가지 끝에 능숙한 솜씨로 식물의 섬유조직을 엮어 원통형 용기를 만들어 매달아둔다. 녀석들이 만든 둥지에는 바닥에 길고 좁은 관이 있어서 출입을 제한하는 보조문 역할을 한다. 이와 같은 원리로 박샛과에 속한 어느 새의 둥지에도 새들이 집을 떠날 때 자동으로 닫히는 덧문이 있으며 천적의 눈을 속이는 가짜 출입구도 따로 있다. 둥지의 위치는 중요하다. 동굴의 천장만큼 안전한 공간은 찾기 힘들기 때문에 몸이 날랜 몇몇 새들이 가장 안전하고 편안한 자리를 선점하게 된다. 녀석들은 한 번에 조금씩 타액을 뱉어가며 둥지를 완성한다. 그렇게 만든 둥지가 단단히 굳으면 선반처럼 튀어나온 부분에 알을 낳을 수 있다. 수많은 제비도 수집해온 젖은 회반죽을 이용해 이와 거의 동일한 둥지를 짓는다.

난공불락 같은 요새라면 굳이 숨을 필요가 없다. 특히 공동목의 구멍은 가장 흔히 볼 수 있는 준비된 요새에 속한다. 중요한 새들 중에 이런 자원을 이용하지 않는 경우는 거의 없다. 문제는 이런 자원이 그리 많지 않다는 것이다. 이렇게 빈약한 자원에 의지하게 되면 번식의 기회가 심각하게 줄어들 수도 있다. 결국 구멍에 둥지를 트는 새들에게 집짓기의 최고 단계는 특정한 절차에 따라 스스로 둥지 구멍을 파는 것이다. 나무에 구멍을 내는 유충을 찾아다닌다는 이유로 이미 적합한 조건을 갖춘 딱따구리는 이쪽 분야에서는 전문가라고 할 수 있다.

딱따구리는 단단한 나무를 쪼아 집으로 쓸 구멍을 내는데, 대개 자기보다 몸집이 큰 천적이 들어오지 못하도록 출입구를 최대한 작게 만든다. 설령 몸집이 작은 천적이 둥지 안으로 비집고 들어오더라도 집을 만들 때 이용한 것과 동일한 도구, 즉 날카롭고 강력한 부리로 천적을 몰아낼 수 있다. 그보다 몸집이 큰 천적은 둥지 안으로 들어올 수는 없지만 몸의 일부를 구멍 안으로 넣을 수 있다. 그러나 구멍이 충분히 깊어 둥지 바닥에 있는 알이나 새끼에게는 닿지 못한다. 딱따구리가 집짓기에 엄청난 공을 들이는 것처럼 보일지도 모르나, 그만한 가치가 있는 이유는 녀석들의 둥지가 천적으로부터 공격을 받는 일은 거의 없기 때문이다.

딱따구리는 집의 위치를 비밀에 부치지 않는다. 녀석들이 새끼를 낳는 6월이면 반경 100미터 안에 있는 딱따구리 둥지를 찾아낼 수 있다. 반면 숲속에 사는 수많은 다른 새들의 둥지는 발견하지 못한 채 그냥 지나쳐버릴 수도 있다. 딱따구리는 상당히 자주 둥지를 드나들고 둥지 안의 새끼는 끊임없이 울어댄다. 둥지가 있는 나무에 무언가 내려앉은 걸 감지할 때면 녀석들의 울음소리는 더욱 커진다. 다른 새들의 경우, 새끼는 부모가 둥지로 돌아올 때까지 조용히 기다리다가 부모가 먹이를 물고 돌아오는 순간에만 잠시 들릴락 말락 울음소리를 내고 부모가 둥지를 뜨면 조용해진다. (대부분의 종에서는) 부모와 새끼 사이의 복잡한 상호 행동 덕분에 둥지 안이나 근처에서는 배설물 한 방울도 보이지 않는다. 그에 비해 딱따구리 둥지에서는 태어난 지 오래된 새끼가 둥지 출입구를 독차지하면서 배설물이 쌓이고 짓밟혀 부스러기로 바닥에 쌓인다. 어느 경우든 부정적인 면이 있는 것으로 보이기 때문에 상호보완적인 해결책이 필요하다.

귀소성과 관련해 이와 비슷한 시나리오는 포유류에도 적용된다. 늦되기포유류와 올되기포유류 새끼의 상이한 생존 전략은 서로 밀접한 종에서도 나타난다. 토끼과에 속한 산토끼와 토끼, 사람과에 속한 유인원과 인간의 전략은 가장 흥미롭고 유익한 사례다.

우리 눈에는 산토끼와 토끼가 거의 비슷해 보이지만 생존이나 집과 관련된 전략에서는 큰 차이를 보인다. 귀가 긴 북미산 산토끼 잭래빗과 변색토끼, 눈덧신토끼 같은 산토끼(Lepus)는 움푹 들어간 땅바닥에서 새끼를 낳는다. 이들 산토끼에게는 보호 기능을 갖춘 집이 없지만, 올되기새처럼 녀석들은 보온·위장용 막에 덮여 태어난다. 새끼 도요새, 오리, 닭, 사슴, 영양과 마찬가지로 녀석들 역시 태어나자마자 뛰어다닐 수 있다.

반면에 토끼는 털(어미가 자기 몸에서 뽑아냄)로 내벽을 댄 집 속에서 눈도 뜨지 못하고 털도 전혀 없는 상태로 태어난다. 집토끼(Oryctolagus cuniculus)의 일종인 유럽토끼는 모든 집토끼의 조상이다.

야생에서 살아가는 유럽토끼는 그물망처럼 서로 연결되도록 굴을 파서 이른바 '토끼굴'을 만든다. 파놓은 구멍 속에서 살아가는 것이 훤히 트인 땅바닥에 새끼를 놓아두는 것보다 안전하다는 생각이 들 수도 있겠다. 하지만 지하의 땅굴이라고 해서 철옹성인 것은 아니다. 일부의 천적은 그런 땅굴도 들어갈 수 있을 만큼 진화했다. 토끼굴은 수많은 비상구를 갖추고 있어야 한다. 하지만 토끼굴은 한 가지를 추가한 설계 특징을 보일 뿐이다. 즉, 녀석들의 새끼가 있는 굴 가장자리의 유아실에는 출구가 없다. 이는 결함이 있는 설계가 아니라 오히려 안전을 고려한 '영리한' 설계다. 무력한 새끼들은 어차피 도망을 칠 수 없기 때문이다. 토끼굴 안으로 들어온 천적이 양방향에서 둥지에 접근하도록 허용하는 것보다는 한 방향에서 접근하도록 하는 것이 낫다고 본 것이다. 게다가 둥지 입구는 대개의 경우 막혀 있으며 암컷토끼는 새끼를 보살피기 위한 목적으로 둥지와 연결된 굴이 최소한도로 열리는 시간(하루 평균 3~4분으로, 24시간마다 거의 정확히 같은 시각에 열림)마저도 줄인다. 새끼는 어미가 오는 시간을 학습해 어미가 들어오자마자 젖을 먹을 수 있도록 만반의 준비를 한다. 새끼에게 젖을 먹이고 나면 암컷은 즉시 둥지를 나와 출입구를 막아버린다.

　이런 종의 토끼 역시 사회성을 갖고 있다는 사실은 우연이 아닐 것이다. 그에 반해 솜꼬리토끼(Sylvilagus)속에 속한 아메리카솜꼬리토끼는 땅바닥 둥지에다 고도의 위장술을 펼친다. 수많은 굴이 연결된 땅굴집은 녀석들이 상당한 투자를 했다는 걸 보여준다. 녀석들은 비버와 마찬가지로, 함께 집을 만들고 확장하고 유지하는 조력자들에게 사회적인 아량을 베푼다. 이는 의무감에 따른 부채라기보다는 녀석들 스스로가 자기에게 유익한 일을 하고 있는 거라 볼 수 있다.

동물이 일궈낸 집짓기 위업 가운데 순전히 그 크기와 정교함, 생태학적 영향에서 비버를 따라갈 수 있는 경우가 과연 몇이나 될까? 비버는 단순히 '비버집'으로 불리는 집만 만드는 것이 아니라 나무를 잘라 집 주변에 두루 배치함으로써 자기 자신만의 고유한 주거지를 창조한다. 직경이 0.5미터에 이르는 나무를 이빨로 잘라 넘어뜨리려면 며칠이 걸릴 수도 있으며, 그런 노동의 대가는 나무 꼭대기 부근의 나뭇가지에서만 얻을 수 있다. 비버의 주요 먹이는 잔가지 껍질이다. 껍질을 벗겨내고 남은 것은 집을 짓거나 집 주변의 해자 역할을 하는 댐을 만드는 주재료가 된다. 그렇게 만든 집은 겨우내 녀석들의 안식처로 이용되고 바로 거기서 새끼가 태어난다.

해자로 이용되는 연못을 만들어내는 댐 덕분에 비버집 출입구는 물속에 잠겨 있어 불청객의 접근을 막아준다. 겨울이면 비버집의 지붕과 벽은 콘크리트만큼이나 단단하게 얼어붙는다. 댐에 물이 차 있고 추위로 얼어붙어 있는 동안 비버집은 곰이나 늑대가 침입할 수 없는 난공불락의 요새가 된다. 존 쿨터의 틀림없는 추측대로, 이런 비버집은 일반적인 설치류의 집과는 거리가 멀다. (최초의 '산사람'으로 알려진 쿨터는 황야에서 몇 달 동안 홀로 생활했으며 옐로스톤과 그랜드티턴 산을 발견한 최초의 백인이다. 그는 1809년 옐로스톤에서 북미 원주민인 블랙풋족 전사들에게 쫓겨 도망치다 비버집에 숨어들기도 했다.)

비버의 건축기술은 집을 안전하게 지키기 위해 수 에이커의 물을 가둬 1미터 넘게 수위를 높이는 댐 건축에서 가장 분명하게 드러난다. 몇 세대에 걸쳐 혹은 수백 년이 걸릴 수도 있는 녀석들의 공동 작업 결과는 상상을 뛰어넘을 정도로 놀랍다. 와이오밍주에서 발견된 비버댐은 길이는 10미터에 불과했지만 수위를 5미터나 높였다. 몬태나주의 제퍼슨강에서 발견된 또 다른 비버댐은 그 길이가 650미터에 육박했고 캐나다 북부 앨버타주의 우드버펄로국립공원에서 발견된 비버댐은 무려 850미터가 넘었다. 댐은 가끔 무너지기도 하는데, 비버는 거의 일 년 내내 이를 보수하고 교체한다. 언젠가 몇 에이커에 이르는 우리 집 부근 연못에 물을 가두던 60미터의 비버댐이 마지막 봄장마에 무너져내렸다. 그 결과 연못의 물이 밖으로 흘러넘치면서 개펄이 넓게 형성됐다. 하지만 비버가 댐을 수리하는 데는 일주일이 채 걸리지 않았다. 거의 같은 시기 버몬트주의 애더먼트 인근 마을에서는 비버댐이 무너지면서 여러 가구가 침수에 대비해 대피를 해야 했다. 비버의 집짓기를 보면 집이란 게 단순히 주거지로만 끝나지 않는다는 생각이 든다. 거기에는 우리가 살아가는 데 필요한 자원을 얻는 지역까지 포함된다. 연못의 넓이가 커질수록 비버는 더 많은 먹이를 찾아 멀리까지 안전하게 돌아다닐 수 있다. 동물이 거주 가능한 지역을 더 많이 확보할수록 이용할 수 있는 거주지 범위도 확대되는 것이다.

전형적인 비버 군집은 다 자란 암수 한 쌍으로 출발한다. 녀석들이 이른 봄에 낳은 새끼들은 가을이면 성장을 마치고 부모를 도와 댐과 집을 만들거나 겨울나기에 필요한 먹이를 거둬들인다. 이듬해 봄 부모가 또다시 새끼를 낳으면 최대 7~8마리에 이르는 비버가 가족을 이룬다. 먼저 태어난 새끼들이 동생들을 실질적으로 돌본다. 하지만 2년차 새끼들은 다시 이듬해 봄 부모가 세 번째 새끼를 낳기 전에 제 발로 떠나지 않으면 집에서 쫓겨나고 만다. 그 결과 비버 무리의 개체 수는 이론적으로 따지면 14마리도 가능하지만 대개는 7~8마리 아래로 유지된다. 집을 떠난 비버들은 과거에는 천적인 늑대와 코요테의 위협에 직면했지만, 매년 봄 도로변에서 목격하는 비버의 사체로 미뤄볼 때 오늘날 녀석들의 천적은 다름 아닌 자동차다.

동물이 더 좋은 집을 만들수록 더 많은 요구들이 거주지에서 직접 충족되고 밖으로 돌아다닐 일이 그만큼 줄어들게 된다. 우리도 집을 기반으로 살아가지만 집을 잃게 되는 상황이 아니면 이를 당연한 것으로 여길 때가 많다. 탐사를 위해 수리남의 황야로 떠났던 여행은 뉴잉글랜드의 안락한 집을 떠나온 우리에게 집짓기 능력이 얼마나 되는지를 체험할 수 있게 해주었다.

안락한 집을 떠나 대자연 속으로

내가 이 여행을 통해 실제로 얻게 될 소득은
다소 진부한 깨달음일지도 모르겠다.
그것은 세상에 집만 한 곳이 없다는 사실이다.

불과 일주일 전에 대타로 합류하기로 약속한 여행을 앞두고 있던 나는 숨 가쁘게 돌아가던 마지막 업무를 간신히 마치고 나서 작은 짐 가방 한 개를 챙겨들고 비행기에 올랐다. 비행기는 자정이 넘어서야 수리남의 파라마리보-잔데리즈 국제공항에 도착했다. 사방 어디를 둘러봐도 불빛 하나 보이지 않았다. 정글의 밤은 캄캄했다. 바로 그때, 택시기사 한 사람이 내게 다가왔다. 택시는 좁은 직선도로를 한 시간 정도 쏜살같이 달린 뒤에 어느 호텔 앞에 나를 내려주었다. 그쯤 되면 호텔이 나타날 거라는 지침은 이미 받아둔 상태였다. 조용하고 가로 등 하나 없이 캄캄한 도로로 내려서니 따뜻하고 습한 공기가 느껴졌 다. 머릿속으로 다음 할 일을 떠올리고 있을 때, 한 남자가 내 쪽으로 걸어오는 것이 보였다. 그는 손짓으로 자기를 따라오라고 했다. 남자는 잠기지 않은 호텔 정문으로 약간 부산스럽게 나를 이끌었다. 나는 그의 안내를 받아 짧고 어두운 복도를 지나 어느 방에 이르렀다. 고마우면서도 피곤했던 터라 우선 방으로 들어섰다. 내 눈은 이미 어둠에 적응해 있었고, 방 안에 있던 여자 투숙객에게로 시선이 옮겨졌다. 여자가 누워 있는 좁은 침대 시트 밑으로 한쪽 다리가 맨살 그대로 드러나 있었다. 나는 남은 침대를 차지했고 아침이 되기를 기다려 여자와 통성명을 했다.

이튿날 이른 아침, 요리사로 추정되는 내 룸메이트는 물론 예일대학교 피바디박물관 조사팀에 소속된 두 사람과도 만남을 가졌다. 이 두 사람은 인간의 발길이 닿지 않은 원시의 산림에서 새를 채집하고자 이곳에 왔다. 대학 시절 나도 피바디박물관의 현장 활동에 참여해 아프리카에서 새를 채집한 적이 있다. 결국 내가 이번 초대를 앞뒤 재지 않고 받아들인 이유는 안락한 집을 떠나 대자연 속을 헤매던 그 시절을 다시 느껴보고 싶어서였는지도 모르겠다.

우리는 택시를 타고 '하이 제트' 헬리콥터서비스로 이동했다. '하이 제트'는 수리남에서 전세 헬리콥터를 구할 수 있는 유일한 곳으로, 3대의 헬리콥터가 주차돼 있었다. 우리는 알래스카 출신으로 과거 부시파일럿*으로 활동했던 글렌을 만났다. 군사훈련까지 받은 그가 우리의 비행을 책임지기로 했다. 나는 우리가 어떤 식으로 정글에 착륙

---

* 캐나다 북부나 알래스카 산림지대를 비행하는 비행사.

하게 될지 자못 궁금했다. 그는 자신도 모르겠다고 솔직히 털어놓으면서 이렇게 말했다. "우리만의 착륙지점(LZ)을 찾아야만 할 겁니다." 내가 알기로는 인간의 발길이 닿지 않은 열대밀림에서 나무가 없는 공터는 존재하지 않는다. 더군다나 이름 없는 산이 대부분인 광활한 산악지역에서는 말할 나위도 없다. 나는 뉴잉글랜드 숲속에 있는 우리 집과 언덕을 떠올렸다. 숲속의 공터 정리는 힘들어도 해마다 거르지 않고 해야 하는 일이다. 하지만 우리 팀의 리더인 크리스토프는 지금 우리가 가려는 빌헬미나 산맥을 비행하던 어느 파충류학자가 아래쪽에서 공터로 보이는 곳을 발견했다는 얘기를 들려줬다.

국토 면적이 약 26만 2,000평방킬로미터에 이르는 수리남은 세계 최대의 미개척 삼림지대를 품고 있으며 거대한 브라질 밀림과도 인접해 있다. 주민 대부분은 북부 (대서양) 연안을 따라 살아가지만, 우리가 착륙하기로 예정된 곳은 내륙 쪽이었다. 삼림지대로 에워싸인 이른바 '숲의 바다'에서 이름 없는 수많은 산봉우리들 사이에 어디쯤이 될 터였다. 높은 산은 그곳에서 살아가는 새들에게는 섬과 같다. 높은 산에 가로막혀 발이 묶인 녀석들은 갈라파고스제도의 여러 섬에 고립된 다윈의 핀치새가 다양한 종으로 분화한 것처럼 새로운 변종으로 진화했을지도 모를 일이다. 우리가 거기에 가려던 것도 바로 그 때문이었다. 즉, 탐사여행의 목표는 새로운 종의 새를 찾아내는 것이었다.

· · ·

우리가 채집할 수 있는 '표본'이 어떤 것이고 수량은 얼마나 되는

지, 껍질을 벗겨 박제를 만든 새에게서 혈액샘플 두 개와 깃털을 채집
했다면 이 경우 표본을 한 개로 봐야 하는지 아니면 네 개로 봐야 하
는지, 이 모든 것에 대한 폭넓은 행정적 논의를 거치고 나서 사흘째
되던 날 마침내 모든 준비가 완료됐다. 내가 아는 바로는 모든 법적
문제가 해결된 것은 아니었다. 우리는 수리남 당국에서 파견된 두 사
람과 동행하기로 되어 있었다. 사미라는 이름의 나이가 지긋하고 새
까만 피부색에 머리가 벗겨진 사내는 덤불숲에서 쓰는 큰 칼을 들고
다녔다. 정글을 헤치며 나갈 때 필요한 도구로 보였다. 한결같은 그의
성품은 곧 우리의 신망을 얻었다. 또 다른 사내는 그보다 훨씬 어린
힙합세대에 가까운 젊은이로 그에게는 정글보다 시내에 있는 집이 더
편할 것처럼 보였다.

쾌활한 성격의 부조종사 로렌조는 아메리카원주민 출신의 수리
남인으로 밝은 주황색 점프슈트를 입고 우리에게 헬기에 올라타라는
수신호를 보냈다. 그는 통조림 깡통 속에 든 정어리처럼 우리가 헬기
에 제대로 들어왔는지 꼼꼼히 확인했다. 로렌조는 기장인 글렌에게
엄지를 치켜세운 다음 헬기를 몰기 시작했고, 이윽고 우리가 탄 헬기
는 회전하는 날개가 내는 소음 속에서 공중으로 떠올랐다. 이륙한 지
불과 몇 초 만에 우리는 시속 160킬로미터 정도로 나무 우듬지 위로
높이 날아올랐다. 그 후 한 시간 동안 원시림 위를 비행했는데, 그곳
은 몇 분을 날아도 인간의 흔적이 보이지 않았다. 마치 형형색색의 조
각보를 펼쳐놓은 듯 나무의 수관(樹冠)이 다양한 형태(평평한 모양, 불룩
한 모양, 장갑 모양)와 색깔(초록색, 노란색, 푸른색, 갈색)을 뽐내며 빼곡히

들어차 있었다. 우리가 탄 헬기는 이따금 조명처럼 눈에 띄는 꽃나무도 스쳐 지나갔다. 밝은 흰색, 분홍색, 자주색, 노란색, 주황색을 띤 꽃나무에는 종종 짙은 푸른빛이 감돌기도 했다.

나는 줄기가 세 갈래로 갈라진 부분에 거대한 맹금류 둥지를 품고 있는 죽은 나무를 유심히 내려다보았다. 남미에 서식하는 독수리 둥지인 듯싶었다. 금강앵무 예닐곱 마리가 무리를 지어 우리가 탄 헬기 바로 밑으로 지나갔다. 초록색 양탄자 위를 나는 것 같은 황홀한 비행이었다. 순조롭고, 평온하고, 마음을 사로잡는 여정이 영원히 이어질 것만 같았다. 적어도 숲의 바다 한가운데로 들어가 구름과 자욱한 안개를 만나기 전까지는 그랬다. 아직까지는 나무들 사이로 공터가 전혀 눈에 띄지 않았다. 헬기가 이륙한 뒤로 줄곧 땅 한 뙈기도 찾아볼 수 없었다. 헬기를 착륙시킬 만한 자리가 보이지 않았다. 글렌은 짙게 드리운 뭉게구름을 피해가려고 애를 썼다. 헬기에는 구름이 가리고 있는 장애물을 탐지할 레이더가 장착돼 있지 않았기 때문이다. 그러니 자칫 깎아지른 듯 가파른 산에 접근하게 될지도 모를 일이었다.

짙은 안개가 점점 넓게 퍼지고 자주 나타났지만, 1만 9,000달러나 들인 비행을 포기하고 이대로 돌아가는 것 또한 쉽지 않은 선택이었다. 그렇다고 그날 말고 언제 맑은 하늘을 볼 수 있을지도 당시로서는 알 방도가 없었다. 게다가 재시도에 드는 비용도 만만찮을 터였다. 우리가 가야 할 길은 여전히 많이 남아 있었지만, 저지대에는 간이 활주로로 이용할 공터가 있을지도 모를 일이었다. 우리는 방향을 돌려 그런 곳을 찾아냈고, 착륙한 다음 기상상태가 나아질 때까지 기다리기로 했다.

나는 모래로 덮인 평온한 풀밭에서 둥지 구멍을 파고 있는 아메리카오색조를 발견했다. 그 옆에는 손글씨로 'Vlieguela Paesoegroenoe'라고 쓴 표지판이 서 있었다. 우리 말고는 이제껏 어떤 항공기도 착륙한 흔적이 없었다. 헬기가 착륙한 덤불숲 근처에는 몸 색깔이 짙은 참새 크기의 새 한 마리가 단조로운 몸짓으로 이리저리 쉼 없이 종종거리고 있었다. 우리는 근처에 있는 강으로 걸어가 깊고도 짙은 강물을 바라보았다. 통나무배에 탄 남자가 노를 저으며 지나갔고, 제비나방 무리(호랑나빗과에 속한 제비꼬리나비로 보이지만 낮에 활동하는 나방)가 거의 같은 쪽을 향해 강물을 가로질러 날아갔다. 어떤 종류의 이동임에는 틀림없었지만, 이들 나방이 어디로 가는지, 어째서 이동하는지는 정확히 알 수 없었다.

두서너 시간을 기다린 끝에 로렌조는 우리를 헬기에 태우고 이륙을 시도했다. 하지만 몇 분도 안 돼 글렌은 헬기를 돌려세웠고 결국 우리는 같은 장소로 되돌아왔다. 비행하기에는 날씨가 여전히 험악했다. 우리는 다시 강가로 가서 사진을 찍었다. 아이들 한 무리가 나타나 헬리콥터를 배경으로 사진을 찍기 위해 우리와 함께 카메라 앞에 섰다. 우리는 그곳에서도 여전히 문명의 혜택을 받고 있었다. 하지만 아직 가야 할 길이 멀었다.

결국 글렌은 비행을 다시 시도해보기로 했다. 이번에는 좀 더 멀리까지 날아갔지만 짙은 안개가 또다시 우리 앞을 가로막았다. 그는 안개를 피하려고 안간힘을 썼다. 그러다 느닷없이 가파른 바위절벽이 우리 앞에 나타나기도 했다. 글렌은 급커브를 틀어 헬기가 절벽을 들이받거나 안개에 갇히는 불상사를 막았다. 그렇게 몇 차례 곡예비행을 하는 동안 우리는 겁에 질려 좌석을 꼭 붙들고 앉아 있었다. 얼굴에서는 연신 땀이 흘러내렸다. 모두들 얼굴에 핏기가 가셔 있었다. 어디선가 토사물 냄새가 났다.

울창한 밀림으로 덮인 가파른 산맥들 사이로 어딘가에 착륙지점이 있으리라고는 도무지 상상하기 어려웠다. 하지만 산봉우리 하나에 가까이 접근해 가파른 사면을 따라 살펴본 뒤에 마침내 우리는 암석으로 보이는 암갈색의 작은 땅을 발견했다. 글렌은 즉시 헬기를 급강하시켜 더 자세히 볼 수 있도록 헬기를 그쪽으로 기울여주었다. 헬기는 급선회하며 빙 돌았고 로렌조는 열린 문을 통해 자세히 살펴볼 수 있었다. 그는 엄지손가락을 치켜들었다. "좋아요!" 공간은 헬기의 회전날개에 나무가 치이지 않을 정도로 넉넉했다. 연료 게이지의 눈금이 내려가고 있었다. 더 멀리까지 갈 만큼 연료가 충분히 남아 있지 않았기 때문에 헬리콥터는 되돌아가야만 했다.

헬기는 너럭바위 위에 착륙했고 우리는 헬기에서 뛰어내렸다. 몇 분이 지나 로렌조는 헬기에 다시 올라탔고 회전날개는 전력을 다해 돌아갔다. 헬기는 너럭바위 가장자리 위로 떠올라 여전히 구름에 반쯤 가린 험준한 봉우리 사이로 작은 점이 되어 시야에서 사라져갔다. 헬기의 엔진 소리마저 희미해지면서 결국 우리만 남게 됐다.

평평하고 헐거운 바위들이 곳곳에 흩어져 있었다. 우리는 오랜 비바람에 풍화된 검은 사암 위에 자리를 잡았다. 바위 틈새로 풀, 키

작은 알로에, 난초가 자라고 있었다. 위를 올려다보니 아무것도 자라
지 않는 바위 턱이 울창한 산등성이 위로 가파르게 솟아 있었다. 아래
로는 울창한 계곡으로 이어진 300미터의 급경사면이 입을 벌리고 있
었다. 바로 거기서 강물이 포효하듯 거세게 흘러갔다. 경사면의 반대
편에 있는 녹음이 짙은 산에는 가파른 지면에 황토색을 띤 거대한 상
흔이 두 군데 남아 있었다. 근래에 발생한 산사태로 숲이 허물어진 모
양이었다. 그렇다면 기묘한 새들은 어디에 있는 걸까? 어디선가 지금
까지 한 번도 들어보지 못한 금속을 톱으로 켜는 듯한 날카로운 소리
가 들려왔다. 구름이 산봉우리에서 소용돌이치며 내려오자 우리의 행
동반경도 그만큼 좁아졌다. 우리가 처음으로 빗방울을 느끼기 시작한
것도 바로 그때였다.

　앞으로 3주 동안 우리의 거처가 될 이곳을 위성항법장치(GPS)로
확인해보니 북위 3도 42.02분, 서경 56도 31.20분이었다. 우리가 있
는 곳은 해발 905미터에 자리 잡은 빌헬미나 산맥의 시팔리위니 구역
이었다. 이런 수치만이(우리가 추정한 것과 같은 수치를 글렌과 로렌조가 확
보했다는 전제 하에) 우리가 영원히 밀림의 미아로 남게 될 가능성을 줄
여줄 것이다. 우리가 집과 소식을 주고받을 수 있는 유일한 수단인 위
성전화가 그 이튿날 불통이 돼버렸기 때문이다. 하지만 곧 들이닥칠
폭우에 대비해 우리는 밤이 되기 전에 서둘러 거처를 마련해야 했다.

　텐트에 말뚝을 박으려면 흙이 있는 평평한 장소를 찾아야 했다.
장대로 세울 나무기둥도 필요했다. 텐트를 덮을 방수포를 설치하려면
구조물도 세워야 했다. 장대뿐만 아니라 땔감과 마실 물도 필요했다.

착륙을 서두를 때까지만 해도 전혀 생각지 못한 것들이었다. 다행히 우리는 너럭바위 가장자리에서 식물이 얽히고설킨 채 자라고 있는 얇은 토양층을 발견했다. 맹그로브였다. 손을 댈 수 없을 정도로 무성한 나뭇가지가 흙속에 단단히 뿌리다발을 내리고 있었다. 또 서로 얽힌 굵고 가는 대나무 줄기가 빽빽이 들어차 탄탄한 벽을 형성하고 있었다. 천만다행으로 가느다란 잡목 몇 그루가 덤불을 뚫고 나왔고 우리는 그것을 이용해 텐트 골조를 세운 다음 노끈으로 잡아맸다. 고맙게도, 노끈처럼 없어서는 안 되지만 간과하기 쉬운 품목을 사전에 준비한 사람이 있었던 모양이다. 우리는 몸을 피할 은신처를 만들기 위해 대충 세워둔 구조물 위로 방수포를 펼쳐놓은 다음 바닥에서 대나무를 최대한 정리했다. 마침내 잠자리용 텐트와 작업실용 텐트가 모두 설치됐다. 임시 숙소가 갖춰야 할 중요한 요건이 물만 빼고 어느 정도 갖춰진 셈이었다. 하지만 얼마 가지 않아 우리는 필요로 했던 것보다 많은 양의 물을 얻게 됐다.

어둠이 내리자 빗줄기가 더욱 굵어졌고 개구리 울음소리가 들려왔다. 텐트 가까이에 있던 개구리 한 마리는 목이 쉴 정도로 우렁차게 울다가 마침내 울음소리가 들리지 않을 정도로 희미하게 잦아들었다. 녀석은 이동 중이었던 걸까? 이런 소리는 거의 1초 간격으로 끊임없이 반복됐다. 개구리 울음소리는 산비탈 전체에 울려퍼졌고 메아리로 되돌아왔다. 바로 그때, 하늘에 구멍이 뚫린 듯 억수 같은 비가 퍼붓기 시작했다. 생전 처음 보는 폭우였다. 빗줄기는 퉁탕거리며 방수포 위로 걷잡을 수 없이 쏟아져내렸고 몇 분도 안 돼 빗물은 산비탈에서 우리 쪽으로 달려들어 순식간에 야영지를 덮쳤다. 우리는 물길을 조금이라도 돌려보려고 마체테*를 휘두르며 미친 듯이 도랑을 팠지만 텐트 아래와 주변으로 흘러드는 빗물은 어떻게 할 도리가 없었다. 결국 우리는 빗물에 젖어 눅눅하고 불편한 야영지에서의 첫날밤을 맞았다. 앞서 언급했듯이, 집에서 우리 소식을 손꼽아 기다리는 사랑하는 가족들과의 유일한 연결 수단인 위성전화를 못 쓰게 됐다는 사실(젖지 않게 하려고 비닐에 싸두었음에도 불구하고) 말고는 그 후로도 별반 다르지 않은 날들이 이어졌다.

야영지에서 맞은 첫날 새벽, 나는 온몸에 나무뿌리, 돌, 울퉁불퉁한 관목 그루터기 자국이 박인 채로 빗물에 젖은 구겨진 시트 밑에서 기어 나왔다. 주변 산들은 계곡에서 서서히 피어올라 떠도는 안개 장막에 가려져 있었고 산마루의 키 큰 나무들만 안개 속에서 모습을 드러냈다. 능선이 굽이굽이 멀리까지 뻗어 있었다. 폭포수를 이루며 우렁차게 쏟아져내린 물은 깎아지른 듯 가파른 산들 사이로 강과 시내를 이루었다. 수백만 년의 세월 동안 협곡은 아마 더 깊숙이 침식돼왔을 것이다. 선캄브리아기에 형성된 이곳의 암석은 지구상에서 가장 오랜 역사를 품고 있다.

깊은 협곡에서 피어오른 안개가 불길 속에서 피어오른 연기처럼 서서히 위쪽으로 올라와 구름을 흩었다 합치기를 반복했다. 계속되던 귀뚜라미의 시끄러운 울음소리마저 물소리에 묻혀 희미해졌고 그

---

* 중남미에서 쓰는 벌채용 큰 칼.

사이로 새날이 밝았다고 알려주듯 새들의 묘한 신음 소리, 휘파람 소리, 떨리거나 거친 노랫소리가 간간이 들려왔다. 다음 날 우리는 텐트 밑에서 미끄러지듯 기어가는 산호뱀 한 마리를 발견했다. 하지만 우리가 염려했던 것은 뱀뿐이 아니었다. 파리는 우리 눈에 잘 띄지 않아 더 위험할 수도 있었다. 질병을 옮기는 위험한 파리는 밝은 신체색으로 자신을 드러내지 않기 때문에 발견하기가 쉽지 않다. 첫날 아침 나는 동료에게서 기생충을 옮기는 파리에 관한 이야기를 처음으로 전해 들었다. 그는 기생충이 숙주의 연골을 먹어치운다고 얘기해줬다. 코에서 시작된 기생충은 귀로 옮겨가 개체수가 늘어나면서 관절 속의 연골로 옮겨가고 결국 숙주를 고통스런 죽음에 이르게 한다는 것이다. 자연히 우리는 벌레를 몰아내기 위해 작업실 텐트 자락의 지퍼를 단단히 닫아두었다. 하지만 지퍼를 올렸다 내리기를 사흘 동안 반복하고 나니 텐트에 부착된 지퍼는 더 이상 지퍼로서의 구실을 못하게 됐다.

자리를 넓히려고 마체테로 덤불을 쳐내던 사미가 거대한 초록뱀 한 마리를 발견했다. 그는 녀석이 독이 없는 '비단구렁이'라고 생각했지만 나중에 가서야 아주 공격적이고 치명적인 독사라는 사실이 밝혀졌다. 크리스토프는 나뭇가지로 녀석을 간신히 들어올려 목 뒤를 움켜쥔 다음 넴뷰탈**을 주입했다. 녀석의 입을 열었더니 길고 날카로운 송곳니가 드러났다. 사미는 바위 위에 자리 잡은 감옥이나 다름없는

** 수면제나 마취제로 쓰이는 약품의 상표명.

갑갑한 야영지에서 벗어나 최초로 길을 내다가 꿀벌 집을 발견하기도 했다. 속이 빈 공동목에서 발견된 이 벌집의 주인은 최근 해외에서 유입된 이른바 살인벌로, 그가 녀석들을 발견했다기보다는 녀석들이 그를 발견했다고 하는 편이 맞았다.

벌들은 나중에 우리 일행도 찾아냈다. 녀석들은 우리가 일하는 작업실용 텐트로 몰려들기 시작했고 그날 아침 사냥한 새의 가죽을 벗겨 박제로 만들던 크리스토프와 내 주위에서 윙윙거리며 날아다녔다. 부근에는 먹이가 될 만한 화밀이 없었으므로 녀석들이 먹이를 찾는 것은 아니었다. 하지만 벌들이 선호하는 집터를 알고 있던 나는 녀석들이 집터 부지를 찾아다니는 정찰병이 아닐까 하는 생각이 들었다. 만약 녀석들이 텐트 자락 밑의 아늑한 구석처럼 은신처가 될 만한 곳을 발견한다면 우리의 임시 거처를 영구적인 집터로 인식하고 동료들을 데려올 수도 있었다. 친구이자 동료인 톰 실리의 연구를 떠올려보면, 녀석들이 단체로 긍정적인 결론을 내리는 데 필요한 의결 정족수를 얻지 못하도록 하는 것이 가장 중요했다. 나는 텐트 안으로 들어오는 녀석은 한 마리도 놓치지 않고 때려잡으려는 각고의 노력을 펼쳤다. 그렇게 잡은 벌이 열 마리가 넘었다.

새둥지를 만든 주인과는 별개로, 우리의 희망목록에서 상위를 차지했던 새둥지는 이틀째 되던 날 이미 몇 개가 발견됐다. 공터 가장자리에 세워둔 텐트 부근의 길고 가느다란 나뭇가지 끝에 굴뚝새 한 마리가 둥지를 달아두었던 것이다. 이 둥지는 쉽게 눈에 띄었지만, 설치류나 뱀이 접근하기는 어려워 보였다. 또 다른 둥지는 야영지인 너럭

바위 부근의 풀 속에 가려져 있었다. 나는 이 둥지를 크리스토프에게 보여주었다. 남미의 새와 둥지에 대해 해박한 조류학자인 그는 둥지 주변을 둘러보다가 5미터도 떨어지지 않은 곳에서 이와 똑같은 둥지를 하나 더 발견했다. 두 번째 둥지에는 흰색의 알이 하나 들어 있었는데, 같은 새가 두 번째로 낳은 알 같았다. 우리는 이 알을 물에 담가보았다. 알은 이미 부화를 마친 듯 물에 둥둥 떴다. 그러니 이 알은 확실히 새가 품었던 단 하나의 알임에 틀림없었다. 열대지역에 서식하는 새들은 뱀으로부터 둥지를 약탈당할 위험이 크다. 뱀은 새들이 들고나는 움직임을 관찰해 둥지를 찾아낸다. 따라서 새끼가 적을수록 부모 새가 둥지를 오가는 횟수가 그만큼 줄어들어 새끼가 다 자랄 때까지 살아남을 가능성이 높아진다. 우리는 새그물을 쳐두고 둥지 주인을 포획했다. 녀석은 안구의 홍채가 눈에 띄게 밝은 진홍색을 띤 적갈색꼬리타이런트새(Knipolegus poecilurus)로 밝혀졌다. 녀석은 우리가 새로운 본거지에서 잡은 첫 번째 새로, 수리남에서는 처음 발견된 종이었다. 뿐만 아니라 남미 서식범위 내에서 이들 종의 둥지가 발견된 적은 여태껏 한 번도 없었다.

이런 산림지역에서 가장 눈에 띄는 것은 흰개미집이었다. 개중에는 길이와 폭이 무려 0.5미터에 이르는 것도 있었다. 녀석들의 집은 나무 둥치에 괴상망측하게 달린 검은 종양처럼 보였다. 이들 흰개미집 가운데 하나를 마체테로 절단해보았더니 놀랍게도 집을 이루고 있는 물질이 플라스틱과 비슷하다는 느낌이 들었다. 녀석들의 집은 물이 스며들지 않는 방수기능을 갖추고 있었던 것이 분명하다. 개미집을 계속해서 물에 담갔는데도 허물어지지 않았기 때문이다. 모든 흰개미집이 그렇듯 우리가 발견한 집도 결합재료로 흰개미 배설물이 쓰인 것 같았다. 개미집의 구성 성분이 참신하면서도 독성이 덜한 플라스틱 대용물의 비결을 갖고 있을지도 몰랐다.

　울음소리로 보아 개구리는 이곳 터줏대감이 틀림없었다. 하지만 집짓기를 하는 모든 동물 가운데 개구리는 별다른 두각을 나타내지 못한다. 대신에 녀석들은 대개 집짓기가 필요 없는 양육방식을 발전시켜왔다. 개구리는 영장류나 일부 거미류와 비슷하게 새끼를 자기 몸에 휴대하는 방식을 고안해냈다. 녀석들은 새끼를 등에 업기도 하고 어느 종의 경우에는 입에 넣어 다니기도 한다.

　내가 알기론 집으로 돌아온 모든 개구리는 이미 만들어진 웅덩이에 알을 낳기만 하면 된다. 하지만 바위에 자리 잡은 야영지 바로 위로 보이는 이 산에는 자연적으로 만들어진 웅덩이가 없었다. 설령 바위 틈새로 물이 조금이나마 고여 개구리가 그곳에 낳은 알이 올챙이로 부화할 수 있다고 해도 밤마다 내려오는 급류에 떠밀려 흔적도 없이 떠내려가고 말 것이다. 그렇지 않더라도 뜨겁게 내리쬐는 햇볕 때문에 한낮에는 바위 틈새의 물기가 완전히 증발해버린다. 이런 바위 표면은 우리가 상상할 수 있는 최악의 개구리 서식지로 보였다. 과연 개구리는 이런 곳에 보금자리를 꾸밀 수 있을까?

　그러나 이런 의문은 괜한 노파심에 불과했다. 바로 그곳 산비탈 위에서 머그잔만 한 흰 거품 덩어리 같은 것이 바위 표면 틈새에서 자라는 풀에 달라붙어 있는 걸 목격했기 때문이다. 가까이 들여다보니 그 속에 반쯤 잠긴 작은 개구리 한 마리가 눈에 띄었다. 거품집 속에 든 개구리? 하지만 잘못 본 것이 아니었다. 잠시 뒤 나는 그 옆에서 두 번째 거품집을 발견했다.

　16일 동안 줄곧 개구리집을 찾아다닌 결과 이곳 개구리들이 뭔가 대단한 일을 해냈다는 사실이 분명해졌다. 개구리집은 말매미충 (Cicadella)속에 속한 매미충 애벌레가 살아가는, 아주 흔하고 낯익은 작은 거품(cuckoo spit)처럼 보였다. 매미충 애벌레는 저마다 복부의 샘에서 분비된 물질을 호흡기관이나 다름없는 공기펌프를 이용해 거품으로 뒤섞어 집을 만든다. 풍성한 거품은 성체로 성장할 때까지 애벌레를 보호한다. 다 자란 매미충은 소형 매미처럼 보이지만, 대개 밝은

거품이 만들어낸 것으로 보이는 웅덩이에서
알과 이미 상당히 성장한(4센티미터) 올챙이를 지키는 수리남 개구리.

초록색, 파란색, 흰색, 노란색, 검은색 등의 다채로운 색깔을 띠고 있으며 붉은 반점과 줄무늬로 몸을 치장하고 있다.

이런 개구리 거품은 작은 댐을 만들기도 했다. 시간이 흐르면서 나는 흰 거품이 점차 젤리와 비슷한 수준의 농도로 변해간다는 사실을 알게 됐다. 또 거품 아래쪽에서는 액체를 발견했다. 개구리가 거품으로 어떻게 댐을 만들었는지는 알 수 없다. 아마 녀석은 자바섬 개구리와 비슷한 행각을 벌였을 것이다. 자바섬 개구리의 경우 거품 만들기는 짝짓기와 관련이 있다. 암컷이 알을 낳으면 수컷은 암컷의 몸에 올라타 수정을 한다. 이때 두 녀석 모두 뒷다리를 알과 함께 분비된 점액에 담근 채 발을 이용해 점액을 휘저어 만든 거품으로 알을 감싼다. 수리남 개구리의 경우 공처럼 둥글게 뭉쳐진 거품은 나뭇잎이나 풀에 달라붙어 있었다. 공 내부에 있던 거품이 나중에 물처럼 녹으면 개구리 유충은 작은 풀장에 에워싸이게 된다.

제 모습을 드러낸 개구리는 마치 집 안에 들어앉아 있는 데만 몰두해 있는 것처럼 보였다. 덕분에 나는 녀석을 집어들어 손에 쥔 상태에서 사진을 찍을 수 있었다. 바닥에 내려놓자마자 녀석은 원래 자리로 되돌아갔다. 가까이서 살펴보니 젤리 내부와 아래로 개구리 알이 눈에 띄었다(개구리 관찰이 시작된 이 날은 4월 2일이었다). 밤새 주체할 수 없을 정도로 폭우가 쏟아지고 난 이튿날인 4월 18일 아침, 새로 만들어진 작은 물웅덩이에는 200개가 넘는 갓 낳은 알 무더기가 들어 있었다. 그뿐만이 아니었다. 4센티미터 정도로 자라 꿈틀대는 올챙이 떼는 놀라운 수준의 영속성을 지닌 개구리집을 보여주었다.

개구리는 가파른 바위 턱에다 스스로 충분한 '웅덩이'를 만들어 놓았다. 한낮이면 햇볕이 쨍쨍 내리쬐고 밤이면 세차게 흘러드는 빗물에 바위 턱은 깨끗이 씻겨나갔다. 수많은 곤충과 일부 새들도 배설물과 침을 나뭇가지나 돌에 섞어 이와 비슷한 방식의 집짓기를 한다. 그런데 이곳 개구리들은 살아남기 힘든 환경에서도 배설강에서 분비된 물질만으로 집을 지어 올챙이를 키워냈다. 그야말로 빈틈없지 않은가?

수리남 개구리는 등에 거무스름한 무사마귀가 나 있었다. 녀석이 뒷다리를 뻗을 때면 드러나는 거무스름한 줄무늬에 의해 구분되는 밝은 진홍색 반점과는 대조적이었다. 그 당시 녀석을 '채집'했어야 했다. 녀석이 어떤 종류의 개구리인지 알았어야 했다는 생각이 이제야 들기 때문이다. 나는 개구리 사진을 라파엘 에른스트 박사에게 보냈다. 독일 드레스덴에 있는 동물학 박물관의 파충류관 큐레이터인 그는 수리남에 서식하는 양서류에 관한 연구를 진행한 적이 있다. 그는 녀석이 기아나 순상지*의 고도가 높은 지역에만 서식하는 종인 긴발가락개구리속의 루고수스(Leptodactylus rugosus)로 보인다고 전해왔다. "하지만 선홍색을 띤 녀석은 흔치 않아요." 그는 녀석을 신종 개구리로 보는 것 같았다.

밤마다 텐트에 꼼짝 않고 앉아 새 가죽을 벗겨 박제로 만드는 지루한 작업을 했다. 예일대학교 피바디박물관에 전시할 예정이었다.

---

* 지각 중에서 지질학적으로 가장 오래되어 안정된 땅.

이 작업을 마치고 나면 우리는 나방 채집에 나서기도 했다. 팀원 가운
데 한 사람인 제임스 프로젝은 밤에 곤충을 유인할 때 쓰는 곤충 채집
도구로 자외선등(black light)을 준비해왔다. 우리는 신화 속에서나 나
올 법한 '하얀 마녀'로 불리는 여왕흰밤나방(Thysania agrippina)을 잡
고 싶었다. 녀석은 지구상에 존재하는 나방과 나비를 통틀어 날개폭
이 가장 넓은 것으로 유명하다. 우리는 계곡과 그 너머의 산이 마주보
이는 절벽 가장자리에 자외선등과 나방이 올라앉을 흰 종이를 설치
했다. 야간 비행을 하는 곤충은 달빛을 이용해 '집으로 돌아오는' 방
향을 찾는다. 녀석들에게는 흔히 말하는 집이란 게 없을 수도 있지만,
짝짓기 할 상대와 먹이를 찾는 과정에서 한결같이 일정한 방향으로
날아가기는 해야 한다. 밝은 자연광을 이용해 방향을 찾는 것에 익숙
한 이들 나방은 근처에서 '인공'조명을 만나면 죽음을 맞는 운명에 처
한다. 야간에 이동하는 새들과 마찬가지로 녀석들도 인공조명을 향해
갈지자로 비틀거리거나 원을 그리며 날아든다. 예상대로 조명 너머에
있는 계곡에서 구름이 덮인 밤하늘을 날던 하얀 마녀들은 우리가 비
춘 빛에 이끌려 왔다. 반갑게도 녀석들 가운데 몇 마리가 날개를 파닥
이며 우리 쪽으로 날아왔다. 가장 마음에 들었던 것은 이날 예상치 않
게 걸려든 박각시나방이었다. 벌새처럼 밤에만 날아다니는 박각시나
방의 일부 종은 하얀 마녀보다 몸집이 클 뿐만 아니라 아름답고 다양
한 색깔 문양 때문에 나방들 가운데 최고로 꼽히기도 한다. 나는 결국
이들 나방을 채집해 가져왔다.

　집으로 돌아오고 나서도 오래도록 이들 나방이 무슨 종인지 알

아닐 수가 없던 나는 우연한 기회에 수리남 탐험가인 마리아 지빌라 메리안(Maria Sibylla Merian)의 연구 성과를 접하게 됐다. 메리안은 프랑크푸르트 출신의 독일 여성으로, 1699년 암스테르담시의 후원으로 당시 네덜란드 식민지였던 수리남으로 떠나 곤충을 연구하고 그림으로 기록했다. 그녀는 박각시나방에 마음이 사로잡혀 있었던 것 같다. 조명을 이용해 채집한 20종이 넘는 나방 가운데 하나는 310여 년 전 그녀가 애벌레, 먹이식물과 함께 삽화로 그려둔 나방 종인 자이언트스핑크스나방(Cocytius antaeus)이었다. 수리남의 곤충에 관해 1705년에 출간된 『수리남의 곤충 변태(Metamorphosis Insectorum Surinamensium)』에서 메리안은 하얀 마녀뿐만 아니라 12종에 이르는 박각시나방도 그려두었다. 그중 세 가지는 내게도 익숙한 종으로, 특히 세계 각지에 널리 퍼져 있는 박각시나방 애벌레(Manduca sexta)는 내가 UCLA에서 박사과정을 밟을 때 학위논문 주제이기도 했다. 메리안이 살던 시대에는 이들 곤충에 아직 이름이 붙여지지 않았다. 1758년이 돼서야 린네(Linnaeus)가 쓴 『자연의 체계(Systema Naturae)』가 출간되면서 근대적 명명법의 초석이 마련됐다. 린네는 메리안이 그려둔 삽화를 활용해 일부 종을 설명했다.

　수리남에서 2년을 보낸 메리안에게는 딸들을 데리고 고국을 떠나야만 하는 이유가 있었다. 첫째는 남편에게서 도망치기 위해서였고, 둘째는 종교결사에 가입하기 위해서였다. 마지막 하나는 새로운 애벌레를 찾아내 연구하고 그리려는 열정을 따르는 것이었다. 메리안은 재정 지원도 받았다. 그녀가 어떻게 모든 상황에서 성공을 거두었는지는 알 수 없다. 하지만 그녀는 당시만 해도 알려지지 않은 수많은 동물 종을 발견했으며 애벌레에게 적절한 먹이식물을 공급해 번데기 단계를 거쳐 성충인 나방과 나비 단계까지 길렀던 것으로 보인다. 내가 채집한 박각시나방의 먹이식물은 내 능력을 벗어난 것이었다. 나는 먹이가 되는 식물종을 알 수 없었으며 단 한 마리의 박각시나방 애벌레도 발견하지 못했다. 그뿐만 아니라 애벌레를 찾아내 '그것이 어떻게 변할지 알아내는' 일도 내게는 불가능했을 것이다. 상호연관성을 지닌 그런 상세한 지식은 어느 장소를 알고 관심을 갖게 될 만큼 그곳에 충분히 오랫동안 머무는 사람들이나 얻을 수 있다. 우리가 그곳에 머문 기간은 짧았지만, 내게는 길게만 느껴졌다.

마침내 3주가 끝날 무렵 우리는 장비와 박물관에 보낼 수집품을 꾸리고 예정된 시간에 맞춰 접어둔 텐트 위에 앉아 우리를 데리러 올 헬기를 애타게 기다렸다. 가져왔던 식량도 바닥난 상태였다. 맥주는 여기 있는 내내 구경도 못해봤다. 우리는 농담 삼아 파라마리보에서 맛보게 될 시원한 맥주 얘기를 했다. 영원히 거기에 앉아 있을 것만 같았지만, 이윽고 멀리서 요동치는 듯한 헬리콥터의 굉음이 들려왔다. 우리 중에 누가 제일 먼저 그 소리를 들었는지는 기억나지 않는다. 마침내 산모퉁이를 돌아 우리가 상상할 수 있는 가장 유쾌한 풍경이 눈앞에 펼쳐졌다. 모두들 자리에서 벌떡 일어나 우리가 세심하게 덤불을 정리해둔 착륙지점에 헬기가 내려오기만을 기다렸다. 그곳에는 1~2분 뒤면 헬기에 실리게 될 짐들이 쌓여 있었다.

이번에는 날씨가 화창했고, 사기가 한껏 충천해 있던 우리는 아래로 원시림을 내려다보면서 유유히 콧노래를 흥얼거리고 있었다. 나는 남미수리(Harpy Eagle) 둥지로 보이는 것을 다시 찾아보았다. 그렇게 한 시간쯤 지났을 때였다. 각자 생각에 골똘히 잠겨 있는데 날카로운 굉음이 들렸다.

3주 전 파라마리보를 떠나기에 앞서 우리는 수리남 외교관을 만났다. 그는 작별인사로 우리에게 "행운을 빌어요. 적어도 통계적으로 보면 당신들 모두 죽는 일은 없을 겁니다"라는 말을 남겼다. 그가 왜 그런 말을 남겼는지 갑자기 의구심이 들었다.

파라마리보에 헬기가 착륙해 엔진의 소음이 멈추자 글렌이 가장 먼저 헬기에서 내렸다. 그는 운전석 바로 앞에 있는 앞유리창을 자세히 살폈고 거기서 얼룩처럼 말라붙은 혈흔을 닦아냈다. 나는 앞유리창 와이퍼에 걸린 작은 깃털 하나를 빼내 노트에 끼워두었다. 비둘기 깃털이었던 것으로 기억된다. 하지만 내가 이 여행을 통해 실제로 얻게 된 소득은 다소 진부한 깨달음일지도 모르겠다. 그것은 세상에 집만 한 곳이 없다는 사실이다.

집을 찾는 불청객들

몇 안 되는 개체수라 할지라도 빠른 속도로 증식해
일대일로 직접 맞붙을 수 없다면
파멸의 씨앗이 될 수도 있다.

내가 혼자 힘으로 메인주에 지은 집은 소박한 오두막집이었다. 그런데도 입주 첫해 봄부터 우리 집에는 온갖 손님들이 찾아들기 시작했다. 밤이면 흰발생쥐가 바스락거리는 소리가 들렸고 마멋은 마룻장 아래에 굴을 팠다. 피비* 한 쌍은 한쪽 지붕 밑 통나무에 둥지를 틀었고 흰머리말벌 무리는 반대쪽에 보금자리를 만들었다. 붉은개미는 금속판 지붕 밑에서 아주 매력적인 공간을 찾아냈다. 태양열로 따뜻해진 온기가 개미와 애벌레에게 제공되는 곳이기 때문이다. 목수개미는 속이 일부 빈 통나무를 개조했지만 나중에 붉은개미의 습격을 받아 무

---

* 산적딱샛과에 속하는 작은 새.

너지고 말았다.

그보다 훨씬 반가운 손님도 있었다. 딱따구리 한 쌍이 오두막집 측면에 둥지구멍을 냈고 여름이 끝날 무렵 다 자란 일곱 마리의 새끼가 둥지를 떠나갔다. 하지만 그보다 덜 매력적이고 전혀 반갑지 않은 손님도 있었으니, 그해 가을 수천 마리나 몰려든 파리 떼와 수십 마리에 이르는 무당벌레, 길 잃은 칠성풀잠자리 서너 마리가 이에 해당한다. 나는 오두막집 밖을 탐색 중이던 신부나비 한 마리를 발견했다. 녀석도 안락한 장소를 찾아다니는 모양이었다.

한마디로 우리 집은 생물학적으로 인기가 많은 곳이었다. 집으로 찾아오는 수많은 손님들에 대해 반대할 이유가 거의 없었다. 오두막집은 그만큼 공간이 넉넉했다. 우리 집은 깔끔하고 말쑥하게 진흙으로 지은 제비 둥지가 들어설 만한 최적의 공간은 아니었다. 그런 둥지는 언제든 집참새(Passer domesticus)의 습격을 받아 요건에 맞춰 용도가 변경될 수 있었다. 한편, 나와 함께 지내는 동거자들은 틈새 사이에 숨어 있다가 밤이면 기어나와 피를 빨아먹는 빈대처럼 불쾌감을 주지도 않았다.

개미처럼 사회성을 지닌 수많은 곤충의 사례에서 살펴볼 수 있듯이, 호시탐탐 기회를 엿보는 불청객들은 필경 영구적으로 터를 잡게 될 것이다. 병정개미가 지키는 개미집은 막대한 식량자원, 특히 개미가 낳은 알과 유충, 번데기로 가득한 요새나 다름없다. 그럼에도 일명 '개미동물' 혹은 '개미 애인(ant lover)'으로 불리는 다양한 곤충들이 수없이 개미집 안으로 들어온다. 여기서 개미 애인이 좋아하는 것은 개미집뿐만 아니라 대개는 먹이도 포함된다. 개미동물은 과학적으로 연마된 잠입술을 보유하고 있다. 녀석들은 집주인의 용모, 행동, 냄새를 모방해 개미를 속인 다음 군집의 일원으로 인정을 받아 먹이를 얻어먹는다. 그런 개미동물에는 딱정벌레나 애벌레 상태의 나비뿐만 아니라 반시류의 곤충도 포함된다. 그중 일부는 경계태세를 늦추지 않고 집을 지키려는 개미의 주의를 다른 데로 돌리는, 사실상 양의 탈을 쓴 늑대나 다름없다.

이런 개미동물의 전략이 완벽한 수준으로 진화하는 데는 수백만 년의 시간이 걸렸는지도 모른다. 하지만 손님이 아무것도 취하지 않거나 오히려 도움을 주는 경우에는 그들을 받아들이는 과정이 신속하게 이뤄질 것이다. 말 그대로 '즉석에서' 수락이 이루어질 수 있다. 우리 집 안팎에서 사는 새들이 그렇다. 큰 나뭇가지로 지은 맹금류 둥지의 격자살 속에 평화로이 둥지를 트는 새들의 경우도 마찬가지다. 오두막에 둥지 구멍을 만드는 딱따구리는 좀처럼 보기 드물지만, 개똥지빠귀, 집참새, 멕시코양진이, 삼색제비, 유럽찌르레기는 우리 집에 자주 둥지를 트는 편이다. 지금은 동부피비와 굴뚝칼새가 거의 전세를 내다시피 우리 집에 살고 있다.

인도네시아에서는 흰집칼새(Aerodramus fuciphagus)가 무리를 이뤄 둥지를 짓는데, 녀석들은 침만 갖고 '새둥지 수프'에 들어갈 (인간이) 먹을 수 있는 둥지를 만든다. 접착제와 건축 재료로 침이 이용되는 녀석들의 둥지는 희귀한 동굴 천장에 자리를 잡는다. 그러나 1990년대 들어와 흰집칼새는 새로 지은 현대식 '서구' 건축물의 고층에 둥지

를 틀기 시작했다. 인구 7만 명의 수마트라 키사란에는 300개의 흰집
칼새 '호텔'이 있다. 절벽에서 살던 흰집칼새가 사람이 사는 주택으로
이동하면서 소득을 올리기 위해 칼새 둥지를 '운영하는' 분위기가 조
성됐다. 흰집칼새 호텔은 녀석들의 입주를 원하는 아파트 건물에 부
착된다. 이런 식의 전환은 본래의 둥지 터가 부족한 것에도 어느 정도
이유가 있다.

　　북아메리카에 서식하는 굴뚝칼새(Chaetura pelagica)는 공동목 대
신 굴뚝을 거의 자기 집처럼 이용한다. 하지만 둥지 터가 부족하다는
것만으로 새들이 인간의 집을 찾아드는 현상을 완벽히 설명할 수는
없다. 동부피비가 한때 둥지를 틀었던 절벽은 지금도 이곳에 남아 있
지만, 녀석들은 이제 절벽보다는 인간의 주거지를 선호한다. 유럽칼
새(Apus apus) 역시 과거에는 접근 가능한 절벽에 둥지를 틀었지만 지
금은 건물의 작은 구멍이나 틈새에 거의 독점적으로 둥지를 튼다. 녀
석들은 그런 곳이 마음에 드는 모양이다. 대개 우리는 이들 손님이 우
리와 함께 머물도록 분위기를 조성한다. 우리 집을 찾는 수많은 손님
들은 기꺼이 환영이다. 나는 유럽과 북아메리카에서 인간의 건축물이
나 인간이 제공한 둥지상자와 자주 관계를 맺은 새들의 목록을 만들
었고, 그중에 반가운 손님이 30종에 이른다는 사실을 확인했다. 이와
정반대로 빈대처럼 혐오감을 유발하는 불청객도 존재한다.

　　침대벌레(bedbug)로 불리는 빈대는 노린재목에 속한 곤충이다. 격
식을 차리지 않는 거의 모든 곤충의 이름과는 달리 녀석들은 '반시류
곤충(true bug)'으로 불린다. 여러분이 빈대에 대해 알고 있다면 그것은

아마 시멕스 렉툴라리우스(Cimex lectularius)종으로 분류될 것이다. 포유류의 둥지에 기거하며 한때 끔찍한 재앙으로 여겨지던 이들 빈대는 대대적인 화학전을 통해 자취를 감췄다가 지난 50년 동안 살충제 내성을 기르면서 재기에 성공해 지금은 고급 호텔과 빈민가 공동주택을 막론하고 어디든 활개를 친다. 사람의 얼굴을 물기 때문에 흔히 '키스벌레(kissing bug)'로 알려진 또 다른 종의 빈대는 로드니우스 프롤릭수스(Rhodnius prolixus)종으로 녀석들은 지구상에서 가장 혐오스런 곤충 가운데 하나다. 하지만 녀석은 영국의 유명한 생리학자 빈센트 위글즈워스 경(Sir)으로부터 사랑을 받았다. 그는 키스벌레를 실험동물로 완벽하게 이용한 결과 명성을 얻게 됐다. 또 내분비학의 기초를 마련한 공로로 영국 왕실은 이미 유명해진 그의 이름에 '경'을 붙이도록 허락했다.

　미국 자연사박물관의 법의학 곤충학자인 루 소킨은 빈대를 "오늘날 미국에서 가장 혐오스런 곤충"이라고 칭했다. 그런 혐오감은 원치 않는 불청객에 맞설 만한 방어 능력이 우리에게 부족하기 때문에 생기는 게 아닐까? 수백만 년에 걸친 시행착오를 통해 생존 전략을 완벽히 터득한 녀석들은 떠날 줄을 모르고 우리와 줄곧 함께 지낸다. 모기가 우리 몸에 내려앉으면 적어도 찰싹 내리치는 정도의 반응은 보일 수 있고 윙윙거리는 소리도 들을 수 있다. 하지만 밤마다 침구 틈새에서 조용히 기어나와 우리가 잠을 자는 사이 소리 소문 없이 접근해 늦게까지 잠에서 깨지 않도록 진통제를 주입하고 나서 작업을 개시하는 빈대에 맞서 우리가 할 수 있는 일은 대체 뭘까? 녀석들이 피

를 빨아먹고 나면 부은 자국만 남는 것이 아니라 빈대로 성장할 수백
개의 알이 남겨져 결국 집이 순식간에 빈대의 낙원이 되고 만다. 이를
해결하는 몇 가지 제한된 조치가 있다. 가장 손쉬운 방법은 일부 새들
이 새끼를 남겨두고서라도 해충이 들끓는 둥지를 버리는 것처럼 우리
도 살던 집을 떠나는 것이다.

빈대와 벼룩은 특히 밀집한 새 무리처럼 확실히 이용할 수 있는
숙주가 많을 때 피해가 심하다. 찰스 R. 브라운과 메리 B. 브라운이 이
끄는 털사대학교 연구팀은 무리를 지어 살아가는 삼색제비가 빈댓과
에 속한 89종 가운데 특히 '제비벌레(Oeciacus vicarius)'로 알려진 종의
침입을 받으면 어떻게 되는지 밝히고자 세밀한 연구를 진행했다. 그
들은 네브래스카주 남서부에서 제비 둥지 하나에 수백 마리의 제비
벌레가 살 수 있다는 사실을 알게 됐다. 희생양이 된 새끼 새들은 빈
번히 일어나는 유혈 사태에 죽든지 성장률이 급격히 떨어지는 식으로
반응한다. 연구팀은 해충이 들끓는 제비 군집에 연기를 피워 소독을
한 뒤 이렇게 소독한 둥지에서 살아남은 새끼들이 그렇지 않은 둥지
의 새끼들보다 몸집이 현저히 크다는 점을 확인했다. 예전에 해충이
들끓던 둥지는 다시 찾아오지 않고 그런 둥지는 아예 포기하는 것으
로 봐서 다 자란 제비들은 둥지에서 이처럼 원치 않는 불청객이 야기
하는 위험을 알고 있는 듯싶었다. 어느 독자가 보내온 편지를 통해 나
는 빈댓과에 속한 다른 종의 빈대가 많은 수는 아니지만 칼새의 둥지
에서도 살아간다는 사실을 알게 됐다.

영국 셰필드 출신의 클라우스 라인하르트는 내가 잘 모르는 인물

이었다. 그는 자신을 빈대 전문가라고 소개했다. 그는 "당신이 쓴 『아
버지의 오래된 숲』을 읽다가 늘 좀 이상하다고 생각했던 어느 빈대의
이름이 가진 의미를 알게 됐습니다"라는 내용의 편지를 보내왔다. 그
가 말한 빈대명은 프라시멕스 게르트하인리히(paracimex gerdheinrich)
였다. 이 종에 대해서는 인도네시아가 원산지라는 사실 말고는 알려
진 바가 전혀 없었다. 현재 베를린에 소장돼 있는 이 빈대종은 1940
년 기생충학자인 볼프디트리히 아이흘러가 명명하고 내력을 기술했
다. 내력이 기술된 꼬리표에는 다음과 같이 적혀 있다. "셀레베스, 라
티모드종 산맥, 오에로에, 800미터, 1930년 8월 (G. 하인리히), 콜로칼
리아 스포디피지아(Collocalia spodipygia) 둥지." 콜로칼리아는 칼새를
의미한다.

　나는 돌아가신 아버지 게르트 H. 하인리히의 이름이 빈대종에 붙
여졌다는 것을 알 수 있었다. 아버지는 베를린박물관의 조류학자인
어윈 슈트레제만과 미국 자연사박물관의 레너드 샌퍼드의 요청으로
1930년 3월 16일 서른다섯 살의 젊은 나이에 아내와 누이, 또 다른
여성과 함께 유럽을 떠나 셀레베스*의 황야에서 2년을 보냈다. 아버지
에게는 조류, 그중에서도 특히 멸종된 새로 추정되는 코골이 뜸부기
(Aramidopsis plateni)를 찾아 가져오라는 임무가 맡겨졌다. 그렇다면 아
버지는 어째서 베를린으로 빈대를 가져온 걸까? 그 빈대종에 아버지
의 이름이 붙여진 이유는 뭘까? 생물학의 상당 부분이 그렇듯 거기에

---

* 인도네시아의 섬으로 오늘날 술라웨시.

는 집과 모종의 관련이 있을 것이다.

빈대는 숙주의 몸을 여기저기 돌아다니지 않는다. 오히려 녀석들은 집에 은신해 있다. 아버지는 새둥지를 채집했을 테고 특히 둥지 속의 해충도 잡으려 했을 것이다. 어릴 적 기억을 되살리자면, 아버지가 주로 쓰는 방법은 쥐둥지처럼 동물이나 그것이 사는 집을 흰 가방 안에 넣고 단단히 봉한 다음 무엇이 기어 올라오는지 눈으로 확인해 떼어내는 것이다. 빈대는 대부분의 둥지에서 채집한 해충 가운데 실은 별것도 아니었다. 새들의 집은 제비벌레나 칼새벌레뿐만 아니라 벼룩, 진드기, 파리 구더기 같은 해충이 좋아하는 서식지였다.

반갑지 않은 곤충 불청객이 불러오는 심각한 폐해는 이들 해충을 잡아달라고 언제든 주문할 수 있는 화학적 방어 시스템을 가진 사람들로서는 이해하기 어려울 수도 있다. 그런 방어 시스템을 가질 형편이 못 되는 사람들은 그만한 대가를 치르게 될 것이다. 나는 탄자니아에서 '보마(boma)'로 불리는 버려진 마사이족의 거주지를 발견한 적이 있다. 보마는 밤에 가축 우리에 사자가 들어오지 못하도록 가시덤불을 수북이 엮어 주위를 원형으로 빙 두르고 거기에 진흙과 소똥을 이겨 만든 오두막집들이 모여 있는 곳을 가리킨다. 내 생각이지만 보마는 들어가서 살고 싶은 낭만적인 환경이었다. 그런데 사람들은 왜 모두 이곳을 떠난 걸까 하는 생각이 들었다. 그런 의문은 반바지 차림의 내가 오두막에 들어서자마자 풀렸다. 어둠속에서 나는 거의 즉각적으로 다리를 타고 스멀스멀 기어오르는 벌레를 느꼈다. 환한 곳으로 걸음을 옮겨보니 수많은 벼룩 떼가 맨다리를 기어오르고 있었다. 나는

옷을 홀랑 벗고 도망치듯 뛰쳐나왔다. 내게 효과적인 이와 같은 행동
은 둥지에 갇힌 새끼 새에게는 적용되지 않는다. 그런 불청객이 눈에
거의 보이지 않는 경우에는 더더욱 그렇다.

　이웃인 밥 하이저의 차고 들보에 피비새 한 마리가 둥지를 틀었
다. 둥지에는 깃털이 거의 다 자란 새끼 피비새 다섯 마리가 있었고,
어느 날 그는 녀석들이 모두 땅바닥에 내려와 있는 광경을 목격했다.
그중 한 마리는 이미 죽어 있었다. 그는 살아 있는 새끼들을 둥지로
데려다놓았지만 이튿날 녀석들은 다시 땅에 내려와 있었다. 하지만
이번에는 한 마리만 살아 있었다. 그는 살아 있는 새끼를 둥지에 데려
다놓고 멀찌감치 떨어져 지켜보았다. 그는 새끼가 둥지 밖으로 뛰쳐
나오는 모습을 볼 수 있겠거니 내심 기대했다. 하지만 대신에 그는 부
모새가 둥지로 돌아와 살아 있는 새끼를 물어다 둥지 밖으로 떨어뜨
리는 모습을 목격했다. 일주일이 지나 피비새는 다시 알을 품었지만
이번에는 기존의 둥지 바로 옆에 있는 조명 기구 위의 새로운 둥지에
서였다. 대개 피비새는 두 번째 알을 낳을 때 기존의 둥지를 다시 이
용한다. 그렇다면 원래 둥지에서는 대체 무슨 일이 벌어진 걸까?

　우리 오두막에 둥지를 튼 피비새에게서도 앞서와 동일한 둥지 공
동(空洞) 현상을 서너 번 정도 관찰한 바 있다. 나는 새끼 새들이 어떻
게 해서 둥지를 떠나는지 알아내려고 막연히 기다리기만 한 것은 아
니지만, 그 원인이 진드기에 있다는 사실은 미처 몰랐다. 우리 집의
경우는 먼지 입자만 한 진드기가 수백, 아니 수천 마리씩 둥지에서 바
글거렸다. 새끼 새들은 그런 둥지에 꼼짝없이 갇혀 있었다. 하지만 진

드기는 워낙에 작아서 하나씩 집어올릴 수가 없다. 게다가 녀석들의 개체수는 압도적으로 많다. 새끼 새들은 스스로 둥지에서 뛰어내릴 수도 있고 '목욕물 버리다가 아이까지 버린다'는 식으로 부모에 의해 밖으로 던져질 수도 있다.

둥지 안의 해충을 없애는 일은 예방 차원에서 집을 관리하는 조치가 수반되기도 한다. 새들이 새끼나 둥지에 진드기 살충제를 살포하는 직접적인 반응 사례는 알려진 바 없지만, 몇몇 새들은 해충을 막기 위해 향긋한 식물을 둥지로 끌어온다고 알려져 있다. 하지만 이런 노력도 둥지를 짓는 시기에만 이루어질 뿐, 진드기를 비롯한 해충이 이미 둥지에 나타난 뒤로는 기대할 수 없다. 그럼에도 수많은 새들은 둥지를 관리하는 방식을 끊임없이 개발해왔으며 상당히 놀라운 결과를 얻어냈다. 그 방식은 둥지 위생에서 출발한다.

둥지 위생은 둥지를 지을 때부터 시작된다. 땅바닥에 둥지를 짓는 새는 땅을 파면서 이런저런 잔해나 부스러기를 제거한다. 둥지 구멍을 파는 딱따구리, 동고비, 박새는 구멍 바닥에 흩어진 조각을 물어 둥지 밖으로 내다버린다. 새들의 이런 행동이 불러온 웃지 못할 해프닝 가운데 최근 뉴스거리가 된 사례로 메릴랜드주 프레더릭의 어느 세차장 동전 투입식 세차기에서 매주 '상당한 액수의 동전'이 사라진 사건을 들 수 있다. 동전함의 열쇠를 갖고 있는 종업원이 돈을 훔쳐갔을 거라고 의심한 주차장 주인은 도둑을 잡기 위해 감시 카메라를 설치했다. 카메라에 찍힌 영상은 새 한 마리가 동전을 부리의 4분의 3만큼 쌓은 채 동전 투입구 위에 앉아 있는 모습을 보여주었다. 녀석이 왜 그런 행동을 했는지는 분명치 않았고, 몇 사람은 메일로 이처럼 수수께끼 같은 이야기를 내게 전해주었다. 이 사건은 적절한 세부 사항이 빠진 채 유튜브에 올라오는 대개의 동영상처럼 전혀 영문 모를 일은 아니었다. 찌르레기 한 쌍이 둥지를 틀기에 적합한 동전함을 발견했고 녀석들은 다만 적당한 공간을 만들려고 '쓰레기'를 치웠을 뿐이다.

둥지 위생은 이물질이나 유해물질을 둥지에서 제거하는 행위다. 가령 피비새는 둥지에서 새끼들이 배출한 수백 덩이의 배설물을 밖으로 내다버린다. 녀석들은 대개 새끼에게서 배설물이 나오자마자 '치운다.' 결국 배설은 새끼가 먹이를 먹고난 직후 부모가 있는 상태에서 이루어지도록 편리하게 계획된 행위다. 혹은 내가 딱따구리를 관찰하며 알게 된 것처럼 부모새가 새끼의 배설강을 부리로 자극해 배설을 유도하기도 한다. 피비새 둥지 밑에 배설물 덩이가 쌓이는 경우는 두 번째로 태어난 새끼들의 성장이 끝날 무렵과 한 철에 같은 둥지에서 알을 두 차례 낳았을 때뿐이다. 이 같은 둥지 위생은 나뭇가지에 앉는 대부분의 작은 새들 사이에서 이루어진다. 둥지를 깨끗이 하는 행위에는 깃털이 더럽혀지지 않도록 할 뿐만 아니라 둥지 위치가 천적에게 노출되지 않도록 하는 기능도 있는 것으로 보인다. 그런 둥지가 천적이 좀처럼 침입할 수 없는 절벽이나 공동목에 자리를 잡고 있다 해도 휘파람새를 비롯해 개방된 둥지를 짓는 거의 모든 새들은 그런 식으로 둥지의 청결을 유지한다. 대신에 그처럼 견고한 요새나 안전한 장소에서 살아가는 새들은 휴대와 운송이 쉬운 형태로 배설물을 뭉쳐 놓지 않고 액체 형태의 똥을 갈긴다. 문자 그대로 배설물을 둥지 밖으로 멀리 발사해버리는 것이다.

둥지 위생은 새끼의 행복을 도모하는 기능도 있지만 쓰레기 청소보다 훨씬 중요한 문제와 관련이 있다. 말하자면 자기 둥지로 새끼(알의 형태)를 집어넣는 불청객과 적법한 거주자를 구별해내는 일이다. 새들은 다른 새의 둥지에 알을 낳는 경우가 많기 때문에 어미새는 자신의 번식활동에 지장을 초래하면서까지 대리모 역할을 하지 않으려면 남의 알을 식별해낼 수 있어야 한다. 남의 둥지에 알을 낳는 탁란은 (뻐꾸기의 경우처럼) 둥지 속에 있던 모든 새끼가 죽임을 당하거나* (자기와 같은 종류의 새둥지에 알을 낳는 찌르레기의 경우처럼) 이상한 낌새를 알아차리지 못한 대리모의 새끼를 감소시키면서 이들 대리모의 노동량을 거의 눈에 띄지 않게 증가시키는 결과를 초래할 수도 있다.

수많은 새들 사이에서 다른 새의 알을 깨뜨리거나 둥지 밖으로 밀어내는 식의 둥지 위생은 탁란에 대한 대응전략으로 진화해왔다. 탁란조의 알 색깔과 모양이 자신의 알과 상당히 흡사한 경우에는 숙주조의 색 구분 전략도 더욱 정교하게 진화했다. 숙주조는 탁란조 알과 다른 색깔의 알을 낳았으며 탁란조와의 경쟁에서 우위를 차지하기 위해 보다 정교한 식별력을 갖추었다. 숙주조가 탁란조의 알을 자기 알로 착각해 품게 되면 자기 새끼를 희생시킬 수도 있는 반면, 탁란조의 알에 대한 지나친 식별력은 자칫 자기 새끼마저 둥지 밖으로 몰아

---

* 탁란조인 뻐꾸기 새끼는 숙주조인 붉은머리오목눈이 새끼보다 먼저 태어나 알이나 새끼를 둥지 밖으로 몰아내고 둥지를 독차지한다.

내는 불상사를 불러올 수도 있다.

'이상해' 보이는 알을 둥지 밖으로 던지는 행동이 적절한지 여부는 자신이 숙주조가 될 가능성과 탁란조의 알을 품는 데 드는 비용 사이에서 균형을 맞추려는 노력에 달려 있다. 이를테면, 새끼에게 먹이를 먹일 필요가 없는 닭은 새끼를 몇 마리 더 키우더라도 비용이 크게 늘어나지 않기 때문에 남의 알이라도 선뜻 품는다. 한편 나는 실험을 통해 큰까마귀 역시 붉은색으로 칠한 달걀, 감자, 손전등 배터리를 막론하고 거의 무엇이든 품는다는 사실을 알게 됐다. 큰까마귀가 이런 식으로 포용력을 보이는 것은 앞서의 물건을 자기가 낳은 알과 구분하지 못해서가 아니다. 그보다는 수컷이 바람을 피울 가능성이 거의 없기 때문이다. 더구나 큰 몸집과 고도의 경계심, 강한 텃새 덕분에 녀석들은 둥지 가까이 접근하는 낯선 존재를 감지하기가 쉽기 때문에 둥지에 들어 있는 것을 밖으로 내몰아 얻을 수 있는 이익이 그것을 지키는 데 들이는 노력에 비해 미미하다.

자기를 약하게 만들거나 죽일 수도 있는 눈에 보이지 않는 기생충을 실제로 받아들일 경우에 지속적으로 치러야 할 높은 비용에 대해 생각해보자. 그런 기생충은 수가 얼마 되지 않을 때는 문제를 일으키지 않는다. 하지만 몇 안 되는 개체수라 할지라도 빠른 속도로 증식해 일대일로 직접 맞붙을 수 없다면 파멸의 씨앗이 될 수도 있다. 앞서 언급한 벼룩, 빈대, 진드기, 이 등이 여기에 포함된다. 그러나 좋고 나쁨이 언제나 명확히 구분되는 것은 아니다. 어떤 파리종의 구더기는 새끼의 피를 빨아먹는 경우에는 해롭지만 일부 딱따구리 둥지에서처럼 녀석들이 둥지 내부의 쓰레기를 먹어치우는 경우에는 이롭다.

문제는 기생충 알이 성체로 자라나 몇 세대를 거쳐 번식을 거듭하는 과정에서 동물의 보금자리가 오랫동안 이용될 때 발생한다. 유충과 성체 모두 살아 있는 숙주의 피를 먹이로 하는 빈대, 진드기, 이의 경우가 그렇다. 원치 않는 이들 불청객과 숙주 사이의 군비 경쟁에서는 불청객이 우위에 있는 것처럼 보인다. 그런 경우도 종종 있지만, 경쟁에서 성공가도만 달리게 되면 자기가 살아가는 데 필요한 터전(숙주)을 완전히 제거해 결국에는 스스로 무덤을 파는 꼴이 되고 말 것이다. 기생충은 견제를 받기 때문에 존재할 수 있다. 이들의 숙주는 새끼의 빠른 성장과 보금자리의 빈번한 변화를 통해 나름의 방어 체계를 발전시켜왔다.

약용식물에서 얻은 생화학적 면역력과 방어 역시 눈에 보이지 않는 불청객에 맞선 잠재적인 선택이다. 무당벌레와 제왕나비를 비롯한 수많은 곤충은 천적에게 거부감을 일으키는 식물의 독성 물질을 자신들의 몸에 주입하도록 진화해왔다. 인간 역시 이런 물질의 일부를 기피제로 이용하는 법을 터득해왔기 때문에 몇몇 새들이 이런 물질을 이용해 둥지를 지키는 것은 당연해 보인다. 하지만 대개의 일이 그렇듯 실제 상황에서 이것은 전혀 간단한 문제가 아니다.

찌르레기는 식물의 화학물질을 이용해 둥지를 지키는 것으로 보이는 새에 속한다. 최근 오스트리아에서 헬가 그비너와 동료 학자들에 의해 진행된 연구는 구멍에 둥지를 트는 유럽찌르레기(Sturnus vulgaris)가 녹색식물을 깔짚 재료로 둥지에 집어넣는다는 사실을 확인해주었다. 대개 동물이 집을 지을 때 선호하는 재료는 건초다. 최고의 단열재로 부패를 막아주기 때문이다. 하지만 유럽찌르레기는 녹색의 향긋한 풀을 둥지에 집어넣었기 때문에 그런 풀이 가져올 수 있는 부정적 효과가 특히 진드기 살충제로서의 약용 가치에 의해 상쇄되는 것으로 보였다. 그비너의 연구는 이런 가설을 검증하려는 계획 하에 이루어졌으며, 그 밖의 다양한 가능성과 그에 따른 미묘한 차이가 평가되었다.

가장 놀라운 사실은 찌르레기의 경우 둥지는 대개 암컷이 짓지만 둥지를 짓는 일이 끝날 무렵 짝짓기에 앞서 녹색식물을 가져오는 것은 수컷이라는 점이다. 기본적으로 녹색식물은 성적 유인물질의 역할을 한다. 다시 말해, 그들의 세계에서는 녹색식물을 제공한 수컷이 암컷을 유인하는 것으로 생각된다. 하지만 대개의 성적 유인물질과 마찬가지로 이런 녹색식물이 효과를 거두려면 그만한 가치가 있어야 한다. 수컷이 가져온 녹색식물은 둥지 속의 진드기 개체수를 줄이지는 못했지만 새끼의 면역 기능을 향상시키고 성장률을 촉진해 결과적으로 새끼의 건강에 좋은 영향을 준 것으로 드러났다.

나는 틈 날 때마다 찌르레기 둥지를 살펴보고 이를 낱낱이 분해해 거기에 들어 있는 깃털이 몇 개이고 어떤 색깔로 이루어져 있는지를 헤아려봤다. 찌르레기 둥지와 가까운 둥지상자에서 살아가는 녹색제비 둥지에 들어 있는 깃털과 비교해보기 위해서다. (찌르레기는 대개 깃털이 갈색인 데 비해 녹색제비의 깃털은 거의 흰색이었다.) 하지만 녀석들의 둥지에서는 초록색을 띤 잔가지를 하나도 발견하지 못했다. 그에 비

녹색의 싱싱한 양치식물 잎 위에서 갓 부화한 넓적날개말똥가리 새끼. 한 달 동안 이어지는 포란기에는 녹색 식물이 둥지에 공급되지 않지만, 새끼가 부화하고 나면 녀석이 스스로 날 수 있을 때까지 거의 날마다 싱싱한 녹색식물이 들어찬다.

해 넓적날개말똥가리의 둥지는 크고 싱싱한 양치식물과 삼나무 잔가 지를 내벽으로 덧댔다. 이들 녹색식물은 '두 눈을 의심할 정도로' 크 고 눈에 잘 띄는 데다 산뜻하기까지 했다. 하지만 둥지의 내벽 전체를 녹색식물로 덧대는 새들의 행위를 시험한 연구는 아직까지 없는 것으 로 알려져 있다.

　'나의' 매 둥지는 사탕단풍나무 가지가 세 갈래로 갈라진 곳에서

10미터 정도 높은 곳에 자리 잡고 있었다. 넓적날개말똥가리는 나뭇가지를 성기게 엮어 둥지 골격을 세운 다음 마른 나무껍질로 내벽을 덧댔다. 이런 내벽 작업을 마치고 나자 녀석은 대부분의 새들과 마찬가지로 알을 낳은 뒤로 둥지에서 꼼짝 않고 한 달가량 알을 품었다. 그런데 확인을 위해 거의 하루 걸러 한 번씩 기어오른 매 둥지에서 나는 뭔가 특이한 점을 발견했다. 둥지에 길이가 한 자 정도 되는 싱싱한 양치식물과 삼나무 잎이 들어찬 시점이 새끼가 부화한 직후라는 사실이다. 더욱 이상한 것은 새끼가 다 자랄 때까지 다음 달에도 하루가 멀다 하고 녀석이 싱싱한 녹색식물을 계속 가져다 날랐다는 점이다. 그렇다면 이들 녹색식물이 해충을 막는 일종의 해결책이었던 걸까?

녹색식물을 둥지에 들여놓는 과정을 시기별로 정리한 연표만으로도 이전까지 제기된 다양한 가설의 관련 가능성은 모두 배제된다. 더 나아가 매의 둥지에 들여놓은 녹색식물의 양은 찌르레기 둥지와 비교해볼 때 실로 엄청났다. 새끼가 부화되고부터 녹색식물이 날마다 새로 채워졌기 때문에 이는 새끼와 관련이 있는 게 분명했다. 그렇다면 무엇 때문에 녹색식물을 둥지에 들여놓은 걸까? 아직까지 검증되지는 않았지만, 나는 매가 먹잇감으로 가져온 고기 표면을 녹색식물이 청결하게 해준다는 가설을 세워두고 있다.

매는 날마다 먹이를 여유 있게 가져와 둥지 바닥에 내려놓고 갈기갈기 찢어서 새끼에게 먹인다. 이런 행위는 우리가 날마다 햄버거를 집으로 가져와 마룻바닥에 내려놓으면 아이들이 햄버거를 찾아 돌아다니는 것과 비교할 수 있다. 넓적날개말똥가리는 여름철 가장 더운 시기에 새끼를 얻기 때문에 바로 먹지 않은 고기는 세균 감염으로 쉽게 상할 수 있다. 이미 먹은 먹이에서 증식된 세균으로 우글거리는 오염된 둥지 '바닥'과 아직 먹지 않은 고기조각은 부패를 앞당긴다. 하지만 녹색식물 깔짚을 자주 교체해주면 고기 부스러기와 오염된 물질이 모이는 걸 막아 부패를 늦춘다.

인간 역시 세균은 물론 벌레를 막기 위해 허브나 약제 살포, 파리채 등을 이용한다. 우리 집에서는 그런 일을 하지 않기 때문에 의도하지는 않았지만 특이하면서도 보기 드문 손님을 집에 들이고 말았다. 다리가 여덟 개 달린 이 녀석의 주특기는 다리가 여섯 개 달리고 날개까지 달린 녀석을 잡는 것이었다. 나는 녀석과의 동거를 기꺼이 받아들였고 녀석은 2년 동안 내게 즐거움을 선사해주다가 결국 연구과제로까지 부상했다.

우리 집 샬롯의 거미줄 집도 '특별하다'

밖에서 바람이 아무리 휘몰아쳐도
우리 집에서 편안히 살아가는 거미들이 있다.
녀석들은 누구도 성가시게 하지 않는다.
내가 파리라면 말이 달라지겠지만,
나는 파리가 아니므로 그럴 필요가 없다.
— 리처드 브라우티건, 『도쿄-몬태나 익스프레스』

윙윙거리는 큰 소리에 신경이 곤두서서 머리 위를 올려다봤더니
그 자리에 있는 줄도 몰랐던 거미줄에 길고 억센 털로 덮인 파리 한
마리가 걸려 있었다. 파리가 계속 윙윙거리자 몸집이 큰 무당거미 한
마리가 천장 들보에서 불쑥 내려와 파리를 덮쳤다. 순식간에 거미줄
에 칭칭 감긴 흑파리는 마치 흰 마대자루에 든 미라처럼 보였다. 거미
는 짧은 거미줄 가닥에 파리를 붙인 다음 가장 뒤쪽에 있는 다리 하나
를 파리에 대고 단단히 부여잡은 뒤 자기가 내려왔던 천장의 통나무
로 훌쩍 올라가 몸을 획 돌렸다. 녀석은 앞다리를 이용해 파리를 붙잡
고 껴안듯이 입으로 끌어당겨 송곳니 같은 협각으로 아주 오랫동안
'입을 맞췄다.' 다섯 시간이 지나 속이 텅 빈 파리의 몸체가 책상 위로

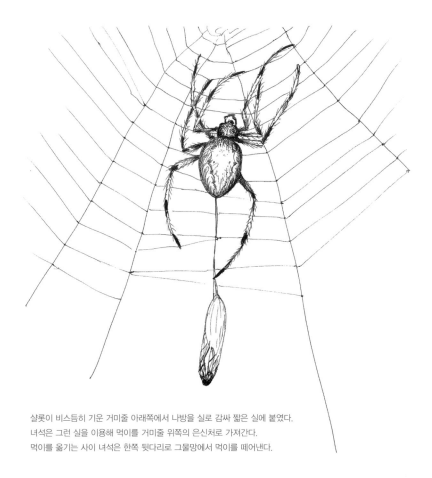

샬롯이 비스듬히 기운 거미줄 아래쪽에서 나방을 실로 감싸 짧은 실에 붙였다.
녀석은 그런 실을 이용해 먹이를 거미줄 위쪽의 은신처로 가져간다.
먹이를 옮기는 사이 녀석은 한쪽 뒷다리로 그물망에서 먹이를 떼어낸다.

떨어졌다. 2010년 7월 11일은 이듬해 여름까지 우리 집에서 동거하
게 될 녀석과 처음으로 만난 날이었다. 녀석은 우리 집에 집을 지었고
E. B. 화이트에 의해 유명해진 소설 속 거미를 기리는 의미로 나는 녀
석에게 '샬롯'이라는 이름을 붙여주었다.
　E. B. 화이트는 『샬롯의 거미줄』이라는 유명한 아동 소설에서 헛

간을 무대로 살아가는 헛간거미(Araneus cavaticus)로 추정되는 상상 속의 둥근그물거미를 주인공으로 내세워 샬롯 A. 카바티카 혹은 간단히 샬롯이라고 불렀다. 왕거미(Araneus)속에 들어가는 둥근그물거미는 벌레를 잡기 위해 정교하고 아름다운 거미줄을 치는 것으로 유명하다. 이런 거미줄의 용도는 다만 사냥 도구에 국한되지 않는다. 거미줄 역시 거미가 집을 붙여놓는 세력권에 속한다. 녀석들의 집은 대개 틈새이거나 잎을 구부려 그것을 실 몇 가닥으로 묶어둔 두건 모양의 지붕이다. 거미줄은 '먹이잡이용 실', '교량용 실', '신호용 실', '유인용 줄'로 이루어져 있다. 먹이잡이용 실은 접착성을 유지하기 위해 방사형으로 퍼져나가고, 교량용 실은 거미줄을 떠받치는 버팀줄 역할을 한다. 신호용 실은 거미줄에 걸려든 먹이가 버둥거릴 때 다리에 전달되는 진동을 통해 거미에게 먹이가 걸려들었음을 알려주는 일을 하고, 유인용 줄은 거미집에서 거미줄로의 접근을 돕는다. 그 밖에도 먹이와 알을 에워싸거나 먹이를 운반하는 데도 여러 종류의 실이 이용된다. 둥근그물거미는 임시용 실을 활용하기도 한다. 거미줄을 치기 시작할 때 녀석들은 끈끈한 먹이잡이용 실에 부착된 방사형 실이 안정된 상태를 유지할 수 있도록 원형의 고리 한가운데로 나선형 실을 주입한다. 녀석들은 먹이잡이용 실붙이기 작업을 마무리하기 전에 안정감을 위해 중앙에 쳐두었던 임시용 실을 먹어치운다.

이렇게 거미줄을 치는 데 필요한 실은 액체 상태로 저장돼 있다. 필요에 따라 거미가 복부 끝에 있는 여섯 개의 구멍(방적돌기)에서 배출한 액체는 공기에 노출되면 단단하게 굳어 실이 된다. 거미가 정교한 원형 거미줄을 만들어내는 데 필요한 모든 실을 몸에 지니는 방식은 나로서는 도저히 이해할 수 없는 기적에 해당된다. 거미줄을 만드는 모든 과정을 단계별로 열거하고 나면 더더욱 그렇다. E. B. 화이트는 자신의 소설 속에 등장하는 '기이한' 거미 샬롯이 놀라운 거미줄 짓는 솜씨를 갖고 있다고 극찬했지만, 녀석 역시 다른 거미와 마찬가지로 여름 내내 헛간에서 살다가 북반구의 둥근그물거미가 대개 그렇듯 한해살이를 하고 가을에 죽었다. 녀석은 죽기 전에 엄청난 수의 알을 낳아 겨우내 안전하게 보호되도록 실주머니로 감쌌다. (둥근그물거미의 수명에 대해서는 나중에 살펴보기로 하자.)

암컷 거미는 가을에 실로 알주머니를 만들어 남아 있는 짧은 생애 동안 이를 지킨다. 봄이면 주머니에서 나온 깨알만 한 거미 새끼들이 실을 길게 늘여 산들바람을 타고 떠돌다 마침내 자신들이 태어난 곳에서 멀리 떨어진 곳에 정착한다. 이처럼 왕거밋과에 속한 거미 종 가운데 우리 지역에 서식하는 몇 가지 종은 내게도 익숙하다. 나중에 확인한 바에 따르면, 우리 집에서 동거하던 '샬롯'은 실제로 E. B. 화이트의 소설 속 주인공인 '헛간거미'였다. 우리 지역에 서식하는 또 다른 둥근그물거미는 창백한 흰색과 노란색을 띠는 육점박이왕거미(Araniella displicata)로, 녀석들은 나뭇잎을 엮어 봉투처럼 생긴 은신처를 만들어낸다. 녀석들은 바닥에 남겨둔 출입구를 통해 덤불 숲속의 작은 공터를 가로질러 매달린 아래쪽의 거미줄로 내려간다. 흔히 볼 수 있는 정원거미인 미국호랑거미(Argiope aurantia)는 대개 들판에 자라는 박주가리와 미역취 위에 거미줄을 치고 자리를 잡는다. 대리석

거미(Araneus marmoreus) 한 마리가 지난 2년 동안 우리 집 옥외 화장실 앞의 같은 장소에 거미줄을 쳐왔다. 녀석은 지붕을 이용해 거미줄을 걸어두고 먹잇감이 걸리면 언제든 덮칠 태세를 취하며 지붕 밑의 갈라진 틈에서 대부분의 시간을 보냈다. 하지만 거미가 언제나 그렇게 두드러진 집의 설계도를 갖고 있는 것은 아니다. 수많은 종류의 거미 가운데 닷거미(Pisauridae) 집은 알이 부화되는 공간으로 이용되다가 어린 새끼를 키우는 '육아실'이 된다. 암컷은 새끼를 지키기 위해 함께 머문다. 독거미나 늑대거미 같은 그 밖의 거미는 알이 부화될 때까지 알주머니를 지니고 다닌다. 녀석들은 알이 부화하고 나서도 계속해서 새끼를 휴대하고 다니거나 지킨다. 이 경우 녀석들은 새끼를 배낭처럼 생긴 단단한 공 속에 넣어 등에 싣고 다닌다. 새끼를 몸에 휴대하는 것은 집이 없는 일부 반시류 곤충이나 캥거루 같은 유대동물, 영장류(나중에 살펴보게 되겠지만, 여기에도 한 가지 예외는 있다)만의 전략은 아니다.

　화이트의 샬롯은 우리에 갇힌 윌버의 머리 위에서 거미줄로 '대단한 돼지'라는 단어를 써서 이를 본 농부를 놀라게 하고 베이컨이 될 운명으로 태어난 친구를 구했다는 점에서 '특별하다고' 여겨졌다. 나는 살아 있는 거미의 이야기에 더욱 마음이 끌린다. 그래서 거미가 돼지를 어떻게 생각할까 하는 의문보다는 녀석이 자신의 행동을 통해 무슨 말을 하려던 것일까가 더 궁금했다. 하지만 화이트의 유명한 소설 속 거미가 그렇듯, 우리 집 샬롯을 놀랍게 만든 기술 역시 녀석의 거미줄과 관련이 있었다.

녀석이 얼마나 오랫동안 우리 집에서 살아왔는지는 알 도리가 없지만, 내가 처음 녀석을 발견하기 전부터 집 어딘가에서 살아오지 않았을까 하는 생각이 든다. 왜냐하면 처음 봤을 당시 이미 녀석의 몸집이 컸기 때문이다. 그로부터 3주가 지난 8월에 방충망으로 날아들었던 파리 몇 마리가 다시 밖으로 나가려고 발버둥치다 샬롯이 쳐둔 거미줄에 걸려드는 오류를 범하고 말았다. 샬롯은 먹이로 몸집을 불리기보다는 머잖아 알을 낳을 것 같았다.

어느 날 아침 7시 30분, 아침을 먹기 직전에 나는 녀석에게 먼저 먹이를 주기로 했다. 나는 햇살이 따스한 밖으로 나가 단풍터리풀 꽃 위로 날아다니는 수많은 뒤영벌 가운데 한 마리를 붙잡았다. 집안으로 들어와 뒤영벌을 샬롯의 거미줄에 던져주었다. 녀석은 거의 즉각적으로 천장에 있는 은신처에서 거미줄을 타고 75센티미터를 '떨어지듯 내려와' 그물망 한가운데로 갔다. 벌은 미동도 않고 가만히 있었다. 샬롯은 죽은 듯한 벌 앞에 멈춰 섰다. 하지만 그것도 잠시뿐, 녀석은 몇 가닥 줄에 앞발을 고정시킨 채 거미줄을 흔들었고 거의 순식간에 벌에게로 몸을 돌렸다. 벌은 샬롯 위로 10센티미터 지점에 있었다. 샬롯은 벌을 움켜쥐고 여덟 개의 다리를 대부분 동원해 같은 동작으로 빙글빙글 돌리기 시작했다. 마치 반듯이 누워 발로 공을 돌리는 노련한 곡예사 같았다. 샬롯의 방적돌기에서 실이 뿜어져 나왔고 10초 만에 녀석의 먹이는 흰 미라와 다를 바 없는 처지가 되고 말았다. 다만 속에서 윙윙거리는 소리가 들리고 힘겹게 버둥거리는 다리가 보일 뿐이었다.

빙글빙글 돌아가는 벌을 둘러싼 실은 물레 가락처럼 양쪽 끝이 거미줄에 고정되었고, 샬롯이 방적돌기에서 내보낸 실은 실패에서 나온 것처럼 한 가닥이 아니었다. 실이 엉덩이에서 나와 먹이를 쌀 때 마치 삼각형의 흰 시트가 펼쳐지는 것처럼 보였다. 몸 밖으로 분출되면서 단단하게 굳는 액체 스프레이와 다름없었다. 샬롯의 다리는 먹이를 회전시키면서 동시에 실 스프레이를 시트처럼 펴 발라 먹이를 꼼짝 못하게 두르고 있었다. 먹이를 실로 완전히 둘러싸자 녀석은 물레 가락 끝을 베어물어 하얗게 포장된 벌을 거미줄에서 풀어준 다음 뒤쪽 방적돌기에서 나온 몇 센티미터의 실에 매달아두었다. 샬롯은 뻣뻣하게 쳐든 뒷다리 가운데 하나로 거미줄에서 벌을 떼어내 남은 일곱 개의 다리로 거미줄을 타고 잽싸게 올라갔다. 벌은 샬롯의 은신처까지 가는 내내 한 가닥 실에 매달려 있었다. 정교한 동작으로 보이는 이런 모습을 수백 차례 지켜봤지만, 나는 거미가 먹이를 떨어뜨리는 경우는 한 번도 보지 못했다. 샬롯은 은신처에 먹이를 달아맨 다음 몸을 돌려 벌을 물어뜯기 시작했다. 녀석은 앞쪽에 있는 다리를 대부분 이용해 먹이를 붙잡고 2시간 동안 미동도 하지 않은 채 앉아 있었다. 마치 피하 주사기의 바늘처럼 먹이에 집게 모양의 협각을 찔러 효소를 주입해 벌의 내용물을 빨아먹고 소화시키는 것처럼 보였다.

거미의 이런 행동은 각본대로 이루어지지 않고 무작정 이루어진 걸까? 이런 일련의 과정이 방해를 받는다면 어떻게 될까? 앞서 잡은 먹이를 처리하는 작업을 마치기도 전에 거미줄에 또 다른 먹이가 걸려든다면 녀석은 어떤 반응을 보일까? 이 경우 녀석은 어떤 '프로그램'에 따라 움직일까? 이 모든 궁금증을 풀어보려고 샬롯이 여전히 뒤영벌을 먹고 있는 사이, 나는 몸집이 큰 기생파리(Tachinidae) 한 마리를 거미줄에 던졌다. 녀석은 먹고 있던 벌을 은신처에 그대로 둔 채 잽싸게 거미줄로 내려와 파리를 잡아 실로 둘러쌌다. 하지만 이번에는 여느 때처럼 먹이를 은신처로 옮기는 대신 잡은 먹이를 그 자리에서 죽이고 안전한 상태로 포장해 거미줄에 남겨두었다. 그런 다음 녀석은 은신처로 되돌아가 앞서의 먹이를 계속해서 먹었다. 녀석은 지금쯤 먹이를 잊어버렸을까? 동시다발적으로 세 번째 먹이를 제공해 녀석의 주의를 분산시키는 건 어떨까?

한 시간이 지나서도 샬롯은 여전히 벌을 먹고 있었고, 나는 흰제독나비를 거미줄로 던졌다. 나비는 격렬하게 몸부림을 쳤지만 샬롯은 꼼짝도 하지 않았다. 나비의 움직임이 너무 격렬해서 그랬을 수도 있고 녀석이 더 이상 배가 고프지 않기 때문일 수도 있었다. 이를 시험해보기 위해 나는 처음에 제공한 것과 같은 크기의 뒤영벌을 던져주었다. 녀석은 이번에도 무시했다. 결국 녀석은 배가 고프지 않았거나 동시에 세 가지 일을 할 수 없었던 것이다. 그 사이 나비는 거미줄을 빠져나왔다.

정오 무렵 드디어 '아침식사'를 마친 샬롯은 먹고 남은 벌의 마른 껍데기를 아래로 떨어뜨렸다. 하지만 식사를 마치면 '으레' 그랬던 것처럼 은신처에 머무는 대신 뜻밖에도 거미줄로 걸어 내려와 죽은 파리를 수습했다. 대개 녀석은 하루 종일 은신처에 머물고 거미줄에서 버둥거리는 먹이를 잡을 때만 내려오기 때문에 녀석의 그런 행보는 나를 놀라게 했다. 둥근그물거미는 실제로 앞을 보지 못하기 때문에 녀석은 파리를 볼 수도 느낄 수도 없었을 것이다. 파리는 거미줄을 흔드는 지점을 지난 곳에 있었다. 샬롯은 낮 동안 자발적으로 거미줄을 돌아다니지 않았기 때문에 전에 죽이고 놓아둔 파리를 기억해낸 것이 틀림없다. (참고로 늑대거밋과에 속한 독거미, 깡충거밋과에 속한 깡충거미는 거미줄을 치지 않고 시력만으로 먹이에 접근해 덮치는 방식으로 사냥한다. 깡충거미는 앞쪽으로 커다란 두 눈이 나 있고 다른 쪽으로 세 쌍의 눈을 더 갖고 있다.)

오후 2시, 나는 또다시 뒤영벌 한 마리를 거미줄에 던져주었다. 샬롯은 은신처에 파리를 남겨두고 곧장 벌에게 다가왔지만 이번에는 몸집이 훨씬 큰 벌이어서인지 머뭇거리는 기색이었다. 샬롯이 2분 동안 앞다리를 이용해 거미줄을 조심스럽게 더듬는 사이 벌은 계속해서 몸부림을 쳤다. 이번 벌도 결국 거미줄에서 빠져나갔고, 샬롯은 은신처로 돌아와 먹기를 계속했다. 두 차례에 걸쳐 몸집이 큰 먹이가 발버둥을 친 덕분에 거미줄은 이제 형편없이 망가져 있었다.

이튿날인 8월 7일에도 거미줄은 손보지 않은 상태로 남아 있었다. 나는 거미가 매일 밤 거미줄을 수리한다는 이야기를 언젠가 책에서 읽은 적이 있다. 샬롯이 그 책을 읽지 않았거나 혹은 그 책이 아주 허기진 거미에 대해서만 언급했는지도 모르겠다. 거미는 붙잡힌 먹이에 여전히 관심을 보일까? 궁금증이 일었다. 그래서 나는 벌 한 마리를 다시 던져주었다. 샬롯은 우렁차게 그렇다고 응답을 보내왔다. 녀석은 벌을 잡으려고 1미터 넘게 도약해 먹이를 실로 둘러싼 다음 죽을 때까지 물어뜯었다. 그런 다음 만찬을 즐기려는 듯 먹이를 곧장 은신처로 가져갔다. 녀석은 이튿날 밤에도 역시 거미줄을 손보지 않았다. 녀석이 여덟 개의 다리를 활용해 먹이를 다루는 기술은 예전과 마찬가지로 내게는 매력적인 주제일 뿐만 아니라 당시 오두막을 찾아오던 어린 아이들에게 재미를 선사했다.

8월 26일. 샬롯은 보통 때처럼 은신처에 있었다. 전날 밤 녀석은 방사형을 이루는 30개의 바퀴살과 동심원을 이루는 60개의 실로 엮은 아름다운 대칭형의 거미줄을 새로 쳐두었다. 나는 작은 뒤영벌(당시 가장 흔하고 잡기 쉬운 곤충) 두 마리를 연달아 녀석에게 던져주었다. 녀석은 한 번에 한 마리씩 벌을 움켜쥐고 실로 둘러싼 다음 그중 한 마리만 은신처로 가져갔다. 네 시간이 지나서도 녀석은 여전히 먹이를 먹고 있었고, 나는 세 번째 벌을 거미줄에 던졌다. 녀석은 다시 내려와 벌을 실로 둘러쌌지만 이번에는 고작 서너 차례만 휘감고 나서 은신처에 놓아둔 첫 번째 먹이를 다시 먹으러 가려고 자리를 떴다. 그 사이 세 번째 벌은 거미줄을 빠져나왔다.

한편, 아침에 잡은 두 번째 벌은 5시간 30분이 지난 지금까지 거미줄에 안전하게 묶여 있었지만 여전히 꼼지락거리고 있었다. 샬롯이 먹이를 죽이는 걸 잊어버렸기 때문이다. 이제 녀석은 거미줄로 내려와 먹이를 물어 죽인 다음 다시 은신처로 돌아가 식사를 계속했다. 먹이는 작은 벌이어서 샬롯은 육즙만 빨아먹지 않고 펄프가 될 정도로 씹었다. 몇 분 뒤 녀석은 첫 번째 벌의 머리를 아래로 떨어뜨리고 나서 잠시 자리를 떴다가 다시 되돌아와 사체의 남은 부분을 마저 먹기 시작했다. 녀석은 먹고 남은 속이 빈 벌 껍데기를 탁자 위, 내가 기록을 위해 녀석의 은신처 아래 놓아둔 흰 종이 위로 떨어뜨렸다. 덕분에 나는 녀석이 먹고 남긴 부산물을 살펴볼 수 있었다. 그 부산물들은 먹지 못할 만큼 단단한 부위와 녀석의 소화관을 통과한 둥근 액체 상태의 배설물이었다.

이튿날 아침 내 책상 위에는 벌들의 잔해가 쌓여 있었고 샬롯은 은신처에 틀어박혀 있었다. 나는 작은 메뚜기 한 마리를 거미줄에 던졌다. 샬롯은 거미줄 한가운데로 부리나케 내려와 마치 길을 잃은 것처럼 멈춰 섰다. 움직임이 활발하던 벌과 달리 거미줄에 걸린 메뚜기는 꼼짝도 하지 않았다. 샬롯은 거미줄 위를 서서히 돌아다니다 여기 저기 실을 잡아당겨 보았다. 먹잇감이 도망가려고 움직이다 결국 거미줄에 갇히고 마는 실수를 유도하려는 속셈 같았다. 메뚜기는 여전히 아무런 반응이 없었다. 3분이 지나 샬롯은 마침내 먹잇감에게서 몇 센티미터 떨어진 지점까지 접근했다. 이번에는 샬롯이 거미줄을 잡아당기자 메뚜기가 약간 움직임을 보였고 샬롯은 순식간에 먹잇감을 덮쳤다. 5초 정도 지나 녀석은 먹이를 실로 감고 복부 끝에 있는 방적돌기에서 나온 실에 연결시켰다. 그런 다음 거미줄을 옆구리에서 떼어내 왼쪽 뒷다리로 조정해가며 다시 은신처로 향했다. 그러나 메뚜기의 긴 뒷다리 가운데 하나가 비어져나와 있었고 그물망에서 멀리 떨어진 것은 아니었기 때문에 그물망에 걸리고 말았다. 샬롯은 가다 말고 되돌아와 메뚜기를 다시 실에 달아맨 다음 집으로 끌어올렸다. 하지만 조금 가다 말고 메뚜기는 다시 그물망에 걸리고 말았다. 이번에는 집까지 몇 센티미터가 안 남았기 때문에 샬롯은 가던 길을 계속

갔다. 그런데 먹이를 끌어올리기 위해 은신처에서 내려온 것으로 보아 녀석은 1~2분이 지나서야 메뚜기가 도중에 사라진 사실을 "기억해낸" 것 같다.

몸집이 큰 파리를 다루는 법은 달랐다. 이번에도 파리는 거미줄에 걸렸지만 샬롯은 은신처까지 쉬지 않고 기어갔고 잠깐 숨을 돌린 뒤에 당김줄(파리를 붙잡고 있는 두 줄의 실)로 내려와 자기 꽁무니에 달린 짧은 당김줄에 연결시켰다. 거미줄이 비스듬히 기울어져 있는 데다 녀석들이 있는 곳은 거미줄에서도 아래쪽이었기 때문에 샬롯이 파리를 매단 채 거미줄에 느슨하게 매달린 상태에서 둘은 10센티미터가량 흔들렸다. 샬롯은 수직으로 매달린 실을 타고 1미터는 됨직한 거리를 잽싸게 뛰어올라가 은신처에 이른 다음 5센티미터 아래에 있는 파리를 위로 끌어당겼다.

어느 날 오후였다. 몸길이가 거의 7센티미터에 이르는 잠자리 한 마리가 열린 문을 통해 오두막 안으로 들어와 창문가를 날아다니다 샬롯의 거미줄에 내려앉았다. 샬롯은 즉시 잠자리에게로 뛰어내려가 15센티미터 정도 떨어진 지점에 멈춰 섰다가 되돌아갔다. 잠자리가 계속해서 발버둥을 쳐도 녀석은 더 이상 정찰하러 오지 않았고, 결국 15분 뒤에 잠자리는 탈출하고 말았다. 이번 먹이도 녀석에게 너무 컸던 걸까? 나는 형편없이 뜯겨나간 거미줄에 시험 삼아 개미 한 마리를 던져보았다. 불과 몇 초 만에 샬롯은 은신처에서 나와 발견한 먹이를 낚아챘다. 나는 솜털이 보송보송한 애벌레를 거미줄에 던져 넣어 녀석이 먹이를 대하는 태도의 차이와 취향을 계속 시험해보았다. 녀석은 내려와 먹잇감을 살폈지만 다시 은신처로 되돌아갔다. 배가 고프지 않았던 걸까? 이번에는 뒤영벌을 던져보았다. 뒤영벌은 녀석의 먹이가 됐다.

이튿날 아침, 녀석은 거미줄을 새로 지었다. 하지만 그 전날 만든 거미줄이 60개의 동심원으로 이루어진 데 비해 이번에는 36개의 동심원에 불과했다.

여름 내내 샬롯은 책상 앞에 앉은 내 머리 위로 1미터 되는 지점에 계속 머물렀다. 나는 간간이 녀석에게 먹이를 주었고, 10월이 되자 녀석은 오두막 안으로 들어오기 시작한 파리 떼로 스스로 먹이를 해결했다. 그 무렵 대부분의 나무는 잎을 떨어뜨렸고 오두막 안의 기온도 가끔은 얼음이 얼 정도로 내려갔다. 녀석의 일과는 여름과 가을 내내 좀처럼 변하지 않았다. 그러던 어느 날(10월 29일) 천장의 반자널 아래 실로 만든 집에 녀석이 보이지 않았다. 나는 녀석의 부재를 직감했고 둥근그물거미에 대해 널리 전해 내려오는 이야기에 의거해 녀석이 죽었다고 생각했다. 하지만 사나흘 집을 비우고 돌아온 11월 11일, 본래의 은신처에서 정확히 1미터 떨어진 지점에서 녀석을 발견했다. 녀석은 천장 반자널 아래쪽에서 휴식을 취하던 중이었고 그곳에서 탈피가 이루어졌다. 녀석이 벗어놓은 '외피'(각피 혹은 외골격)가 옆에 있는 실에 걸려 있었다.

이런 식의 탈피는 여름내 녀석의 먹이 사냥을 도왔건만 녀석이 아직 완전히 성숙하지 않았다는 걸 의미하기 때문에 상당히 중요한 사건이었다. 내가 확실히 말할 수 있는 것은 녀석이 여름에 그리 많이 성장하지 못했으며 내가 녀석을 처음 봤을 때 이미 상당히 몸집이 컸다는 사실이다. 녀석이 창문가에 자리를 잡았을 당시 이미 태어난 지 몇 년이 지났던 걸까? 녀석이 벗어던진 외피는 아직도 성장이 필요하다는 걸 보여준다.

2011년 5월 7일. 겨울이 지난 지도 한참이 되었고, 나도 오두막집에 돌아와 있었다. 최근 들어 날씨는 우울한 기분이 들 정도로 쌀쌀하고 비가 잦았다. 온갖 곤충이 기지개를 켜며 다시 날아오르기 시작했다. 아직까지 새들은 조용하고 나무는 가지만 앙상했지만, 땅속에서는 고사리순이 고개를 내밀기 시작했다. 기쁘지만 그리 놀라운 일도 아닌 것이, 샬롯은 지난해 11월 녀석을 마지막으로 목격한 천장보 위의 바로 그 자리에 여전히 머물러 있었다. 녀석은 겨울을 나고 살아남았던 것이다. 가만히 찔러보았더니 녀석은 몸을 움직였다. 둥근그물거미는 E. B. 화이트의 소설 속 거미처럼 성체로는 한 철만 살아간다고 알고 있었기에 녀석의 건재에 나는 놀라지 않을 수 없었다.

2011년 5월 19일. 샬롯은 동면 장소를 떠나 자기 집으로 되돌아갔다. 자기 집이란 다름 아닌 지난해 여름 녀석이 머물던 두 번째 남쪽 창의 오른쪽 구석에 있는 은신처였다. 녀석은 지난해 여름과 같은 위치에서 창문을 배경으로 또다시 대칭구조의 거미줄을 쳤다. 여름이라고 하기에는 여전히 이른 감이 있어서 나는 창문가에서 파리나 곤충을 한 마리도 보지 못했다. 녀석은 배가 고프지 않았을까?

뒤영벌 일벌은 아직까지 눈에 띄지 않았지만, 문밖에 놓인 얼룩다람쥐 사체에는 쉬파리가 들끓고 있었다. 나는 그중 한 마리를 잡아 샬롯의 거미줄에 던졌다. 파리가 거미줄에 몸을 튕긴 다음 끈적끈적한 실에 걸려들자마자 샬롯은 지금까지 지켜본 것 중에 가장 빠른 동작으로 눈 깜짝 할 사이에 파리를 낚아챘다. 녀석은 재빨리 먹이를 물어 실로 둘둘 만 다음 자기 몸에 매달고 은신처까지 부지런히 실어 날랐다. 녀석은 '키스하듯이' 먹이를 천천히 껴안기 시작했고 2시간 30분이 지나자 육즙을 모조리 빨아먹고 펄프처럼 된 먹이를 질겅질겅 씹었다.

녀석의 식욕은 다른 식으로도 표현되었다. 어둠이 깔리자마자 녀석은 은신처에서 나와 거미줄 한가운데에 자리를 잡고서 먹이를 '사냥할' 기회를 엿보았다. 그 와중에도 녀석은 쪼그라들 대로 쪼그라든 쉬파리 사체를 씹어대고 있었다. 그 사이 쉬파리가 한 마리씩 거미줄로 날아들었다(나는 낮에는 오두막집 문을 열어두었다). 이렇게 몸집이 작은 파리는 일단 거미줄에 걸리고 나면 꼼짝도 할 수 없었지만, 녀석은 먹이의 위치를 확인하려는 듯 거미줄을 계속해서 흔들어댔다. 그런 다음 녀석은 한 번에 한 마리씩 이미 먹고 있던 먹이에 추가했다. 녀석은 그런 식으로 힘을 가해 먹이의 흔들림을 조장함으로써 움직이지 않는 먹이의 위치를 파악했다. 따라서 나는 지금까지 한 번도 의문을 갖지 않은 사안에 대해 의문을 가질 필요가 있었다. 녀석은 움직임이 없는 먹이가 아닌 물체와 먹이를 구분할 수 있을까?

나는 녀석의 거미줄에 나무껍질, 당근, 7센티미터의 나뭇 조각을 한 번에 하나씩 던져보았다. 이 가운데 어느 것에도 즉각 반응을 보이지 않던 샬롯은 몇 분이 지나자 은신처에서 천천히 내려와 거미줄을 흔들어 물체의 위치를 알아냈다. 녀석은 유유히 이들 물체가 달라붙은 실을 잘라내 나무껍질과 당근 조각을 거미줄에서 떨어뜨렸다. (거미줄은 수직방향에서 10도 가량 기울어져 있었기 때문에 이들 물체는 거미줄에 다시 걸리지 않고 바닥으로 떨어졌다.) 하지만 긴 나뭇조각은 뒤집힌 다음 다시 거미줄에 걸리고 말았다. 녀석은 나뭇조각이 걸린 줄을 다시 잘라내 아래로 떨어뜨렸다. 그런 다음 거미줄 한가운데로 이동해 다시 한번 거미줄을 흔들었다. 거미줄에 이제 더 이상 아무것도 남아 있지 않다는 걸 확인한 녀석은 천장의 은신처로 되돌아갔다.

은신처에 붙어 있는 샬롯의 사냥 영역은 늑대가 잘 아는 굴 인근의 숲에 비유할 수 있다. 늑대는 움직임에 신경을 곤두세우고 후각과 시각으로 사냥을 한다. 거미는 먹이의 움직임을 감지하고 삼각측량을 통해 살아 있거나 심지어 '죽은' 먹이의 위치도 정확히 파악해낸다. 거미는 이런 사냥 영역에서 은신처로 언제든 정확히 되돌아온다. 녀석은 대개 낮에는 작은 집에 머물다가 어둠이 깔리면 거미줄로 내려와 밤새도록 거기 머문다.

2011년 5월 22일. 샬롯이 새로 지은 거미줄은 지난해 지은 것과 크기가 비슷했다. 이번 것은 27개의 바퀴살과 동심원을 이루는 43개의 실로 이루어졌다. 예상했던 대로, 녀석은 7개월의 단식 이후로 왕성한 식욕을 계속 유지했다. 녀석은 쉬파리를 잡으려고 은신처에서 먹고 있던 먹이는 그대로 둔 채 거미줄에 털썩 내려앉았다. 녀석은 쉬파리를 실로 감은 다음 은신처로 가져갔다가 그것을 다 먹기도 전에 새로운 먹잇감이 걸려들면 사냥을 위해 내려왔다. 녀석은 이번 먹이도 실로 감았지만 거미줄에 그대로 남겨둔 채 방금 전까지 먹던 먹이에게로 돌아갔다. 하지만 나중에 녀석은 조용히 내려와 몇 시간 전에 남겨둔 먹이를 찾아갔다. 저녁이 되면 녀석은 자신이 가장 좋아하는 저녁 사냥 장소인 거미줄 한가운데로 되돌아갔다. (2년 뒤에 내가 오두막에서 채집한 샬롯과 같은 크기와 종류의 거미 다섯 마리는 누가 먼저랄 것도 없이 땅거미가 지고 나면 몇 분 내에 거미줄로 내려왔고 새벽이 되면 동시에 집으로 돌아갔다. 거미줄 짓기는 오직 밤에만 이루어졌다.)

2011년 6월 3일. 나는 나방 한 마리를 녀석에게 던져주었다. 가장 최근에 오른쪽 다리를 이용해 먹이를 끌어올렸던 녀석은 이번에는 내가 과거에 수차례 목격했던 것처럼 왼쪽 다리를 이용했다. 녀석은 융통성을 발휘해 양쪽 다리를 번갈아가며 사용했고 때로는 양다리는 물론 입까지 동원해 작은 먹이를 끌고 갔다.

2011년 6월 6일 오전 8시 5분. 나는 죽은 쉬파리 한 마리를 거미줄에 던졌다. 오전 10시 21분, 발버둥치는 곤충을 흉내 내 세 차례나 거미줄을 흔들었는데도 샬롯은 여전히 아무런 움직임이 없었다. 배가 고프지 않았던 걸까? 1~2분이 지나 살아 있는 나방 한 마리를 던져주었다. 그랬더니 이번에는 녀석이 곧장 내려와 먹이를 움켜쥐었지만 그 과정에서 죽은 파리는 거미줄에서 떨어져나갔다. 나는 떨어진 파리를 다시 거미줄에 던졌고 녀석은 앞에서처럼 아무런 반응도 보이지 않았다. 이런 파리는 내키지 않는 모양이었다. 그럼 다른 파리는 어떨까? 이번에는 살아 있는 사슴파리 한 마리를 거미줄에 던져주었고 녀석은 즉각 사냥에 나섰다. 샬롯은 파리 두 마리가 걸린 거미줄을 흔들었고 앞에서 퇴짜를 놓았던 죽은 쉬파리를 거머쥐었다. 살아 있는 사슴파리 때문에 생긴 거미줄의 흔들림이 죽은 쉬파리가 있는 쪽에서 온다고 잘못 판단한 것 같았다. 하지만 녀석은 완전히 속지 않았다. 쉬파리를 거미줄에서 조용히 제거해 아래로 떨어뜨린 다음 사슴파리가 있는 곳으로 찾아갔기 때문이다.

7월 초에 이르러 거미줄을 관리하는 샬롯의 노력도 점차 사그라졌다. 녀석은 내가 어떤 곤충을 주든 좀처럼 반응을 보이지 않았다. 7월 8일, 나는 이미 남루해진 거미줄을 못 쓰게 만들어놓고 녀석이 어떻게 나오는지 살폈다. 이튿날 밤 녀석은 은신처에서부터 7미터 길이의 거미줄 몇 가닥을 만들어 아래쪽 탁자 위에 놓인 콜맨* 랜턴 지붕에 이어 붙였다. 거미줄을 이루는 바퀴살 같았다. 사흘이 지나 녀석은 거미줄에 동심원을 이루는 가닥을 추가했다. 나는 녀석이 만들어놓은 거미줄과 랜턴을 제거했다. 7월 23일, 녀석은 거미줄을 다시 쳤지만 이번 것은 조잡하기 이를 데 없었다. 그럼에도 거미줄에는 몸집이 크고 까칠까칠한 파리도 걸려들었고 샬롯은 그런 먹이를 처리했다. 다시 사흘이 지나 녀석은 창문가 천장에서 약 40도의 각을 이루는 부채꼴 모양으로 여남은 개의 실을 연거푸 다시 매달아 탁자에 일직선으

---

* 캠핑 장비 등을 판매하는 미국의 아웃도어 용품 회사.

로 붙였다. 그렇게 만든 거미줄 한가운데에 녀석은 대충 둥글게 고리를 만들었지만, 보통 크기의 4분의 1인 직경 30센티미터에 지나지 않았다. 그것은 거미줄이라기보다는 허술한 미로처럼 보였다. 샬롯은 거미줄 치는 손맛을 잃은 듯했다. 아니면 배가 불러서 최소한의 먹이만 얻을 작정이었던 걸까?

9월 들어 습지의 단풍나무 잎이 가장 먼저 붉은색으로 물들기 시작했다. 밤낮으로 비가 내리면서 샬롯은 밤에는 거미줄에 머물고 낮에는 천장보에 자리 잡은 은신처로 돌아갔다. 녀석은 메뚜기 한 마리를 잡았다. 9월 30일, 나는 노린재 한 마리를 던져주며 녀석의 입맛을 시험해보기로 했다. 방어에 쓰이는 화학물질에 녀석이 어떤 식으로 반응할지 궁금했다. 전혀 문제가 없었다. 녀석은 노린재를 실로 감아 둘러쌌지만 그 자리에 그냥 두었다. 얼핏 보면 퇴짜를 놓은 것 같았지만 그날 저녁 녀석은 되돌아와 저녁거리로 노린재를 끌고 가 빈 껍데기만 남을 때까지 빨아먹었다.

2011년 10월 4일, 녀석에게 쌍살벌(Polistes)속에 속하는 말벌 한 마리를 던져주었다. 말벌의 길고 유연한 복부 끝에는 침이 달려 있었다. 녀석은 곧장 말벌에게로 다가갔지만 '다리 길이만큼' 적당히 거리를 두었다. 이런저런 작전 끝에 녀석은 말벌을 실로 휘감는 데 간신히 성공했다. 덕분에 말벌은 샬롯과 닿을 정도로 배를 구부릴 수 없게 됐고, 녀석은 말벌 앞쪽 끝으로 접근해 여유 있게 말벌 머리를 물어뜯었다. 그 사이 말벌은 길고 유연한 배를 샬롯에게 닿게 하려고 안간힘을 썼다. 샬롯은 먹이를 죽이고 나면 대개 은신처로 끌어올리기 시작했지만, 이번에는 말벌을 그 자리에 두고 거미줄에 앉아 먹이를 먹었다. 그 결과 거미줄은 다시 엉망진창이 되고 말았다. 이틀이 지나 녀석은 한 번도 그런 일이 없던 꽃등에에게도 퇴짜를 놓았다. 나는 마구 엉킨 거미줄을 걷어내고 녀석이 그날 밤 거미줄을 다시 짓는지 살펴봤다. 하지만 녀석은 거미줄에 손도 대지 않았다.

이튿날 아침, 녀석이 보이지 않았다. 녀석은 거미줄을 떠나 작년 겨울을 난 오두막 천장 들보 위에 올라가 있었다. 창문가에 있던 은신처에서 그리로 가기 위해 녀석은 세 개의 천장 들보를 건너야 했다. 나중에 녀석은 더 어두운 장소로 이동했고 거기 머물겠다는 의미로 자기 몸에 실을 둘러 감았다. 그곳은 내가 겨우내 사용하게 될 난로가 가까이 있어서 녀석이 바짝 말라버리지나 않을까 걱정스러웠다. 그래서 나무껍질을 넣어둔 채소서랍에 녀석을 집어넣은 다음 선반 위에 올려두었다.

석 달 후에 확인해보니 녀석은 배가 변색되고 축 늘어지다 못해 오그라들어 있었다. 녀석의 수명이 다해 죽은 것이라면 예상대로 알 상자를 남기지 않았을 것이다. 나는 녀석에게 겨울나기 장소를 잘못 골라주었다. (동면 동물의 경우) 겨울에는 먹이나 물을 섭취할 가능성이 없기 때문에 겨울나기 장소는 에너지와 물을 아끼기 위해 시원하면서 습도도 충분해야 한다. 생존은 녀석의 뱃속에 들어 있는 내용물에 달려 있을 수도 있다. 여기에는 아직까지 밝혀지지 않은 비밀이 남아 있지만, 이 정도면 적당하냐고 우리가 묻는다면 이제 샬롯의 동료들만이 대답해줄 것이다.

내가 거미에 관해 읽거나 전문가에게서 들은 지식 혹은 샬롯을 주인공으로 한 E. B. 화이트의 유명한 소설에 따르면, 둥근그물거미는 여름이 끝날 무렵 푹신푹신한 누에고치에 편안히 자리를 잡고 알을 낳은 다음 '늦가을'에 죽는다. 알은 겨울을 나고 이듬해 봄에 부화를 한다. 현미경으로 봐야만 보일 정도로 작은 새끼거미는 몸에서 나온 실에 이끌려 바람을 타고 멀리까지 풍선처럼 날아간다. 다 자란 둥근 그물거미가 알을 낳은 다음 가을에 죽는다는 사실은 잘 알려져 있다. 하지만 이들 거미가 대체 얼마 만에(1~2년, 10년, 30년) 생애 위업을 이루는지 알아내기 위해 알이 부화한 시점부터 성체로 자라나 알을 낳을 때까지 온화한 계절 동안 누군가 이들 거미의 생애를 추적했다는 얘기는 들어본 적이 없었다.

나와 동거하던 샬롯은 수수께끼를 남긴 채 내 곁을 떠났다. 가장 중요한 문제는, 집을 떠나고 싶어 하는 낌새를 한 번도 보이지 않았던 녀석이 어떻게 새끼를 낳을 수 있었겠느냐 하는 것이다. 암컷 거미는 수컷을 어떻게 만날 수 있을까? 거미줄에 자리를 잡게 되면 집을 떠나는 것이 어려워질 수도 있다. 먹이는 무슨 수로 구할 것인가? 어째서 녀석은 짝을 만들 수도 있는 새집으로의 이사를 한 번도 시도하지 않았던 걸까? 수컷은 거미줄을 치지 않는 것으로 추정되지만, 만약 거미줄에 앉아 있는 수컷을 발견한다면 녀석은 아마도 암컷을 찾아온 것일 게다. 이런 정보에 입각해 나는 샬롯이 알 상자를 남기지 않았는데도 녀석을 암컷이라고 확신했던 것이다. 앞서의 의문은 이듬해 여름 또 다른 거미를 통해 거의 우연히 풀리게 됐다.

두 번의 여름을 거치는 동안 나는 자기만의 특별한 자리에 머무는 샬롯이 점점 좋아졌다. 이 책의 원고를 마무리 짓던 2013년에는 녀석이 그립기까지 했다. 하지만 당시만 해도 나는 샬롯 같은 거미의 집이 될 수 있는 장소, 그중에서도 특히 동굴 같은 곳에서 살아가는 둥근그물거미에 대해서는 별다른 주의를 기울이지 않았다. 그래서 오두막집 창문과 곤충 우리 안에 다양한 크기의 수많은 거미를 보유하는 정도로 끝나고 말았다. 대부분은 샬롯과 여러모로 닮은 다양한 크기의 거미들이었다. 그런데 한 마리는 좀 달랐다.

쌀쌀하고 긴 우기가 끝나 나무에서 새잎이 돋아나기 시작하고 곤충의 비행이 시작되던 5월 초, 나는 거미줄 하나를 발견했다. 거미줄은 내가 오두막에서 날마다 달리기를 하며 지나다니는 길 위로 튀어나온 바위 밑에 있었다. 기대했던 대로 샬롯과 생김새가 비슷한 몸집이 큰 거미 한 마리가 바위 아래에 매달린 거미줄 위에 앉아 있었다.

나는 이 거미를 여러 차례 살펴봤다. 그러던 6월 9일 샬롯이 남긴 몇 가지 수수께끼에 대해 곰곰이 생각하던 중 길가에 버려진 종이컵을 발견하고 그것으로 거미를 잡아 오두막으로 가져왔다. 당시는 다시 한번 거미와의 동거가 이루어지고 있던 시기였다(거미와의 동거는 그 후로도 몇 차례 더 있었다).

이 거미의 촉수(곤충의 더듬이와 비슷한 거미의 전면 끝부분에 있는 기관) 한 쌍은 늘어나 있었고 양쪽 끝이 골프채 같은 생김새를 하고 있었다. 수컷임을 보여주는 증거였다. 그런데 녀석을 오두막 방충망 앞에다 풀어준 다음 날 녀석은 폭이 약 40센티미터에 이르는 아름다운 대칭형의 둥근 거미줄을 지어놓았다. 어느 모로 보나 샬롯을 비롯한 암컷 거미가 지은 거미줄과 비슷했다. 나는 여러 가지 곤충을 잡아서 거미줄로 던져보았고, 녀석은 먹이를 잡아서 실로 감고 천장의 은신처로 끌어올리는 식으로 샬롯과 똑같은 반응을 보였다.

이 녀석이 수컷이라고 생각하면서도 확신이 서지 않았던 이유는 몸집이 컸기 때문이다. 나는 수컷 거미가 암컷에 비해 몸집이 작다는 내용을 언젠가 읽은 적이 있다. 뿐만 아니라 거미에 관해 내가 조언을 구한 사람들은 한결같이 수컷 거미가 거미줄을 짓지 않는다고 알려줬다.

회색과 검은색 줄에 하얀 반점을 가진 새로운 거미의 무늬는 녀석이 샬롯과 마찬가지로 헛간거미라는 증거였다. 하지만 샬롯보다 다리가 길다는 점 말고도 녀석은 샬롯에 비해 배가 작았다. 나는 거미줄에다 다양한 곤충을 계속 던져주었다. 녀석이 큰 거미줄을 또 하나 새로 짓고 나자마자 6월 18일에 내가 마지막으로 던져준 먹이는 녀석과 몸집이 비슷한 수컷 꿀벌이었다. 녀석은 수벌을 실로 감은 다음 껍질만 남도록 빨아 먹고 나서 실에 감긴 수벌 시신을 거미줄 위에 자리 잡은 은신처에서 책상 위로 떨어뜨렸다.

꿀벌로 식사를 마친 녀석은 은신처에서 머무르며 점차 넝마처럼 변해가는 거미줄에 어떤 먹이를 던져주든 반응을 보이지 않았다. 녀석이 아프다는 생각이 들었다. 그러다 6월 25일 녀석은 허물을 벗었고 이미 쪼그라든 배도 훨씬 작아져 있었다. 반면 녀석의 다리는 탈피가 이루어지기 전보다 3분의 1만큼 늘어났다. 녀석의 가장 긴 첫 번째

다리는 4.3센티미터였고 최대로 뻗으면 9.2센티미터에 이르렀다. 두 흉부(머리가슴) 크기는 암컷과 수컷이 같았다. 녀석의 체형은 달리기 주자로 탈바꿈한 것 같았다. 녀석은 거미줄을 새로 짓지 않았고 어느 순간 자취를 감추었다.

사실 녀석에 대한 이야기는 이렇게 끝날 수도 있었다. 7월 4일 머릿속에서 불꽃처럼 떠오른 생각에 밤을 꼬박 지새우지만 않았어도 말이다. 잠결에도 나는 어떤 생각에 빠져 있었다. 자리에서 일어난 나는 헤드램프를 켠 뒤 연필과 메모지를 집어들고 어둠 속에서 아래층 소파에 앉아 끼적거리기 시작했다. 그렇게 1~2분이나 지났을까. 맨살에 가벼운 솔 같은 감촉이 느껴졌다. 마치 부드러운 깃털이 닿는 느낌이었다. 허벅지를 내려다본 순간, 마침 자리를 뜨려는 커다란 거미 한 마리가 눈에 들어왔다. 머뭇거릴 새도 없이 나는 소파에서 벌떡 일어났다. 녀석의 유난히 작은 배와 긴 다리가 눈에 띄었다.

이 거미는 달릴 수도 있었다! 눈 깜짝할 사이에 녀석은 창틀까지 이르는 데 성공했다. 녀석이 창틀을 따라 질주를 시작한 순간 나는 녀석이 움직인 거리를 계산하기 시작했다. "31, 32, 33." 3초 만에 녀석은 1미터는 됨직한 창틀을 가로질러 갔다. 그 정도 속도면 30분 만에 1마일(약 1.6킬로미터)을 주파할 수 있다. 시계를 들여다봤다. 오전 12시 5분. 자정이 조금 넘은 시간이었다. 구석에 다다른 거미는 이번에는 벽을 기어오르기 시작해 불과 몇 초 만에 천장에 이르렀다. 암컷 거미의 경우는 이렇게 먼 거리를 움직인 적이 없었다. 이런 종의 수컷 거미는 다 자라면 주로 밤에 돌아다닌다. 암컷이 돌아다닐 필요가 없는 것도 바로 그 때문이다. 대신에 암컷은 먹이를 잡아 챙겨놓고 알을 많이 낳기 위한 자원을 비축해두면서 배를 늘여나간다. 수컷은 짝짓기에 성공하기 위해 남은 생을 바쳐야 할 수도 있다. 설령 그렇더라도 녀석들은 생애 단 한 번 혹은 두 번만 짝짓기를 할 수 있다. (수컷의 촉수는 암컷의 촉수처럼 촉각기관이 아니다. 그보다는 정자를 암컷의 몸으로 옮기는 기관이다. 교미가 이루어지는 동안 수컷은 한 개 혹은 두 개의 촉수를 암컷의 몸에 밀어넣는다.)

사흘이 지나 이번에는 위층을 돌아다니고 있는 녀석을 다시 발견했다. 녀석은 여전히 거미줄을 치지 않았고, 나는 녀석이 아무것도 먹지 않는 것인지 궁금했다. 나는 녀석을 잡아 부피가 13세제곱센티미터 되는 우리에 넣고 내가 제공한 살아 있는 파리, 벌, 딱정벌레, 메뚜기 따위를 먹는지 시험해보았다. 녀석은 이 모든 먹이를 본 체도 하지 않았다(그에 비해 나중에 같은 우리에 가둬둔 헛간거미 암컷은 언제나 먹이를 잡아먹었다). 먹이를 입에 대지 않은 채로 한 달을 보낸 수컷의 몰골은 말이 아니었지만, 내가 녀석을 스케치할 수 있을 정도로는 버텨주었다.

헛간거미의 암컷은 정주 성향이 강해 몸을 많이 움직이지 않고 먹이를 먹는 데 비해 수컷은 아주 활동적이며 성체로 자라면 먹이를 먹지 않는다. 헛간거미의 이 같은 진화론적 '전략'이 전혀 생소한 것만은 아니다. 앞에서 언급한 주머니나방이나 이 지역에서 흔히 볼 수 있는 독나방(Orgyia sp.), 겨울에 날아다니는 자나방(Geometridae) 같은 일부 나방 종 암컷은 날개가 없고 덜 발달된 다리만을 갖고 있다. 반면에 수컷에게는 큰 날개가 있지만 소화관이 없다. 녀석들은 자기가 나온 고치를 멀리 벗어나지 않으며 왕성한 식욕을 보였던 애벌레 단계에서 섭취해둔 먹이로 평생을 버틴다.

개미와 흰개미의 경우 계급과 성별에 따라 체형이 다양한 것은 물론 체형 변화와 그와 관련된 행동 변화가 순차적으로 이루어진다. 암컷과 수컷 모두 번식기 이전에는 활발히 움직이지만 번식을 위해 보금자리에 정착하고 나면 날개가 몸에서 떨어져나간다.

주: 샬롯과 같은 거미가 주로 서식하며 거미줄을 치는 곳이 어딘지 알게 된 나는 8월 중순에서 하순까지 숲의 버려진 야영지에서 스물세 마리의 거미를 발견했다. 처음에는 샬롯과 바위 아래에서 잡은 수컷이 그랬던 것처럼 몸집이 큰 녀석들만 눈에 띄었으나 탐색 기간이 늘어날수록 찾아낸 둥근그물거미의 몸집도 점점 작아지는 것 같았다. 마침내 내가 찾아낸 가장 작은 녀석들은 거의 점만 한 크기였다. 녀석들은 공중에 매달린 것처럼 보였으며 어쩌다 거미줄에 앉아 있을 때만 균일하고 어두운 배경에서 적절한 빛에 각도까지 정확히 맞춰져야 눈으로 식별이 가능했다. 확대경을 이용해 나는 어른거미가 만든 것과 거의 똑같은 거미줄을 이처럼 작디작은 새끼거미가 짓는 모습을 지켜봤다. 하지만 이들 거미집은 아무리 실용적이라 해도 아주 미세한 실로 지어졌기 때문에 눈에 보이지 않았다.

　　스물세 마리 가운데 아홉 마리는 복부 지름이 12~13밀리미터였고, 두 마리는 7~8밀리미터, 세 마리는 4밀리미터, 두 마리는 2밀리미터, 일곱 마리는 1밀리미터 미만이었다. 부피를 대충 따져보니, 복부 지름이 1밀리미터인 녀석들은 약 0.52세제곱밀리미터, 지름이 12밀리미터로 가장 큰 녀석들의 경우는 905세제곱밀리미터에 이르렀다. 이런 크기 차는 8월 말에 가까워지면서 나타났다. 그로부터 한 달이 지나자 녀석들은 겨울을 대비해 동면에 들기 위해 떠났다. 녀석들은 약간만 자랐거나 전혀 자라지 않은 경우도 있었다. 몸집이 가장 큰 녀석들은 수백 개에 이르는 노란색 알을 낳아 둥글게 쌓아두었다. 녀석들은 10월 말에 이르러 어느 날 갑작스런 죽음을 맞기 전까지 알에서 한시도 떠나지 않았다.

　　거미는 숲에서 겨울을 나는 절지동물 가운데 내가 가장 흔히 만나는 녀석들이다. 내가 샬롯을 처음 봤을 때 녀석은 아무리 못해도 다섯 살은 넘지 않았을까 싶다. 물론 녀석은 나이가 그보다 훨씬 더 많이 먹었을 수도 있다. 이제까지 둥근그물거미의 수명은 아주 낮게 추산돼왔다. 샬롯이 메인주의 어느 여름 한철 알에서 부화해 다시 알을 낳는 성체로 자라났다면 녀석은 E. B. 화이트의 소설 속에 등장하는 원래의 샬롯에 비견할 만큼 정말 '특별한 거미'였을 것이다.

사회성을 띤 동물들의 공동주택

우리는 다른 사람들과 더불어 있을 때
비로소 인간(人間)이 된다.
－폴 로가트 러브

작고 어디엔가 숨겨진 대부분의 명금류 둥지는 한 마리나 한 쌍
의 새가 지은 것으로 알과 새끼를 숨기고 보호하는 기능만 있을 뿐이
다. 남아프리카 나미브 사막과 칼라하리 사막에서 살아가는 집단베
짜기새(떼베짜기새, Philetairus socius)의 둥지는 이보다 훨씬 많은 기능을
갖는다. 녀석들의 집은 세계에서 가장 크고 가장 많은 새들이 모여 사
는 나무 집 혹은 둥지로, 무게가 몇 톤에 이르기도 하고 폭과 길이는
각각 6미터, 3미터에 이르기도 한다. 100개가 넘는 방을 갖춘 이들 공
동주택은 종종 100년이 넘는 세월 동안 여러 세대를 거치면서 새로
단장되고 재사용되며 증축이 이루어지기도 한다. 한 세대는 다른 세
대가 만들어놓은 주거 환경을 물려받아 이를 기반으로 확장해나가는

가운데 이익을 얻는다.

 칼라하리 사막의 집단베짜기새 서식지 기온은 섭씨 영하 10도에서 영상 45도를 넘나든다. 사람들이 살아가는 아파트(비교 대상으로 이만한 것이 없다)와 마찬가지로 집단베짜기새의 둥지는 직사광선을 막아주고 비와 가뭄과 추위로부터 녀석들을 보호해주면서 일 년 내내 공동체의 거주지로 이용된다. 찌는 듯 더운 여름에는 열기를 식혀줄 물이 수많은 동물에게 절실히 필요하며, 대부분의 새들도 목구멍의 떨림 때문에 발생한 과도한 체열을 식히려면 물이 자주 필요하다. 이는 촉촉한 목구멍에서 공기의 이동이 늘어나면 증발을 일으키는 물 손실이 빨라지는 헐떡임과 비슷한 과정이다. 하지만 여름에 기온이 높을 때 공동 둥지로 몸을 피하면 집단베짜기새들은 열 방출에 필요한 물을 아낄 수 있기 때문에 물을 마시지 않고도 견딜 수 있게 된다.

 둥지 근처에 물이 꼭 필요하지 않다는 것은 이들 집단베짜기새들이 살아갈 수 있는 서식 범위에 지대한 영향을 준다. 역으로, 기온이 낮은 겨울철에 둥지에서 밤을 보내는 집단베짜기새들은 체온을 유지하려고 몸을 떠는데, 덕분에 필요한 에너지를 절약하고 그 결과 먹이까지 아끼게 된다. 겨울에 새끼를 기르기 위해 부모새가 이용하는 일부 방들은 다섯 마리까지 수용할 수 있는 기숙사가 된다. 밖은 서리가 내려도 옹기종기 모여 있으면 실내온도는 바깥보다 높은 섭씨 15도를 유지한다. 결과적으로 집단베짜기새들의 공동주택은 단순히 새끼를 기르는 양육의 기능 말고도 소중한 가치를 지닌 자원인 셈이다. 녀석들의 둥지는 일 년 내내 기숙사와 피난처 역할을 한다. 당연히 다

집단베짜기새의 공동 둥지. 개별적 공간으로 들어가는 입구는 둥지 아래쪽에 있다(오른쪽).

자란 집단베짜기새의 새끼는 마지못해 집을 떠날 테고, 개중에는 부모를 도와 동생들을 부양하는 일로 '밥값을 하며' 집에 머무는 녀석도 있을 것이다.

　이들 집단베짜기새는 대부분의 베짜기새와 달리 집을 '짜지(엮지)' 않는다. 녀석들의 둥지는 빗물이 스며들지 않도록 식물의 줄기로 만든 비스듬한 초가지붕을 얹은 오두막과 비슷하다. 해를 거듭하면서 새들이 바닥과 측면에 건초를 끼워넣어 방이 새로 추가될 때마다 둥지 규모가 커진다. 100쌍이 넘는 부모새들의 분리된 공간은 부드럽고

푹신푹신한 식물 소재로 내벽이 둘러지고 길이와 폭이 각각 25센티미터, 3센티미터에 이르는 분리된 출입구를 갖추고 있다. 뾰족한 짚이 아래쪽을 향하게 만든 이런 출입구는 뱀의 접근을 막는 데 도움이 된다. 둥지 출입구들이 서로 아주 가깝게 뚫려 있어 결과적으로, 공동주택의 밑면은 벌집과 흡사한 외관을 하고 있다.

당연하지만, 집을 지은 동물에게 잘 들어맞는다는 것은 집을 찾아오는 일부 불청객에게도 들어맞는다는 얘기일 것이다. 집단베짜기새의 공동주택은 배타적 성격이 강한 피그미새매(Polihierax semitorquatus)의 둥지 부지가 되기도 하고, 일환조(Amadina erythrocephela)와 앵무새의 일종인 벚꽃모란앵무(Agapornis roseicollis)가 좋아하는 둥지 부지가 되기도 한다.

둥지를 지으려는 욕구와 공동주택에 대한 애착이 워낙에 강해서 집단베짜기새들은 일 년 내내 둥지와 그 주변에서 살아갈 뿐만 아니라 끊임없이 둥지를 보수해나간다. 미국 내에서 이들 집단베짜기새의 유일한 군락지인 샌디에이고 동물원에서는 녀석들이 일 년 내내 집을 만드는 데 필요한 건초를 실어나르느라 날마다 부산을 떤다.

• • •

베짜기새의 공동둥지, 꿀벌의 언어와 사회조직, 층층이 쌓아올린 벌집. 이처럼 만만치 않은 일련의 과정을 통해 파생된 현상을 접할 때면 그것들이 어떤 식으로 진화해왔는지 궁금할 때가 있다. 이런 것들은 '거기'서 '여기'에 이르는 중간 단계가 생략돼 있으면 도무지 이해할 수 없을 것 같지만, 기존에 잘 알려진 사실과 비교해보면 상상이 가능하다. 베짜기새의 둥지는 실로 다양하기 때문에 다양한 종류의 둥지를 조사하다 보면 군집성을 띤 둥지와 연관된 개인적 행동양식에서 사회적 행동양식에 이르기까지 연속적으로 진행되는 단계별 사례를 살펴볼 수 있다. 최초 단계에서 고도로 발전된 단계에 이르는 일련의 과정이 완전히 옳다고는 볼 수 없으나 검토해볼 수 있는 시나리오를 제공해주는 것은 사실이다.

우선 베짜기새는 대개 사회성을 띤다. 군집 내에는 수많은 둥지가 존재하며 그런 둥지끼리 서로 가까운 곳에 자리를 잡을 때가 많다. 아프리카의 사하라사막 남부에 서식하는 흰 부리를 가진 버팔로베짜기새(Bubalornis albirostris)의 경우는 둥지끼리 서로 닿기도 한다. 나뭇가지로 만든 규모가 큰 하나의 둥지는 다음 둥지를 붙이기 편리한 자리가 될 수도 있다. 그렇게 몇 개의 둥지가 효과적으로 모여 별도의 출입구를 가진 공동둥지를 이룬다. 이런 방식은 아프리카에 서식하며 엄청난 규모의 군집을 이루는 밤나무베짜기새(Ploceus rubiginosus)와 아프리카의 건조한 관목지에서 살아가는 흰눈썹베짜기새(Plocepasser mahali)와 회색머리집단베짜기새(Grey-capped social weaver)에서도 찾아볼 수 있다. 이들 베짜기새는 여남은 개의 둥지가 무리를 이루는 경향이 있으며 대부분의 베짜기새들에 비해 사회적 포용력이 높다.

앵무새는 전반적으로 베짜기새와 같은 둥지 양식을 보이면서도 출발점은 전혀 다르다는 점에서 비교할 만한 사례가 된다. 둥지를 엮어 자신만의 공간을 만드는 대부분의 베짜기새와 달리 앵무새는 기존에 있는 공동목의 나무 구멍을 둥지로 이용한다. 여기서 하라비앵무 혹은 퀘이커앵무(Myiopsitta monachus)는 예외다. 하라비앵무는 350종의 앵무새 가운데 구멍에 둥지를 짓는 것으로 제한되지 않는 유일한 종이라는 점에서 진정한 예외라고 할 수 있다. 대신 녀석들은 나뭇가지를 이용해 나무에 둥지를 짓는다. 그런 둥지는 짝을 이룬 한 쌍의 새가 만든 작은 둥지일 수도 있고 대형자동차 크기의 공동주택일 수도 있다.

그 밖의 모든 앵무새가 구멍에 둥지를 짓기 때문에 하라비앵무가 나무에 지은 공동주택을 두고 구멍에 둥지를 틀었던 이들 조상에게서 진화해온 생존 조건이라고 추론할 수도 있을 것이다. 하라비앵무의 사례는 나무 둥지가 어떤 식으로 발전해왔으며 둥지를 지으려면 빈 공간을 선택하는 것이 유리하고 그런 습성이 생존 전략에 깊이 뿌리를 내린 다른 앵무새의 경우는 어째서 발전하지 않았는가 하는 의문을 남긴다. 프로펠러 비행기를 제트 비행기로 재조립하려는 노력과 다름없을 정도로 전혀 새로운 방식으로의 급작스런 변화가 있었을 것 같지는 않다. 그렇다면 구멍 둥지에서 나뭇가지 둥지로의 전환은 어떻게 이루어졌을까? 특히 나뭇가지 둥지가 하라비앵무에게 또다시 공동둥지가 된 이유는 뭘까?

하라비앵무의 조상이 대대로 둥지를 틀었던 장소는 녀석들과 밀접한 관련이 있는 벼랑앵무(M. luchsi)가 둥지를 트는 장소와 비슷해 보인다. 벼랑앵무는 나무 구멍보다는 바위 틈새 속에 둥지를 튼다. 벼랑은 일부가 벽에 둘러싸여 있다. 처음에 벼랑에 둥지를 틀었던 앵무

새들은 일부 트인 공간을 한두 개의 나뭇가지로 채우다 나중에는 더 많은 나뭇가지를 채워넣었을지도 모른다. 갈라진 벼랑 틈새는 이웃한 한두 개의 둥지 혹은 그보다 많은 둥지에 공간을 제공해주었을 것이다. '여분의' 공간 덕분에 둥지 부지에서의 경쟁도 그만큼 줄어들었을 것이다. 가까이에 있는 둥지가 오히려 구멍에 가까운 넓고 긴 틈새를 만드는 데 도움이 되고, 경쟁자일 수도 있었던 이웃이 '조력자'가 되는 결과를 낳으면서 고양된 사회적 관용을 선택했던 것으로 보인다. 결국 사회적 관용이 두터워지면서 구멍을 대체할 수 있는 더 넓은 틈새의 이용이 가능해졌을 것이다. 다른 둥지 옆이나 사이에 둥지를 트는 방식은 벼랑앵무의 둥지처럼 일부가 막힌 공간에 둥지를 틀기 위한 하라비앵무의 전략적 대안이 되었다.

서로의 둥지 옆에 둥지를 트는 것은 모두에게 이득을 가져다주었다. 진화의 역사에서 현재는 수백 개의 앵무새 둥지가 빽빽이 들어찬 거대한 공동둥지를 형성할 수도 있다. 공동둥지에서 암수 한 쌍은 별도의 출입구를 갖춘 분리된 '방'을 갖고 있다. 인간의 집이나 집단 베짜기새의 둥지와 마찬가지로 앵무새의 둥지 역시 다른 새들의 집터로 이용된다. 앵무새 둥지에 집을 짓는 새로는 흰별새매(Spiziapteryx circumcincta)와 오리 종인 브라질쇠오리(Amazonetta brasiliensis), 노랑부리쇠오리(Anas flavirostris) 등이 있다.

수많은 조류 가운데 보기 드물게 사회성이 강한 둥지를 짓는 새들은 눈에 띌 정도로 이례적인 집을 짓는 세 가지 포유류를 상기시킨다. 그중 둘은 설치류에 속하고, 하나는 영장류에 속한다. 이들 포유류의 경우 베짜기새나 앵무새와 마찬가지로 집은 단지 새끼를 키우는 곳이 아니다. 그렇다면 녀석들 모두 예외인 걸까? 말하자면, 예측이 가능했을까? 예측은 원인을 이해하는 경우에만 가능하다. 동물의 사회적 행동에 특별한 관심을 보인 미시간대학교의 동물학자 리처드 D. 알렉산더는 바로 그런 식의 예측을 했다. 그는 70대 중반에 사회적 행동을 주제로 폭넓은 저술과 강연을 했다. 그는 동물의 군거성*이 세대 간 중첩과 노동의 분업, 한두 개체만 생식기능을 갖고 나머지는 생식기능이 없는 구조를 통해 대규모 집단을 이루며 살아가도록 진화해온 방식을 이해하려고 노력했다. 이런 조건들의 조합은 '진(眞)사회성(eusociality)**'으로 불리게 됐고 이른바 '사회성을 지닌' 벌, 말벌, 흰개미에게서는 찾아볼 수 있었지만 척추동물에서는 찾아볼 수 없었다. (단순한 사회적 행동과 달리) 진사회성이 어떻게 진화해왔는지를 설명하려고 노력하는 과정에서 알렉산더는 일정한 조건이 주어지면 진사회성을 보일 수 있는 가상의 포유류를 상정했다. 그가 지어낸 가공의 짐승은 흰개미를 모델로 삼은 것이었다. 진사회성을 대표하는 흰개미는 아주 오랜 옛날 썩어가는 나무를 먹이로 삼아 그 안에서 홀로 살아갔던 바퀴벌레에서 진화한 것으로 짐작된다.

한편 알렉산더도 모르는 사이, 케냐 나이로비대학교에서 박사과정을 밟던 제니퍼 자비스는 그가 내놓은 예측에 토대를 마련해준 연

---

* 群居性, 무리를 지어 사는 성향
** 사회의 모든 구성원들이 공통의 이익을 위해 전문화된 과제나 일을 함께 수행하는 곤충사회의 하나의 유형. 개미와 벌 등이 보이는 사회체제로, 협력하여 자식을 양육하는 사회성을 가진다.

구를 시작했다. 그녀는 남아프리카의 건조한 지역에서 살아가는 특이한 설치류의 생명활동을 밝히는 데 관심을 갖고 있었다. 그 지역의 수많은 식물은 땅속 식량인 동시에 물 저장 기관인 커다란 덩이줄기로 진화함으로써 길고 예측이 불가능한 가뭄에도 살아남을 수 있었다. 그녀의 관심 대상이던 설치류는 두더지줫과에 속하고 생김새와 딱 맞게 벌거숭이두더지쥐로 불리는 종으로 주로 이런 덩이줄기에서 먹이와 물을 얻으며 수많은 갈래로 갈라진 땅굴 속에서 '영원히' 살아간다. 땅굴에는 잠을 자는 방과 배설물을 모아두는 방이 갖춰져 있으며 전체 길이가 3킬로미터를 넘을 수도 있다. 진사회성을 보이는 포유류에 대해 알렉산더가 예측했던 것도 정확히 이와 같았다. 그런 예측이 인정을 받으면서 이들 동물에 대한 사회생물학은 여러 학자들 사이에서 치열한 연구 과제로 떠올랐다. 야생 벌거숭이두더지쥐와 녀석들의 집을 본떠 만든 서로 연결된 구멍에 넣어둔 실험실용 벌거숭이두더지쥐에 대한 연구가 동시에 이루어졌다. 연구를 통해 밝혀진 사실은 벌거숭이두더지쥐가 실제로 진사회성을 보인다는 것이었다. 벌거숭이두더지쥐 100마리가 하나의 굴집에서 살아가지만 그중에서 오직 암컷 한 마리만이 새끼를 낳으며 암컷은 수컷 세 마리와 짝짓기를 한다. 군집 내의 나머지 벌거숭이두더지쥐는 무리를 지키고 출입구를 막고 굴착기처럼 굴을 확장하거나 새로 만드는 일을 돕는다.

　다른 종의 두더지쥐는 진사회성을 보이지 않기 때문에 다음과 같은 의문이 든다. "이들 벌거숭이두더지쥐가 진사회성을 보이게 된 이유는 뭘까?" 이는 바퀴벌레에서 흰개미로 진화한 조건과 관계가 있어

보인다.

흰개미의 조상은 썩어가는 나무를 먹었을 것이다. 그런 나무는 녀석들을 폐쇄된 공간에 가두었지만 한편으로는 천적으로부터 보호해주었다. 마찬가지로, 커다란 덩이줄기를 먹는 벌거숭이두더지쥐 역시 땅속에 집을 지을 수 있으며 위험을 무릅쓰고 밖으로 나가지 않고도 굶을 염려 없이 비교적 안전하게 지낼 수 있다. 반면 혼자서 땅을 파는 두더지쥐는 멀리까지 흩어진 덩이줄기를 찾아내거나 땅위에서 살아남을 가능성이 희박하다. 그러나 군집을 이뤄 땅을 팔 수 있는 일꾼이 많아지면 새로운 덩이줄기를 찾아낼 가능성이 높아지고 분담 비용은 줄어들어 사회적 관용이 그만큼 높아지게 된다. 덩이줄기는 무게가 최대 50킬로그램까지 나가기도 하는데, 이는 50~100마리에 이르는 군집 전체가 두 달 넘게 버틸 수 있는 먹이를 제공해준다. 군집 내의 두더지쥐는 다른 개체와의 협력을 통해 굶주림의 위험에서 벗어나는 이익을 얻는다. 그런 반면 개체수 과밀의 문제가 발생하는 비좁은 공간에서 먹이와 안전을 얻기 위해서는 생식불능이란 대가를 치러야 한다.

진사회성을 보이는 동물에 대한 알렉산더의 통찰력 있는 연구 이후로 수많은 연구가 뒤따랐다. 자비스와 알렉산더의 제자들을 비롯한 많은 이들이 수십 년에 걸쳐 실증적 연구를 거듭한 끝에 흰개미와 벌거숭이두더지쥐 사이의 유사점에 대한 논쟁을 일단락 지을 수 있었다. 신화 속에나 나올 법한 동물이 실재하는 것으로 밝혀졌고, 이로써 안전한 보금자리에서 세대 간 중첩이 이뤄지는 제한된 상황에서 진사회성의 진화가 시작됐을 수도 있다는 생각이 입증되었다.

지하생활에 적합하도록 진화한 벌거숭이두더지쥐의 적응에는 진사회성을 뛰어넘어 거의 모든 체모의 상실(감각기관으로 이용되는 수염과 땅을 파는 데 유용한 발에 붙은 뻣뻣한 털은 제외하고), 외이(바깥귀)의 상실, 시력의 상실, 사지의 단축 등이 포함된다. 이처럼 '퇴화'로 보이는 모든 현상은 지하생활에 적응하기 위한 녀석들 나름의 자구책이다. 그런 조건은 땅위에서는 치명적일 만큼 불리하지만 지하의 거주지에 머무는 데는 더할 나위 없이 유리하다. 나선 구조를 이루는 지하 굴집에 발을 들여놓은 순간 녀석들은 진사회적 삶에 갇히고 만다.

개체를 가두는 폐쇄된 공간은 다음 세대를 이룰 새끼들에 대한 부모의 우위권 확립을 용이하게 해준다. 생식은 선택된 몇몇 개체로 제한되며 나머지 개체는 지배계급에 의해 생리적으로 거세를 당한다. 벌거숭이두더지쥐의 경우 생식기능을 가진 암컷 한 마리와 1~3마리에 이르는 수컷이 해마다 4~5차례 새끼를 낳고 그때마다 4~15마리씩 새끼를 얻는다. 내 생각에 집단베짜기새와 하라비앵무가 진사회성을 띠지 않았던 이유는 간단하다. 녀석들은 공동주택에 있는 자신들만의 '공간'에서 여전히 살아가며 자유롭게 하늘을 날아다닌다. 따라서 다른 특정한 개체에 의해 지속적인 감시와 견제 따위를 받지 않는다. 그렇다면 지구상의 다른 건조지역에서 굴을 파고 살아가는 그 밖의 설치류는 어째서 벌거숭이두더지쥐처럼 집을 공유하고 진사회성을 띠지 않았던 걸까?

동물은 먹이와 안전을 보장받기 위해 공동주택에 모여 함께 생활한다. 이중 어느 하나가 부족하면 무리는 분산되는 것이 불가피하며 몇몇 개체에 의한 지배는 사실상 불가능해진다. 가령 미국의 남서부 사막에는 아프리카 식물처럼 커다란 덩이줄기를 가진 식물이 없다. 따라서 캥거루쥐, 주머니쥐, 들다람쥐 같은 사막의 설치류는 낮에는 땅속의 굴집 출입구를 흙으로 막아두었다가 밤이 되면 먹이(땅바닥에 떨어진 씨앗)를 채집하기 위해 위험을 무릅쓰고 밖으로 나와야 한다. 녀석들은 오랜 옛날 구멍을 파둔 나무를 먹이로 삼아 그곳에서 살아갔던 바퀴벌레처럼 혹은 지하 굴집에 갇혀 진사회성을 띠며 살아가는 벌거숭이두더지쥐처럼 보금자리에서 영원히 안전하게 머물 수 없다. 땅위로 나오는 걸 피할 수는 없지만 녀석들은 자신들에게 취약한 시간은 피할 수 있다. 녀석들은 벌거숭이두더지쥐와 달리 볼주머니가 발달돼 있어서 수많은 씨앗을 지하 굴집으로 가져와 안전한 상태에서 먹는다.

한 가지 예외로, 영장류는 집짓기에서 창의성이 가장 부족한 동물 가운데 하나다. 개코원숭이는 이따금 동굴에서 밤을 보낸다. 침팬지는 잠자리를 마련하려고 나무 꼭대기의 가지를 서너 개 잡아당겨 허술한 침대를 만든다. 집이 필요했다면 집을 짓도록 진화하는 과정에서 원숭이와 유인원이 지능의 제한을 받는 일은 없었을 것이다. 하지만 모든 영장류 가운데 유독 인간만이 집을 짓는다. 이런 예외적 행동양식이 워낙에 두드러지기 때문에 과연 우리 안에 내재된 무엇이

다른 영장류로부터 우리를 완전히 구분 짓는 결정적 역할을 했는지 생각해보지 않을 수 없다. 지금까지 논의해온 것과 마찬가지로 영장류의 경우도 기본적인 생물학에서 출발해야 한다.

대개 영장류는 새끼를 한 번에 하나만 낳는다. 또한 새끼를 집에 남겨두기보다는 데리고 다닌다. 새끼를 데리고 다니는 갑각류, 곤충류, 거미류, 포유류(가장 널리 알려진 것은 유대동물) 종은 집짓기와 관련해서는 무언가 결여돼 있다. 이처럼 아무런 관계없는 동물군이 하나의 귀결점을 갖는다는 점에 비춰볼 때, 이들에게만 유독 집짓기 능력이 결여된 원인이 하나의 공통분모 때문이 아닐까 추측해볼 수 있다. 나무타기 명수로 집을 지을 필요가 거의 없는 유인원 같은 초기 인류의 조상으로부터 고층빌딩에서 살아가는 현대인으로 진화하기까지 우리는 하나의 틀에서 어떻게 갈라져 나왔을까? 높은 사회성을 보이며 집까지 짓는 강한 성향을 갖게 된 우리 인간은 다른 영장류와 어떻게 다른가? 바로 그런 점 때문에 우리는 다른 영장류와의 근본적 차이를 찾을 필요가 있다.

다른 모든 영장류와 달리 인간은 태어나자마자 혼자서는 거의 아무것도 할 수 없기 때문에 부모의 보살핌을 받아야 한다. 아이들은 적어도 대여섯 살이 될 때까지 지속적으로 사회적 지원을 받으며 양육은 그 후로도 수년간 계속된다. 인간이 수많은 새들과 마찬가지로 먹고 배설하는 일 외에는 아무것도 할 수 없는 상태로 태어나게 된 이유에 대해서는 이런저런 논쟁이 있다. 하지만 데리고 다니기가 쉽지 않은 조류나 다른 포유류의 무력한(특히 여러 마리의) 새끼와 마찬가지로 우리 역시 '집'을 필요로 했던 동일한 조상에 기원을 두었거나 안전한 '집'을 만들어 적응하게 된 인간이 아이들을 안전한 장소에 남겨둔 결과 결국 미성숙한 상태로 태어나는 만성성(晚成性)을 갖게 됐다는 추론은 해볼 수 있다. 조류나 다른 포유류에서 살펴볼 수 있듯 집과 만성성은 서로 관계가 있으며 오늘날에는 동일한 패키지를 이루는 항목이 됐다. 게다가 인간의 경우 집에 있어야 했던 것은 갓난아기만이 아니었다. 아이를 옆에서 돌봐야 하는 어머니 역시 집에 머물러 있어야 했다. 적어도 집단 이동이 자유로운 현존하는 유인원보다는 그랬다.

현존하는 유인원 암컷은 아무것도 걸치지 않았던 현생 인류의 조상보다는 새끼를 데리고 쉽게 이동할 수 있다. 유인원 암컷은 털이 많은 데다 이동하는 동안 새끼를 태우고 다니기 편하게 등이 비교적 수평을 이루고 있기 때문이다. 더구나 유인원 새끼는 날 때부터 온몸에 보호용 털이 나 있고 어미에게 매달리는 재주도 갖고 있다. 그런 반면, 직립보행을 하는 인류의 경우는 아이를 데리고 다닐 때 자유로운 이동에서 크게 제약을 받았다. 어머니가 한 번에 여러 명의 아이들과 움직여야 할 경우에는 더더욱 그랬다. 게다가 육식을 위해 사냥을 해야 했던 현생 인류의 조상은 유인원보다 기동력은 절실했던 반면, 아이 하나만을 데리고 다니는 일도 쉽지 않았다. 그 결과 (아이를 데리고 다니는 데 쓰일 도구가 나타나기 전에는) 집에만 있을 수밖에 없었던 현생 인류의 조상인 여성은 일자일웅으로 살아가는 새들과 마찬가지로 어쩌다 한 번씩이라도 식량을 조달하려면 손을 빌릴 만한 도우미가 필요했다. 부시맨은 포대기 속에 아이들을 넣어가지고 다녔다. 아메리카 원주민들은 사지를 모두 이용하는 개코원숭이 새끼가 어미 등에 올라타 매달린 것만큼이나 안전하게 어머니 등에 얹은 시렁에 아이들을 태우고 다녔지만, 이는 어디까지나 현생 인류가 등장한 이후에나 가능했다.

결국 현생 인류의 조상인 남성이 아내와 아무것도 할 수 없는 한두 명의 어린 아이를 집에 남겨두고 먹을 것을 찾아 떠날 경우 아이를 보호자 여럿과 함께 안전한 곳에 머물게 할 필요가 있었다. 그렇다고 우리 조상이 속이 빈 통나무나 땅속에 들어가 살지는 않았을 것이다. 이런 식의 얘기가 진부하게 들릴지도 모르지만, 그럼에도 우리 조상들 일부, 즉 현생 인류와는 다른 종이었을 수도 있는 100만 년 이전에 살았던 인류가 이미 동굴에서 보금자리를 찾아냈다는 것만큼은 사실이다.

침입자의 공격이 한쪽 방향에서만 이뤄졌던 동굴은 더할 나위 없이 좋은 집이었을 것이다. 하지만 동굴의 희소성과 좋은 사냥터에서 가까워야 한다는 입지성 때문에 경쟁이 치열할 수밖에 없었을 것이다. 흰개미나 벌거숭이두더지쥐의 경우처럼 좋은 집은 집에 머물게 만드는 동기로 작용한다. 부모가 더 많은 새끼를 낳으면 집을 떠나야 하는 비버와 마찬가지로 인류의 자손들도 때가 되면 어쩔 수 없이 집을 떠나 '세상과 마주해야만' 했을 것이다. 어쩌면 그들은 집에서 쫓겨나야 했을지도 모른다.

다만 확실한 것은, 세대 중첩과 과밀에 이를 정도로 오래 머물려면 권위나 우선순위와 어느 정도 타협을 벌여야 했다는 사실이다. 한 지붕 아래서 살아가려면 뭔가 가치 있는 것을 제공해야 했다. 따라서 그들은 집을 지키고 식량을 얻기 위해 사냥에 나서고 동생들을 돌보는 데 힘을 보탰을 것이다. 사회적 관용, 노동의 분업, 협동, 규범 혹은 집단 내부의 지배계급에 속하는 개인에 대한 복종이 요구됐으며 이는 생존 형질로 인정받았다.

그 당시 인간의 집짓기 능력은 베짜기새와 크게 다르지 않은 방식으로 진화했을 것이다. 집을 짓는다는 것은 이전까지는 살 수 없었던 어떤 지역으로든 거주지를 확대할 수 있는 대단한 발전이었다. 인류가 가장 먼저 출현한 곳은 아프리카였고, 마침내 대륙을 뛰어넘어 멀리까지 이르렀다. 이동이 용이한 가죽 천막집 덕분에 아메리카 원주민들은 평원에서 생활하며 들소를 사냥할 수 있었다. 이와 비슷한 형태의 가족용 집은 한 무리의 사람들을 광활한 아시아의 대초원으로 이끌었다. 잔디를 입힌 뗏장집(sod house)* 덕분에 사람들은 북유럽과 아시아의 추운 겨울을 날 수 있었다. 눈과 얼음으로 지은 집까지 등장하면서 북극지방으로의 진출이 가능해졌고 북극해 연안을 따라 풍부한 사냥감을 손쉽게 얻을 수 있었다. 하지만 도시의 과도한 인구밀도를 가능케 한 것은 농업과 더불어 아파트 단지처럼 다세대가 모여 사는 획기적인 공동주택의 출현이었다. 그런 주택 덕분에 인간은 수직으로도 주거 공간을 확대해 나갔다.

---

* 뗏장(sod)은 잔디를 흙이 붙은 채로 뿌리째 떠낸 조각을 말한다. 뗏장집은 이 조각을 벽돌처럼 쌓아 지붕을 올린 집이다.

지금으로서는 인류가 초기에 지은 집이 어떤 모습이었는지에 대해서는 알아낼 도리가 없다. 거의 무너지다시피 해서 화석으로도 남지 않았을 것이기 때문이다. 다양한 환경에서 현존하는 인간의 가옥 구조는 이전부터 있어왔던 집의 구조와 비슷할 것으로 보인다. 인간의 상상력을 감안해볼 때, 다른 동물이 어떤 식으로 집을 짓는지 알아낼 수 있었을 것이다. 어쩌면 인간의 집은 처음에는 대개 텃새의 둥지와 유사한(모방한 것처럼) 공통점이 있었을지도 모르겠다.

중앙아프리카의 이투리숲에서 살아가는 피그미족은 서로의 집 옆에 둥근 오두막을 짓는다. 나뭇가지를 엮고 나뭇잎을 덮은 이들의 오두막은 베짜기새의 둥지를 연상시킨다. 마사이족, 푸에블로 인디언**은 제비 둥지와 비슷하게 옆문이 달리고 아궁이 모양을 한 흙벽돌 오두막을 지었고 지금도 여전히 그런 집에서 살아간다. 이들의 집은 종종 군락을 이루기도 한다. 마사이족의 오두막은 사자의 공격에 대비해 가시덤불을 벽처럼 사방에 두른 반영구적 가옥들이 작은 군락을 이룬다. 미국 남서부의 아나사지***족은 제비나 피비를 비롯한 여러 새들의 둥지 재료와 아주 흡사한 진흙과 짚을 이용해 절벽 주거지를 만들었다.

메사베르데국립공원에 있는 '절벽 집'에는 다닥다닥 붙은 150여 개의 방들이 빽빽이 들어차 있다. 초기 유럽인들은 하라비앵무의 조

** 아메리칸 인디언 종족의 하나. 선사 시대 아나사지 족의 후예로, 미국의 애리조나주와 뉴멕시코주 등지에 주로 살고 있으며 대부분 농경 생활을 한다.
*** AD 100년경부터 미국 애리조나, 뉴멕시코, 콜로라도, 유타 접경 지역에서 살았던 인디언.

상들이 그랬던 것처럼 암벽에 있는 자연 동굴 속에서 살아갔을 것이다. 그들은 하라비앵무처럼 벼랑 틈새를 나무에서 얻은 재료로 틀어막는 법을 알아냈을지도 모른다. 이는 벼랑에 한두 개의 벽을 두르고 집을 짓는 첫 번째 단계였다. 거기에 다른 집들이 더해지면서 더 많은 벽이 만들어지고 방도 점점 더 늘어나다가 결국 수많은 출입구를 갖춘 공동주택이 형성되기에 이르렀다. 이렇게 만든 집은 방을 분리해 효율적인 실내온도 조절, 안정된 생활, 아이들을 위한 공간 마련, 노동의 분업을 가능케 했다. 하지만 유럽, 아프리카, 아시아, 아메리카, 호주 대륙에서 인류의 조상이 만들었던 이와 비슷한 집은 풀, 잎, 나뭇가지로 지은 여느 새의 둥지와 마찬가지로 흔적도 없이 사라지고 만 것으로 보인다. 우리가 암벽 동굴에서 확인하는 것은 보존 정도의 차이에 따라 크나큰 편차를 보이는 하나의 표본에 불과하다.

그렇다면 현생 인류의 수많은 조상이나 초기 인류가 집을 공유한 결과 어떻게 되었을까? 첫째, 몇몇 개인이 함께 살아가면 전문화가 가능하다. 전문화는 언제나 진사회성과 연관돼 있으면서도 한편으로는 그것과 독립적으로 존재할 수 있는 현상이다. 노동의 분업과 관련된 전문화는 효율성을 크게 높이는 효과가 있는 것은 물론 새로운 자원으로의 접근을 가능케 함으로써 성장과 발전을 도모하고 더 많은 개인의 존재를 허용한다.

진사회성을 지닌 벌은 전문화를 보여주는 훌륭한 사례다. 지구상에는 사회생활을 하지 않는 수백 종의 단생벌이 존재한다. 암컷은 굴과 비슷한 평범한 벌집을 만들어 그곳에서 새끼를 키운다. 벌 전문가인 곤충학자 찰스 미치너가 지적한 것처럼, 몇몇 종의 벌은 측면 굴과 벌방을 모두 혹은 그중 어느 하나만을 갖춘 집을 지을 수도 있다. 그런 집에서는 새끼가 한 번에 길러지기도 하고 세대 중첩을 이루며 길러지기도 한다. 새끼를 부양해야 하는 선택압을 받는 대부분의 단생벌은 특정한 식물 종의 꽃(혹은 비슷한 꽃들이 모여 있는 군락)에서 필요한 먹이를 전문적으로 찾아낸다. 녀석들은 식량원이 되는 꽃이 피는 짧은 계절에 맞춰 활동의 제약을 받을 수밖에 없다.

그런 반면 진사회성을 보이는 벌들은 꽃을 다루는 기술에 있어서 전문가가 되기 쉽다. 그 결과 하나의 벌집에서 나온 서로 다른 벌들이 다양한 꽃을 전문적으로 채취할 때가 많다. 먹이를 공유하는 하나의 벌집에 다수의 전문가가 살게 되면 벌들의 활동영역이 넓어진다. 뒤영벌은 이를 보여주는 훌륭한 사례다.

뒤영벌이 채취하는 꽃은 상당히 일반적이다. 녀석들은 날 때부터 특정한 종류의 꽃을 채취하는 전문가는 아니다. 벌 한 마리가 벌집의 고치에서 나와 죽음을 맞이할 때까지 추적하다 보면 다음과 같은 사실을 알 수 있다. 어린 벌은 처음 며칠 동안은 벌집에 머물며 여러 가지 집안일을 한다. 그러다 먹이를 채집하러 집을 떠나서는 거의 무차별적으로 다양한 종류의 꽃에 날아든다. 마침내 녀석은 한 가지 꽃에 자리를 잡는다. 머지않아 녀석은 이런 꽃을 찾을 수 있는 장소를 알아내고 주저 없이 꽃을 향해 날아가 더 빨리 꿀과 꽃가루를 채취하는 법을 터득하게 될 것이다. 녀석은 '전공' 꽃 외에도 '부전공' 꽃도 정해

둠으로써 전공 꽃이 더 이상 피지 않는 경우 융통성을 발휘할 수도 있다. 결국 임의로 정한 벌집에서 나온 어느 노랑뒤영벌(Bombus fervidus) 일벌이 물봉선화를 전공으로 삼고 뉴잉글랜드과꽃을 부전공으로 삼은 반면, 두 번째 일벌은 과꽃을 전공으로 물봉선화를 부전공으로 삼고, 세 번째 일벌은 박하를 전공으로 노란 국화과 식물을 부전공으로 삼고, 네 번째 일벌은 백합을 전공으로 야생당근을 부전공으로 삼고, 다섯 번째 일벌은 진딧물에게서 단물을 채집할 수도 있다. 녀석들이 취급하는 식량원에는 5월 초부터 늦가을에 이르기까지 채집시기가 수시로 변하는 온갖 종류의 식물이 망라되어 있다. 녀석들이 이렇게 지속적으로 식량원을 얻을 수 있는 것은 사회적 조직 덕분이며, 지속적으로 얻을 수 있는 식량원은 자기 강화 주기(self-reinforcing cycle) 속에서 사회적 조직을 가능케 한다. 그 결과 진사회성을 보이는 벌거숭이두더지쥐처럼 식량 고갈의 위기가 현저히 줄어든다.

　동시에 여러 가지 일을 처리하는 능력은 벌들의 활동 영역을 크게 넓혀주지만, 자원 이용에서 효율성이 한층 증대된 그런 능력은 곧바로 훨씬 더 많은 자원을 이용할 수 있는 능력이 불가피하게 요구되는 결과를 낳을 수밖에 없다. 이런 자원은 고갈되지 않을 것처럼 보일 테지만 언젠가는 반드시 한계에 이르게 된다. 이는 한계를 맞을 때까지 번식이 계속되는 생물학 '법칙'에 기인한다. 번식에 한계가 없고 자원이 무궁무진하게 제공된다면 이처럼 불가능한 일이 벌어지는 행성은 결국 폭발하게 될 것이다. 전염병과 천적으로부터 일시적으로 유예를 받는다고 하더라도 번식을 통제하는 수단으로 새로운 선택압이 출현하는 때가 올 것이다. 우리가 살아가는 지구든 다른 어떤 행성이든 이런 얘기가 사실이 아니라면 동물 사회는 존재할 수 없다. 지구 상에 존재하는 어떤 동물이든 개체수가 안정을 보이기 때문에 크나큰 재앙을 몰고 올 번식에 맞서 매우 강력한 선택압이 존재해왔고 현재도 존재한다고 추론해볼 수 있다.

모든 동물 사회에서 사회구조를 유지하는 가장 강력한 힘은 분쟁에 기인한 강제적인 산아 제한이다. 흰개미집에서는 번식 능력이 있는 수백만 마리의 개미가 살아가지만, 실제로 번식에 참여하는 것은 한 마리씩의 암컷과 수컷뿐이다. 다른 모든 개미는 번식에 참여하지 않는다. 대개 개미, 꿀벌, 뒤영벌 군집 역시 번식을 하는 암컷은 한 마리뿐이다(하지만 암컷과 짝짓기를 하는 수컷은 여러 마리일 수도 있다).

수적으로 따져볼 때, 군집을 이루는 대다수의 개체 역시 번식에 참여하는 암컷이 살아 있는 한 나머지 암컷들은 화학적으로 거세된 상태로 삶을 이어간다. 다만 알을 낳는 암컷의 생식 능력이 떨어질 때에만 다른 암컷의 일부가 생식능력을 회복해 알을 낳을 수 있다. 서열 1위 암컷이 여전히 활발한 생식능력을 보이는데도 생식능력을 갖춘 서열 2위 암컷이 나타날 수밖에 없는 상황이라면 어떻게 될까? 이 경우는 어린 암컷이 기존의 암컷을 떠나지 않으면 죽음을 피할 수 없게 된다. 수만 마리에 이르는 암컷이 모두 알을 낳기 시작한다면 먹이를 모으는 일이 불가능해지는 데다 수백만 마리의 벌이 들어찬 벌집은 혼돈을 맞으며 순식간에 붕괴할 것이기 때문에 선택압에 대한 논리적 필요성은 납득할 수 있다. 벌이든 가설로 정해둔 그 밖의 동물이든 어떤 기적에 의해 경제를 되살릴 뜻밖의 새로운 식량원을 이용할 수 있게 된다면, 녀석들은 심판의 날은 며칠 늦추지만 그 과정에서 재앙은 걷잡을 수 없이 확산되는 태평성대 같은 성장의 시기를 사나흘 경험하게 될 것이다.

이런 생각은 중력의 힘, 빛의 속도, 원자의 본질처럼 우리가 살아가는 세계에 관해 온갖 종류의 추론을 이끌어낼 수 있는 현실과 관련이 있다. 우리는 이들 자연법칙이 흰개미, 벌, 개미, 벌거숭이두더지쥐에 어떻게 적용되는지를 구체적으로 알고 있기 때문에 모든 천적과 대다수 질병의 위험에서 벗어나 안전하게 살아가는 우리에게 어떻게 적용될지 궁금한 것은 당연한 일이다.

적당한 곳에서의 삶과 가족 규모를 제한하려는 의식적 노력을 전제로 한다면, 인간 부부는 쉽게 아이를 갖고 열 명 정도의 자식을 기를 수 있을 것이다. 부부가 데리고 있을 수 있는 것보다 더 많은 자식을 낳았던 전통적인 농경사회에서는 맏아들이 집과 땅을 물려받고 딸들은 시집을 갔지만 '나머지' 아들들은 집을 떠나 다른 곳에서 재산을 모으고 집을 찾아야 했다.

인구는 기근, 전쟁, 질병 등을 통해 우연히 조절되기도 했다. 인간은 출산을 억제하기 위해 엄격한 해결책을 내놓기도 했다. 그런 해결책은 기발한 면도 있었지만 반드시 공정하거나 적절한 방식이라고는 할 수 없었다. 대개 인간은 섹스를 제한하기 위해 다양한 메커니즘을 동원한다. 여성의 성기에 금속성 정조대를 채웠던 중세 유럽의 관습은 아프리카의 일부 지역에서는 음핵을 절제하거나 질을 봉합하는 할 례술로 대체되었다. 게다가 인간은 섹스를 금기시하는 풍조를 만들었고, 일부 사회에서는 이런 금기를 어길 경우 목숨의 위협을 받기도 했다. 그러나 여성의 자궁을 통제하는 것에 역점을 둔 문화적 방식은 저항에 부딪혔으며, 어찌 보면 그것은 당연한 결과였다. 그렇다면 틀림없이 국지적으로 인구가 과밀한 상황에서 출산을 줄이는 덜 엄격하면서도 생물학적으로 진화된 메커니즘이 존재하는지 여부가 궁금할 것이다.

농경사회 이전의 어느 단계에서 사람들이 자발적으로 출산을 포기해 분쟁을 줄이고 사회를 지켜내는 일이 가능했을까? 자멸에 가까운 출산을 감행하기보다는 창조적으로 사회에 힘을 보태는 생식능력이 없는 사회계층을 상상하는 것은 얼토당토않은 추측에 불과할까? 그런 식의 중성화는 앞에서 언급한 것처럼 일부 개체가 짝짓기와 번식의 기회를 포기하고 사회의 편익과 유지에 헌신하는 진사회성을 지닌 곤충들 사이에서 진화해온 일반적 관행이었다. 이런 현상은 벌거숭이두더지쥐에게서도 찾아볼 수 있다. 녀석들은 대개 짝짓기를 하지 않고 불임 상태로 살아가면서 자기는 물론 무리의 나머지 개체에게도 중요한 역할을 수행한다. 이를테면, 가톨릭교회는 표면상으로는 가족이 아닌 교회에 헌신해야 한다는 이유로 성직자들에게 섹스를 금지하는 문화적 규정을 통해 중성화를 강요한다. 교회는 이런 식의 접근에서 곤경에 부딪혔는데, 인간의 생명활동을 충분히 고려하지 않았기 때문이다. 섹스가 생식의 기능 말고도 유대감 형성과 같은 다양한 기능을 갖는 영장류로서는 섹스를 포기하는 것이 쉽지 않은 일이다. 그럼에도 강력한 군주가 통치하는 왕실처럼 일부의 엄격한 인간 사회에서는 거세와 같은 방법을 통해 섹스를 원천적으로 봉쇄하기까지 했다 (사회성을 보이는 곤충과 상황이 아주 흡사하다).

구성원의 일부가 동성의 다른 구성원에게 성적 호감을 느끼며 긴밀한 유대관계를 가진 사회처럼 좀 더 온건한 해법도 생각해볼 수 있었을 것이다. 그런 사회의 구성원들은 아이를 키우는 고된 노동에서 벗어날 수 있었을 테고, 벌과 마찬가지로 고도의 집중력, 학습, 전문성을 요하면서도 집단 전체에 이득이 되는 일을 전문적으로 수행할 수 있었을 것이다. 그런 해법은 상황에 따라 조정이 가능했을 테고, 만약 그렇다면 조정의 빈도수는 환경적 자극에 따라 달라졌을 거라는 생각도 일리는 있다. 이런 시나리오가 과거, 현재, 미래를 통틀어 어떤 동물에게든 적용되는지 여부는 알 수 없다. 다만 그럴 수 있다는 것뿐이다. 만약 그렇다면 섹스가 형식적 관행에 불과한 새들은 여기에 해당되지 않을 것이다. 오히려 성욕이 강하고 섹스가 생식보다는 오락 쪽에 가까운 동물종, 체력보다는 지적 능력으로 서로 경쟁하는 소규모 사회 집단을 이룬 종이 이에 해당될 것이다. 그런 식의 적응은 이론적으로는 가능하며, 보노보*나 인간도 가능한 후보군에 속한다.

인간의 게놈(유전체)은 노출되는 환경에 아주 민감하다. 이주메뚜기(수천 건의 사례 중에 한 가지만을 예로 들었지만)와 그 밖의 수많은 곤충류, 조류, 포유류에서 살펴볼 수 있듯 환경적인 자극은 호르몬이 혈액

* 영장목 성성잇과의 포유류, 피그미침팬지로도 불린다.

으로 배출되고 순환하는 시기와 그 종류에 영향을 미친다. 유전 암호와 산출량을 조절하는 호르몬은 행동, 발육, 그 밖의 생리적 기능에 영향을 준다. 환경은 태아는 물론 신생아의 생존능력을 높이는 것과 여러모로 관련된 출생 후의 발육 궤도에도 영향을 준다. 과거 인간이 존재했던 때부터 집단끼리 서로 경쟁해왔다면, 출산보다 혁신에 더 많은 자원을 이용할 수 있는 집단이 과잉 출산으로 고갈과 생존의 위기를 불러온 집단보다 더 많은 것을 이루었을 것이다. 인간에게는 장기적으로 볼 때 산아 제한(경우에 따라서는 화학적 형태가 될 수도 있고, 지구상에는 전혀 새로운 방법들이 존재할 수도 있다)이 불가피한 붕괴를 막는 데 도움이 될 수 있다.

3부

왜 회귀하는가

우리의 숲은 추억과 연결된 장소들이 이곳저곳에 흩어져
있다. 장소에 대한 친숙함과 인연 덕분에 우리는 아무리
안개가 짙게 끼고 눈보라가 치고 날이 어두워도 오두막
을 오가는 길을 찾아낼 수 있다. 우리는 우리가 즐겨 걷
던 길 위에 난 발자국을 하나하나 기억하고 각각의 발자
국 밑으로 느껴지는 땅의 감촉이 어떤지도 알아맞힐 수
있으며 어둠 속에서도 우리를 따뜻한 오두막으로 되돌
아가게 해줄 나무들을 알아볼 수 있다. 오두막은 우리의
진정한 세력권 내에 있는 중심적인 '보금자리'로, 이곳에
대해 우리가 느끼는 친숙함은 유대감과 때로는 성공까지
불러온다.

　귀소성과 결합된 끈은 장소에 대한 애착이다. 하지만 모든 동물이 장소에 얽매이는 것은 아니다. 개중에는 장소에 전혀 구애받지 않는 동물도 있다. 대신 그런 동물은 자기와 같은 종의 막대한 개체수에 선천적으로 확고부동하게 얽매여 있다. 녀석들은 자기가 속한 환경의 주요 특징이 되는 동족의 무리를 애써 찾아내 그 무리로 향하거나 '회귀한다.' 숲과 벌판이 각각 흰꼬리사슴과 들종다리의 피난처인 것처럼 녀석들에게는 그런 무리가 어디에 있든 피난처가 될 수 있다.

　아무런 특색 없는 망망대해에서 살아가는 수많은 부어(浮魚)* 종에게는 딱히 지표로 삼을 만한 것이 없다. 한마디로 선택의 여지가 없는 셈이다. 녀석들은 큰 무리를 이루며 헤엄친다. 서로를 지표 삼아 '무리에게로' 향하는 습성은 수많은 동물의 생존 전략으로 발전해왔다. 하지만 그런 방법이 언제나 효과를 거두는 것은 아니다. 어느 종의 전략이 다른 종의 대응전략으로 발전할 수 있기 때문이다.

　수염고래는 떼 지어 움직이는 물고기의 본능을 이용해 먹이를 사냥한다. 물고기는 최대의 천적 가운데 하나인 고래를 만나면 위험에 맞서 서로에게 바짝 붙은 채 떼 지어 움직인다. 고래는 아래쪽에서 녀석들을 에워싸는 원형의 거품망을 뿜어내고 그렇게 만들어진 거품이 녀석들을 몰아간다. 녀석들은 고래에 대해서는 아무것도 모르는 채로

---

* 항상 해수면 가까이 유영하는 어류로 정어리·고등어·가다랑어 등이 속한다. 가자미·넙치·아귀 등과 같은 저어(底魚)에 대응하는 어류다.

자기들끼리 더욱 바짝 몸을 붙인다. 주름판이 달린 거대한 입을 가진 고래는 물고기 떼를 단숨에 삼켜버린다. 녀석들이 서로 떨어져 있었다면 고래는 그렇게 위협적인 존재가 되지 않을 수도 있었다.

네 그루의 밤나무로
인공적인 숲 경계를 무너뜨리다

좋은 담이 좋은 이웃을 만들죠.

– 로버트 프로스트, 「담장을 고치며(Mending Wall)」

어떠한 삶이든 경계선은 필요한 법이다. 세포 수준에서는 세포막이 그 경계선에 해당된다. 세포막은 세포 내부를 외부 환경의 혼란으로부터 분리시켜 복잡한 구조와 생리가 형성, 유지될 수 있게끔 해준다. 물질을 선택적으로 받아들이고 내보내는 경계선이 없었다면 상상을 초월할 만큼 복잡하면서도 우아한 에너지대사의 화학반응, 유전학, 생식은 불가능했거니와 설령 가능했더라도 오래 지속될 수 없었을 것이다. 스스로를 유지하기 위해 진화해온 여느 존재와 마찬가지로 집 역시 경계를 가진 영역이다. 그러나 이처럼 뻔한 얘기도 미래를 위한 타협과 투자의 관점에서 새로운 환경을 허용하는 '유출'의 필요성을 배제하지는 못한다.

　　1982년 봄 내가 묘목을 구입해 심은 네 그루의 미국밤나무 (Castanea dentata)는 생명의 위협을 막아내고 생명활동을 촉진하는 집 경계의 역기능이 가장 명백하게 드러난 사례다. 이들 밤나무는 직경이 3미터에 이르고 키가 30미터 넘게 자라는 멋진 미국밤나무 조상의 후예들이다. 무수히 많았던 이들 밤나무는 한때 메인주에서부터 미시시피주에 이르는 북미 전역의 숲을 아름답게 수놓았고 밤나무 열매는 나그네비둘기(Ectopistes migratorius), 칠면조, 곰, 흰꼬리사슴이 즐겨 찾는 먹이였다.

　　밤나무 씨앗은 땅에 떨어지므로 민들레나 포플러나무의 씨처럼 바람에 날려 수천 킬로미터 멀리 떨어진 곳까지 퍼져나갈 수 없다. 나는 오두막집 인근 숲에 네 그루의 묘목을 심으며 과거 밤나무가 울창했던 지역의 한 귀퉁이에 밤나무를 되살리려는 작은 시도라고 생각했다. 그러면서 1905년 브롱크스 동물원에서 처음 발견된 아시아밤나무줄기마름병 진균에 감염되지 않기를 바랐다. 밤나무줄기마름병은 (줄기마름병에 강한 저항력을 보이는) 아시아산 밤이나 밤나무를 들여올 때 함께 들어온 것으로 보인다. 미국밤나무에는 아시아에서 들어온 진균을 막아줄 세포 장벽이 없었고, 밤나무줄기마름병은 북미 전역의 숲으로 들불처럼 확산되기에 이르렀다. 그럼에도 당시 메인주 서부에는 줄기마름병에 걸린 밤나무가 더 이상 없었기 때문에 내가 심은 묘목은 단지 물리적 격리라는 경계 덕분에 감염의 위험에서 벗어날 수 있을지도 모를 일이었다. 게다가 이들 묘목의 줄기를 보니 줄기마름병 진균에 어느 정도 면역성이 있는 것 같았다.

    방해가 될 만한 나무와 덤불을 주변에서 제거하고 나니 밤나무 묘목은 하루가 다르게 잘 자랐다. 축복을 받은 이들 묘목은 어느 숲에서든 묘목이 만나게 되는 이런저런 역경을 극복했으며 초기에 토끼, 호저, 사슴, 말코손바닥사슴에게 뜯어 먹히는 위험한 상황도 무사히 넘겼다.

    그로부터 20여 년이 지나 나는 굉장한 사실을 알아냈다. 7월 말에 이르자 6미터가 넘게 자란 밤나무 꼭대기에 달린 나뭇가지는 하얗게 핀 밤꽃으로 눈부신 자태를 뽐내고 있었다. 밤꽃은 썩은 고기처럼 고약한 냄새를 풍겨 파리와 벌 떼를 불러모은다. 그럼에도 나는 수분(꽃가루받이)은 물론 그 결과물인 생명을 품을 수 있는 씨앗은 기대하지도 않았다. 근원이 같은 이들 묘목 사이의 동계교배*에 대한 유전적 장애가 있을 것으로 보이는 데다 외부에서 꽃가루를 받을 가능성도 없었기 때문이다. 식물의 타가수분은 동물의 교미와도 같다. 타가수분은 다양성을 창조하기 위해 유전자를 마구 뒤섞는 불가피하면서도 즉각적으로 이뤄지는 비효율성의 일례다.

    본래 미국에 자생하던 밤나무는 미국 내에서는 효율적이었어도 자생력을 높일 수 있었던 다양성은 진즉에 포기했는지도 모르겠다. 그 결과 아시아에서 들어온 줄기마름병 진균에 너나할 것 없이 취약한 모습을 보였던 것이다. 하지만 가을이 되자 내가 심은 나무의 가지

---

* 동일 계통에 속하는 개체 간의 교배. 동계교배의 극단적인 경우는 자가수정이며 사람의 근친혼도 동계교배에 포함된다.

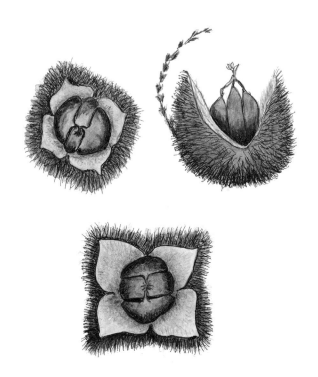

미국밤나무 열매. 밤송이가 벌어지자마자 안에 들어있던 세 개의 밤알이 드러났다.

에서는 열매가 달렸다.

　뾰족한 가시가 두껍게 감싸고 있는 직경 5센티미터가량의 둥글 둥글한 미국밤나무 열매는 고슴도치처럼 생겼다. 예상대로 밤나무에 꽃이 피었던 처음 몇 년간은 바닥에 떨어져 흩어진 밤송이 가운데 어 느 것도 밤톨(다시 말해, 씨앗)이 들어 있지 않았다. 대신에 속이 빈 막 대사탕 포장지처럼 밤송이마다 가루받이가 이루어지지 않았다는 것 을 보여주듯 세 개로 추정되는 열매 껍질만 들어 있었다.

    현재 네 그루의 밤나무는 줄기마름병 진균과 직접적인 관련은 없어도 여러 가지 문제에 직면해 있다. 호저가 가지를 결딴내고 껍질을 벗겨내는 통에 두 그루는 거의 고사 직전까지 이르렀다. 나는 호저가 나뭇가지에 기어오르지 못하게 하려고 나무 몸통 주위에 금속제 비가림 장치를 울타리처럼 단단히 박아두었다. 다행히도 심각한 손상을 입었던 나무들은 여전히 건강한 싹을 틔워냈고 1~2년이 지나자 가지가 새로 자라면서 회복되기 시작했다. 현재 수령이 32년인 이들 밤나무는 전에 없이 빠른 성장속도를 보이고 있으며, 그중 가장 큰 나무는 키가 17미터에 몸통 둘레가 135센티미터에 이른다. 이들 밤나무는 매년 여름 꽃을 피우고 10월 말이 되면 씨앗으로 열매를 맺는다.

    내가 호저로부터 나무를 보호하려고 금속 차단 장치를 생각해냈을 때 나무는 이미 나름의 자구책을 만들어놓은 것처럼 보였지만, 대개는 맛있고 영양분이 많은 열매를 보호하기 위한 것이었다. 밤나무의 커다란 씨앗은 동물에게 나무껍질보다 먹이로 훨씬 높은 가치가 있으나 날카로운 가시벽에 에워싸여 있다. 맛있는 열매를 보호하려면 믿을 만한 보호막이 필요하지만, 절대적이 아니라 상대적인 안전성이 요구된다. 어떤 전략이든 진화를 거치며 반대 전략을 만날 가능성이 있을 뿐만 아니라 이런 나무종이 씨(열매)를 퍼뜨리려면 동물의 도움이 필요하기 때문이다. 만약 그렇다면 씨를 퍼뜨리는 동물은 씨를 먹을 수 있거나 나중에 먹으려고 씨앗을 집어다 어딘가에 숨기는 수고를 마다하지 않아야 한다. "도토리는 상수리나무에서 멀리 떨어지지 않는다"는 옛 속담도 있듯, 도토리와 밤은 나무 근처에 떨어지지만 대개 떨어진 자리에서는 자랄 수 없다. 어미 나무 밑에서 자라기 시작한 어린 나무는 공간과 빛이 충분치 않아 얼마 안 가 고사하고 말 것이다. 우리는 새들이 이런 문제를 일부 해결해준다는 사실을 알고 있다. 헨리 데이비드 소로(Henry David Thoreau)는 이런 생리를 이해한 최초의 자연주의자 가운데 한 사람이었다. 그는 『일기(Journal)』(14권, 1906년)에 다음과 같은 기록을 남겼다. "열매를 맺은 삼나무에서 수 킬로미터 떨어진 초원에서 붉은삼나무가 어떻게 싹을 틔울 수 있는지 줄곧 궁금하던 차에 삼나무와 매자나무 같은 나무 열매가 까마귀를 비롯한 새들에 의해 이식될 수도 있겠다는 생각이 불현듯 들었다." 도토리와 너도밤나무 열매는 푸른 어치와 다람쥐에 의해 이식되는 것으로 보인다. 하지만 녀석들이 밤도 이식하는지는 알 길이 없었다.

　나무가 어떤 식으로 동물에게 씨앗이 먹히지 않도록 보호하고 다른 동물의 힘을 빌려 이를 이식하는지를 알아내려면 모든 과정을 지켜볼 필요가 있었다.

　2010년 10월 중순, 홍단풍과 물푸레나무 잎이 지고 난 뒤에도 사탕단풍 잎은 여전히 황금빛을 띠고 있었다. 밤나무 잎은 초록이 한창이었고 가지에는 수백 개의 풋과실이 매달려 있었다. 며칠 안으로 밤송이가 벌어지기 시작하면 껍질 안에 나란히 들어찬 세 톨의 밤알이 밖으로 빠져나오게 될 것이었다. 낮게 매달린 밤송이를 몇 개 쳐서 떨어뜨린 다음 망치로 내리치니 놀랍게도 그 안에 (얇고 속이 텅 빈 껍질이 아닌) 불룩한 밤알이 들어 있었다. 모두 400개의 밤송이에서 속이 꽉

찬 밤알 920개(이론상으로는 1200개여야 하지만)가 나왔다. 결국 밤꽃에 가루받이가 이루어졌다는 얘기다. 나무 밑에는 더 많은 밤송이가 있었다. 이렇게 땅에 떨어진 밤송이는 하나같이 속이 빈 열매로 가루받이가 안 된 암꽃의 자연 유산으로 보였다.

이틀 동안 세찬 북풍이 밤나무 가지를 뒤흔들고 나서도 남은 밤송이는 나뭇가지에 여전히 붙어 있었다. 하지만 그로부터 나흘이 지난 10월 18일, 가지에 달려 있던 대부분의 밤송이가 마침내 입을 벌렸다. 네 장의 꽃잎을 연상시키는 밤송이 가장자리가 벨벳처럼 부드러운 내피를 밖으로 둥글게 펼치면서 감싸고 있던 열매를 드러냈다. (밤송이가 어떻게 입을 벌리게 되는지에 대해서는 아는 바가 없다. 몇 가지 가설을 시험해보고자 실험을 해봤지만 해답을 얻지는 못했다.)

푸른 어치는 이 나뭇가지에서 저 나뭇가지로 뛰어다니며 입이 벌어진 밤송이를 찾아 밖으로 튀어나온 열매를 움켜잡았다. 그러고는 멀리로 날아갔는데, 먹이를 먹거나 숨기려는 것 같았다. 만약 먹이를 숨겼다면 내가 녀석들을 관찰하기에는 너무 먼 거리였다. 까마귓과에 속한 새들은 일상적으로 먹이를 숨기는 버릇이 있고, 푸른 어치도 예외는 아니다. 큰까마귀는 부리로 구멍을 판 다음 먹이를 집어넣고 근처의 흙이나 눈을 긁어 덮기도 하고 가까이에 있는 나뭇잎 잔해를 끌어다 먹이 위에 올려두기도 한다.

언젠가 나는 오리건주에서 덤불어치가 이와 비슷하게 먹이를 숨기는 걸 본 적이 있다. 하지만 녀석들은 구멍을 파는 대신 땅콩을 땅에 힘껏 박아 넣은 다음 큰까마귀가 하던 것처럼 먹이를 덮었다. 이들 푸른 어치가 밤을 모두 되찾아오지 않아서 그중 일부가 싹을 틔우지 않는 한, 나로서는 녀석들이 밤을 숨겼는지 여부를 알아낼 방도가 없을 것이다.

이듬해인 2011년, 뉴잉글랜드의 숲에서는 이들 밤나무의 가까운 친척뻘 되는 너도밤나무의 성대한 교배 행사가 벌어졌다. 16~20년 동안 너도밤나무는 (수백 그루에 이르는 어린 나무의 수령에 비춰볼 때) 열매를 맺은 적이 한 번도 없었지만, 도토리의 수확 기록은 존재했다. 아직 밤이 익기 전인 10월 첫째 주에는 오두막집 옆의 너도밤나무 숲을 오가고 언덕 위를 오르내리며 날아다니는 푸른 어치의 '전용도로'가 있는 듯했다. 키 큰 가문비나무에서 바라보면 어치가 너도밤나무 열매를 물고 한참 동안 얼마나 멀리 날아가는지 볼 수 있었지만, 녀석들의 종착지가 어딘지는 알 수 없고 다만 방향만 알 수 있을 뿐이었다. 녀석들은 나무에서 너도밤나무 열매(열매마다 삼각형의 씨앗이 두 개 들어 있었다)만 집어들고 익어가던 근처의 밤송이는 본체만체했다. 밤이 다 익고 나서도 녀석들은 여전히 밤송이를 거들떠보지 않았다. 너도밤나무 열매가 더 많거나 집기가 편하거나 껍질을 벌려 먹기가 수월했기 때문에 그랬는지도 모르겠다.

밤나무를 오가던 푸른 어치는 밤송이를 내리쳐서 껍질을 벌리려는 시도는 하지 않았다. 밤나무 열매나 씨앗이 가죽처럼 단단한 외피에 싸여 있어서 벗겨낼 수 없는 건가 하는 생각이 들었다. 이듬해 검은 해바라기씨를 넣어둔 모이통으로 푸른 어치 한 마리가 찾아오기 시작했을 때 앞서의 의문을 풀 기회가 왔다. 나는 모이통의 해바라기

씨 사이로 밤송이 50개를 넣어두었고, 녀석은 며칠 동안 그것들을 물고 갔다. 녀석은 해바라기씨보다 밤송이를 먼저 챙겼고 모이통을 스무 차례 드나든 끝에 밤송이를 모두 가져갔다. 녀석은 세 차례 밤송이를 물고 나뭇가지로 날아갔고 발로 나뭇가지를 꼭 붙든 채 1분가량 밤송이를 내리쳐 안에 들어 있던 내용물을 먹었다. 확실히 이 녀석은 해바라기씨보다 밤을 더 좋아했고 밤송이도 어렵지 않게 벌렸다. 하지만 한꺼번에 많은 밤을 주자 녀석은 그것들을 물고 재빨리 사라져버렸다. 어딘가에 숨길 모양이었다.

녀석이 먹이를 숨기려고 멀리 날아갈 때 한 번에 몇 개의 밤을 옮기는지 알아내기 위해 나는 더 많은 밤을 내주고 관찰을 계속했다. 녀석은 평균적으로 한 번에 세 개의 밤을 옮겼다. 녀석은 근처의 숲을 낮게 비행하거나 공터 가장자리에 있는 나무 꼭대기로 높이 날아올라 잠시 숨을 고른 후 숲 저편으로 멀리 사라졌다. 대개는 같은 방향으로 잇따라 여러 차례 날아갔다가 방향을 바꿨고 또다시 몇 차례의 먹이 운반을 마치고 나면 방향을 바꿨다. 녀석은 어째서 밤을 숨기려고 그렇게 멀리까지 날아간 걸까? 그렇게 하면 특정한 장소에 대한 기억력을 높일 수 있을까? 먹이를 멀리 숨겨두고 오가는 것이 가까이에 소량의 먹이를 여기저기 숨겨두는 것보다 장소를 기억해내기가 편한 걸까? 만약 그렇다면 장거리 비행은 분명 '그만한 가치가 있다.' 또 씨앗이 클수록 새로운 영역을 차지할 기회가 그만큼 많아질 테고 더 많은 먹이를 보유함으로써 성장하는 데 남보다 우위를 점할 수 있을 것이다.

2012년, 나는 줄곧 현장을 지키며 좀 더 면밀히 관찰했다. 이전해와 달리 다람쥐 수가 눈에 띄게 늘어났다. 가시가 있는 밤송이는 어치의 공격에는 끄떡없었지만 다람쥐에게는 기어코 뚫리고 말았고 이런 사실이 나무의 번식에 유리하지 않게 작용하는 것 같았다.

2년 전과 마찬가지로 10월 초가 되자 네 그루의 밤나무에는 푸른 열매가 주렁주렁 열렸다. 예전처럼 열매가 맺히자마자 나무 밑은 자연 유산된 수많은 낙과들로 뒤덮였다. 붉은날다람쥐(Tamiasciurus hudsonicus)는 이런 낙과는 거들떠보지도 않았다. 대신에 녀석들은 나무로 올라가 가지와 가지 사이를 천천히 기어다니면서 아직 벌어지지 않은 푸른 밤송이를 떼어내 바닥으로 곧장 떨어뜨렸다. 녀석들이 떨어뜨린 밤송이마다 거의 다 익은 열매가 들어 있었다.

대개 붉은다람쥐는 매일 새벽 나무에 기어올라 1분에 3~5개씩 밤송이를 떼어냈는데, 바닥에 떨어진 밤송이가 100개가 넘을 때까지 녀석들의 작업은 계속됐다. 그런 다음 녀석들은 나무에서 내려와 남은 낮 시간 동안 바닥이나 나무 그루터기에 자리를 잡고서 떨어진 열매를 주워 모았다. 녀석들은 밤송이를 하나씩 깨물어 안에 들어 있는 열매를 먹었다. 게다가 녀석들은 편한 장소에서 먹기 위해 입 속에 열매를 넣은 채 어설프게 3미터 정도를 이동하기까지 했다. 회색다람쥐(Sciurus carolinensis)도 모여들었지만, 녀석들은 밤송이를 떼어내 떨어뜨리지 않고 나무에 앉아 가지에 남아 있는 열매를 따먹었다.

밤송이가 벌어지기도 전에 두 종류의 다람쥐가 나무에 달린 수백 개의 파릇한 열매를 거의 먹어치우는 바람에 어치가 밤을 주워 모을 기회는 사라져버렸다. 나는 근처 숲으로 옮겨간 밤은 한 개도 발견하지 못했고, 나무 밑이나 주변에는 다람쥐가 깨물어 먹은 밤송이 껍질만 잔뜩 널려 있었다. 어치라면 밤을 물어다 어딘가에 숨겨두었을 테지만, 다람쥐는 그럴 가능성이 없어 보였다. 둘 중 누구라도 밤나무 열매를 이식했을까 하는 궁금증이 일었다.

앞에서 언급한 대로, 나는 2010년 밤송이를 갖고 날아가는 어치를 목격한 적이 있다(녀석들은 이전에도 줄곧 그래왔을 것이다). 하지만 녀석들이 밤나무의 번식에 도움이 됐는지 여부는 별개의 문제다. 다람쥐에게는 냄새로 씨앗의 위치를 찾아내는 놀라운 능력이 있고, 숲에 많이 사는 칠면조와 쥐들 역시 이제 막 떨어진 열매를 찾아내 먹고 싶어한다. 땅에 떨어뜨린 씨앗에 닥칠 위기 상황에 대해 씨앗을 퍼뜨린 동물이 도움이 될 만한 조치를 취하지 않는다면 흩어진 열매 가운데 묘목 단계까지 이르는 열매는 극히 일부에 불과할 것이다. 단순히 땅에 떨어진 씨앗은 동물에게 쉽게 발견돼 먹힐 가능성이 있을 뿐만 아니라 씨앗이 말라버리거나 얼어붙어 싹이 트지 않을 위험도 높다. 땅에 깊숙이 묻되 같은 자리에 여러 개의 씨앗을 함께 묻으면 묘목으로 성장하는 데 도움이 될 수 있다. 씨앗이 말라버리거나 얼어붙을 위험을 동시에 차단하고 냄새를 추적한 끝에 씨앗을 찾아냈다고 생각한 동물이 한 개 정도의 씨앗은 그냥 지나칠 수도 있기 때문이다.

내가 심은 밤나무에서 나온 씨앗이 실제로 여기저기 흩어져 살아남았는지 알아볼 요량으로 나는 우선 밤나무 묘목을 찾아보았다. 처음에는 밤이 떨어져 흩어질 가능성이 높은 나무 바로 근처에서 찾다가 점차 범위를 확대해나갔다. 어린 밤나무가 이쪽 숲에서 발견됐다면 그 기원은 물론 씨앗이 흩어진 거리에 대해서는 의심할 여지가 없었다. 미국밤나무는 동물이 퍼뜨린 씨앗이 어미목이 자리한 본거지에서 얼마나 멀리 이식될 수 있는지를 손쉽게 시험해볼 수 있는 수종이다. 이 지역에 서식하는 대부분의 수종과 달리 밤나무 묘목에는 10월 말에도 잎이 달려 있다. 덕분에 가을이면 어린 밤나무를 찾아내기가 수월하다. 그때까지도 여전히 초록빛이나 황금빛을 띤 톱니모양의 커다란 잎이 숲의 바닥에 융단처럼 깔린 갈색 낙엽과는 대조적으로 멀리서도 빛나는 자태를 뽐내기 때문이다.

네 그루의 밤나무 아래와 그 근처에서 두 그루의 묘목만을 찾아냈기에 나는 숲에서 묘목을 더 찾아낼 수 있으리라고는 기대하지 않았다. 그래도 나는 묘목을 찾아나섰다. 놀랍게도 숲 어디서든 밤나무 묘목을 찾아낼 수 있었는데, 그중 몇 그루는 가장 가까이에 있는 어미목으로부터 1킬로미터가량 떨어진 곳에서 발견됐다. 당시(2013년 가을) 숲에 모두 몇 그루의 밤나무 묘목이 자라고 있었는지는 알 수 없지만, 약 25만 평에 걸쳐 확산된 158곳의 밤나무 '식재(植栽) 지점'을 찾아냈다. 그중 120곳에서는 한 그루씩만 자라고 있었고, 나머지에서는 2~20그루의 묘목(혹은 작은 나무)이 빽빽이 무리를 이뤄 한 자리에서 자라고 있었다. 살아남은 묘목과 나무들은 물론 실제로 뿌려진 씨앗의 최솟값이다.

씨는 누가 뿌렸을까? 붉은날다람쥐라면 자기 구역에 대한 텃세가 심해서 남의 구역에 먹이를 숨기지 않는 속성상 틀림없이 밤나무 근처에 뿌렸을 것이다 이 경우 밤은 대개 한 번에 세 개씩 뿌려졌을 것이다. 이들 다람쥐가 밤을 가져갈 때면 언제나 송이째 가져가는데, 밤 송이에는 밤알이 세 개씩 들어 있기 때문이다. 얼룩다람쥐와 달리 나무다람쥐에게는 여러 개의 씨앗을 휴대할 만한 볼주머니가 없다. 대개 푸른 어치는 한 번에 여러 개의 밤을 실어 날랐는데, 녀석들은 먹이와 함께 내 시야에서 멀리 사라져버렸다. 나는 어미목으로부터 상당히 멀리 떨어진 곳에서 밤나무 묘목을 한 번에 다섯 그루까지 찾아낸 적도 있다. 이 때문에 푸른 어치가 밤나무 씨앗을 퍼뜨린 장본인이 아닐까 하는 추측도 가능하다. 한 자리에 세 개가 넘는 씨를 옮길 수 있는 능력은 푸른 어치에게만 있다. 또 어미목 근처에서 자라는 묘목은 얼룩다람쥐의 작품일 가능성이 높다.

다음으로 나는 동물의 먹이 은닉이 가져올 수 있는 상황과 비슷한 씨앗 생존의 가능한 요건을 알아내고 싶었다. 나는 냉장고의 비닐 봉지 속에 넣어둔 젖은 피트모스* 위의 씨앗이 이듬해 봄에 모두 죽어 있는 것을 발견했다. 이번에는 플라스틱 채소서랍에 젖은 피트모스를 깔고 씨앗을 50개 넣어 바깥에 있는 장작더미 위에 올려두었다. 눈이 녹은 직후에 확인해보니 이들 씨앗 역시 곤죽처럼 물러져 죽어 있었다. (단풍나무 숲속의) 땅 위에 다섯 개씩 열 개의 무더기로 놓아둔 50개의 씨앗은 이듬해 봄 모두 흔적도 없이 사라지고 말았다. 2센티미터 깊이로 묻어둔 100개의 씨앗은 76개가 사라졌지만, 10센티미터 깊이

---

* peat moss, 초탄 또는 이탄이라고도 함. 습지, 늪 등에 수생식물류 및 그 밖의 것이 다소 부식화되어 쌓인 것. 또는 식물이 잘 자랄 수 있도록 만든 pH4~5 정도의 인공토양.

로 묻어둔 50개의 씨앗 중에는 사라진 씨앗이 여섯 개에 불과했다. 이로부터 물리적 상황에 기인한 씨앗의 생존율을 높이고 동물의 피해를 막으려면 씨앗을 땅에 묻을 필요가 있다는 결론을 내리게 되었다. 어치들은 새로운 삶을 시작하기에 적당한 장소로 씨앗을 가져가기 위해 몇 가지 조치를 취한 것으로 보였다.

어미목에서 130~300미터 이내에 있는 숲속에서 자란 세 그루의 묘목은 키가 벌써 3~5미터에 이르렀다. 이들 묘목은 햇빛을 충분히 받으며 일 년에 70센티미터씩 빠르게 자라났다. 어엿한 나무로 성장해나가는 이들 묘목이 내가 심은 특정한 장소가 아닌 다른 곳에서 왔을 리는 없다. 밤송이가 나무에서 멀리까지 떨어지지는 않았겠지만, 어미목의 경계를 벗어난 것만은 분명했다. 이들 묘목은 '집'을 떠났다. 그렇지 않았다면 햇빛, 물, 공간, 토양의 양분을 두고 어미목과 불가피하게 경쟁을 벌였을 것이다. 묘목의 수령도 제각기 다른데, 이는 해마다 꽃을 피워 열매를 맺는 대신 몇 년에 한 번씩 열매를 맺는 너도밤나무*나 일부 참나무와 달리, 미국밤나무가 씨 맺기 파동을 겪지 않는다는 걸 보여준다. 열매가 몇 년에 한 번씩 열리는 씨 맺기 파동은 열매를 먹어치우는 동물의 개체수를 제한하는 데 도움이 된다. 씨 맺기 파동은 씨앗을 먹어치우는 동물의 개체수 유지에 도움이 되는 시간 경계선 역할을 한다. 그 대신 미국밤나무에 달린 단단하면서도 가시

---

* 너도밤나무는 5년에 한 번씩 최소 3만 개의 열매를 생산한다고 알려져 있다.

돋친 열매는 동물의 용이한 접근과 개체수 과잉에 대한 물리적 경계를 형성해 동일한 목적을 달성한다. 밤나무는 씨앗이 익어 이식될 준비가 될 때까지 새의 접근을 차단한다. 동물들이 한꺼번에 실컷 먹고도 남을 만큼 충분한 양이 준비되면 씨앗은 마침내 여기저기 흩어지게 된다.

위도에 따라 수확시기가 다른 밤나무의 보증할 만한 연간 씨앗 생산량은 오늘날 멸종된 나그네비둘기처럼 장거리를 이동하는 새들에게 든직한 먹이를 제공해주었을지도 모른다. 우리는 이처럼 과거에 미덥던 먹이가 비둘기의 엄청난 개체수에 얼마나 도움을 주었는지에 대해서는 밝혀내지 못할 수도 있다. 그럼에도 번식하도록 자극을 받기 위해 어느 군집에서 요구되는 막대한 개체수는 이들 나그네비둘기의 멸종에 대한 궁극적 이유가 될 것이다(이에 대해서는 책의 후반부에서 살펴볼 예정이다).

미국의 야생동물보호단체인 GFD(Game and Fish Department)가 사슴, 칠면조, 말코손바닥사슴을 회복시킨 것처럼, 종자 회복을 위한 미국밤나무재단(줄기마름병에 강한 밤나무를 육성하고 있다)의 과학적, 윤리적 노력 덕분에 밤나무는 되살아나고 있다. 밤나무가 자라는 내가 사는 숲에도 칠면조가 다시 모습을 드러냈다. 밤나무와 칠면조 모두 기하급수적으로 늘어나고 있다. 숲에는 대개 미국물푸레나무, 흰색과 노란색을 띤 자작나무, 붉은단풍, 사탕단풍, 미국너도밤나무, 흑벚나무, 스트로브잣나무, 붉은가문비나무, 발삼전나무가 혼재한다. 그런 숲에 나는 미국밤나무 묘목을 심으며 인공적인 경계를 무너뜨렸다. 현재 다양한 생물종이 복잡한 생태계의 일환이었던 조상들의 본거지로 속속 복귀하고 있다. 네 그루의 밤나무 묘목을 심는 행위로 나는 어치에게 도움을 주는 것은 물론, 그 이상으로 숲의 생태계를 복원하는 데 일조했다.

후기

이 책이 인쇄에 들어가기 직전, 나는 〈뉴욕타임스〉로부터 짤막한 에세이 형식의 칼럼을 써달라는 요청을 받았다. 신문사 측에서 특별히 제시한 주제가 없는 데다 당장 쓸 만한 얘깃거리도 없던 차에, 32년 전 결과도 예측할 수 없는 상황에서 간절한 심정으로 네 그루의 밤나무 묘목을 심었던 경험이 떠올랐다. 2013년 12월 21일자 〈뉴욕타임스〉에 게재된 즉흥적인 발췌문은 당시 독자들로부터 열렬한 반응을 불러일으켰다.

독자들의 주요 관심사는 내가 심은 밤나무 묘목의 원산지였다. 그것은 이번 장의 집필을 마치기 전까지 나의 관심사이기도 했다. 나는 서류가 보관된 수많은 궤짝과 상자들 사이에서 순전히 운 좋게도 내가 '미시간주 캐딜락산, 웨스트포드카운티 토양보전구역(Westford County Soil Conservation District)'에서 묘목을 매입했다는 기록을 찾게 됐다. 하지만 구글 지도에서는 이곳을 찾을 수가 없었고, 그래서 나는 이곳이 더 이상 존재하지 않거나 수십 년의 세월 동안 명칭이 바뀌었을 거라고 생각했다. 내가 미시간주에서 사들인 밤나무 묘목을 심고 난 이듬해인 1983년에 설립된 미국밤나무재단은 1989년부터 밤나무 줄기마름병에 내성을 가진 밤나무 종자를 육성하기 시작했다. 그러니 내가 미국밤나무재단의 도움을 받기는 불가능했다.

신문의 칼럼 기사를 읽은 독자들은 내가 심은 묘목의 원산지가 중요하다는 사실을 다시 한번 상기시켜주었다. 독자들 중에는 내가 정말로 미국밤나무를 심었다는 사실을 믿지 못하는 이들도 있었는데, 사실로 받아들이기에는 믿기지 않는 부분이 있었기 때문일 것이다. 새롭게 자극을 받은 나는 또다시 탐색에 들어갔다. 그러다 마침내 미시간주 캐딜락산에 있는 미국밤나무협의회를 찾아냈다. 톰 윌리엄스라는 사람이 시판용 '미국밤나무 묘목'을 제공했다는 사실을 알게 됐다. 나는 입수한 번호(231-775-7681)로 전화를 걸었고 미국 농무부가 연결됐다. 자동응답메시지는 한참 만에야 내선번호 3번으로 연결시켜주었고, 그곳은 다름 아닌 캐딜락산의 웨스트포드카운티 토양보전 구역인 것으로 드러났다! 나는 미국밤나무협의회가 '줄기마름병에 내성을 가진 미국밤나무로 400여 평의 숲'을 조성했다는 사실을 위키피디아를 검색해 알게 됐다.

미국밤나무의 초기 분포지역을 나타낸 지도에는 미시간 호숫가의 캐딜락산에서 북서쪽으로 300킬로미터 정도 떨어진 앤아버시 인근의 미시간주 남동부 일부 지역에서만 밤나무가 표시되어 있다. 지도에는 고립된 채 잔존하는 것으로 보이는 그 밖의 밤나무가 상당수 표시되어 있기도 했다. 이들 밤나무 대부분은 줄기마름병이 미국 전역을 휩쓸었을 당시 자취를 감춘 바 있다. 그렇다면 일부의 밤나무가 살아남은 것은 줄기마름병에 대한 내성을 갖고 있어서였을까, 아니면 단순히 지리적 고립 덕분일까?

크리스마스 전날, 그런 의문은 해결되었다. 마침 이 책에 수정본을 제출하던 원고 마감일이었다. 하지만 워낙에 중대한 사안이라 나는 미국 농무부에 전화를 걸어 자동응답기에 메시지를 남겨두었고 막스 얀초라는 사람에게서 이메일 답신을 받았다. 그는 자신을 "웩스포드와 미소키 보전구역을 관할하는 '웩스포드보존구역(Wexford Conservation District)의 삼림 감독관'"이라고 소개했다. 나는 x를 s로 잘못 읽은 결과 내가 심은 밤나무 묘목의 원산지를 오랫동안 잘못 알고 있었던 것이다! 이 수수께끼의 해결은 생애 최고의 크리스마스 선물이었다. 모든 게 한방에 해결되었다.

얀초는 이런 메일을 보내왔다.

"오늘 아침 밤나무 건에 대한 귀하의 메시지를 받았습니다. 메시지를 끝까지 듣느라 고생했지만, 이 메일을 통해 제 뜻이 전달되기를 희망합니다. 귀하가 심은 밤나무는 캐딜락에 있는 이곳을 본거지로 한 미국밤나무협의회에서 생산됐을 가능성이 매우 높습니다. 미국밤나무협의회는 미국 전역으로 묘목을 보내고 있으며, 미시간주에 있는 이곳 자생숲에서 채집한 천연종자를 이용하고 있습니다. 온라인을 통해 신문 칼럼을 읽을 수 있었습니다만, 이 답신으로 귀하의 마음이 편해졌으면 합니다. 들자하니, 메인주 숲으로 밤나무를 다시 들여놓는데 귀하께서 큰 성공을 거두신 것 같더군요."

나무와 돌에 얽힌 집의 기억

산은 우리를 그 무릎에서 밀어냈다.
그리고 지금 그 허벅지에는 나무가 가득하다.

－로버트 프로스트, 「출생지(The Birthplace)」

집을 짓는다는 것은 어떤 장소에 '뿌리를 내리는 것'이다. 그것은 밑돌 배치나 나무 심기처럼 몇 세대를 아우르고 물리적 흔적을 남길 정도로 충분한 영속성을 키우는 일이다. 미국 중서부 개척 시대에 정착민들은 토지 소유권을 주장하기 위해 사과밭을 일궈야 했다. 과수원은 그곳에 보금자리를 만들어야 했던 이들의 절박함을 보여준다. 이는 오늘날 '조니 애플시드(Johnny Appleseed)'로 알려진 조너선 챔프맨에 대해 전해져 내려오는 전설의 시대적 배경이기도 하다.

뉴잉글랜드 출신의 챔프맨은 사과나무 묘목을 심고 가꾸면서 중서부 지역을 6,500킬로미터 가까이 여행했다. 종종 맨발로 걷기도 했던 그는 동물들에게 세심한 온정을 베푼 것으로 유명하다. 또 대부분의 백인 정착민과 달리 그는 아메리카 원주민들을 사랑하고 그들과 잘 어울렸다고 전해진다.

챔프맨은 1774년 매사추세츠주의 레민스터에서 태어났다. 어린 조니는 숲을 개간한 공터에 지은 농장이나 그 부근에서 자라면서 돌을 주워모아 담을 쌓고 사과나무를 심었을 것이다. 1815년 4월 5~15일 인도네시아 탐보라 화산 분화가 있었다. 그로 인해 전 세계적으로 '여름 없는 해'를 맞았고 뉴잉글랜드 북부의 숲을 개간한 농장도 대부분 그 여파로 1816년 버려졌다. 화산재가 가라앉을 때까지 화산은 전 세계에 걸쳐 극심한 기상 이변을 몰고 왔다. 그해 5월 뉴잉글랜드주의 농작물은 서리를 맞아 죽었고 6월에는 눈보라가 몰아치기도 했다. 1817년에는 혹독한 겨울 기근이 이어졌으며 사람들은 바위가 많은 뉴잉글랜드의 경사지를 떠나 당시 '북서부영토(Northwest Territory)'로 불리던 중서부로 옮겨갔다. 1883년 8월 26~27일에 발생한 크라카타우(인도네시아) 화산 분화는 인류 역사상 두 번째로 큰 화산 폭발로, 전 세계 기온을 일시적으로 떨어뜨려 미국 정착민들이 땅을 포기하고 서쪽으로 이주하게 만든 두 번째 대이동을 초래했다.

오늘날 들이나 목초지로 이용되던 뉴잉글랜드 북부에는 개간되지는 않았지만 간혹 심각한 벌채가 이루어진 숲이 넓게 펼쳐져 있다. 퍼킨스 거주지역에 있는 메인주 서부의 지명은 챈들러힐, 키니스헤드, 개몬리지, 글리슨마운틴, 포터힐, 와일더힐, 라킨힐, 홀트힐, 헤지호그힐, 내가 사는 요크(혹은 애덤스)힐, 호튼레지, 팔린브룩, 볼리브룩 등이다. 헤지호그*(미국에는 고슴도치가 살지 않는다. 이 지명은 지역에 서식하는 호저**를 지칭한다)를 제외하면 모두 오래전 이곳에 보금자리를 틀었던 사람들의 이름을 딴 것이다. 마을 이름은 이보다 더 엉뚱하다. 한두 시간만 차를 타고 가면 나폴리, 모스크바, 하노버, 베를린, 폴란드, 노르웨이, 덴마크, 스웨덴, 파리, 스톡홀름, 멕시코, 중국, 페루에 이를 수 있다.

지금은 깊숙한 숲에서나 찾을 수 있을 법한 오래된 돌담이나 돌로 내벽을 댄 지하저장고 입구처럼 과거를 상징하는 몇 가지 상징물은 낭만적인 향수를 불러일으킨다. 60년 전 우리 가족이 메인주에 있는 '데니슨의 옛집(The Old Dennyson Place)'이라는 오래된 농장에 정착했을 때만 해도 그런 수많은 기억들 중에 하나가 되는 것이 그리 먼 일은 아니었다. 당시 농장에는 '오래된 사과밭'의 흔적이 조금이라도 남아 있었다.

상쾌한 가을날 아침이면 남자들과 사내아이들은 들꿩몰이에 나서며 호저, 사슴이 방금 남긴 발자국, 그리고 이따금 곰이 싸놓은 똥 한두 무더기를 발견했을 것이다. 곰의 똥은 씨를 포함해 사과를 통째로 갈아 만든 소스처럼 보인다. 간혹 깊은 숲속에서는 썩어서 바닥으로 쓰러지는 사과나무 줄기를 볼 수도 있었을 것이다. 대개 가까이에는 돌로 내벽을 댄 지하저장고 입구가 있었고 나무는 바로 거기서 자라고 있었다. 이렇게 아이들과 야생동물에게 인기가 있는 곳은 오늘날 거의

---

* hedgehog는 고슴도치를 가리키는 영어 단어.
** 산미치광이로도 불리며, 몸과 꼬리의 윗면이 가시처럼 변화된 가시털로 덮여 있다.

사라지고 없다. 오래전 농가의 흔적을 찾으려면 주의 깊게 살펴야 한다. 하지만 돌과 나무는 여전히 옛집에 대한 기억을 떠올리게 한다.

초기 정착민들과 이들의 꿈은 과거가 됐지만, 돌 속에는 영속성이 존재한다. 내가 사는 오두막집 옆에는 요크와 애덤스 가문 1대가 살던 농가의 허물어진 지하저장고 입구가 있다. 그들이 살던 농가의 주춧돌 대부분은 구덩이처럼 움푹 파여 함몰됐으며 그 자리에서는 육중한 흰자작나무, 미국물푸레나무, 붉은가문비나무, 사탕단풍이 자라났다. 이들 나무와 잡목을 베어내 잘라내고 얽혀 있던 나무뿌리를 떼어내거나 뜯어내고 나서야 비로소 나는 돌을 다시 쌓을 수 있었다. 봄이면 절벽 바위턱으로 돌아와 미끄러지지 않을 자리에 나뭇가지 한두 개로 둥지를 짓는 큰까마귀처럼, 당시 나는 그렇게 나무와 돌을 옮겼다.

잡목을 치우고 땅을 파는 동안 두 곳의 헛간 자리에 깊숙이 묻힌 화강암 주춧돌 사이에서 녹이 슨 큰 낫, 말편자, 도끼머리, 마차 바퀴 중심부, 분홍색과 파란색 꽃그림을 그려 넣은 도기 파편, 마차 난간, 쟁기 날, 특이하게 생긴 금속 고리, 쇠사슬, 셀 수 없이 많은 각못, 경첩, 파란색 법랑을 입힌 양철 컵, 숯 따위가 나왔다. 몇 세대를 거치는 동안 이곳에서 살던 사람들의 삶의 흔적도 희미해져 갔다. 그래도 이곳에는 이야기가 남아 있었고, 나는 '나무만이라도 말을 할 수 있다면 좋겠다'라는 생각을 했다. 오랜 침묵 끝에 마침내 사과나무 한 그루가 '말'을 했다.

1980년경 굵은 몸통 둘레 덕분에 처음 내 눈을 사로잡았던 사과

애덤스/요크 가문의 농가 인근 땅에서 찾아낸 갖가지 유물들.
오래된 농가의 흔적이다. 몇 세대를 거치는 동안 이곳에서 살던 사람들의 삶의 흔적도 희미해져갔다.

나무는 거의 고사 직전이었다. 사과나무는 키가 작았지만 몸통이 워낙에 굵어 두 그루 크기의 부러진 그루터기에서 가지가 바닥으로부터 1미터가량 갈라져 나와 있었다. 거의 부러지다시피 한 나무는 땅속에서 오랫동안 부패 과정을 겪었지만, 부러진 줄기에는 여전히 살아 있는 흡지*가 달려 있었다. 위로 뻗어올린 가느다란 흡지는 하루가 다르게 잎이 무성해지는 어린 물푸레나무, 단풍나무, 스트로브잣나무와의

---

* 지하의 줄기에서 나온 가지. 나중에 모체에서 분리돼 독립된 개체가 됨.

햇빛 쟁탈전에서 밀린 듯했다. 당시 나는 이 나무를 두고 깊이 생각해볼 겨를이 없었고, 다만 장차 덤불숲을 이룰 가능성이 있는 사탕단풍을 솎아냈다. 그런데 30년이 흘러 남아 있던 나무의 홉지가 죽었을 때 나무가 얼마나 오래 살아 있었을지 궁금해졌다.

이곳 농장이 있는 산 맞은편으로 1~2킬로미터 떨어진 곳에 사는 시인 헨리 브라운은 "메인주에서는 지난날의 끝이 멀지 않다"는 시구를 남겼다. 지난날까지는 얼마나 될까? 문득 궁금해지기 시작했다. 오래된 고목이 단서를 줄 수 있을까 싶어서 남아 있는 나무를 체인톱으로 베어 여전히 단단한 나무의 단면을 손에 넣은 다음 나이테를 세어보았다. 적갈색을 띤 나무 단면을 사포로 반들반들하게 닦아내고 나니 바깥쪽에서부터 2.5센티미터마다 평균 25개의 나이테가 드러났다. 그러나 쇠퇴기에 접어들기 전에 나무의 성장은 더욱 빨랐던 것으로 보인다. 2.5센티미터마다 13개의 나이테가 나타났기 때문이다. 이를 종합해볼 때, 나무가 1790년 무렵부터 자라기 시작했다는 계산이 나왔다. 당시 조니 애플시드의 나이는 스무 살가량이었다. 조지 워싱턴이 초대 대통령으로 이제 막 취임했을 때였다. 2대 대통령이자 미국 건국에 가장 영향력 있는 인물로 손꼽히는 존 애덤스가 대통령 임기를 마쳤을 때 이 나무의 수령은 10년 정도 됐다. 또 존 애덤스의 아들인 존 퀸시 애덤스가 6대 대통령으로 재직하던 시절만 해도 무럭무럭 잘 자라고 있었다.

이 사과나무가 자라기 시작한 1790년대는 메인주에 속한 이 지역에서는 중요한 시기였다. 웰드의 정착사를 자세히 기록한 『웰드의 초기 정착민(Early Settlers of Weld)』에서 E. J. 포스터는 이 지역을 두고 "주변 산에 의해 형성된 분지여서 더머 세월과 그의 동생 헨리 세월이 케네벡강에서부터 코네티컷주에 이르는 시골 지역을 답사하기 위해 1782년 3월[겨울 동안 쌓인 눈이 얼어붙은 설빙 위를 이동할 수 있는 시기] 바스를 출발할 때까지 사냥꾼 외에는 거의 알려지지 않았다"고 썼다. "탐사 도중 세월 형제와 동료들은 이 계곡을 건넜고 땅의 토질이 좋아 경작할 만한 가치가 있다는 의견을 내놓았다. 그들은 길이가 10여 킬로미터에 이르는 호수를 발견했고 부근에서 올가미도 몇 개 찾아냈다. 또 어느 나무에는 '도스 웹(Thos. Webb)'이란 이름이 새겨져 있었다. 그들은 강이기도 한 호수에 도스 웹이라는 이름을 붙였는데, 이곳은 안드로스코긴강으로 흘러드는 강어귀였다."

웹 호수는 앞서 언급한 지하저장고 입구를 찾아낸 곳에서 약 5킬로미터 떨어진 곳에 있다. 또 지하저장고는 오래된 사과나무 잔해에서 75미터 떨어져 있다.

측량을 마치고 나서 약 2,600만 평에 이르는 호숫가는 훗날 'No.5' 혹은 '정착지'로 불렸다. 1816년, 이곳은 메인주의 214번째 마을로 편입되었으며 웰드라는 지명이 붙여졌다. 오늘날 웰드에는 상점과 우체국은 물론 최근(2010년)에는 인터넷 이용이 가능한 커피숍까지 들어섰다. 십대 시절 나는 웰드 읍사무소에서 열린 스퀘어댄스*

---

* 네 쌍의 커플이 한 세트가 되어 콜러(caller, 경마 또는 도그 레이스 등에서, 트랙의 확성기 시스템을 통해 레이스를 알리는 트랙 아나운서)의 지시에 따라 추는 춤. 춤추는 사람은 개척 당시의 복장을 입고 바이올린의 포크송 연주를 반주로 콜러의 유머 섞인 리드에 의해 춤을 춘다.

파티에 참가하곤 했다. 웹 호숫가에서 열린 소년 캠프인 카완히 캠프 (Camp Kawanhee)에서 내가 감자껍질을 벗기고 설거지를 하던 어느 해 여름에는 금요일 밤마다 로드 린넬이 콜러로 활동했다. 웰드 마을은 오래된 사과나무 잔해와 내가 사는 오두막집이 있는 숲속 공터에서 가파른 언덕을 따라 내려가는 가벼운 조깅 코스다.

웰드 지역 최초의 정착민으로 인정받은 너새니얼 키트리지는 1799년 봄 이곳에 도착해 "벌목한 나무를 태워 수천 평의 땅을 개간한 다음 통나무집을 지었다." 이듬해 그는 가족을 이곳으로 데려왔고, 바로 그해 케일럽 홀트라는 두 번째 정착민이 들어와 같은 식으로 자리를 잡았다. 얼음으로 변한 눈길을 걸어 3월에 도착한 그는 "마을 최초로 [사과]밭을 경작했고, 1829년 가을 처음으로 사과주스를 만들었다." 다음에 설명할 기회가 있겠지만, 이런 역사적 날짜는 오래된 사과나무, 궁극적으로는 나무가 자랐던 농가의 역사와도 관련이 있다.

나무의 목질부를 잘라내 나이테를 헤아려보니 인간의 역사 속에서 함께해온 나무의 시간이 드러났다. 나무가 성장한 곳의 생태학적 상황이 한눈에 보기에도 분명했다. 가지가 바닥에서부터 1미터 정도 갈라져 나온 죽은 나무의 그루터기, 비스듬히 뻗은 두 개의 거대한 가지 잔해는 개간된 땅에서 나무가 자라기 시작했다는 걸 보여주는 확실한 증거였다! 하지만 곧이어 허를 찌르는 의문이 반격에 나선다. 최초의 정착민 너새니얼 키트리지가 도착해 '벌목한 나무를 태우고 수천 평의 땅을 개간하기' 10년 전, 그러니까 지금으로부터 200여 년 전에 어떻게 이처럼 가파른 산을 개간할 수 있었을까? 사과나무가 자랐

던 산에 1799년 키트리지가 도착하고 나서 한참이 지나서도 정착민
들이 들어오지 않았을 것이란 점을 제외하면, 10년이란 세월은 나무
의 기원과 관련된 오차범위 안에 충분히 들어간다.

　이용하기 좋은 땅을 차지한 뒤에 그보다 더 나은 땅을 찾아 키트
리지의 뒤를 따랐던 유럽의 개척민들은 안드로스코긴강 유역과 지류
의 저지대에 오두막집을 세우고 농사를 짓다가 나중에 호숫가로 왔
다. 그들에게는 땅이 비옥하고 토심이 깊은 곳, 비료와 식량으로 쓸
수 있는 물고기와 마실 물을 얻을 수 있고 수로의 접근이 용이한 곳
이 필요했다. 빙하에 의한 암붕과 돌이 뒤섞인 엄청난 양의 빙퇴토*가
쌓여 있는 이처럼 숲이 울창한 가파른 산비탈을 개간해 가축을 방목
하고 농사를 지으려면 황소를 이용한 강도 높은 노동이 필요했다. 사
과나무가 자랐던 이 산비탈은 정착민들이 우물을 아주 깊게 파지 않
으면 물을 구할 수 없었다. 근처의 거대한 돌담은 이곳에서 살기 위해
필요했던 터 고르기 작업의 고된 노동을 상기시키는 유일한 증거물이
다. 장엄한 석벽을 이루는 바위 하나하나는 수십에서 수백 킬로그램
에 이르며 때로 몇 톤이 넘는 경우도 있다.

　아사 애덤스는 이 산비탈에 자리를 잡은 최초의 정착민이었던 것
으로 보인다, 그전까지는 이곳에서 사람이 살았다는 기록이 남아 있
지 않다. 1830년경 애덤스 가족이 이곳에 들어온 뒤로 딸 플로라가
1858년에 태어났다. 그렇다면 오래된 사과나무는 당시 수령이 40년

---

* 빙하시대에 형성된 자갈, 모래, 찰흙이 혼합된 체적토.

된 성목이었을 것이다. 플로라는 인근 농가 출신의 제임스 켄달 요크 와 결혼해 자신이 태어난 농장에 살면서 아홉 명의 자녀를 낳았고 그 중 일곱이 살아남았다. 그때 이 산비탈은 애덤스힐이 아닌 요크힐로 알려지게 됐다.

적어도 1929년까지는 해마다 여름이면 애덤스와 요크 가족이 가 축을 방목하기 위해 이곳을 계속 찾았지만, 1977년 내가 이곳 땅을 대부분 매입했을 당시는 반세기 가까이 사람이 살지 않고 묵혀둔 상 태였다. 1930년 무렵, 요크와 애덤스 농장의 집과 헛간 두 채가 불에 탔다. 그 후로 농경지는 다시 숲으로 바뀌기 시작했고 25년이 지나 내 게는 메인 숲의 스승이나 다름없는 필 포터가 십대 시절 나를 이곳으 로 데려왔다. 잡초만 무성하도록 버려진 들판과 플로라와 제임스 켄 달 요크 부부가 다양한 왜금종 사과를 재배했던 사과밭에서 우리는 들꿩과 사슴을 사냥했다. 이들 사과는 짚을 넣은 통에 차곡차곡 담긴 다음 말이 끄는 사륜마차에 실려 월튼 마을 인근의 철도역까지 수송 될 정도로 '장기간 저장이 가능한 품종'이었다. 사과는 그곳에서 보스 턴으로 이송돼 영국으로 가는 범선에 실렸다. 요크가에서 몇 대에 걸 쳐 지금까지 전해 내려오는 이야기에 따르면, 나이 든 켄달은 자신이 생산한 사과에 대한 자부심이 대단했으며 한 나무에서 최대 다섯 가 지 품종의 사과를 접목했다고 한다.

그러고 보니, 앞에서 1790년경으로 추정한 바 있는 요크 농가 옆 의 오래된 사과나무 출생년도는 도무지 이해할 수가 없었다. 이는 이 들 부부가 사과밭을 경작했다고 추정된 시기보다 반세기가량 앞서는 데다 굵은 가지가 두 갈래로 비스듬히 뻗은 나무의 육중한 몸통이 200년도 더 전에 이곳이 개간되었다는 걸 입증해주기 때문이다. 하지만 어떻게 웰드 지역에 최초의 정착민들(그들은 마지막으로 바위가 많은 산비탈에 정착했다)이 들어왔다고 전해지는 1830년보다 40년이나 앞서 개간이 이루어질 수 있었을까?

그런 의문이 머릿속에서 떠나질 않던 차에 나는 이 나무의 또 다른 특성에 주목했다. 나무는 두 개의 돌담이 교차하는 지점에 쌓인 커다란 돌무더기 옆에 있었다. 반면 농장에서 키우던 사과나무는 하나같이 이 나무보다 최소한 40년은 어렸고 돌을 고른 땅에서 자랐기 때문에 돌담 옆에서는 한 그루의 잔해도 발견할 수 없었다. 이 나무만이 정확히 네 개의 거대한 돌담이 만나는 지점에서 자랐다. 그 옆으로는 황소 여러 마리가 썰매를 끌 수 있는 공간이 돌담 한쪽 끝에 마련돼 있었다. 따라서 사과나무가 자란 지점은 개간지의 중심부로 사람들이 자주 다니는 길목이 아니었을까 싶었다. 하지만 이렇게 거대한 나무의 씨나 묘목은 대체 어디서 구할 수 있었을까?

정착민들은 대서양 연안에서 내륙으로 이동해 왔다. 그들은 인근의 산비탈을 차지하고 집을 지었다. 『샌디강과 그 계곡(The Sandy River and Its Valley)』이란 제목으로 이 지역 역사를 기술한 빈센트 요크는 『노리지웍의 역사 : 원주민에 대한 기록 포함(History of Norridgewock: Comprising Memorials of the Aboriginal Inhabitans, 1846)』에서 정착민들이 이 지역에서 어떻게 보금자리를 일구었는지에 대해 역사가인 윌리엄 앨런의 방식을 인용했다. "1년차, 6,000~7,000여 평에서 나무를 베어내고 경작지를 마련하기 위해 땅에 불을 놓는다. 2년차, 경작지가 만들어지면 통나무집을 짓고 나무를 더 베어내고 추수 전에 가족을 이주시킨다. 3년차, 작은 헛간을 짓고 가축 수를 늘린다. 4년차, 건초용 목초, 호밀, 밀, 옥수수를 재배하고 삶이 한결 편안해지기 시작한다. 5년차, 더 많은 땅을 개간해 가축을 늘린다. 6년차, 나무 그루터기를 뽑아내기 시작하고 땅을 일굴 준비에 들어간다. 7년차, 할 수만 있다면 스스로 집을 지어본다." 한 술 더 떠 그는 "굵은 나무에 도끼를 얼마나 내리쳤느냐에 따라 유명인사가 될 수도 있었다"고 덧붙였다.

대서양 연안의 안드로스코긴강을 따라 이동해온 개척민들은 애덤스 가족이 자리 잡은 터전 아래에서 몇 킬로미터 떨어진 웹 호수 부근에 정착하자마자 사과나무를 심고 전방위에 걸쳐 땅을 개간했을 것이다. 대개 그들은 농경지와 농장을 만들 때 도끼는 물론 불을 이용했다. 요크힐 곳곳에는 산불이 났던 흔적이 남아 있다. 표토 아래에서 발견된 숯으로 보아 개간지가 어떻게 만들어졌는지 짐작할 수 있다. 조니 애플시드가 여기까지 왔을지는 의문이다. 하지만 당시에는 곰이 많았고 지금도 늘 있는 일이지만 녀석들은 사과나무를 덮쳤을 것이다. 녀석들이 싸놓은 똥 속에 들어 있던 사과 씨 덕분에 녀석들은 본의 아니게 사과나무를 심는 역할을 하고 말았다.

당시만 해도 곰, 늑대, 큰까마귀는 주변에서 흔히 볼 수 있었기 때문에 이들 동물에 대해 굳이 언급할 필요는 없었을 것이다. 하지만 포스터의 초기 역사기록에는 곰과의 만남이 기술돼 있다. 1808년 가을에 정착지로 오는 도중 아벨 피스크는 "앨더천 옆의 습지(내가 있는 농장 부지와 오두막집에서 산비탈을 따라 15분을 걸어가면 만날 수 있다)에서 길을 잃었다." 거기서 그는 사륜마차를 끌던 두 필의 말 가운데 한 필을 '잃어버렸다.' 그로부터 며칠이 지나 벤저민 호튼(인근의 능선은 그의 이름을 따서 호튼 암봉으로 불린다)은 "얼굴에 흰 반점이 있는 곰 한 마리가 말의 살코기를 뜯어먹는 광경을 목격했다." 이곳에는 오늘날에도 여전히 곰들이 살아가며 녀석들은 툭하면 사과 씨앗을 땅에 흘려놓는다.

개간된 땅에 곰이 떨어뜨린 씨앗에서 오래된 사과나무가 시작된 것이라면 1830년대 아래쪽 계곡에 정착민들이 들어와 아사 애덤스를 비롯한 몇몇이 황소를 끌고 산비탈로 올라왔을 때 어느 정도 자란 사과나무를 발견했을 수도 있다. 그들은 놀라워하면서도 이를 집터로 적합하다는 '신호', 길한 징조로 보고 기뻐하면서 부근에 사과나무를 심어야겠다고 생각했을 것이다. '가축'(황소)을 이용해 수많은 돌을 썰매로 끌게 하면서 땅을 개간하기 시작했을 때 그들은 이 사과나무에 마음이 끌렸을 것이다. 사과나무는 여름이면 시원한 그늘을 드리워주었고 9월이면 열매가 달렸다. 그렇다면 육중한 돌담이 현재처럼 그 지점에서 동서남북 네 방향으로 뻗어나간 이유는 뭘까?

어쩌면 나무는 내게 최대한 성심껏 얘기를 들려주었을지도 모르겠다. 이 농가의 역사에 대해서는 이런저런 의문이 들었지만 답을 얻을 방도가 없는 것 같아 나는 더 이상 생각하지 않기로 했다. 그런데 묘한 우연으로 이 문제가 다시 수면 위로 떠올랐다.

요크 가문의 한 사람인 안네 아간에게서 얻은 조언에 따라 나는 2011년 (지금은 작고한) 앨버트 소여 박사와 얘기를 나누었다. 당시 아혼 살이던 그는 제임스 켄달 요크와 플로라 (애덤스) 요크의 손자다. 뉴햄프셔대학교의 화학과 교수직에서 은퇴한 소여는 뉴햄프셔주의 더럼에서 살고 있었다. 그는 어린 시절의 요크힐을 기억했다. 요크 가문의 족보를 탐구하는 것이 취미였던 그는 샤를마뉴 대제를 비롯한 유럽의 여러 왕실 인사까지 거슬러 올라가는 문중 추적에 나서기도 했다.

나는 그런 식의 길고 복잡한 족보 놀음에는 그다지 놀라지도 흥미를 느끼지도 못했다. 그저 먼 세상 이야기 같았다. 하지만 당시 나는 메인주 월튼 인근에서 해마다 치러지는 요크 가문의 종친회에 초대돼 참석한 적이 있다. 모임에서 만난 노신사가 내게 한 세기 전 요크힐의 모습을 담은 꿈결처럼 희미한 사진을 몇 장 보여주었다. 사진을 찍은 사람이 자기 어머니 헬렌 요크라는 말에 나는 흥분하고 말았다.

헬렌은 제임스 켄달 요크와 플로라 엘라 (애덤스) 부부의 살아남은 일곱 자녀 가운데 하나로 요크힐에서 태어나 한동안은(1916~17) 산기슭에 자리 잡은 인근의 한 칸짜리 학교 건물에서 공부를 했다. 당시에는 학교 근처에 힐드레스라는 작은 제재소에서 일하는 노동자들의 숙소가 있었다. 숙소는 앨더천 상류에서 얻은 키 큰 소나무 목재로 지어졌다. 톱을 가동할 전력을 생산하기 위해 지은 댐의 주춧돌이 오늘날에도 여전히 남아 있다. 댐이 생기면서 형성된 호수는 지금은 사라지고 없지만, 개울은 옛 모습을 되찾았다.

헬렌은 (1910년경에 출시된) 최초의 코닥 상자형 카메라 한 대를 갖고 있었다. 그녀가 보여준 몇 장의 사진 중에 "뒤로 블루산이 펼쳐진 농장 안의 켄달 요크네 집"이라는 설명이 적힌 사진에는 지나친 방목으로 민둥산이 된 농가 앞의 산비탈에서 스무 마리가 넘는 소와 흰 말한 필을 모는 세 사람이 찍혀 있었다. 의심할 여지없는 블루산의 모습이 뒤로 보이지 않았다면 사진 속 장소가 요크힐이라는 생각은 하지도 못했을 것이다. 예전에 내가 땅을 파면서 찾아낸 유물과 주춧돌은 건물의 위치를 정확히 보여주었기에 나는 사진이 촬영된 곳의 정확한 위치를 짐작할 수 있었다.

1911년에서 1915년 사이에 찍은 또 다른 사진은 명백히 알아볼 수 있는 글리슨산과 키니스헤드힐의 윤곽을 배경으로 헬렌의 부모님이 당시 새로 만든 사과밭 앞에서 뻣뻣한 자세로 서 있는 모습이었다. 그러다 다른 어느 누구도 신경을 쓰거나 알아볼 수 있을 것 같지 않은 세 번째 사진을 보고 나는 깜짝 놀라고 말았다. 이 사진에는 헬렌 자신의 모습이 담겨 있었고, 알베르트 소여는 이 사진에 "헬렌 요크 : 집에 있는 돌담에 앉아 책 읽기"라는 간단한 설명까지 붙여두었다. 사진 속에서 내 눈을 사로잡은 것은 그런 헬렌의 모습이나 그녀가 읽고 있는 책, 그녀가 입고 있는 흰색 롱드레스, 매력적인 그녀의 얼굴과 머리카락이 아니었다. 사진 속에서 내 눈에 들어온 것은 오로지 헬렌 뒤로 보이는 나무와 그녀가 앉아 있는 자리였다.

사진 속의 나무는 사과나무였고, 사진의 촬영연도에 비춰볼 때 유난히 컸다. 하지만 그보다 내 눈을 사로잡은 것은 옆으로 낮게 뻗은 두 개의 굵은 가지였다. 나뭇가지는 어디선가 본 것처럼 낯이 익었다. 여전히 잎이 거의 달려 있지 않은 사진 속 나뭇가지는 내가 알고 있던 커다란 사과나무의 독특한 모습과 정확히 맞아떨어지는 듯했다. 둘이 같은 나무일까? 나는 그랬으면 좋겠다는 생각에 빠져 있었지만, 정작 이런 짐작을 입증할 만한 방법은 찾지 못했다. 대신에 나는 사진이 촬영되던 한 세기 전의 상황을 상상해보려고 노력했다.

요크 일가의 사람들이 대대로 치러오던 야유회에 참석하기 위해 그들은 수백 미터 아래로 집터가 내려다보이는 '암봉' 위에서 만남을 가졌다. 분주하게 움직이는 웹 호수와 텀블다운산, 잭슨산의 장관이 한눈에 들어오는 곳이다.

헬렌은 이날의 야유회를 기대하며 '나들이옷'을 챙겨 입었고, 다른 네 자매는 어머니인 플로라와 야유회 음식을 준비하며 수다를 떨고 있었다. 그 전날 그들은 세탁을 해서 긴 빨랫줄(헬렌의 또 다른 농장 사진에서 뒤쪽에 희미하게 빨랫줄이 보였다)에 빨래를 널어두었다. 여자들이 요리를 마치고 옷을 차려입자 해가 글리슨산의 능선 너머로 떠오르면서 두 군데의 사과밭과 초원, 건초지를 환하게 비추었다.

경사스러운 날 아침, 헬렌은 농장 건물(창고가 딸린 집과 그 옆의 헛간 두 채)에 찬사의 눈길을 보내고 호숫가에 있는 웰드 마을로 내려갈 때면 마차를 끌던 소와 흰 말을 데리고 집 앞에 나와 있는 아버지 켄달과 오빠 둘을 바라봤다. 블루산은 그날따라 북쪽으로 높고 선명한 모습을 보여주었다. 헬렌이 카메라를 갖고 나오자 어머니인 플로라가 딸의 사진을 찍어보고 싶다고 말했다. 헬렌은 잠시 머뭇거렸다. 뻣뻣한 자세로 서서 카메라를 똑바로 응시한 채 사진을 찍는 것이 싫었기 때문이다. 바로 그때 좋은 생각이 떠올랐다. 교사인 그녀는 책을 들고 아름드리 사과나무가 드리운 그늘 밑 돌담에 앉아서 이토록 경이로운 카메라의 셔터 작동법을 어머니에게 알려주었을 것이다.

마음속으로 이런 식의 공상을 자꾸 떠올리자 헬렌 요크가 앉아 있던 '돌담'이 과거를 이해하는 열쇠가 될 수도 있겠다는 생각이 불현듯 일었다. 그러자면 그녀가 어느 돌담에 앉아 있었는지 알아낼 필요가 있었다. 몇 년 전에 농장 지도를 만들면서 나는 3킬로미터에 이르는 돌담 목록을 작성해두었다. 헬렌이 앉아 있던 1미터에 해당되는 돌담을 찾아낼 수 있을 가능성은 약 2,000분의 1에 불과했다. 그녀가 돌담의 어느 쪽에 앉아 있었는지를 모르는 상태에서 무작위로 그 지점을 찾아내는 일은 두 배로 힘들어질 수도 있었다.

사진은 뒤쪽의 나무를 배경 삼아 아무것에도 초점을 맞추고 있지 않았고, 사진을 촬영한 사람의 위치에 대해서도 단서를 전혀 남기지 않았다. 하지만 사진이 태양을 벗어나 건물을 향하고 있다는 짐작은 할 수 있었다. 만약 그렇다면 돌담을 내가 알아볼 수 있어야 한다는 전제하에 그녀가 앉아 있던 자리를 밝혀낼 수 있을지도 모를 일이었다. 돌은 돌담에서 치워지거나 바닥으로 떨어지는 일이 다반사지만, 아래쪽의 돌은 좀처럼 옮기기 어렵다. 또 각각의 돌은 저마다 다른 형태를 갖고 있으며 다른 돌과 관계가 있다. 당시 오래된 애덤스와 요크 농가의 주춧돌을 다시 놓는 작업을 하고 있던 내게 이 문제는 중요한 현실로 다가왔다.

나는 "집에 있는 돌담에 앉아 책 읽기"라는 설명이 붙은 헬렌의 사진 복사본을 들고 그녀의 어머니가 헬렌과 오래된 사과나무를 향해 서 있었을 거라고 짐작되는 지점에 서 있었다. 가상의 카메라를 손에 쥐었다고 생각하고 무릎을 꿇은 나는 두 개의 돌 표면이 거의 45도 각도로 절묘하게 들어맞는다는 사실을 알게 됐다. 갈라진 틈새 한가운데로 타원형의 구멍이 보였다. 나는 한 세기 전에 찍은 사진을 들여다보았다. 헬렌 요크가 한 세기 전에 그렇게 갈라진 틈새 옆에 앉아 있었다!

나는 오래된 사과나무 잔해 앞에 있는 돌담에 헬렌을 대신해 체인톱을 올려두고 한때 오래된 농가가 서 있던 쪽을 마주보며 자리를 잡은 다음 사진을 찍었다. 나중에 두 장의 사진을 나란히 놓았을 때 놀라움에 말문이 막히고 말았다. 헬렌의 오른쪽 아래에 놓인 돌들의 뚜렷한 형태와 비스듬한 배열이 내 사진에서도 고스란히 재현되고 있었다. (지금은 사라지고 없는 돌담의 꼭대기층만 제외하면) 주변에 있는 다른 돌들도 일치된 형태를 보이고 있었다. 헬렌이 앉아 있던 지점은 농가의 헛간에서 50보쯤(75미터) 떨어진 곳이었다. 어느 돌의 날카로운 귀퉁이가 아래쪽 돌에 드리운 그림자로 보아 사진이 늦은 아침에 촬영됐다는 것도 유추할 수 있었다.

나는 헬렌 요크의 사진이 지금은 죽은 오래된 사과나무의 사진이기도 하다는 증거를 얻어냈다. 나무와 그 과거, 이곳 산비탈에서 살아가는 현재의 내 삶과 집 사이의 관계를 찾아낸 것이다. 이 지역 최초의 정착민들과 미국의 역사를 일군 사람들에게 이르는 긴 사슬의 연결 고리를 채우는 소리가 울려 퍼지면서 과거가 현재와 연결되었다.

집이란 과거에 대한 이해, 미래에 대한 희망과 계획이 공존하는 곳이란 생각이 들었다. 결국 집은 언제나 상상 속에 머무는 공유된 경험을 통해 만들어지는 것이다.

기억과 감정을 갖는 능력은 인간에게만 있는 것은 아니다. 다만 우리는 모든 조류와 모든 포유류에게서 보편적으로 찾아볼 수 있는 그런 능력을 갖고 있을 뿐이다. 다른 점이 있다면 이들 동물에게는 우리에게는 없는 특정한 감각이 있다는 것이다. 이런 감각에 대한 이들 동물의 표현방식은 간혹 설명하기 힘들 때도 있다. 새들은 울음소리를 통해 감정을 표현한다.

나는 작년 5월 오두막집에서 30미터 떨어진 발삼전나무에 둥지를 틀었던 아메리카딱새가 겨울나기를 위해 떠나기 전인 11월 유난스레 울던 날, 그 녀석에게 있음직한 기억과 감정을 엿보았다. 녀석은 이미 마음에 드는 장소를 찾아두고 그곳을 기억에 저장하면서 이듬해 봄 둥지를 틀기 위해 되돌아왔을 때 기억이 되살아나기를 갈망하는 듯했다. 도로를 따라 1킬로미터 정도 떨어진 호수를 계속 찾아오던 아비새도 주거지와 그곳에 거주하는 수컷의 능력을 염탐하는 것이 목적이었다. 낮이 다시 길어지기 시작하면 집에 대한 기억이 대서양 어딘가에서 녀석을 돌아오게 만들었고, 그런 기억 덕분에 녀석은 특별히 이곳으로 되돌아올 수 있었다.

이와 마찬가지로 들판을 둘러보며 조만간 더 이상 존재하지 않게 될 오래된 사과나무 그루터기에 눈길을 줄 때면 그런 기억이 내게도 여전히 남아 있음을 느낀다. 그런 기억에는 이곳 산비탈과 농가의 역

사가 함께할 것이다. 집에 대한 기억은 어디까지나 내밀하면서도 개인
적인 영역으로 남게 될 것이다.

우리가 즐겨 걷는 숲속의 길,
그리고 따뜻한 오두막집

이끼로 덮여 잿빛이 된…… 나무들이 울창한 곳이 있다.
나는 옛날을 생각하며 그곳을 거닐었다.

— 에즈라 파운드, 「사막 주(Provincia Deserta)」

해마다 11월이면 오두막은 2주 동안 '사슴 캠프'로 변모한다. 하지만 조카인 찰리 세월과 나는 일 년 내내 고향으로 돌아가고 싶은 강한 열망에 사로잡힌다. 그런 열망은 대개 11월에 절정에 이르지만, 고향에 가려는 준비는 지속적으로 이루어진다. 여름에 찰리가 찾아왔을 때 친구나 가족과 숲을 거니는 일은 종종 사냥철에 앉기에 적당한 나무를 봐두는 정찰로 옹색하게 위장되곤 한다.

가을이 가까워오면 우리 두 사람은 매주 식량과 그 밖의 생필품에 관해 이메일을 주고받는다. 마침내 고대하던 날이 오면 그 밖의 다른 약속은 뒷전으로 미루고는 한다. 무슨 일이 있어도 요크힐의 야영지로 떠날 때가 된 것이다. 우리의 이런 전통은 사슴사냥철이 시작된 첫날, 오두막집의 탁자로 위장된 속이 빈 그루터기에 덮개를 덮어 지난해 가을부터 보관해온 위스키를 '전체요리'로 몇 모금 홀짝이고, 지난해 잡아서 냉동고에 보관해둔 사슴고기로 스테이크를 해먹는 일로 더욱 빛을 발한다.

흰꼬리사슴은 일 년 내내 그곳에 있지만, 가을이 되기까지는 그 사실을 좀처럼 인식하지 못할 것이다. 그러다 어느 순간 사슴은 모든 사람들의 마음속에 들어온다. 시내 중심부를 걷거나 모닝커피를 마시기 위해 작은 식당에 들어가보라. 어디서든 친구를 만나면 "벌써 내장을 빼낸 거야?"라는 말을 가장 먼저 듣게 된다. 누구든 "그야 물론이지. 뿔가지가 여덟 개 달린 멋진 녀석이야!"라고 답하고 싶겠지만, 대개는 "아직 못 잡았다네"라는 답변이 나오기 일쑤다. 그럼 그때부터 그들은 최근 사슴뿔이 스친 흔적을 봤다는 둥, 전나무 가지 밑에서 긁힌 지 얼마 안 된 자국을 봤다는 둥, 너도밤나무가 자라는 능선에서 발에 긁힌 나뭇잎을 봤다는 둥, 온갖 목격담을 늘어놓을 것이다.

메인주에서는 사냥철이면 어디에 있든 지금 있는 곳을 떠나 자신만의 '야영지'로 갈 수 있다. 야영지란 대개 15~20킬로미터 떨어진 언덕이 많은 숲속 오솔길에 방수용 타르지로 지은 판잣집을 의미한다. 그곳에 가면 이웃도 만날 수 있고, 위스키와 맥주를 마시며 카드놀이로 긴 밤을 지새울 수도 있다. 이 경우 어릴 적 봤던 사슴에 대한 추억, 사슴과 관련된 옛날이야기, 내일 만나고 싶은 수사슴이 주된 화제로 떠오른다. 아무리 늦게까지 잠을 자지 않았더라도 해가 뜨기 전에는 일어나 장작불을 피우고 커피를 끓인다. 아침을 간단히 먹고 나면 밖으로 나가 기대했던 대로 별이 총총한 하늘을 바라본다. 머리 바로 위로 하늘을 알록달록하게 수놓은 은하수를 올려다본다. 어둠 속에서 자기가 좋아하는 장소를 향해 걷는다. 그런 장소는 활엽수림을 지나는 긴 산비탈을 내려다볼 수 있는 가문비나무 상부의 굵은 가지나 그루터기일 수도 있고 가문비나무 옆에 이끼로 뒤덮인 커다란 바위일 수도 있다. 아직 날이 밝지는 않았지만 견딜 만한 어둠 속에서 주변의 소리에 귀를 쫑긋 세운다. 귓속에 울려퍼지는 고동소리를 멀리서 들려오는 발자국소리가 아닐까 생각한다. 잠에서 깨어난 박새들의 첫 울음소리가 들려온다. 핀치새 무리가 재잘거리며 어디론가 날아간다. 멀리서 큰까마귀 우는 소리가 들린다. 어치의 울음소리, 붉은날다람쥐가 서리 내린 나뭇잎 위에서 바스락거리면서 찍찍거리는 소리도 들린다. 한 시간쯤 지나 나무의 검은 실루엣 틈새로 동쪽 수평선이 오렌지 빛으로 활활 타오른다.

이는 내가 1950년대 메인주 중부의 언덕이 많은 교외지역에서 성장하던 때의 기억으로, 사냥철 풍경은 예나 지금이나 달라진 게 별로 없다.

• • •

내 어린 시절 이웃인 필 포터와 미르틀 포터는 여름에는 송어를 잡는 낚시꾼, 가을에는 자고새를 잡는 사냥꾼이었다. 하지만 이 두 사람이 남다른 애착을 보인 것은 11월에 이루어지는 사슴사냥이었다. 열네 살 때로 기억되는 필과 함께한 나의 첫 사냥 여행지는 웰드 마을

인근의 카시지에 있는 흙길에서 개천을 따라 자리 잡은 포터네 일가
의 야영지 옆 사냥터였다. 대부분의 야영지와 마찬가지로 이곳 역시
방수용 타르지로 지은 한 칸짜리 판잣집으로, 이층침대, 허술한 탁자,
속이 빈 금속 드럼통으로 만든 난로가 비치돼 있었다. 여느 야영지처
럼 이곳은 문명으로부터 잠시 벗어나는 피난처였으며, 이 경우 문명
이란 인구 5,000명의 밀집지역인 윌튼이었다. 야영지는 야생의 자연
에서 활동할 수 있는 거점이었고 그곳에 가면 어린 시절의 나무집이
나 굴로 돌아간 느낌이 들었다. 야영지는 주나 마을의 계획이나 그 밖
의 어떤 규정에도 따르지 않고 그때그때 상황에 맞춰 돌아갔다.

필과 미르틀의 야영지는 역시 윌튼에서 온 '헉' 윌리엄스와 공동
소유이거나 적어도 그와 함께 이용했다. 이번 여행에서 미르틀은 야
영지까지 차를 몰고 갔고, 필과 나를 도중에 내려주었다. 운이 좋으면
날이 저물기 전에 156번 도로에서부터 험준한 지형을 가로질러 발드
산과 그 주변을 일부나마 걸어 야영지로 나올 수 있었다. 빙하에 긁
힌 자국이 여전히 남아 있는 발드산 정상은 나무를 찾아볼 수 없고 바
위 턱 밑으로 빙 둘러 붉은가문비나무숲이 넓게 조성돼 있다. 산기슭
에 있는 개울까지 이르는 비탈면은 단풍나무, 너도밤나무, 자작나무
로 울창한 원시림이 뒤덮고 있다.

필은 오른손에 30/06*을 들고 있었고, 나는 필의 헛간 청소를 해
주고 받은 15달러를 주고서 시어스앤드로벅 카탈로그를 통해 구입한

---

* 1906년에 개량된 30구경 라이플총. 원래 군용이었으나 지금은 사냥용으로 쓰임.

22구경 소총을 들고 있었다. 도로로 들어서서 산을 올려다보니 너도밤나무와 단풍나무의 앙상한 가지를 통해 정상 부근의 울창한 가문비나무 덤불숲이 눈에 들어왔다. 엷은 안개 사이로 보이는 가문비나무가 신비롭고 아득하게 느껴졌다. 산기슭 부근의 활엽수림을 지나갈 때 필은 오래된 너도밤나무에 거의 서너 개의 홈이 평평하게 파인 곰 발톱자국을 보여주었다. 우리는 회색 나무껍질에서 이제는 아문 긁힌 자국도 봤다. 파인 지 얼마 안 되는 노란색을 띤 홈을 본 순간 나는 흥분하고 말았다. 이따금 필은 움푹 파인 지 하루 정도 된 나뭇잎 위로 난 발굽자국을 가리켜 보였고, 그럴 때면 영락없이 우리는 어린 묘목에서 사슴뿔에 긁힌 자국을 찾아냈다. 조금 더 가니 최근에 떨어진 노란색과 주황색 낙엽 위로 암갈색을 띤 흙이 마구 흩뿌려진 곳에서 발에 긁힌 자국이 눈에 띄었다. 엉망으로 들쑤셔놓은 땅 한가운데에는 커다란 발굽자국이 선명하게 나 있었다. 순간 나는 사슴에 대한 생각으로 불타올랐다.

몇 시간이 지나도록 산길을 몇 킬로미터 걸었지만, 사슴을 보기는커녕 아무런 소리도 들을 수 없었다. 이따금 들려오는 푸른 어치의 날카로운 울음소리를 제외하고는 무서울 정도로 조용했다. 하지만 나는 사슴이 어딘가에 있다는 걸 알고 있었다. 뿌연 안개를 헤치고 꼼꼼히 둘러볼 수만 있다면 좋겠다는 생각이 들었다.

그날 저녁 우리는 야영지에서 헉을 만났다. 미르틀이 저녁을 준비하는 동안 우리는 난롯가에 앉아 몸을 녹였다. 이런저런 얘기가 오고갔다. 썩 괜찮게 보낸 하루였다. 나는 사슴은 얻지 못했어도 사슴

열병에 걸리고 말았으며 그 후로 숲은 언제나 내게 손짓해왔다.

필이 내게 30구경 30약립의 비상용 레버액션 라이플총 원체스터(현재 그 총은 내 소유이며 사용 중이다)를 빌려주고 총알 다섯 개를 건네면서 혼자 힘으로 총을 쏴보라고 했을 당시 나는 고등학교 2학년생이었다. 나는 헛간 뒤쪽에 있는 벌판을 가로질러 숲으로 들어갔다. 나는 학교에 가기 전 매일 아침 한 시간 반씩 숲에서 사냥을 했고, 학교에서 돌아온 후에도 다시 사냥을 했다. 그때 숲이 상당히 멋지다는 사실을 알게 됐다. 거대한 솔송나무가 서너 그루 섞여 있는 숲은 대개 반쯤 자란 활엽수로 이루어져 있었다. 큰 나무들은 하나같이 수년간 도가머리딱따구리(Pileatead Woodpecker)에 의해 수난을 겪었다. 목수개미는 썩어가는 나무 중심부를 먹어치웠으며, 그중 몇 그루는 대부분 속이 텅 비어 있었다. 들판에 미역취와 과꽃이 피어나는 가을이면 나는 숲으로 들어가 벌 무리를 쫓았고 이런 솔송나무 중 한 나무에서 벌집을 찾아냈다. 녹이 슨 오래된 양 울타리 잔해가 숲 한가운데로 둘러져 있었으며 그 옆으로 울창한 노간주나무 덤불에는 '토끼'(눈덧신토끼)가 많이 살았다. 눈이 일찍 내리지만 않는다면 11월 말 녀석들은 하얀 몸을 드러냈다. 반면 눈이 일찍 내리면 녀석들을 찾아보기 어려웠다.

나는 오랫동안 '사슴을 손에 넣는' 꿈을 꾸었고, 어느 날 아침 노간주나무 뒤에서 갈색을 띤 물체의 움직임을 목격하고 그것이 토끼로 모습을 바꾸었을 때 심장이 마구 요동쳤다. 하지만 나는 가까스로 방아쇠를 당겼고 사슴을 손에 넣었다. 어떤 사슴이든 기억하고 있지만, 그중에서도 생애 처음 얻은 사슴이 가장 기억에 남는다. 나는 그 날 아침 학교에서 친구들에게 내 사슴에 대한 얘기를 들려줬고, 친구들은 수업을 마치고 나서 사슴을 끌어내기 위해 숲으로 향했다. 하나 같이 까까머리를 한 브루스 리처드 형제와 버디 요크, 그리고 내가 농장 안 마당에서 사슴과 함께 포즈를 취하고 있을 때 우리 어머니가 사진을 찍어주셨다. 그날 찍은 스냅사진을 보면 사슴을 묶어둔 장대 앞쪽은 내가 들고 있고 뒤쪽은 버디가 들고 있다. 나는 의미 있는 뭔가를 해냈다는 것에 다소 우쭐하면서도 행복해하고 있었다. 한 번의 성공으로 자신감이 한껏 충만해진 내게 숲은 신나는 놀이터였고 그곳에서 평생을 살아가며 곰도 한번 잡아보고 싶다는 생각이 들었다.

숲에 가는 가장 강력한 이유는 애완용 새를 얻는 일 외에도 뭔가 집으로 가져갈 먹을거리를 잡는 것이었다. 사냥, 낚시, 벌 미행이 모두 그런 취지에서 이루어졌다. 이렇게 자연적인 기질은 얼마 안 가 정신이 번쩍 들게 하는 문명의 영향을 받아 순화되기는 했지만, 계속해서 여전히 큰 힘을 발휘했다.

지금도 흰꼬리사슴을 사냥하지만, 대개는 조카인 찰리와 함께한다. 찰리는 보든대학을 졸업하고 노스캐롤라이나대학교에서 석사과정을 마친 다음 펜실베이니아주의 머크연구소에서 독물학을 연구하고 있다. 펜실베이니아주에도 사슴은 흔하지만, 우리가 늘 함께했던 고향 숲에서 나와 사냥하기 위해 찰리는 열두 시간 넘게 차를 몰고 온다.

찰리와 내가 '빈손으로' 돌아가는 날도 적지 않다. 그럴 경우 우리는 사슴이 한 마리도 없었다고 생각한다. 하지만 눈 위에 금방 찍힌 발자국은 우리가 틀렸음을 보여준다. 눈에 보이지 않는 사슴에 대해 반론을 펴자면, 울창한 숲에서는 사슴이 우리보다 더 잘 듣고 더 잘 냄새 맡고 더 잘 돌아다닐 수 있다는 것이다.

하지만 사냥이 단순히 사슴을 총으로 쏘는 행위는 아니다. 사냥은 땅에서 살아가는 존재로서 치르는 일종의 의식과도 같다. 그것이야말로 이렇다 할 만한 현실적 보상도 확실치 않으면서 사냥에 오랜 시간을 들이는 이유다. 사냥은 새벽 4시에 일어나(여전히 칠흑 같은 어둠 속에서도 아침을 준비하고 숲으로 들어가기에 충분한 시간이다) 서리 내린 나뭇잎 위를 걷는 자기 발소리 외에는 아무것도 들리지 않는 조용하고 정지된 시간에 시작된다. 좋아하는 나무에게로 다가가 나무 위로 올라가거나 동 트기 전까지 굵은 가지 위에 자리를 잡고 앉아 있을 수도 있다. 그런 다음 귀를 기울여본다. 날이 밝아오자 한두 마리의 올빼미가 우는 소리, 붉은다람쥐가 찍찍거리는 소리, 박새의 울음소리가 귓전에 들린다.

주변의 소리에 귀를 기울이면서 몸이 동태처럼 얼어붙는 경험을 2주일 정도 하고 나면 어느 날 아침 사슴의 발소리로 짐작되는 소리를 멀리서 듣게 될 수도 있다. 이때부터 가슴은 쿵쾅거리며 뛰기 시작한다. 마른 나뭇잎에서 쥐가 바스락거리는 소리, 들꿩이 걷는 소리, 붉은다람쥐가 종종거리며 뛰어가는 소리처럼 지금까지 익숙하게 들어온 소리와는 다른 느낌이 들기 때문이다. 여러분은 사슴을 한 번도 못 봤을 수도 있다. 소리는 점차 희미해지다 어느 순간 사라진다. 여러분은 박새 혹은 가까이에서 접근하는 상모솔새를 목격했을지도 모르겠다. 이제 앉아 있는 자리 부근의 이끼와 지의류를 찬찬히 들여다본다. 오랫동안 걸으면서 서서히 '이곳'에 익숙해진다. 소유권을 떠나 이곳을 알게 됐다는 이유만으로 이제 이곳이 집처럼 편해진다.

숲에는 사슴이 드나들게 마련이다. 사슴을 봤건 못 봤건 녀석들에 대한 경험은 사슴고기 맛보다 더 오래 지속되는 기억을 남긴다. 그런 기억들 가운데 하나는 1989년 찰리를 야영지로 데려갔을 때다. 그때 찰리는 내가 처음으로 암사슴을 잡았을 때와 비슷한 나이였고, 나는 녀석을 너도밤나무가 자라는 산마루로 데려갔다. 그곳은 뻗어나온 가문비나무 가지 밑으로 필과 내가 바닥에서 곰 발톱자국과 수사슴의 발자국을 찾아내고 인근의 어린 나무에서 사슴뿔에 긁힌 자국을 발견했던 곳이다.

찰리와 나는 아침 내내 사슴을 뒤쫓았고 정상에서 자라는 적참나무 밑에서 동태를 살피기 위해 발드산 쪽에서 볼 때 다음번 오르막길인 개몬 능선을 향해 나아가던 중이었다. 정오 무렵 능선 꼭대기에 이르러 우리는 간식을 먹으려고 바위가 흩어진 산마루 가장자리에 서 있는 참나무 밑에 자리를 잡았다. 멀리로 뉴햄프셔주의 화이트산맥이 보였지만, 바위 때문에 바로 아래쪽은 시야가 가려져 있었다. 그때 마른 나뭇잎에서 바스락거리는 소리가 났다. 한동안 가만히 앉아 있던 우리 귀에 멀리 아래쪽에서 발자국소리 같은 것이 들려왔다. 마른 나뭇잎이 바스락거리는 소리가 점점 가까워졌다. 흥분한 우리는 바짝 긴장해서 몸을 수그린 채 꼼짝 않고 기회가 오기만을 기다렸다. 그 순간 수사슴 한 마리가 바위 뒤에서 걸어나왔다. 녀석은 우리 앞으로 불과 9미터 떨어진 거리에 있었다. 이미 들어올린 우리 두 사람의 소총에서 두 발의 총성이 일제히 울려퍼졌고 우리는 잔뜩 흥분해서 수사슴을 찾으러 달려 내려갔다. 우리는 사슴 내장을 제거한 다음 80킬로그램이나 되는 사슴을 숲에서 끌어오느라 남은 하루를 다 보냈다. 찰리의 아버지인 찰리 1세는 기념으로 사슴머리를 받침대 위에 올려두었다. 지금도 우리 야영지에 있는 사슴머리는 그날을 기억하게 해준다.

그로부터 몇 년이 흘렀다. 사냥시즌 내내 사슴을 보지 못한 나는 마지막 날까지도 사냥을 하고 있었다. 그때 난데없이 큰 수사슴 한 마리가 내 앞으로 뛰어올랐고, 놀란 나는 용납할 수 없는 일을 저지르고 말았다. 부주의했던 내가 가까스로 쏜 한 발은 다만 녀석에게 부상만 입혔을 뿐이었다. 눈이 내리기 전에 지난 며칠 동안 폭우가 쏟아져서 개울물은 걷잡을 수 없을 만큼 거센 상태였다. 눈 위에 핏자국이 남아 있었기에 수사슴을 추적하는 것은 별 문제가 없었다. 하지만 녀석은 곧장 앨더천으로 향했다. 나는 부츠와 옷가지를 모두 벗어 소총과 함께 물에 젖지 않게 높이 들고서 소용돌이치는 얼음물을 힘겹게 건넜다. 맞은편에 도착했을 때 뼛속까지 한기를 느끼며 나는 재빨리 옷을 입고 다시 녀석의 뒤를 밟았다. 녀석은 나를 보고 다시 겁을 집어먹었고 방금 건넌 개울로 되돌아갔다. 나도 다시 옷을 벗고 녀석을 쫓아 개울을 건넜다. 그제야 비로소 녀석의 고통이 죽음으로 막을 내렸지만, 녀석을 무사히 옮겼다는 안도감에도 불구하고 녀석에게 상처를 입힌 것에 대한 자책은 쉽게 지워지지 않았다.

　야영지에서 해마다 겪는 경험도 다양하다. 2007년 추수감사절 이튿날 우리가 야영지에 도착했을 때 나는 독감에 걸리고 말았다. 그날 밤하늘은 유난히 눈부시게 빛났고, 나는 별똥별 하나를 봤다. 다음 날 새벽 4시 반, 밖으로 나가 달빛이 없는 캄캄한 하늘 아래 서자마자 또 다른 별똥별이 눈에 들어왔다. 날이 잔뜩 흐려 있었고, 우리는 눈길을 따라 사슴을 쫓고 싶었다. 하지만 이튿날 새벽 4시, 알람시계가 또다시 울리고 잠자리에서 벌떡 일어났을 때 빗소리가 들렸다. 쏟아붓듯 요란스럽게 내리는 비였다. 그럼에도 찰리와 나는 숲으로 들어가 동트기 한 시간 전 각자 마음에 드는 곳에 자리를 잡았다. 찰리가 택한 곳은 길고 험준한 능선이 내려다보이는 붉은가문비나무 아래의 이끼로 뒤덮인 평평한 바위였고, 내가 택한 곳은 두 산비탈 사이의 골짜기에 자리 잡은 가지가 굵은 전나무였다.

　그토록 퍼붓던 빗줄기는 다음 이틀간 이슬비로 약해졌지만, 평소 잔잔히 흐르던 개울은 불어난 물에 금세 급류로 변했다. 우리는 각자의 대기 장소에서 몇 시간 동안 흠뻑 젖은 나뭇잎을 연신 두들겨대던 요란한 빗소리를 들었다. 귀를 쫑긋 세웠지만 발자국 소리도 나뭇가지가 부러지는 소리도 들리지 않았다. 그런데 왜 우리는 이러고 있어야만 하는 걸까? 대기 장소에서 내려와 빗물이 뚝뚝 떨어지는 숲을 헤맬 때는 우리 발자국 소리조차 들을 수 없었다. 어둑한 데다 자욱한 빗줄기 때문에 멀리까지 보는 것은 불가능했다. 야영지로 돌아왔을 때는 이미 날이 저물었고, 우리는 생위스키를 몇 잔 마시고 맥주를 연거푸 들이켰다. 그러고는 프로판 램프를 밝힌 다음, 난로에 불을 지펴 커다란 주물냄비에 감자와 얇게 썬 킬바사*를 넣고 튀겼다. 그 사이 난로 옆에 걸어둔 옷은 물이 뚝뚝 떨어지면서 말라갔다.

그 후로 며칠 동안 구름이 몰려오면서 날이 추워졌다. 우리의 대기 장소인 나무는 귓전을 울리며 사방에서 휘몰아치는 거센 바람 속에 사정없이 이리저리 흔들렸다. 우리는 나무를 꼭 껴안은 채 그 상태로 죽은 듯이 있다가 내려와 빗물에 흠뻑 젖은 부츠를 신은 채 헤매고 다녔다. 사슴의 흔적은 거의 찾아볼 수 없었다. 우리는 노란색과 주황색으로 얼룩덜룩한 오리나무 줄기에서 사슴뿔이 최근에 스친 자국을 발견했다! 그런 흔적 덕분에 아드레날린이 솟아나면서 재충전됐지만, 주말에 이르러서는 버터 바른 토스트와 잼을 아침으로 먹고 나서 진하게 탄 커피 석 잔과 두 알의 이부프로펜**으로도 더 이상 버티기가 힘들었다.

나는 내뺄 궁리를 하고 찰리에게 말했다. "너도 알다시피 꼭 사슴을 잡을 필요는 없는 거야. 내년을 기약하자꾸나." 찰리는 그러자고 했다. 하지만 버몬트로 돌아가기 위해 픽업트럭을 타려고 산비탈을 내려오던 중에 찰리는 소총을 집어들고 숲으로 되돌아갔다. 그는 거의 일주일을 더 머물렀다. 2007년 사냥시즌은 사슴고기를 얻지 못한 채 나뿐만 아니라 찰리에게서도 떠나갔다. 한 달이 지나 찰리는 이미 2008년도 사냥 허가권을 사두었다는 이메일을 보내왔다. 그는 벌써

* 마늘을 넣은 폴란드의 훈제 소시지.
** 대표적인 비스테로이드성 소염·진통제. 해열·진통·소염 작용을 한다.

부터 내년 달력을 헤아리고 있었던 것이다.

1년이 지난 2008년 11월 8일, 찰리는 다시 펜실베이니아주에서부터 밤새 차를 몰고 달려왔다. 그는 버몬트주에서 출발한 내가 도착하기 불과 몇 분 전 야영지에 먼저 도착했다. 사실 우리는 둘이 합쳐 서른 시간이나 운전을 해서 여기까지 오지 않아도 되는 거였다. 집 뒷문만 열고 나가도 사슴은 얼마든 잡을 수 있을 테니까. 하지만 핵심은 그것이 아니었다. 여기가 바로 우리가 있어야 할 곳이었다. 여기는 우리의 요크힐이고, 게다가 사냥시즌이 아닌가.

찰리는 스카치위스키 병뚜껑을 열었고, 우리는 행운을 빌며 한껏 흥에 취해 위스키를 한 번에 쭉 들이켰다. 그런 뒤에도 해가 남아서 사슴의 흔적을 찾으러 나섰다. 그러나 우리는 아무것도 발견하지 못했다.

이튿날은 일요일이었는데, (정교 분리 원칙에도 불구하고) 메인주에는 '모든 사람'이 관례에 따라 교회에 가는 식민시대***의 잔재가 남아 있었다. 인간의 자연적 성향은 교회의 신도석이 아니라 그루터기 같은 곳에 앉아 숲에서 사냥을 즐기는 것이기 때문에 일요일에 사냥을 하는 것은 불법이었다. 우리가 교회에 가는 것은 불가능했고, 그래서 찰리와 나는 오두막 옆에 참나무 한 그루를 심었다.

월요일 새벽 4시 반, 우리는 일어나 프로판 램프에 불을 밝히고 난로에 불을 지펴 물을 끓였다. 두 사람 모두 자리에 누워서도 거미가

*** 미국이 영국으로부터 독립하기 이전 시대를 의미함.

어둠 속에서 거미줄을 얼기설기 엮듯 다음 날 있을 사냥에 대한 이런 저런 생각을 엮느라 잠을 이루지 못한 상태였다. 우리는 컵에 올려둔 커피 필터 위에 뜨거운 물을 붓고 소파에 앉아 커피의 향과 맛, 동지애, 사냥을 떠나기 직전의 설렘을 천천히 음미했다. 은신처에서 거미줄을 타고 그물망으로 출격하는 거미처럼 우리는 각자 좋아하는 산길을 따라 걸을 준비가 돼 있었다. 그 길은 우리의 세력권에서 멀리 떨어진 각자의 대기 장소로 우리를 곧장 데려다줄 것이었다. 하늘이 어둑했지만, 우리는 따뜻한 오두막에서 나와 서로 앞서거니 뒤서거니 하며 산길을 1킬로미터 걸어 세 개의 눈금(세 마리 모두 수컷으로 한 마리가 거의 115킬로그램에 이르렀다)을 새겨둔 커다란 전나무로 향했다. 나무 타기는 내가 선수였으므로 나무에 올라가는 것은 언제나 내 몫이었다. 찰리는 100미터 떨어진 '바위'로 갔다. 두 개의 눈금(어린 수사슴과 암사슴 각각 한 마리)이 새겨진 바위 옆에는 붉은가문비나무가 있었다. 초록색 이끼가 덮인 바위 위로 자란 가문비나무의 뿌리는 자연이 만들어낸 의자였고 나무는 의자등받이 역할을 했다. 우리의 세력권 한가운데서 만반의 준비를 마쳤기에 이제 기다리는 일만 남았다.

위로 7미터쯤 올라간 익숙한 자리에 이르렀을 때는 시계 눈금이 보이지 않을 만큼 날이 어두워져 있었다. 굵은 나뭇가지 위에 앉아 두 개의 가지에 양팔을 걸칠 수 있는 자리였다. 거기에는 새로운 자리로 옮기고 싶을 경우 앉을 만한 가지가 하나 더 있었다. 내가 자리 잡은 곳은 위로 두 개의 산비탈을 조망할 수 있는 작은 협곡이었다. 하지만 먼동이 트면서 희미한 빛 속에서 바라보는 전망은 시력보다는 상상력에 의지해야 했다. 반면, 청력은 더욱 강화됐다. 멀리서 아메리카올빼미가 우는 소리가 들렸다. 오두막 옆의 소나무에 앉아 밤을 보낸 큰까마귀 한 쌍이 깨어나면 머잖아 녀석들의 울음소리도 들릴 것이었다.

어둠이 걷히고 날이 밝았다. 요크힐의 소나무에서는 '까악까악' 하는 큰까마귀 울음소리가 처음으로 들려왔다. 녀석들은 나란히 날아올라 멀리 계곡 아래 웹 호수를 향했다. 산 너머로 날아갈 모양이었다. 핀치새 무리도 잠에서 깨어났다. 장박새의 울음소리와 종소리 같은 솔잣새 무리의 딸랑거리는 울음소리도 들렸다. 동쪽 지평선이 황금빛을 띠면서 날이 밝아오자 나무 아래로 여전히 초록색을 띤 양치식물이 눈에 띄었다. 쓰러진 전나무 줄기가 바닥에 여기저기 널브러져 있었다. 이제야 앞쪽의 활엽수림과 여전히 어둠에 싸인 오른쪽의 침엽수림도 살펴볼 수가 있었다. 뭔가 움직이는 듯한 희미한 소리에 나는 귀를 기울였다. 내 심장이 뛰는 고동이 느껴졌고 아래쪽 부엽토에서 땃쥐 한 마리가 찍찍거리는 소리가 들렸다. 두 시간이 지나자 짧은 휘파람소리가 들렸다. 찰리가 앉아 있던 바위에서 내려와 산비탈 아래에 있는 내 쪽으로 다가오고 있었다. 우리는 야영지로 돌아와 다시 커피 한 잔과 함께 아침을 먹었다. 그런 다음 산비탈을 한 차례 돌아봤고, 오후 2시쯤 각자의 대기 장소로 되돌아왔다.

그날 저녁 세 번째 사냥에서 오두막으로 돌아왔을 때는 날이 저물어 있었다. 우선 우리는 습관적으로 마시는 알코올음료를 챙겨먹고 감자와 당근을 넣은 칼바사 볶음요리를 만들었다. 록랜드에서 온 친구 케리가 이튿날 사냥에 함께하기 위해 막 도착했다. 사냥에 대한 기대로 부푼 우리의 대화는 으레 사냥꾼들에 관한 이야기로 이어지게 마련이었다. 야영지에 도착하고 나서 숲을 돌아볼 만큼 시간이 충분했던 케리는 오리나무에서 사슴뿔이 스친 흔적을 발견하고 땅에서는 발자국도 확인했다. 언제나 그렇듯, 그는 수사슴의 나이와 크기, 녀석이 주로 머무는 곳, 녀석이 앞으로 이동할 곳과 시간을 정리해서 말해주었다. 사슴에 대해 그가 알고 있는 정보는 뿔의 가짓수를 말할 때 막다른 길에 이른 것처럼 보였다. 자기 얘기를 듣는 사람들의 의구심이 점점 커가는 걸 느낀 케리는 자신의 불완전한 지식을 인정했다. 하지만 동료 사냥꾼의 말을 모두 믿지는 않더라도 우리는 그런 얘기를 즐긴다. 변치 않는 진실은 사슴을 만나는 일이 예측 불가하다는 것이다. '스포츠' 잡지에 실린 기사는 그 같은 일이 일어나게끔 하는 비법이 존재한다는 믿음을 독자들에게 심어주지만, 실상은 그렇지 않다.

그날 밤 잠을 푹 자고 난 우리는 새벽 4시 반에 다시금 채비를 마치고 사냥에 대한 열의로 불타올랐다. 어디로 가야 할지 이미 정해둔 상태였다. 이번에는 찰리가 종종 대기하던 바위에 내가 자리를 잡고 대신 찰리는 남쪽으로 내려가는 산비탈의 커다란 가문비나무 옆에서 대기하기로 했다. 다만 문제는 사슴 흔적을 봤다고 논란을 일으킨 언덕까지 케리가 어떻게 가느냐 하는 것이었다. 그는 나와 함께 출발해 동쪽으로 방향을 잡아 숲길을 통과한 뒤에 언덕까지 갈 수도 있었고, 아래쪽 개울을 향해 나아가다가 서쪽으로 방향을 틀어 언덕에 이를 수도 있었다. 그는 두 번째 경로를 선택했다. 우리와 함께 갔다가 우리의 대기 장소에서 동쪽으로 방향을 돌릴 경우 자신이 '그쪽에서 오는 사슴의 접근을 그르칠 수도 있다'는 생각을 했기 때문이다. 내 생각도 그와 같았지만 뭔가 다른 점이 있었고 결국 그에게 정확히 일러두었다. "여덟 시면 서쪽으로 방향을 틀게 될 테고 그 바위에서 나를 만나게 되겠지?"

"좋아."

밤새 비가 내려서인지 젖은 나뭇잎을 밟을 때마다 아무런 소리도 들리지 않았다. 사슴은 언제 어디서든 우리 앞에 나타날 수 있었다. 날이 밝자마자 큰까마귀 두 마리가 머리 위로 급히 날아갔고 녀석들이 날개를 파닥이면서 대기를 가르는 소리가 들렸다. 한 마리가 다른 한 마리를 공격하듯 추격하는가 싶더니 이내 두 마리 모두 시야에서 사라져버렸다. 이런 추격전에서 흔히 들을 수 있는 짧고 날카로운 고음의 울음소리가 들렸다가 멀리서 점점 희미해졌다. 좀 이상하다는 생각이 들었다. 웰드 지역의 사슴 등록소에 접수된 사슴은 지금까지 9일 전인 시즌 첫날 잡힌 한 마리에 불과했기 때문이다. 그 사슴의 내장은 진작 사라지고 없을 것이다. 그렇다면 떠돌이 염탐꾼을 추격하는 듯했던 텃새가 지키려 했던 것은 무엇일까? 녀석은 이곳에서 장차 사슴 내장을 먹게 되리라 예상했던 걸까? 만약 그렇다면 녀석은 사슴을 봤을 가능성이 높다. 그럼 혹시 우리도 본 걸까? 큰까마귀의 행동은 행운의 징조인 것 같았다. 나는 미신을 믿지는 않지만 희망이 많이 남아 있을 때 내 마음은 보다 자유롭게 방황하게 된다. 낙관적 사고는 적응력이 높다. 그것은 성공에 대한 확신을 요하지 않으면서도 우리가 능동적인 자세를 취하게끔 해준다.

아침 8시, 벌써부터 몸이 얼어붙은 나는 뜨거운 커피 생각이 더욱 간절해졌다. 나는 벌이 대사열을 일으키고 혈액순환을 유지하려고 날개를 떠는 것처럼 몸을 떨면서 격렬한 근육운동을 했다. 이거 참! 케리는 어디 있는 거지? 그의 행방이 궁금해졌다. 어쩌면 이렇게 10분을 더 버텨야 할지도 모른다는 생각이 들었다.

도가머리딱따구리 한 마리가 뚱땅거리며 연주를 시작했다. 녀석은 깊은 울림을 주는 죽은 나무나 가지를 발견한 것이다. 2초가량의 연타 뒤에 잠시 침묵이 이어지다가 다시 드럼 연주가 시작됐다. 이런 식의 연주와 쉼은 15분가량 규칙적으로 이어졌다. 이 녀석이 늦은 가을에 이렇게 연주를 하는 이유는 뭘까? 널리 알려진 것처럼, 도가머리딱따구리는 암수 한 쌍이 구멍 하나를 파는 데만도 한 달이 걸리는 데다 몸집이 큰 이들 딱따구리는 다른 새들보다 성장하는 데 오랜 시간이 걸리기 때문에 둥지를 서둘러 준비해두어야 한다. 하지만 이렇게 일찍부터 둥지 준비에 나선 것으로 보아 예년보다 봄이 빨리 찾아오리라 예측한 것 같았다.

그렇게 다른 데 신경을 쓰는 사이 시간이 훌쩍 지나가버렸다. 그래도 딱따구리가 얼마 동안 나무를 두들겨대고 그 후로 얼마 동안 가만히 있는지 궁금해서 나는 자리를 뜨지 않았다. 케리가 조만간 이곳에 나타날 거라는 생각이 들었다. 그러면서 한편으론 숲을 지나 이리로 걸어오는 사람이 오늘 어떤 소리를 듣게 될지 궁금해졌다. 젖은 나뭇잎을 밟으며 걸어오는 사람의 기척을 어느 거리에서부터 느낄 수 있을까? 하지만 참다못한 나는 자리를 뜨려고 일어섰다.

가만있어 보자, 저게 무슨 소리지? 나뭇가지가 부러지는 소리인 가? 그렇군, 희미하게 발자국 소리가 들리는군. 또다시 바스락거리는 소리가 들리는데. 이제 케리가 눈앞에 나타날 때가 됐다. 하지만 아직 은 오렌지색이 눈에 들어오지 않는다. 저기 갈색을 띤 뭔가 움직이는 것 같은데…… 정적이 흐른다. 아무런 움직임도 관측되지 않는다. 몇 초가 흘렀을까. 이제 사슴 한 마리가 걸어오는 모습이 보인다. 혹독한 겨울을 나는 동안 상당수가 굶어 죽었기 때문에 이번 시즌에는 사슴 을 보기가 어려웠다. 그런 이유로 주 당국은 이 지역에서 '수사슴만' 사냥을 허용하는 방침을 내놓은 상태였다. 나는 사슴뿔을 구경도 못 했기 때문에 총을 쏠 일도 없었다(순록처럼 암컷과 수컷 모두 뿔을 갖는 사 슴도 있지만, 흰꼬리사슴처럼 수컷만 뿔을 갖는 사슴도 있다. 이 경우 일년생 수컷 은 뿔이 아주 짧고 가늘며 대개는 가지가 갈라지지 않은 상태로 남아 있다).

사슴이 가까이 다가왔다. 작고 가는 외뿔을 가진 어린 녀석이다. 먹기에 가장 좋은 상태다. 천천히 소총을 집어든 나는 가늠쇠구멍을 통해 녀석의 위치를 확인하고 방아쇠를 당겼다. 쉬우면서도 한편으 론 어려운 일이기도 했다. 사슴은 그 자리에서 나뒹굴었다. 나는 쓰러 진 사슴에게로 다가가며 녀석에게서 눈을 뗄 수가 없었다. 녀석은 아 름답기 그지없었고, 나는 그런 녀석을 죽였던 것이다. 잠시 서글픔이 느껴졌다. 인간은 하나의 동물종으로 '아주 오랜 시간' 사냥을 해왔고 사냥의 유혹은 뿌리치기가 어렵다. 우리는 모두 덤으로 주어진 소중 한 삶을 살고 있다. 사냥은 현실이고 특별히 다를 게 없다. 나는 크게 한 번 심호흡을 했다. 그러자 죽음의 슬픔이 삶의 기쁨에 자리를 내주었다. 이 자리에서는 모든 것이 한데 어우러져 있었다.

　나는 1분 정도 기다렸다가 소총의 약실에 두 번째 탄환을 밀어넣고 총신을 들어올려 공중에다 한 발의 총성을 울렸다. 10초가 넘는 시차를 두고 한 마리의 사슴에 두 발의 총을 겨누는 경우는 없기 때문에 케리와 찰리는 우리에게 사슴이 생겼다는 사실을 곧 알게 될 것이다. 시계를 들여다보니 오전 8시 35분이었다. 우리 세 사람은 곧 본능에 가까운 경외심과 흥분에 휩싸이게 될 테고, 우리의 식량인 소중한 사슴을 야영지로 힘들게 끌고 가기에 앞서 스카치위스키를 한 모금씩 마시는 것으로 자축을 하게 될 것이다. 그 후로는 녀석의 가죽을 벗겨 스테이크용, 구이용, 햄버거용, 육포용으로 고기를 세분하는 과정에 며칠이 소요될 것이다.

　하지만 동료들이 도착해서 기대했던 축하주를 나누기도 전에 나는 몸을 굽혀 수사슴의 배를 갈랐다. 위와 창자를 떼어내 새들에게 남겨주려고 녀석의 횡경막을 잘라냈다. 예상대로 케리와 찰리가 황급히 달려왔고, 우리는 사슴을 야영지로 끌고 갔다.

　그날 나는 소총 없이 숲으로 돌아갔다. 사슴의 내장을 빼둔 곳을 배회하던 나는 큰까마귀 떼의 소란스런 소리를 들었다. 일부는 가까이에서 날고 있었고, 나머지는 이미 내장이 있는 자리로 내려앉은 상태였다. 내가 가까이 다가서자 녀석들은 흩어졌다. 나는 어린 떠돌이 까마귀들이 먹잇감 근처에 접근했다가 자신들의 행동권을 지키려는 이 지역 텃새들에 쫓겨나면서 질러대는 '비명소리'에 귀를 기울이며 현장에 머물러 있었다. 이 숲에서 새들을 관찰하며 생각했던 것보다 더 많은 것을 알게 된 모험 가득했던 수많은 겨울을 생각할 때, 나는 병력을 증강한 이들 어린 까마귀들이 이튿날 새벽에 돌아와서 자기 구역을 지키려는 한 쌍의 까마귀를 제압하기 위해 공격에 나서리라는 것을 예상할 수 있었다.

그날 저녁, 우리 세 사람이 사냥에 대한 각자의 생각을 다시 나누고 있을 때 난데없이 요란하게 울부짖는 소리와 떨리는 듯한 코요테의 화음이 들려왔다. 나는 다음 날 날이 밝기 전에 사슴의 내장을 놓아둔 장소에 가봐야겠다고 마음 먹었다. 예상했던 대로 현장에는 내장이 하나도 남아 있지 않았다. 큰까마귀가 저녁에 먼저 선수를 치지 않았다면 코요테가 간밤에 내장을 차지했을 것이다. 아직은 이른 시간이었기에 나는 까마귀들이 언제든 나타날 거라 생각해서 기다려보기로 했다. 하지만 녀석들은 돌아오지 않았다. 지금 생각해보면 큰까마귀가 먹이를 차지했을 것 같다.

예년보다 일렀던 사슴사냥이 막을 내렸다. 임무도 모두 수행했다. 하지만 찰리와 나는 그달 말께인 11월 23일 저녁 오두막으로 다시 돌아왔다. 파랗던 서쪽 하늘이 산 너머로 저무는 석양에 어두워지면서 노란색, 초록색, 주황색, 진홍색으로 물들어갔다. 멀리로 보이는 산은 뿌연 회청색을 띠고 있었고, 대기 장소인 가문비나무에서는 검은색을 띤 나뭇가지의 어두운 틈새 사이로 유성이 지나간 흔적이 하얗게 보였다. 내 옆에 있는 나뭇가지는 백악질의 암녹색 지의류로 덮여 있었는데 납작하게 매달린 모양부터 축 늘어진 실 모양까지 형태도 다양했다. 한 줄기 바람이 울부짖듯 몰아치자 나무들은 신음소리를 내며 몸부림을 쳤고 가지끼리 부딪히는 소리, 부러지는 소리가 들렸다. 내 옆의 물푸레나무에는 되샛과의 솔양진이 두 마리가 앉아 고음의 감미로운 휘파람을 불고 있었다. 물푸레나무 가지에는 더 이상 씨가 남아있지 않았지만, 새들은 나무에 달라붙어 줄기를 뜯어먹고 있었다. 이전까지는 한 번도 본 적이 없는 풍경이었다.

그날 저녁 야영지는 몹시 추웠고, 나는 지난여름 체인톱으로 잘라두고 오두막에 쌓아둔 마른 사탕단풍나무 장작으로 난로에 불을 붙였다. 찰리는 외뿔 사슴의 안심을 썰어 잘게 다진 양파, 버터, 올리브오일과 함께 지글지글 소리를 내는 커다란 주물냄비에 쏟아부었다. 나는 텃밭에서 얻은 양파와 감자를 깍둑썰기 한 다음 잠깐 동안 끓였다. 소로우가 지적한 대로, "월귤나무 열매를 한 번도 따본 적이 없는 사람이 그것을 맛봤다고 생각하는 것은 저급한 착각이다." 우리는 나무 널빤지로 만든 탁자 위에 외뿔 사슴의 안심으로 만든 우리의 '월귤나무 열매'를 차려놓았고 최고의 식사를 즐겼다.

다음 날 아침 나는 찰리를 깨웠고 우리는 일어나 불을 피우기 시작했다. 바깥 날씨가 워낙 추운 데다 무쇠가 불기운을 흡수해서 난로가 따뜻해지기까지는 시간이 걸렸지만, 나무가 잘 말라 있어서 불을 지피는 일은 문제가 없었다. 불길이 살아나자 우리는 커피를 끓이고 콜맨 랜턴의 불을 밝힌 다음 옷을 여러 겹으로 겹쳐 입었다. 오전 6시 반, 별빛이 희미해질 무렵 여전히 어두운 소나무와 잔가지가 많은 단풍나무의 실루엣이 드러난 붉게 물든 동쪽 하늘 위로 조각달이 떠 있는 모습을 봤다. 찰리는 소총을 집어들고 떠났지만, 오두막에 남은 나는 연필을 손에 들고 끼적거리기 시작했다. 간밤에 떠오른 생각이 놀란 사슴처럼 자취를 감춰버리기 전에 일부나마 붙잡을 요량이었다.

찰리가 돌아와 함께 아침을 먹은 후 우리는 체리힐로 올라가보았다. 1950년대 그곳 공터에는 고목으로 죽어가는 사탕단풍나무 옆으로 아주 오래전 무너진 헛간과 농가가 있었다. 공터에는 잡목만 무성할 뿐 농가는 흔적도 없이 사라졌다. 지하저장고로 들어가는 입구만 남아 있을 뿐이었다. 하지만 최근에 이뤄진 간벌*로 이제는 주변의 언덕과 산, 호수를 다시 볼 수 있었다.

우리가 사냥터인 요크힐을 돌아다니며 4평방킬로미터(약 120만 평)에 이르는 숲의 다양한 식생에 익숙해질수록 숲과의 결속력은 더욱 단단해졌고 사냥에 성공할 가능성도 높아졌다. 우리는 30년이 넘게 이곳 산마루에서 사냥을 해왔고, 현재 우리가 어디 있는지를 정확히 알고 다른 사람들에게는 특별한 이정표가 없는 것처럼 보이는 위치에서도 연락을 주고받을 수 있다. 내가 찰리에게 "아침 10시에 말코손바닥사슴 초원에서 만나자"라고 하면, 우리는 정확히 그 시간에 서로 다른 방향에서 출발해 같은 지점에 도착할 것이다. 말코손바닥사슴 초원은 한때는 앨더천 옆에 벌채 작업을 위해 마련해둔 집재장**이

* 나무 간 간격을 유지시키기 위한 솎아내기 작업.
** 벌채한 뒤 여기저기 흩어져 있는 목재를 운반하기 편리한 지점에 모아놓은 곳

있던 곳이다. 그곳은 곧 짝짓기에 앞서 발정 행위에 들어가는 수컷 말
코손바닥사슴이 해마다 10월이면 즐겨 찾는 장소가 됐다. 해가 갈수
록 이처럼 드넓은 초원은 대부분의 다른 사냥꾼에게는 별 특징이 없
는 무성한 잡목숲으로 변해갔다. 하지만 우리는 그곳이 어딘지, 어떻
게 찾아갈 수 있는지, 커다란 단풍나무 줄기에 상처가 나고 벚나무와
자작나무가 바닥에서 2미터 위쪽으로 부러진 이유를 정확히 알고 있
다. 그 밖의 특정한 장소도 특정한 사건에 의해 식별이 가능하다. "남
쪽 경사면에서 수사슴 발자국을 봤어요. 왜 그 근방에서 스콧 딕슨이
잠을 잤다고 했잖아요?" 하고 찰리가 물어오는 식이다. 나는 그 지점
이 어딘지 정확히 안다.

　20년도 더 전에 보든에서 찰리의 대학 동기 스콧이 찾아온 적이
있었다. 스콧에게는 초행길이었는데, 그는 손전등도 없이 달도 없는
밤에 날이 완전히 어두워지고야 도착했다. 간신히 길을 따라가고 있다
고는 느꼈지만 그는 곧 길을 잃고 말았다. 자기가 어디 있는지도 알 수
없는 데다 두어 걸음도 못 가서 나무에 부딪힐 수밖에 없다는 걸 깨달
은 그는 자기가 있던 자리에 누워 밤을 보내기로 제법 약은 결정을 내
렸다. 풀이 있는 비교적 폭신한 자리를 찾은 그는 바닥에 머리를 대고
멀리서 기차가 웅웅거리며 점점 가까워오는 소리에 귀를 기울였다. 하
지만 몇 분이 지나 그는 자기가 누군가의 집 바로 위에 누워 있다는
사실을 알아챘다. 그것은 지하의 거대한 땅말벌 집이었다. 그는 재빨
리 잠자리를 바꾸는 약은 결정을 다시 한번 내렸다. 해가 뜨자 그는 눈
을 떴고 서너 발자국도 떨어지지 않은 곳에서 길을 찾아냈다. 그 길로

오두막까지 한걸음에 달려온 그는 우리와 함께 모닝커피를 마셨다.

우리의 숲은 이렇듯 추억과 연결된 장소들이 이곳저곳에 흩어져 있다. 그중 일부만 소개하자면 이렇다. '진흙 올가미', '땅속의 콸콸 흐르는 시내', '행운의 그루터기', '지류', '수영할 수 있는 웅덩이', '세 개의 눈금을 새겨둔 전나무', '소나무 언덕', '타버린 땅', '너도밤나무 능선', '키 큰 소나무숲', '솔송나무숲', '북쪽 바위'. 이런 장소에 대한 친숙함과 인연 덕분에 우리는 아무리 안개가 짙게 끼고 눈보라가 치고 날이 어두워도 오두막을 오가는 길을 찾아낼 수 있다. 우리는 우리가 즐겨 걷던 길 위에 난 발자국을 하나하나 기억하고 각각의 발자국 밑으로 느껴지는 땅의 감촉이 어떤지도 알아맞힐 수 있으며 어둠 속에서도 우리를 따뜻한 오두막으로 되돌아가게 해줄 나무들을 알아볼 수 있다. 오두막은 우리의 진정한 세력권 내에 있는 중심적인 '보금자리'로, 이곳에 대해 우리가 느끼는 친숙함은 유대감과 때로는 성공까지 불러온다.

낮 동안 사슴 흔적조차 찾지 못한 그날 밤, 우리는 또다시 바람이 으르렁거리는 소리를 들었다. 전보다 훨씬 커진 바람소리는 마치 제트엔진의 발진 소리를 연상케 했다. 아침에 일어나보니 끝없이 하얀 설경이 펼쳐져 있었다! 수평에 가깝게 휘몰아치는 비 섞인 젖은 눈발은 나무의 남서쪽 측면을 온통 하얗게 뒤덮고 우리 두 사람 눈에도 찌르듯이 부딪혔다. 전나무 가지가 무거운 눈에 눌려 휘어졌다. 바람이 강해지자 나무가 앞뒤로 이리저리 흔들리면서 질척하게 쌓인 눈을 털어냈다. 바로 그때, 비가 퍼붓기 시작했다. 우리는 세 개의 눈금을 새겨둔 전나무로 이어진 북쪽 길로 향했고 빗물에 흠뻑 젖은 옷과 부츠를 입은 채로 산길을 걷느라 온몸이 땀으로 흥건해졌다. 15분을 더 버틸 수 있었을 정도로 조명이 충분했지만, 그날의 악천후는 우리가 집으로 돌아갈 수밖에 없었음을 보여주는 증거나 다름없었다.

얼음 섞인 비로 질척한 눈밭을 몇 킬로미터나 헤치고 걸어온 끝에 마침내 오두막에 도착했다. 밖에서 아무리 바람이 난리를 치고 지붕과 벽면으로 쉴 새 없이 비가 퍼부어도 마른 옷으로 갈아입고 따뜻한 난로 가까이 다가앉는 것만큼이나 아늑한 것이 세상에 또 있을까. 집이 어느 쪽에 있는지, 어떻게 하면 거기까지 최단 경로로 갈 수 있는지를 항상 알고 있는 데다 집에 가면 난롯가에 앉아 사슴에 관한 옛날이야기를 나눌 수 있다는 사실 때문에 그날의 불편은 참을 만했다.

비에 흠뻑 젖었던 2008년 추수감사절에 우리는 좀처럼 밤잠을 이룰 수가 없었다. 지붕 위로 빗소리와 바람소리가 사납게 들렸다. 그토록 무섭게 비가 퍼붓기는 처음이었다. 산비탈 아래로 1킬로미터 떨어진 시냇물이 요란스럽게 흐르는 소리까지 들렸다. 대기 중에서 그렇게 많은 물을 증발시켜 이리로 가져오는 에너지를 제공하려면 틀림없이 지구 어딘가에 엄청난 양의 열기를 쏟아부은 곳이 있었을 것이다. 나는 스펀지처럼 물을 머금고 눈으로 압축된 이런 진눈깨비를 밤새 맞고 살아남을 수 있는 온혈동물이 과연 있을까 하는 생각이 들었다.

우리는 항상 그렇듯 어둠 속에서 눈을 떴다. 바람은 잦아들어 있었다. 찰리는 지갑에서 물에 젖은 1달러짜리 허가증을 꺼내 난로 위의 천장 서까래에 못으로 고정시켜두었다. 사슴을 신고하려면 증서가 필요했기 때문이다. 사냥 허가증을 가진 사람은 가장 가까운 등록소에서 사냥시즌마다 한 마리의 사슴에 '꼬리표를 붙여' 신고할 수 있었다. 우리의 경우는 인근의 웰드에 있는 제리 잡화점에서 신고하면 되었고, 수수료는 1달러로 항상 그 가격이었다. 그런 다음 우리는 또 다른 날을 맞이하기 위해 동이 트기 전에 밖으로 나갔다.

건강하고 활발한 쇠박새 몇 마리가 곧 눈에 들어왔다. 녀석들은 전나무 아래의 땅바닥에 가까이 내려앉아 돌아다니면서 부드러운 고음으로 지저귀고 있었다. 나는 같은 지역에서 도가머리딱따구리의 드럼연주를 또다시 들었다. 아마도 두 주 전에 녀석이 부산스럽게 쪼아대던 나무나 통나무에서 들려오는 것이리라. 또 다른 녀석은 1킬로미터쯤 떨어진 곳에서 남서쪽으로 미친 듯한 웃음소리를 냈다. 붉은가슴동고비 한 쌍이 옆으로 종종거리며 돌아다니다 소나무 줄기를 오르락내리락했고, 그중 한 마리는 동고비 특유의 긴 콧소리를 내고 있었다. 푸른 어치 두 마리가 내 앞의 전나무를 스치듯 지나갔다. 가만히 앉아서도 솔양진이의 감미로운 휘파람소리, 날아가는 솔잣새가 짤랑거리며 지저귀는 소리, 붉은다람쥐가 여기저기서 찍찍거리는 소리를 들을 수 있었다. 나는 커다란 소나무를 지나 바위 옆의 가문비나무 아래 앉아 있을 찰리를 향해 산비탈의 서쪽 경사면에 있는 숲을 따라 한참을 걷고 있었다. 그만큼 오는 동안 나는 호저 발자국 여섯 개, 새로 난 코요테 발자국 열 개, 사슴 발자국 한 개를 표시해두었다. 마치 조류와 포유류가 모두 이 숲에서 꽤 잘 살아가고 있는 것처럼 보였다.

녀석들은 제각기 밤이 되면 피신처가 될 자신만의 집을 이곳에 갖고 있다.

그러다 나는 이곳을 집으로 삼지 않은 누군가가 새로 만들어놓은 발자국을 발견했다. 부츠의 발자국은 우리 두 사람과는 접지면의 모양이 달랐다. 우리가 모르는 다른 사냥꾼의 발자국이었다. 불안한 마음이 들었다. 누구도 알지 못하는 개인적인 길과 그 길에 대한 지식의 그물망은 이곳 산비탈을 덮고 있으며, 둥근그물거미의 거미줄처럼 사냥 구역을 아우르고 있다. 그래서 다른 사람들이 너무 가까이 다가오면 불편하다. 우리가 그들을 피하든지 아니면 그들이 우리를 피하는 수밖에 없다.

우리는 사슴이 어디에 있는지 혹은 어디로 갈지 알고 있으며 팀을 이뤄 사냥을 한다. 둘 중 한 사람이 어느 구역을 '맡으면' 다른 사람은 그 옆 구역을 맡는 식이다. 협력을 이룬 우리의 사냥은 우리가 너무도 잘 아는 홈그라운드에 있고 경쟁자가 없기 때문에 효과를 볼 수 있는 것이다. 그런 상황에서 낯선 이가 우리 사이에 끼어들면 일을 그르칠 수도 있다. 정말 우리는 사슴을 잡지 못하더라도 아무렇지 않을 수 있다. 하지만 거미나 수천 년 전 우리의 조상이 그랬던 것처럼 생존과 번식을 위해 사냥감을 얻는 일에 의지해야 한다면 우리는 어떤 감정을 느끼게 될까?

나는 찰리가 기다리는 바위 옆 대기 장소로 돌아갔고, 우리는 아침을 먹기 위해 함께 오두막으로 돌아왔다. 우리는 아주 짧은 거리지만 북쪽의 산길에서 남쪽을 향해 걸었는데, 바로 그때 땅에 남아 있는 눈 덕분에 찰리가 앞서 지나간 발자국 위로 찍힌 사슴의 발자국을 발견했다. 발자국을 살펴보던 우리는 잠시 망설였다. "가지 진 뿔을 가진 상당히 큰 녀석이군." 내가 과감히 말했다.

"수영할 수 있는 웅덩이를 지나 동쪽으로 방향을 트실 거죠? 그럼 저는 남쪽의 큰 가문비나무 옆에서 기다릴까요?" 찰리가 물었다.

"좋아, 작전 개시." 우리의 이동 방향은 언제나 본거지인 오두막을 근거로 한다. 그래야 이해하기 쉽기 때문이다.

나는 몇 백 미터 길을 되짚어 돌아가다가 경사면을 따라 동쪽으로 내려오기 시작했다. 30분쯤 지나 남쪽으로 방향을 틀었고 우리가 만나기로 했던 커다란 가문비나무 옆에서 기다리는 찰리를 향해 구불구불한 길을 걸어 올라갔다. 아직도 갈 길이 반이나 남은 상황에서 나는 찰리가 기다리고 있을 것으로 짐작되는 곳에서 울려퍼진 총소리를 들었다. 1분이 지나 같은 방향에서 또 한 발의 총성을 들었다. 나는 서둘러 달려갔고 멋진 뿔을 가진 수사슴 옆에서 미소를 띤 채 서 있는 찰리를 발견했다.

우리 두 사람 모두 그해 11월 숲에서 거의 100여 시간을 보냈다. 그 사이 우리는 모두 합쳐 불과 10여 초 동안 사슴을 목격했지만, 눈과 귀는 끊임없이 즐거웠고 35만 9,990초 동안 요크힐과 유대를 맺는 시간을 가졌다. 나무마다, 바위 턱마다, 경사면마다, 덤불숲마다, 개울마다, 구석구석 조금씩 요크힐의 거의 모든 부분이 이곳을 집으로 만드는 여러 기억들과 결합되고 있었다. 이 책도 그런 기억들 가운데 하나였다.

사슴의 멋진 뿔을 감탄하며 바라보는 사이, 큰까마귀 우는 소리
가 들려왔다. 녀석은 우리 위로 날아와 몇 번을 더 울었다. 우리는 녀
석에게 내장을 떼어준 다음 웰드의 제리 잡화점에서 꼬리표를 붙이기
위해 사슴을 끌어왔고, 그날 아침 찰리가 난롯가 천장 서까래에 매달
아두었던 이제는 물기가 마른 1달러짜리 사냥 허가증도 가져왔다.

우리 집에는 만든 지 100년이 넘어 보이는 스타 키네오라는 난로
가 있다. 이 난로는 우리 집의 심장이며 주축을 이룬다. 난로는 무엇보
다도 먼저 사냥 활동의 모든 과정이 가능하도록 돕는 역할을 한다. 사
냥을 하는 거미의 그물망과 마찬가지로 난로는 우리 삶의 심장부다.

따뜻한 온기를 품은 난롯가가 곧 집이 되었다

마음에 드는 보금자리를 발견한 사람들은
대개 그곳에 머무르는 경향이 있다.

오두막으로 돌아와 매일 밤 찰리와 내가 가장 먼저 하는 일은 난로에 불을 피우거나 아직 남아 있는 불씨를 살리는 것이다. 난롯불 피우기는 내가 사계절 내내 매일 아침 일어나자마자 두 번째로 하는 일이기도 하다. 커다란 주물 난로는 오두막 한가운데에 자리 잡고 있다. 난로는 오두막 한가운데의 빈 공간 가장자리에 위치한 굵고 흰 소나무 줄기 옆에 놓여 있다. 나는 네 개의 둥근 난로 뚜껑 가운데 하나를 열어 가느다란 자작나무 껍질과 잘 마른 불쏘시개를 집어넣고 성냥으로 불을 붙인다. 1~2분 지나서 뚜껑을 닫으면 난로에 불이 활활 타오른다.

어떤 진실은 눈을 가늘게 뜨고 안개 낀 듯 불투명한 미래를 응시

할 때에야 드러나는 반면, 그 밖의 진실은 대개 우리 앞에 분명하고 강력하게 버티고 있다. 집을 지을 때 불의 역할은 후자에 속한다.

50년 전의 과거로 돌아가보자. 나는 나처럼 아프리카에 처음 온 보도 무셰를 일주일 전 탕가니카(오늘날 탄자니아)의 메루산 기슭에 자리 잡은 소도시 아루샤에서 만났다. 무셰는 담뱃잎을 질근질근 씹는 미지(스와힐리어로 '반백의 노인')와 다부진 체격에 창을 지니고 다니는 그의 두 아들 카리노와 미리쇼를 고용했다. 우리 모두는 새벽에 출발해 잡목이 울창한 황야와 오래된 숲을 지나는 물소 길을 걸었다. 오후 늦게야 우리는 그 산의 오래된 화산 분화구에 이르렀다. 사람이 들어왔던 흔적은 찾아볼 수 없었지만, 얼마 전 아프리카물소, 코뿔소, 코끼리가 지나간 흔적은 여기저기 널려 있었다. 분화구로 내려가면서 안개에 휩싸인 우리는 키는 작지만 굵고 옹이가 많은 나무를 발견했다. 사방으로 넓게 퍼진 이들 나무의 가지에는 암녹색을 띤 푹신한 이끼와 길게 늘어진 지의류가 뒤덮여 있었다. 평평한 분화구의 일부는 꽃이 간간이 피어난 방목지처럼 보였다. 우리는 야트막한 연못 옆에서 잡목림을 발견했다. 물이 필요했던 우리는 그곳에서 야영을 하기로 했다.

우리는 커다란 나무 아래에서 적당한 곳을 찾아냈고, 카리노와 미리쇼는 마른 나무를 구하러 마체테를 들고 나섰다. 불을 피우는 일이 무엇보다도 시급했고, 우리에게는 오랫동안 탈 수 있는 통나무가 필요했다. 지난달에도(1962년 내가 탄자니아에 있을 당시) 친구 하나가 물소에게 들이받고 밟혔고, 다른 친구는 코끼리에 쫓겨 나무 위로 올라갔다. 나 역시 내 체취나 소리 때문에 코뿔소의 공격을 받았다. 녀석은 근시인 것 같았지만 그럼에도 무시무시했다. 우리가 찾아낸 연못 주변의 진흙은 이리로 물을 마시러 오는 동물들의 발에 짓밟혀 있었다.

우리가 불을 피운 뒤로는 모든 상황이 갑자기 덜 위협적으로 보였다. 우리는 불가로 모여들었고 더 가까이 바싹 다가앉았다. 불이 없었다면 그날 밤 과연 우리가 잠을 잘 수 있었을까 하는 의문이 든다. 철벅거리는 물소리와 나뭇가지가 부러지는 소리가 간간이 들려왔지만 불 옆에서 우리는 안심했다. 단지 본능처럼 불이 우리를 안전하게 지켜준다고 생각했을 뿐인데도 말이다.

우리는 가져온 식량이 충분치 않아서 아프리카영양을 잡아야 했다. 영양을 잡은 날 저녁, 우리는 밤새 불가에 앉아서 고기를 자른 다음 꼬챙이에 끼워 구운 고기를 나누어 먹었다. 그러는 동안 우리는 이런저런 이야기를 나누었다. 불은 분위기를 마법처럼 멋지게 바꿔주면서도 무서운 장소를 따뜻하게 만들어주었다. 불은 안전과 먹을 것을 제공한 것은 물론 우리를 하나로 결속시킨 힘이었다. 그날의 상황은 다분히 원시적으로 보였다. 100만 년도 더 전에, 온기와 안전을 제공해주는 불 옆이 아닌 다른 어디에서 인간이 사냥을 모의하고 조력자를 모으고 정보를 공유하고 계획을 세우고 축하하고 흥청거리며 맛있는 음식을 나눠먹을 수 있었을까? 또 불이 아닌 다른 것으로 최고의 요리사라는 칭찬을 받을 수 있었을까?

오랜 옛날 모닥불을 피웠다는 증거는 찾기 어려울뿐더러 자연적인 들불과 구별조차 하기 힘들다. 하지만 새로 개발된 기술 덕분에 잔해를 통해 그 당시 불의 온도를 알아낼 수 있다. 그런 잔해가 발견된 장소(가령, 깊은 동굴)와 더불어 오늘날 드러난 확실한 증거는 인간이 적어도 100만 년 전부터 불을 사용했다는 사실을 입증해준다. 이는 적어도 호모 에렉투스까지 거슬러 올라가는 인류종의 역사에 해당된다. 가장 최근의 증거는 남아프리카의 원더베르크 동굴에서 나왔다. 요리에 쓰이는 높은 온도의 불에 탄 유골이 동굴 깊숙한 곳에서 발견된 것이다. 하버드대학교의 인류학자 리처드 랭엄은 덩이줄기와 고기를 요리할 수 있게 해주고 소화를 촉진시켜 고열량음식의 새로운 원천을 제공해준 불이 막강한 두뇌 발달을 가져와 결국 유인원과 비슷한 조상으로부터 현생 인류인 호모 사피엔스를 낳는 진화의 분수령이 되었다는 점을 인정한다.

　탈출 경로가 제한된 나무 위에서 침팬지 무리가 원숭이 한 마리를 추격할 때 녀석들은 이런 탈출 경로를 차단하기 위해 원숭이를 에워싼 뒤 '손으로' 원숭이를 잡는다. 하지만 그런 사냥은 인간이 진화해온 사방이 트인 서식지에서는 가능하지 않다. 그런 곳에서는 오랜 추격이 필요하며, 거기에는 많은 에너지가 소모된다. 게다가 설령 영양을 죽였다고 해도 쉽게 눈에 띄는 먹이는 우리보다 힘이 센 사자, 표범, 하이에나, 개 떼 같은 육식동물에게 빼앗길 수도 있었다. 사냥감을 이용하려면 그것을 가족이 살아가는 공간인 '집'으로 가져와 보관하거나 요리해야 했다. 절벽면에 뚫린 구멍이나 동굴 같은 은신처의 문제를 해결할 때까지는 유인원과 같은 존재들 사이에서 어떠한 사냥

문화도 불가능했던 것으로 보인다. 불은 입구를 지키는 데도 이용됐기 때문에 이런 문제를 해결했을 것이다. 하지만 불은 관리가 필요했을 테고, 불이 마련해준 안전한 집은 두더지쥐, 벌, 흰개미를 비롯한 그 밖의 모든 사회적 동물의 경우와 마찬가지로 분업에 필요한 수단을 제공했을 것이다. 가장 힘이 세고 잘 달리는 인물은 사냥감을 쫓아 나섰다. 그보다 능력이 덜한 존재들은 안전을 위해 집에 머물면서 아이들을 돌보고 불을 관리하고 고기를 처리하거나 요리하는 등의 일을 할 수 있었다. 결국 따뜻한 온기를 품은 난롯가가 곧 집이 되었다.

불을 유지하고, 훨씬 나중의 일이겠지만 불을 만들어낸 일은, 무엇보다도 값진 기술이었을 것이다. 어떤 동물도 인간만큼 불을 잘 다루지 못했다. 하지만 불꽃을 만들고 그것을 불로 바꾸는 도구를 만들어내려면 불을 '이해하는' 일이 필수였다. 우리는 불의 습성, 변덕, 특징을 알아야 했다. 그렇지 않고는 무엇이 불꽃과 관련이 있는지, 무엇이 불꽃을 가물거리는 화염으로 만들어내는지, 무엇이 불을 부드럽게 키우는지, 무엇이 불을 계속 살아 있게 만드는지에 대해 아무런 생각도 할 수 없었을 것이다. 이런 기술은 암기로 배우는 것이 아니다. 마치 불이 살아 있는 것처럼 불에 대한 철저한 이해를 바탕으로 '공감'했을 때에야 비로소 가능한 일이다.

불에 대해 이해하려면 심리학자나 행동생물학자가 이른바 '마음 이론'이라 부르는 것과 비슷한 무언가가 필요했다. 그것은 마음속으로 우리 자신을 다른 존재의 삶 속에 둠으로써 그것이 어떻게 반응할지 예측할 수 있는 능력이다. 그런 능력을 가능하게 만든 원천은 아마도 우리의 강력한 사회성일 것이다. 사회성은 사냥감을 뒤쫓을 때 요구되는 사냥 전통의 전제조건이기도 했다. 불을 쓴 덕분에 인간은 사회성을 기르고 타인으로부터 배울 기회를 훨씬 더 많이 얻을 수 있었다. 고기와 지방 섭취로 인한 영양소 증가로 두뇌 성장이 촉진되면서 인간의 지능은 전례 없이 폭발적인 도약을 이루었다.

인간이 불을 일으키는 법을 터득하기 전부터 불에 대해 배워야 했던 가장 중요한 사실 가운데 하나는 위험한 짐승을 다루듯 가로막힌 곳에다 불을 격리시켜야 한다는 것이었다. 불은 고분고분하지만 이는 어디까지나 몇 가지 규칙을 충실히 지킬 때만 해당되는 얘기다. 우리가 그런 규칙을 엄격히 지킬 경우 불은 그렇지 않았다면 혹독한 상황에 놓였을 수도 있는 삶을 가능케 해준다. 인간은 불을 통제하기 위해 그것을 에워싸는 법을 배웠으며, 오랜 세월 동안 불이 놓이는 장소는 집의 중심부로 대개는 약간 떨어진 바위와 바위 사이의 틈새였다. 오늘날 인간은 불을 금속상자 안에 가두는 법까지 터득했다. 우리 오두막을 찾아오는 수많은 손님을 보면 난로에 가둔 불조차 제대로 다룰 수 있는 사람이 별로 없는 듯하다. 불은 가두어놓은 상태에서도 숨쉬기 힘든 검은 연기 기둥을 만들거나 제공된 연료를 태우지 않고 맥없이 꺼져버리는 식으로 사람들을 골탕 먹이기 일쑤다.

우리 조상들은 불 가까이에서 많은 시간을 보낼 경우 끈질기게 따라다니는 매운 연기의 습성을 확실히 잘 알고 있었다. 연기가 위로 올라가도록 하려면 그 주위에 칸막이 같은 차폐장치를 설치할 필요가 있다. 기본적으로 우리는 불 피우는 자리 주변으로 집을 짓고 연기가 빠져나갈 수 있도록 천장에 구멍을 남겨둔다. 이렇게 하면 비가 오더라도 불이 쉽게 꺼지지 않고 우리가 앉아 있는 공간보다는 천장을 통해 연기가 빠져나갈 뿐만 아니라 더 많은 열기를 실내에 붙잡아둘 수 있다. 전통적으로 난롯가를 중심으로 한 인간의 가옥 구조는 삼각형으로 배열된 세 개의 돌로 이루어졌으며 그것은 덤불, 동물의 가죽, 나무껍질, 떼(잔디)로 엮은 구조물의 한가운데에 자리를 잡았을 것이다. 인간은 두세 개의 통나무 끝에 불을 붙여 안쪽으로 밀어넣으면 불을 지피고 유지할 수 있다는 사실을 터득했다.

이제껏 만들어진 것 중에 최고의 집으로 꼽히는 티피보다 이런 방식을 더 잘 보여주는 예가 또 있을까? 아메리카 원주민들은 자신들만의 매우 독창적인 디자인으로 서너 개의 로지폴 소나무* 기둥에 물소 가죽을 덮어 실내에 불의 온기를 가둘 수 있었다. 수직으로 올라간 연기는 연기 구멍을 통해 밖으로 빠져나갔다. 귀처럼 생긴 돌출된 두 개의 덮개로 이루어진 연기 구멍은 우천 시에는 닫아놓을 수 있었다.

티피는 아라파호족, 아리카라족, 어시니보인족, 블랙풋족, 샤이엔족, 그로반트족, 카이오와족, 맨던족, 포니족, 플레인즈크리족, 수우족 등이 사용했으며, 미 서부에서는 버팔로 빌, 짐 브리저, 키트 카슨을 비롯한 초기의 백인 개척민들이 같은 방식으로 집을 지었다. 티피는 만드는 것은 물론 해체하거나 휴대하기도 쉬웠고 새로운 곳에 다시 설치할 수도 있었다. 또 겨울에 따뜻하고 여름에 시원하며 환기도

---

* 로키 산맥과 태평양 연안에 분포하는 소나무.

잘 되는 데다 이따금 아름답게 장식한 티피까지 등장했지만, 무엇보다 중요한 특징은 한가운데에 난로를 놓는 것이었다. 또 물소 떼를 쫓아 떠돌아다니는 삶을 위해 특별히 고안된 가옥구조이기는 하지만, '영구적인' 주거지나 대초원에서 겨울을 나는 데도 이용됐다. 오늘날에도 티피는 그 아름다움과 실용성에 매료된 사람들 사이에서 여전히 유행하고 있다.

대부분의 인류사에서 인간이 어떤 식으로든 집을 지었다면 그 집은 불과 열기를 가두고 보존하는 형태였다. 마침내 집이 더욱 커지면서 인간은 '벽난로'를 갖게 됐다. 최초의 벽난로는 불 주위에 돌을 쌓아올리는 것이었고, 나중에는 무쇠로 만든 상자(최초의 무쇠난로는 1728년경 대량으로 이용되기 시작했다) 속에 불을 가두는 방식이 등장했다. 하지만 연기와 열이 쉽게 분리되지 않아 얼마간의 불을 가두려는 본래의 목적은 실패했다. 1741년, 벤저민 프랭클린이 차폐장치 주위로 연기가 순환하게끔 만들어 개방된 벽난로보다 열효율은 높이되 연기는 덜한 난로를 발명하고 난 뒤에 서구에서는 난로와 집이 물리적으로 분리되기 시작했다. 최근 난로 설계에서 이룬 기술적 발전은 보다 많은 열을 가두고 연통을 거쳐 굴뚝으로 연기를 직접 배출하는 데 큰 도움을 주었다. 오늘날은 중앙난방과 야외용 나무화덕의 등장으로 난로와 집은 상당히 분리됐다. 그럼에도 우리는 여전히 가짜 벽난로와 같은 상징적 외관을 고집하기도 한다. 그 결과 인공적인 것이 현실이 돼버렸다. 세계 곳곳에서는 사람들이 여전히 '난롯가'로 모여들고 있다.

난로(hearth)를 뜻하는 영어 단어는 그리스 신화에 나오는 불과

화로의 여신 헤스티아(Hestia)에서 유래된 것이다. 인간은 불을 만들고 불과 함께 생활하고 요리보다 훨씬 많은 일에 불을 이용하는 법을 배웠다. 사고하고, 감정을 갖고, 도구를 만들고, 예측하는 능력에 의해 인간을 다른 동물과 구별하는 종전의 주장은 과학의 역사에서 주저앉고 말았다. 그럼에도 불과 관계를 맺고 불을 제어하는 능력은 사람속(屬)이 가진 고유한 특성으로 여전히 유효하다. 호모 에렉투스, 호모 네안데르탈렌시스, 호모 플로레시엔시스, 호모 사피엔스, 적어도(다소 자의적이지만) 이렇게 네 인간종은 불을 사용했다. 따라서 불은 인간의 특성 가운데 하나일 수도 있고 혹은 유일한 특성일 수도 있다.

• • •

얼마나 숙련된 기술로 제어하느냐에 따라 다르겠지만, 불은 그 주변으로 사람들을 모여들게 하는 구심점 역할을 한다. 인간은 불을 휴대할 수는 없었지만, 불에 구속돼왔고 거기서 멀리 벗어날 수 없었다. 하지만 불에 의존하게 된 인간은 마침내 젖은 가죽이나 나무껍질에 담은 재에 숯을 넣어 불을 휴대할 수 있는 수준까지 발전해 불을 제어하는 법을 터득하기도 했다.

모닥불은 집의 이동을 가능케 해주었다. 덕분에 인간은 처음 출현했던 아프리카를 떠나 지구 곳곳으로 흩어져 살아가게 됐다. 불은 인간이 살아가기 힘든 곳까지 멀리 나아갈 수 있도록 해주었는데, 이는 불이 그 자체로 성채인 동시에 부엌, 사교장, 학교나 다름없었기 때문이다.

잭 런던은 『모닥불(To Build a Fire)』이라는 유명한 소설을 통해 혹독한 북반구의 겨울에 불을 다루는 일이 인간의 삶에서 얼마나 중요한지를 극적으로 보여주었다. 겨울에 가급적이면 친구들과 함께 숲으로 들어가 불을 피우고 그 위에 뭔가를 굽고 하는 것이 가장 재미있던 십대 시절 나는 그의 소설에 푹 빠져 있었다. 불은 우리를 기숙학교의 위압적인 사감에게서 벗어날 수 있게 해주었다.

결국 (적도 근방의 저지대를 제외한) 지구의 대부분 지역은 불을 이용하지 않았다면 인간이 살 수 없었을 것이다. 인간이 지구 전역으로 퍼져나갈 수 있었던 것은 이처럼 '이동 주택' 덕분이었는지도 모르겠다. 불은 인간이 거의 어디로 가든 집을 마련할 수 있는 수단을 제공해주었기 때문이다. 불은 이유가 아니라 수단이었다.

현대의 유전학 기술은 120만 년 전 인류 전체 인구가 8,500명에 불과했음을 밝혀냈다. 당시 인간의 거주지는 아프리카로 제한돼 있었고 수만 년 동안 인간은 모태와도 같은 아프리카를 벗어나지 않았다. 그러나 마침내 5만~6만 년 전 집짓기(불 피우기와 같은)를 고안해낸 덕분에 소수의 인류가 아프리카를 떠났다. 우리는 그렇게 떠난 인류가 극소수라는 사실을 알고 있다. 왜냐하면 나중에 발전된 '인종'의 외면적 차이에도 불구하고 현생 인간종의 지리학적인 유전 패턴이 놀랄 만한 유사성을 보여주기 때문이다. 이처럼 중앙아프리카에서 시작돼 남아프리카로 퍼져나가거나 북아프리카를 가로질러 아프리카대륙을 떠난 소수의 인류는 유럽과 아시아로 퍼져나갔다. 아시아에 정착한 한 분파는 태평양을 횡단해 호주와 뉴질랜드로 확산됐으며 그 사이 또 다른 분파는 1만 년 전 마지막 빙하기 동안 혹은 그 이전에 베링 해협을 건너 알래스카로 건너갔다. 그즈음 고(古)인디언(Paleo-Indians)*이 된 이들 아시아인들은 북미 대륙으로 급속히 퍼져나갔고 그길로 남미대륙을 거쳐 티에라 델 푸에고 제도에까지 이르렀다. 인류 역사의 관점에서 이런 식의 정착은 무리를 지어 부단히 떠돌아다니는 동물의 대규모 이주만큼이나 수없이 이루어졌지만, 이는 돌아다니는 걸 싫어하는 인간의 '또 다른' 생물학적 정체성과는 들어맞지 않는 것으로 보인다. 그럼에도 이제 그 같은 인류의 정착과정에 대해 살펴보려 한다.

전 세계적으로 사람들은 대개 조상 대대로 거의 같은 장소에서 살아왔다. 집만큼 편한 곳이 없을 때 누구도 다른 곳으로 떠나려 하지 않기 때문이다. 아메리카 대륙에서 살아가는 사람들은 대부분 좀처럼 한 곳에 머물지 못하는 불안증 때문에 다른 대륙에서 건너온 사람들의 후손이지만, 마음에 드는 보금자리를 발견한 사람들은 대개 그곳에 머무르는 경향이 있다. 메인주 내 고향마을 윌튼의 경계지점에는 "윌튼, 살기 좋고 일하기 좋고 놀기 좋은 곳"이라 적힌 팻말이 있다. 할 수만 있다면 사람들은 언제나 이곳에 머물러왔다. 200년보다 오래 전 초기 정착민의 묘비에 적힌 성(姓)은 오늘날 이곳에서 살아가는 사람들의 성과 거의 같다.

---

* 후기 홍적세의 아시아계 인종으로 베링 해협을 건너 북아메리카와 남아메리카에 정착한 최초의 원주민

인간이 제자리에 머무는 성향이 강하다면 광활한 태평양에서 개척되지 않은 섬이 없을 정도로 계속된 인간종의 대륙에서 대륙으로의 잇따른 이동은 어떻게 설명해야 할까? 집에 머무는 이점이 크다면 인간은 어째서 위험을 감수하면서까지 널리 퍼져나갔을까? 그 점은 이해가 되지 않는다.

인간종이 지구 전체로 퍼져나간 것이 아주 오래전에만 있었던 기이한 현상이 아님은 그리 먼 역사까지 거슬러 올라가지 않아도 확인할 수 있다. 그런 현상은 오늘날에도 여전하기 때문이다. 내가 사는 마을은 물론, 아메리카 대륙, 호주, 뉴질랜드에서 살아가는 사람들은 대개 수천 킬로미터 떨어진 곳에서 최근에 이주한 사람들의 자손이다. 수백만 명에 이르는 사람들이 유럽, 아시아, 아프리카에서 미국으로 흘러 들어왔고, 그런 이주는 현재도 빠른 속도로 진행되고 있다. 중국인들과 로마인들은 그런 유입을 막기 위해 거대한 성벽을 쌓아올렸으나 오늘날 사람들은 최신 기술을 이용해 이주를 도모한다. 우리에게는 증기선, 철도, 비행기를 비롯해 다양한 교통수단이 있다. 말하자면, 예나 지금이나 인간은 달라진 게 없지만 갑자기 새로운 수단을 만들어낸 덕분에 손쉽게 퍼져나갈 수 있게 됐다는 것이다.

지금 우리는 양자택일을 해야 하는 현실을 마주하고 있는 게 아니다. 우리는 떠돌이도 아니고 정착민도 아니다. 이주 메뚜기를 비롯한 수많은 곤충의 사례는 극단적일 수도 있지만, 그것은 동물이 상황에 따라 집에만 머물 수도 있고 그렇지 않을 수도 있다는 걸 보여준다. 모든 것은 비용과 이익, 수단에 달려 있다. 한 곳에 정착하는 것이 적합해 이주형으로 분류되지 않은 곤충의 경우도 성장기의 어느 단계에는 떠돌이 생활이 적합할 수도 있다. 유충은 한 곳에 머물며 먹이를 먹고 자라지만 성충이 돼서 날개가 생기면 멀리 날아다닐 수 있게 된다. 성장 단계에 따라 두 가지로 나뉘는 행동 경향은 인간에게도 적용된다. 대개 젊을 때는 여행을 가고 싶어 몸이 근질거리고 쉽게 탐험에 나선다. 어떤 사람들에게는 돌아다니는 것이 유리하지만 어떤 사람들은 한 자리에 머무는 것이 유리하다. 인간은 웅덩이 속에 알을 낳는 개구리와 비슷하다. 독립한 개구리는 호수를 찾아내 그곳에서 새로운 집단을 만들기 시작할 수도 있고 죽을 수도 있다. 모든 것은 우리가 찾아내기를 바라거나 기대하는 저곳의 상황이 어떠한지에 달려 있다. 그럼 그렇게 찾아낸 집을 떠나는 이유는 뭘까? 여기에도 밀고 당기는 역학 관계가 성립하는 걸까?

우리는 겨우내 둥지에 머물다 때가 되면 떠나는 새들과 비슷하다. 하지만 우리는 녀석들과 한 가지 점에서 크게 다르다. 박새의 서식지는 아주 특정한 요건을 필요로 한다. 박새 한 마리를 녀석이 살던 특정한 서식지에서 데리고 나오면 녀석들은 제대로 살지 못하고 죽는다. 우리는 난로나 그에 상응하는 난방 기구를 이용할 수만 있다면 냉동 창고 같은 북극에서부터 헤아릴 수 없이 많은 적도 부근의 섬에 이르기까지 거의 어디서든 살아갈 수 있으며 돌아올 필요도 없다. 여기서 다시 의문이 든다. 엄청난 수의 사람들이 목숨을 잃었다고 전해지는 위험천만한 바다를 건너는 것보다도 인류가 집에(아프리카 대륙에) 가만히 머물러 있지 않았던 이유는 뭘까?

우리는 최초의 인류가 아프리카를 떠난 정확한 이유를 끝내 밝혀
내지 못할 수도 있다. 하지만 아프리카에 남은 사람들과 관련된 인간
게놈(유전체) 속에는 단서가 남아 있으며, 그런 단서는 다른 사람들이
떠난 이유를 넌지시 비춰줄지도 모른다. 아프리카를 침략한 서양인들
은 자신의 선조를 침략하고 수많은 지역에서 그들을 몰아냈던 것인지
도 모른다. 최근 16곳의 연구소에 속한 47명의 저자들과 함께한 펜실
베이니아주립대학교 비교 유전체학 및 생물정보학 연구소의 스티븐
C. 슈스터와 웹 밀러의 연구는 이 문제를 조명하고 있다. 이들 49명
의 저자는 남아프리카의 코이산(!구비*), 반투(투투 대주교**)를 비롯한 다
섯 개 아프리카 종족의 완벽한 유전자 서열을 만들어냈다. 그들은 산
(san) 혹은 부시먼으로도 알려진 코이산이 "유전적으로 그 밖의 인류
와는 다르며" 더 나아가 "유럽인이나 아시아인이 아닌 자기들끼리 더
많은 차이를 보인다는" 결론을 내렸다.

오늘날 남미의 남쪽 끝 티에라 델 푸에고에서 가장 최근 밝혀진
원주민까지 가지가 뻗은 인간 유전 나무에서 부시먼은 DNA 다양성
이 가장 낮은 뿌리 혹은 그 부근에 존재하는 것처럼 보인다. 부시먼
사이에 나타난 유전적 차이는 이들의 오랜 역사와 관계가 있다. 이들
의 유전적 변이는 기존의 집단 속에 그대로 잔존한 반면, 아프리카를
떠난 소수의 인류는 다양한 유전체로부터 단 하나의 엄선된 유전체만

---

* !Gubi, 나미비아의 토착 원주민 부족의 원로 이름.
** 남아프리카공화국 성공회의 대주교로, 1984년에 노벨 평화상을 수상했다.

을 취했을 것이다. 그 결과 그들은 유전적으로 보다 강한 동질성을 띠게 됐을지도 모른다. 하지만 나는 부시먼 전체가 아프리카에 있는 보금자리를 떠나지 않고 자신들의 고유성을 유지했다는 사실이 중요하다고 본다. 그들은 왜 떠나지 않았을까?

엘리자베스 마셜 토머스는 부시먼의 삶에 관한 저서에서 몇 가지 단서를 제시한다. "그들은 떠돌아다니기 때문에 집이 없는 것처럼 보이기도 한다. …… 그들은 부족별로 각자 쓸 수 있는 고유한 영역이 있으며, 경계선을 엄격하게 지킨다. …… 거기서 살아가는 사람들은 덤불마다 어떤 먹을거리가 자라는지를 속속들이 알고 있다. 가령 그들은 키가 큰 지채***나 벌 나무가 어디 있는지를 안다." 다시 말해, 그들은 정확히 홈리스(homeless)와는 정반대에 속한다. 게다가 토머스는 부시먼이 "잠을 자는 우묵한 공간이 나뭇잎 속에 숨겨진 푹신한 꿩의 풀 둥지와 비슷하며" 그들은 사람들이 가고자 엄두를 내지 못하는 곳에서 "편안함을 느낀다"고 써놓았다. 부시먼의 집은 그들이 살아가는 땅이고, 그들이 불을 피우는 곳이 곧 집이다. 구조물로 집을 에워쌀 필요도 거의 없었기에 그들은 자유로웠다. 남아프리카의 코이산은 사나운 유목민 부족들로부터 남쪽으로 수천 킬로미터 떨어진 곳에서 살아갔기 때문에 자신들의 영역을 침해받지 않을 수 있었다. 아무 데도 갈 곳 없이 한자리에 붙박인 채 그들은 다른 부족과 경계를 이루는 땅에서 부락을 이루고 살았다. 다른 곳으로 이주하거나 탈출하는 대신 그

*** 연못이나 습지에서 자라는 여러해살이풀.

들은 자신들이 필요로 하는 모든 것이 가까이에 있는 고향에 머물렀다. 그들의 땅을 탐내는 사람들이 거의 없었으므로 보금자리에서 쫓겨날 염려도 없었다.

아이러니하게도, 상황에 맞춘 능동적인 적응 때문에 오히려 위협을 받게 된 오늘날의 현대인은 무기력한 처지에 놓이게 됐다. 인간의 도시는 거대한 비둘기 무리가 둥지를 짓는 것과 같은 몇 가지 이유로, 또 어느 정도는 침입자에 대한 방어 수단으로 신석기 시대에 '발전했다.' 그와 동시에 도시는 부가 쌓이면서 같은 인간으로부터 약탈의 표적이 되기도 했다. 규모가 커진 도시는 군대의 소집과 아울러 더욱 강화된 방어력을 의미했지만, 한편으로 공격도 그만큼 늘어났다. 서로 햇빛을 받기 위해 사활을 건 경쟁을 하는 숲의 나무들과 마찬가지로 스스로의 무게 때문에 붕괴되지 않으려면 인류 문명은 성장에 한계를 맞을 수밖에 없다.

인류가 지구 전역으로 '이주하게' 된 것이 척력과 인력 중에서 어느 것에 의한 것인지는 논쟁의 소지가 있지만, 그런 차이는 별로 중요하지 않다고 본다. 만약 가치가 떨어진 곳에서 밀려난 것이거나 자원이 충분한 더 나은 곳으로 이끌린 것이라면 둘은 큰 차이가 없다. 다만, 우리가 선천적으로 귀소 항법 메커니즘을 타고나지 않았다는 것만은 확실하다. 이정표에서 이정표로 옮겨가는 것 말고는 알바트로스, 붉은바다거북, 제왕나비에 비해 우리는 직선으로 걷는 일조차 힘들 수 있다. 지역의 이정표를 이용하는 것과는 별도로, 선천적인 방향정위 능력의 부족은 인간이 집에 머무는 걸 좋아하도록 진화했다는 증거나 다름없다.

노마디즘(유목주의)*은 상당한 대가를 치르면서까지 내부의 갈등을 줄이려는 전략이다. 지구상에서 인구밀도가 가장 높은 나라에 속하는 인도에서는 노마디즘이 수많은 사람들의 삶의 방식이다. 노마디즘의 생활방식에 적응해 이 분야에서 대가가 된 사람들도 있다. 하지만 노마디즘을 실천하는 사람들은 그런 식으로 학습한 생활방식조차 기꺼이 포기한다. 유목민은 단순히 선택의 여지가 없다는 이유로 떠도는 삶을 산다. 인도 북부의 유목민 로하르족 여인은 기자인 존 랭커스터에게 이런 말을 남겼다. "조그만 땅뙈기랑 집 한 채만 있으면 세상 부러울 게 없을 거예요."

인간은 사회성이 매우 높은 동물이기 때문에 아비새처럼 잔인할 정도로 세력권에 얽매이지 않는다고 주장할 수도 있다. 하지만 그런 말은 통하지 않는다. 사람들은 어째서 멀리 떨어진 태평양의 섬들까지 '몽땅' 접수하여 살았던 걸까? 사람들은 어떤 이유와 경위로 본토에서 3,000킬로미터, 사람이 사는 가장 가까운 섬에서 1,600킬로미터 넘게 떨어진 이스터섬**에 이르렀던 걸까? 틀림없이 어쩌다 경로에서 벗어났을 테지만, 그런 일이 벌어진 이유는 뭘까? 복권에 당첨되는 행운을 얻지 못한 사람은 얼마나 될까? 인간 약탈자를 피하기 위한 것이 아니었다면 아나사지인들은 어째서 굳이 접이식 사다리를 타고 올

* 유목민의 삶과 같이 특정한 곳에 머무르지 않는 사회 현상을 표현하는 철학적 명제.
** 남태평양 칠레령의 화산섬.

라가야 하는 높은 바위턱에 '집을 짓고' 절벽 끝에 작은 방을 만들었을까? 또 다른 사람들이 1년의 절반을 혹독한 추위와 어둠 속에서 지내야 하는 북쪽으로 멀리 떠난 이유는 뭘까? 베링 해협을 건너고 나서 불과 몇 천 년 후에 지나 티에라 델 푸에고에 인간이 정착했다는 사실은 조금도 놀랍지 않다. 어떻게 그러지 않을 수 있단 말인가! 사람들은 여기저기 흩어져서 집을 짓기에 적당한 장소를 찾으려 했다. 그것은 앞서도 언급했던 미국 북부의 호수에 사는 아비새나 우리 숲의 습지에 사는 캐나다기러기와 마찬가지로 떠나느냐 아니면 남아서 싸우느냐를 두고 벌어지는 비용과 이익의 문제다. 해마다 봄이 되면 습지에는 둥지를 틀기에 안전한 자리(비버 굴)를 차지하기 위해 열 번도 넘게 격렬한 싸움이 벌어지는데, 결국 한 쌍의 기러기만 남고 나머지는 다른 장소를 찾기 위해 멀리 떠나야 한다. 하지만 사람들이 머물 집을 찾게 되면 공간은 점점 확장된다. 사람들은 집에 투자를 하는 데다 일단 적응을 하고 나면 그곳에서 언제까지고 계속 가정을 꾸리기 때문이다.

사람들은 어디에 있든 '불을 피우는' 것이 몸에 배어 있다. 아무리 새로운 형태의 불 피우기가 등장해도 우리는 마치 불을 한 번도 떠나 본 적이 없는 것처럼 여전히 불 주변에 옹기종기 모여 앉는다. 실제로 불이 없었다면 북반구의 대부분은 오늘날처럼 인간이 살 수 없었을 것이다.

무리를 따라서

브레히트(Bertolt Brecht)는 모두가 같은 생각을 하기를 원했다고 들었어요.
나도 모두가 같은 생각을 하길 원합니다. 어떤 면에서 보면
브레히트는 그걸 공산주의를 통해 실현하려 했던 거죠.
러시아는 정부의 통제 하에 그걸 실현하는 중입니다.
그런데 여기선 정부의 엄격한 통제 없이도 자체적으로 그것이 실현되고 있어요.
노력 없이도 되는 거라면 어째서 공산주의자가 되지 않고서는
성공할 수 없는 걸까요? 사람은 누구나 비슷해 보이고 비슷한 행동을 하죠.
우리는 점점 더 그렇게 돼가고 있어요. 나는 모든 사람들이 하나의 기계처럼
돼야 한다고 생각해요. 모두가 모두를 좋아해야 한다고 봅니다.
— 앤디 워홀(Andy Warhol), 〈아트 뉴스(Art News)〉에 게재된 진 스웬슨과의 인터뷰

동물이 살아가는 환경이나 서식지에서의 선택 행동은 지질 연대
의 오랜 기간에 걸쳐 각 개체가 경험해온 생물학적 진화의 결과다. 오
래된 환경을 장악하고 변경시키는 것에서 큰 성공을 거둔 일부 동물
종의 경우, 엄청난 수의 동물이 다양한 생리와 행동 습성을 선호하면
서 새로운 선택압을 만들어냈다. 대규모 군집에서 특정한 개체와 관계
가 있는 미묘한 차이는 무의미해졌다. 군집 자체가 환경의 지배적 특
징이 돼버렸으며, (예술에 필요한 돈처럼) 새로운 자극제가 됐다. 이런 자
극은 폭풍 소리, 바다 냄새, 소나무숲의 풍경만큼이나 사실적이다. 무

궁무진하게 제공되는 플랑크톤을 먹고 사는 바닷물고기는 거대한 무리를 이루며, 자신들 무리 외에는 거처로 삼을 만한 곳이 따로 없다.

　고도의 군거성은 단지 바닷물고기만의 내력은 아니다. 일부 곤충류, 조류, 포유류도 개체들이 모인 군집에 귀의하는 속성이 있지만, 프랑스의 자연주의자 J. 앙리 파브르가 소나무행렬모충나방 애벌레에 대한 관찰과 실험을 통해 보여준 것처럼 언제나 만족스런 성과를 거두는 것은 아니다. 이들 애벌레는 기온이 떨어지는 밤에 은신처 역할을 하는 공동주택과 먹이가 있는 나뭇가지 사이를 실로 만든 길을 따라 다닌다. 파브르는 녀석들이 아침이면 은신처에서 줄지어 나와 밤이면 되돌아간다는 사실을 밝혀냈다. 그런데 어쩌다 애벌레 가운데 어느 한 군집이 항아리 단지의 테두리로 올라섰다. 녀석들은 거기서 7일 동안 거의 335차례나 돌기를 계속했다. 단 한 마리의 애벌레도 생물학적으로 관련된 환경에 놓이지 않은 다른 애벌레를 자신의 행동 기준으로 삼도록 진화된 행동 양식을 버리지 않았다. 이 말은 다른 애벌레가 생물학적으로 관계가 없다는 뜻은 아니다. 절대 다수의 경우 애벌레는 서로에게 없어서는 안 될 생명줄의 역할을 하기 때문이다. 대개 뚜렷한 특색 없는 평범한 개체들이 일시적으로 머무는 진영은 그 속에 있는 개체들에게 이익을 준다. 찌르레기, 구관조, 붉은어깨검정새, 까마귀, 큰까마귀, 다양한 종류의 핀치새, 칼새, 제비 무리는 밤이 되면 종종 거대한 홰에서 함께 잠을 잔다. 그런 숙소는 환경(칼새에게는 적당한 굴뚝이나 바위 틈, 도시에서 살아가는 검정새와 까마귀에게는 올빼미로부터 안전한 장소)에 대한 경험과 취합된 정보를 공유할 수 있는 공간을 제공한다. 이뿐만 아니라 그곳에 모인 무리를 천적의 공격 위험에서 벗어나게 해주는 동시에 여기저기 넓게 흩어져 있는 먹이를 찾아내는 정보 센터의 역할을 한다. 하지만 대개의 경우 군거성은 영구적이 아닌 계절에 따른 일시적 현상이다.

북아메리카에서 고도의 군집성을 보인다고 알려진 동물종에는 로키산메뚜기(Melanoplus spretus), 나그네비둘기, 에스키모쇠부리도요, 캐롤라이나잉꼬, 들소가 있다. 과거에 이들은 생태계에서 우위를 차지할 정도로 번성했지만, 근래 들어 다섯 종 모두 '갑작스런' 멸종을 맞았다. 여섯 번째 종마저 거의 사라질 위기에 처했으나 때마침 국가적 차원에서 개입해 의식적으로 노력한 덕분에 상징적 존재로나마 되살아났다. 한데 모이면 그만큼 적응력이 높아질 수 있고 그런 경우가 흔하기 때문에 특정 장소가 아닌 서로에게로 귀의한 결과 부적응의 극치(멸종)를 초래하는 동물의 극단적인 사례는 흥미롭기까지 하다.

우선, 오랫동안 풀리지 않는 의문으로 남아 있는 로키산메뚜기의 경우를 살펴보자. 이 종은 이따금 하늘을 캄캄하게 뒤덮을 만큼 엄청난 규모로 수십억 마리씩 무리를 이루었다. 로키산메뚜기는 무리를 이루지 않는 메뚜깃과에 속한 1만여 종에 이르는 그 밖의 메뚜기들과 달리 무리를 이루는 10여 종의 메뚜기 가운데 하나였다. 대개 거대한 군집의 크기는 멸종에 대비한 견고한 완충장치로 간주된다. 그렇다면 무엇이 잘못된 걸까? 로키산메뚜기에게 어떤 일이 있었는지에 대해서는 논란이 있다. 이들 메뚜기는 우리가 그 생태를 연구하기도 전에 이미 자취를 감춰버렸기 때문이다. 하지만 비슷한 습성을 지닌 두 종의 메뚜기가 구세계*에 여전히 남아 있으며, 이를 통해 우리는 무리를 짓는 메뚜기 습성에 대한 이해의 지평을 넓힐 수 있다.

이주성향이나 군집성향을 지닌 10여 종의 메뚜기 가운데 하나로 앞서도 언급한 바 있는 사막메뚜기는 워낙에 유명해서 그에 대해서는 이미 상당한 연구가 이루어진 것으로 보인다. 이들 메뚜기는 구약성서에 구름처럼 몰려와 내려앉은 다음 초록색을 띤 것은 닥치는 대로 먹어치우다 결국 땅을 초토화시키고 아무것도 남기지 않은 채 떠난 것으로 묘사돼 있다. 두 번째 종인 남아프리카의 갈색메뚜기(Locustana pardalina)도 동일한 행동양식을 보인다. 녀석들은 모여서 이동하는 단계와 생김새나 행동습성이 그와는 전혀 다른 정주 단계를 모두 갖는다. 같은 종에게서 두 단계가 모두 나타나는 현상은 혼란을 불러일으켰다. 그런 이유로 이주 메뚜기는 오랫동안 다른 종의 메뚜기로 여겨져왔다.

거의 날지 않고 설령 날더라도 고작 몇 미터 뛰어올랐다 다시 땅에 내려앉는 우리에게 익숙한 소수의 메뚜기만을 두고 보면 '비황(飛蝗)'**으로 불리는 메뚜기 떼의 개체수와 이동 규모는 상상을 초월한다. 새들이 좋아하는 먹이이기도 한 메뚜기는 대개 자기가 살아가는 환경과 적당히 어우러지도록 놀라울 정도로 모호한 보호색을 띤다. 대부

---

* 유럽, 아시아, 아프리카를 가리킨다. 아메리카를 비롯한 신세계(신대륙)에 대비해 쓰인다.

** locust, 대륙의 넓은 초원에서 흔히 발생하여 하늘을 가릴 만큼 큰 떼를 이루어 집단이동을 하는 메뚜기 떼

분의 메뚜기 종에서는 다른 메뚜기에게 이끌리는 기색을 전혀 찾아볼 수 없다. 하지만 이주성향을 띤 사막메뚜기는 서로에게로 향하는 습성이 있으며, 이는 대규모로 떠돌아다니는 무리를 이루는 데 도움이 된다. 녀석들은 이동 중에 길목에 있는 것은 무엇이든 쓸어가기 때문에 무리는 점점 더 커지게 된다.

　모여서 떠돌아다니는 사막메뚜기의 반응과 관계있는 놀라운 발견은 이런 행동이 우발적이라는 것이다. 다시 말해, 개체수가 희박하면 메뚜기는 적극적으로 서로를 피한다. 녀석들은 밀도가 높을 때에만 서로에게 유인된다. 밀도가 낮을 때 녀석들은 천적의 눈에 띄지 않도록 식물과 분간이 안 되는 초록의 보호색을 띠며 날개는 비교적 짧은 편이다. 반면, 밀도가 높은 경우 녀석들은 천적의 입맛에 맞지 않게끔 독이 있는 식물을 먹기 시작하며 밝은 주황색과 노란색의 신체색으로 천적이 될 수 있는 존재들에게 경고를 보낸다. 다시 말해, 녀석들의 먹이, 겉모습, 형태, 행동양식은 각기 다른 적응을 해나가는 데 보탬이 되도록 맞춰져 있다. 두 가지 적응 방식은 각각 정주형 삶과 유랑형 삶의 전략에 적합하다. 요지는, 이들 행동양식이 일정한 밀도를 넘어서 특정한 환경적 자극에 대한 서로 간의 반응이라는 점이다. 그 밖의 수많은 곤충도 생애주기의 어느 시점에서 흩어지는 데 도움이 되는 특별한 적응방식을 갖고 있지만, 이 경우는 대개 물리적 환경에서 오는 먹이와 신호 같은 자극에 대한 반응이다.

　엄청난 규모를 자랑하는 사막메뚜기 떼는 대대적인 퇴치 노력을 펼친 인간의 파괴 행위에도 불구하고 오랫동안 별다른 영향을 받지 않았다. 인간의 노력이 실패한 주요 원인은 그런 노력이 메뚜기 떼를 상대로 했기 때문이다. 메뚜기 떼는 규모가 워낙에 커서 어떠한 천적에 의해서도 제압되지 않았으며, 이는 메뚜기의 진화 과정에서 가장 우선적인 선택압이 됐다.

대개 단독으로 한 곳에 정주하며 보호색을 띤 메뚜기를 더 이상 보호색을 띠지 않고 무리를 형성하는 메뚜기로 변모시키는 발달상의 전환은 분명 흥미로운 일이다. 오늘날 우리는 이런 전환이 촉각을 통한 자극에 의해 촉진된다는 걸 알고 있다. 단생(solitary) 단계의 메뚜기는 떠돌아다니는 메뚜기보다 뒤쪽 대퇴골에 감각수용기를 3분의 1 이상 더 갖고 있다. 뒷다리에 분포된 신경을 인위적으로 자극하면 단생 메뚜기에게서 무리를 짓는 행동습성을 유발할 수 있다. 발달 단계상 무리를 짓는 단계로 전환하지 못하도록 메뚜기의 다리를 움직이지 못하게 하는 실험은 흥미로운 결과를 가져올 수 있겠지만, 이를 실제로 적용하기는 어렵다. 다만 메뚜기를 여러 곳의 사육실에 흩어놓아 무리를 지어 떠돌아다니는 단계에 이르지 못하도록 개체수를 낮게 유지하는 정도의 시도는 해볼 수 있다.

구세계에는 사막메뚜기가 여전히 존재한다. 우리는 한 세기 동안 축적된 과학적 지식을 이용해 녀석들과 대결을 벌여왔다. 하지만 마지막으로 살아 있던 미국의 로키산메뚜기 표본은 우리가 녀석들에 관해서라면 무엇이든 알아내 계획적이고도 효과적으로 공격할 수 있게 되기 훨씬 전인 1902년에 수집되었다. 미국에서 유일하게 '비황'으로 알려진 이들 메뚜기는 군집성이 가장 강하고 파괴적이었을 것이다.

녀석들은 캐나다에서 텍사스에 이르는 대평원 지대에서 가장 흔히 볼 수 있는 곤충이었다.

북아메리카에 서식했던 이들 종의 과거에 대한 연구로 평생을 보낸 와이오밍대학교의 곤충학자 제프리 A. 록우드가 최근 출간한 책에 기록한 대로 메뚜기 떼는 수십억 마리로 이루어져 있었고 전체적인 생물량(biomass)*으로 보더라도 들소 떼와 거의 맞먹었다. 미네소타주의 어느 농가에서는 1평방킬로미터당 메뚜기알 개수가 400만 개에 육박했으며, 유타주의 농가에서도 거의 비슷한 수치를 보였다. 1800년대 중반 메뚜기 떼가 몰려왔을 때는 하늘을 시커멓게 뒤덮은 사이클론이 접근하는 것처럼 보였다. 메뚜기 떼가 지나가는 길목에 놓인 것은 무엇이든, 심지어 사람들이 입고 있던 옷까지 가리지 않고 먹어치웠다고 전해진다. 그 결과 메뚜기 떼는 정착민들이 대평원으로 이주하는 과정에서 최대의 걸림돌로 꼽혔다. 목격자들은 그레이트솔트 호수 소금물에 절여진 '수십만 톤'의 성충 메뚜기 사체로 인해 호숫가를 따라 거대한 벽이 형성되었다고 기록에 남겼다.

메뚜기의 멸종과 관련된 수수께끼를 풀고자 오늘날 이루어지는 다양한 시도에 대해 록우드는 흥미진진하게 기술했는데, 그중 오랜 이론 하나는 로키산메뚜기의 멸종 여부를 우선적으로 검토할 필요가 있었다. 녀석들은 사막메뚜기나 갈색메뚜기처럼 다양한 단생과 이주 단계를 가진 다른 메뚜기로 오인된 채 오늘날까지도 존재하는 걸까?

---

* 일정 지역 내의 동식물에 포함된 유기물 총량.

과거 가뭄 시기에 나타나던 이주형 메뚜기를 이끌어내기에는 아마도 최근의 사정이 적합하지 않았을 것이다. 로키산메뚜기가 오늘날까지도 존재하려면 녀석들이 보호색을 띠고 있으며 지금도 흔히 볼 수 있는 단생의 이주형 메뚜기(M. sanguinipes)라는 가정이 중요하다. 하지만 그걸 어떻게 밝혀낼 수 있을까? 해답은 녀석들의 생식기와 지구 온난화에 대한 연구에서 얻을 수 있었다.

수컷 메뚜기는 짝짓기를 위해 메뚜기처럼 보이는 것이면 무엇이든 올라타는 습성이 있다. 메뚜기 종 내부에서 짝짓기 정조를 지키기 위한 차별적 행동에서 녀석들에게 부족한 부분은 기술적인 것으로 보충된다. 다른 수많은 곤충과 마찬가지로 메뚜기도 종 특유의 생식기를 갖고 있다. 어느 종이든 수컷과 암컷의 생식기는 잘못된 종과의 짝짓기를 미연에 막아주는 고유의 자물쇠와 열쇠 메커니즘을 갖고 있다.

오늘날은 지구 온난화의 여파로 세계 곳곳의 빙하가 녹아내리고 있으며, 로키산맥에서 녹아내린 빙하에서는 죽은 메뚜기가 몇 톤씩 쏟아져나오고 있다. 100년 전만 하더라도 몬태나주에는 150개의 빙하가 있었지만, 1966년 이후로는 인구 증가의 간접적 영향으로 11개의 빙하가 완전히 녹아버렸다. 급기야 2012년에는 불과 25개의 빙하만 남게 됐으며, 2030년이면 몬태나 빙하국립공원에는 빙하가 더 이상 남아 있지 않을 것으로 보인다.

메뚜기 더미는 1930년대 이후로 옐로스톤공원 인근의 베어투스산맥 기슭에서 녹아내리는 빙하의 얼음에서 떨어져나왔다. 록우드와 그가 이끄는 연구 팀은 부패가 진행 중인 메뚜기 수 톤을 샅샅이 걸러내 비교적 단단한 부위인 생식기와 큰턱*을 찾아냈다. 그들이 회수한 부위는 (아주 희귀한) 박물관 표본 중에서 전체를 알아볼 수 있는 로키산메뚜기의 동일 부위와 일치했고, 이로써 생존 시점이 400여 년 전으로 거슬러 올라가는 이들 메뚜기 떼가 실제로 이주형 메뚜기 종이었다는 결론에 이르렀다. 반면에 오늘날 다른 메뚜기들과 비교해볼 때는 일치점을 전혀 찾을 수 없었다. 실제로 최근의 미토콘드리아 DNA에 대한 연구는 로키산메뚜기가 이주형 메뚜기로 위장한 채 여전히 존재한다는 생각에 반론을 제기했다. 결론적으로 말하면, 로키산메뚜기는 지구상에서 영영 사라졌다.

그렇다면 대부분의 다른 메뚜기와 달리 이들 메뚜기가 멸종한 이유는 정확히 무엇일까? 이 수수께끼는 여전히 풀리지 않았지만, 록우드와 드브레이는 농업의 도래와 들소의 멸종 이후 토지 이용에 나타난 변화가 주요 원인이라는 결론을 내렸다. 두 사람이 지적한 부분은 한 세기가 넘도록 이들 메뚜기가 나타나지 않았던 탁월한 이유로 볼 수 있다. 하지만 사실 관계를 완전히 이해하고 녀석들이 떼죽음을 맞게 된 기존의 이유를 충분히 검토한 뒤에도 우리는 여전히 이들의 멸종을 정확히 설명하기 힘들다. 인간의 수렵 행위가 나그네비둘기의 멸종에 어느 정도 기여했던 경우와 달리 로키산메뚜기는 인간의 수렵 대상이 아니었다. 그럼 이들 메뚜기가 오늘날 희귀종으로나마 남지 못한 이유는 뭘까? 어딘가에 남아 있을 메뚜기가 존재하기에 적합한

---

* 절지동물의 입의 부속지 제1쌍으로, 대악으로도 불린다.

서식처가 조금이나마 남아 있을 가능성은 있다. 다만 확실한 사실은, 메뚜기 떼가 행방불명 되었다는 것이고 한때 하늘을 사이클론처럼 검게 뒤덮었던 이들 메뚜기가 그 후로 한 마리도 남아 있지 않게 됐다는 점이다.

나그네(passenger는 '지나가다'는 뜻의 불어 passager에서 유래된 단어)비둘기의 거대한 공동 보금자리가 마지막으로 기록된 것은 1878년이었다. 미시간주 퍼토스키시 인근에서 발견된 이 같은 나그네비둘기의 보금자리는 드넓은 지역을 아우르며 400평방킬로미터 넘게 펼쳐져 있었다. 그보다 앞서 목격자들은 문자 그대로 하늘을 검게 뒤덮으며 지나가는 데만도 며칠이 걸린 비둘기 떼에 대한 기록을 남겼다. 이들 무리에 속한 비둘기는 수십억 마리인 것으로 추산됐다. 나그네비둘기는 "수적으로 상상력을 초월하는" 수준이었다고 기록되어 있다.

존 제임스 오듀본과 더불어 '미국 조류학의 아버지'로 불리는 알렉산더 윌슨(Alexander Wilson)은 1806년에 폭이 수 킬로미터에 달하고 길이가 무려 65킬로미터에 이르는 켄터키주 셸비빌시 인근의 어느 비둘기 번식지에 대해 언급했다. 이곳에서 95킬로미터 떨어진 또 다른 번식지에서 우연히 비둘기 떼를 목격한 윌슨은 그 규모와 비행 속도, 비행이 지속되는 기간을 통해 비둘기 떼의 길이와 폭이 각각 385킬로미터, 0.5킬로미터에 이르고 무리에 속한 비둘기가 22억 3,027만 2,000마리에 이른다고 추산했다. 1813년, '오하이오주의 강독에 자리 잡은' 헨더슨 집을 나서 켄터키주의 루이빌로 떠날 때 오듀본이 목격한 비둘기 떼는 워낙에 빽빽하게 들어차 있어서 "한낮의 빛이 뿌옇게 가려질 정도였다." 새들은 그 수가 줄지 않고 사흘 내내 쉼 없이 지나갔다. 녀석들이 머무는 곳마다 그 무게에 못 이겨 나뭇가지나 줄기가 통째로 휘거나 부러져 땅으로 곤두박질치곤 했다.

나그네비둘기 떼는 적어도 캐나다 남동부의 노바스코샤주에서 플로리다주까지 북아메리카 대륙을 오르내리며 이동했다. 녀석들은 언제 어디서든 먹이를 찾아낸 장소에서 거의 일 년 내내 둥지를 튼다고 알려져 있었다. 수명이 긴 나그네비둘기는 사육 상태에서 24년까지 사는 것으로 보고된 바 있으며 오듀본은 무리의 개체수가 해마다 두 배 내지 네 배로 증가한다고 봤기 때문에 녀석들이 멸종한다는 것은 상상할 수도 없는 일이었다. 나그네비둘기는 북아메리카 대륙에서 가장 흔히 볼 수 있는 새였지만, 안타깝게도 로키산메뚜기와 마찬가지로 녀석들의 멸종을 설명하는 데 도움이 될 수 있는 가장 기본적인 형태의 연구조차 이루어지지 못했다. 산림 벌채와 아울러 '과도한 수렵'이 흔히 알려진 원인으로 꼽히지만, 그런 것들은 녀석들의 생명 활동과 관련된 문제의 본질을 다루지 못하는 지극히 빈약하고 단순한 설명에 불과하다는 생각이 든다.

나그네비둘기의 가장 중요한 가정생활에 대한 최고의 설명은 에드워드 하우 포부시가 인용한 것처럼 "포카톤(Pokaton) 부족의 마지막 족장인 포타워토미가 남긴" 『셔토퀸(Chautauquan)』에 나타나 있다.

1850년 5월 중순, 미시간주 매니스티강 상류에서 야영을 하던 포카톤 족장은 어느 날 아침 "꾸르륵거리는 요란한 소리에 잠이 깼다.

마치 썰매 방울을 단 기마대가 숲속 깊숙이 쳐들어오는 것만 같았다."
곧바로 그는 멀리서 폭풍이 몰려오면서 내는 '천둥소리'겠거니 생각
했지만, "화창한 그날 아침은 바람 한 점 없이 맑고 고요했다. 썰매 방
울 소리와 으르렁거리는 폭풍 소리가 묘하게 뒤섞인 이상한 소리는
점점 더 가까워지고 있었다." 바로 그때였다. 그는 "수백만 마리에 이
르는 비둘기 떼가 끊임없는 대오를 이루며" 자신을 향해 다가오는 광
경을 목격했다. 녀석들은 "나뭇가지 사이를 구름처럼 지나면서" 그를
에워싸기도 하고 심지어 머리와 어깨 위에 내려앉기도 했다. 녀석들
은 짝짓기를 하고 보금자리를 꾸밀 준비를 하고 있었다. 그는 자신이
오랫동안 목격하고 싶어 했던 광경이었기에 자리에 주저앉아 주의 깊
게 지켜봤다고 썼다. 거대한 비둘기 떼가 그를 지나쳐간 바로 그날 나
무에는 짝을 이뤄 앉은 새들이 가득했다. 녀석들은 반쯤 닫힌 날개를
부드럽게 파닥이면서 그가 멀리서 썰매 방울이 울리는 소리로 혼동
했던 종소리 비슷한 구애의 울음소리를 냈다. 하지만 "사흘째 되던 날
새들의 지저귐은 더 이상 들리지 않았고, 모두들 나뭇가지를 실어다
그 전날 암수 한 쌍이 차지한 나무에서 가지가 세 갈래로 갈라진 자리
에 둥지를 짓느라 여념이 없었다." 나흘째 되던 날 아침, 녀석들의 둥
지가 완성되자 마침내 암컷이 알을 낳았다. 암컷이 둥지를 지키는 사
이 수컷은 먹이를 구하러 떠났다가 오전 10시 무렵 돌아왔다. 암컷이
둥지를 떠나면 수컷이 대신 알을 품었다. 오후 중반 암컷이 돌아와 두
번째 알 품기에 돌입하자 수컷은 다시 둥지를 떠났다가 해질 무렵 돌
아왔다. (녀석들과 밀접한 관련이 있고 흔히 볼 수 있는 우는비둘기의 일상도 이

와 같다.)

알 껍질이 흩어져 있는 둥지를 발견한 포카톤 족장은 암컷이 알을 낳은 지 11일째 되는 날 "새끼가 알을 깨고 나왔을 것으로 확신했다." 아마도 그는 비둘기 무리에서 갓 부화한 새끼의 초기 단계를 언급한 것 같다. 대부분의 비둘기는 적어도 2주 동안 알을 품는다. 그럼에도 자리를 잡자마자 즉각 둥지를 짓고 그처럼 거대한 무리가 동시에 새끼를 낳는다는 이야기가 나로서는 놀랍다. 그 점이 우는비둘기와는 대조를 이루기 때문에 더욱 주목할 만한 가치와 의미가 있다는 생각이 든다. 우는비둘기 역시 군집성을 갖고 있지만, 녀석들은 작은 무리를 이뤄 보금자리를 만든다. 나는 우는비둘기가 둥지를 트는 봄에 내가 설치해둔 모이통에 녀석들이 몇 마리 모여 있는 걸 본 적이 있다. 하지만 녀석들이 둥지를 틀 때 모이는 규모에는 한계가 있다. 녀석들은 서로 독립적으로 둥지를 튼다. 포카톤 족장은 부모 나그네비둘기가 13일 동안 새끼에게 먹이를 먹인 점에 주목했다. 사실 이점은 우는비둘기와 비슷하다. 그런 다음 나그네비둘기는 다시 둥지를 틀기 위해 새끼를 떠났으며, 이 점 역시 우는비둘기와 별반 다르지 않다. 이런 관찰 결과는 나그네비둘기가 빽빽하게 군집을 이룬 보금자리에서 대개 서로를 향해 극단적인 귀의행동을 보인다는 점에서 오늘날까지도 현존하는 우는비둘기와 다르다는 걸 보여준다.

나그네비둘기의 삶에서 거의 모든 것은 무리를 중심축으로 해서 전개됐으며, 포카톤 족장이 기록한 대로 엄청난 규모의 무리가 일제히 동시에 둥지를 틀었다. 나그네비둘기는 소규모나 단독으로도 둥지를 틀 수 있었을까? 그처럼 엄청난 규모를 이룬 군집은 녀석들의 생식 행위를 유발하는 중요한 환경적 촉매제가 됐던 걸까? 아직은 알 수 없다. 하지만 이런 생각을 하면서 나는 1972년 대니얼 S. 레먼이 죽기 직전에 했던 강의가 떠올랐다.

레먼은 실험실(그가 다음과 같은 발견을 할 수 있었던 유일한 공간)에서 염주비둘기(Streptopelia risoria)를 연구한 선구적인 행동생리학자였다. 당시 그가 입증해보인 결과는 내게도 큰 인상을 남겼다. 요약하자면 이렇다. 새(이 경우는 염주비둘기)에게서 나타나는 성숙한 생리와 행동 양식은 감각적 자극에 매우 민감하다. 레먼은 새장에 갇힌 암컷 비둘기가 구애하는 수컷을 보게 되면 뇌에서 호르몬이 분비돼 생식주기를 자극하기 시작한다는 걸 확인해주었다. 그런 (둥지를 짓는 데 필요한 나뭇가지를 봐두는 일부터 포란을 위해 배 위에 놓인 알을 느끼고 젖*을 만들어낼 시점을 정하고자 새끼를 지켜보는 일까지) 생식주기의 각 단계에서 행동에 영향을 미치는 발전을 이끈 것은 이른바 본능이 아니라 자극을 인지하는 것이었다. 빈대에 관한 위글즈워스의 선구적인 연구를 통해 잘 알려진 것처럼, 이는 새로운 개념이 아니며 앞에서 언급한 이주형 메뚜기로의 발달상의 전환 역시 극적인 사례에 속한다. 그러나 비둘기 한 마리를 두고 직접적으로 이루어진 실험적 검증은 그 같은 자극이 임의적이기는 하지만 특정한 종과 그 종이 살아가는 구체적인 환경에 대해서는 엄격하다는 사실의 토대를 이룬다. 나그네비둘기의 경우는

---

* 어미 비둘기 목에 있는 모이주머니에서 생성되는 영양제인 비둘기 젖(crop milk)을 말함.

그처럼 중대한 자극이 메뚜기 떼인 비황과 마찬가지로 무리(the crowd)
였을 것이다.

　　포카톤 족장은 우는비둘기에 대해 오늘날 우리가 알고 있는 것처
럼 암컷과 수컷 모두 새끼가 혼자서 날 준비가 될 때까지 먹일 우유
나 응유**를 분비한다는 점에 주목했다. 그는 부모새가 "몸을 가눌 수
없을 정도로 많은 양의 도토리를 채취해" 새끼들에게 먹인다고 기록
해두었다. 도토리를 받아먹은 새끼는 이틀이 안 돼서 '비계 덩어리'가
되고 부모새는 그런 새끼를 둥지에서 쫓아냈다. 하지만 나그네비둘기
가 우는비둘기와 다른 점은 대개 한 번에 한 개의 알을 낳는다는 것이
었다.

　　다른 새들과 마찬가지로 새끼를 덜 낳는다는 것은 일반적으로 필
요한 먹이가 그만큼 줄어든다는 걸 의미한다. 부모 비둘기는 둥지에
서 나온 새끼가 먹을 것을 남겨두기 위해 둥지 부근에서는 견과나 도
토리를 물어가지 않는다고 알려져 있었다. 결국 포카톤 족장이 묘사
한 것처럼 스스로 날기 직전까지 새끼를 '비계 덩어리'가 될 정도로
살찌우는 것은 무리를 둘러싼 먹이 고갈에 대한 중요한 적응행위일
수도 있었다는 게 타당한 시나리오일 것이다. 극단적인 군집성에 대
한 대응전략으로 새끼 새들은 장거리 이동에 참여하기에 앞서 스스로
를 지탱할 에너지를 비축해두는 준비기간을 필요로 했다. 따라서 무
리를 짓는 것에 대한 비용이 발생했다면 비둘기 무리는 거의 끝이 안

** 우유가 산이나 효소에 의해 응고된 것.

보일 정도로는 규모를 늘리지 말았어야 했다. 진화는 유용한 부산물이 아니라면 일반적으로 어떠한 '여분'도 만들어내지 않는다. 그렇다면 나그네비둘기가 그렇게 엄청난 규모로 무리를 이루었던 이유는 뭘까?

풍부하지만 드문드문 떨어져 있는 먹이 장소에 대한 정보를 공유하는 일을 비롯해 여러 가지 이점 때문에, 모이는 걸 수도 있다. 일단 모이고 나면 공동으로 새끼를 낳는 이들 비둘기 무리는 천적을 유인했을 것이다. 그러나 자신들이 이룬 엄청난 규모의 군집 속에서 비둘기들은 개체수에 영향을 주는 천적의 힘을 무력하게 만들었을 것이다. 북미 원주민들은 이웃 부족의 영역을 침범하지 않는 선에서 수 킬로미터씩 떨어진 각자의 마을에서 불을 피우고 잔치를 벌였다. 나그네비둘기가 자취를 감춘 것은 백인이 등장하고 나서였다. 하지만 그와 비슷한 비둘기인 우는비둘기는 북미 대륙 전역에 걸쳐 여전히 인기 많은 사냥감으로 오늘날에도 변함없이 흔히 볼 수 있는 반면, 나그네비둘기는 지구상에서 종적을 감추었다. 그 이유는 뭘까?

자연주의자인 존 버로스(John Burroughs)가 1877년에 출간한 『새와 시인(Birds and Poets)』은 그런 의문에 대한 일말의 단서를 제공한다. 그는 다음과 같이 썼다.

하늘을 휩쓸고 지나가는 이들 새를 지켜보는 것보다 나를 기쁘게 하는 구경거리는 없을 것이다. 또 봄날 숲에서 생기 넘치게 들려오는 피리소리처럼 청아한 새소리보다 내 귀를 즐겁게 하는 소리도 없을 것이다. 녀석들은 그렇게 우르르 몰려와 하늘을 온통 채운다. 녀석들은 마을을 뒤덮고 한바탕 축제가 벌어진 것처럼 한적한 곳까지도 들뜨게 만들어놓는다. 벌거벗은 숲은 리본과 스카프처럼 파닥이는 녀석들의 날개짓으로 이내 푸른빛을 띠고 아이들이 재잘거리는 것 같은 울음소리가 곳곳에 울려퍼진다. 녀석들의 도착은 언제나 불시에 이루어진다. 우리는 4월이면 울새가 나타나고 5월이면 쌀먹이새가 찾아오리라는 건 알지만, 둘 중 어느 달이나 그 밖의 어느 달에 나그네비둘기가 찾아올지는 알 수 없다. 간혹 몇 년이 지나는 동안 비둘기 무리를 거의 보지 못한 적도 있었다. 그러다 3월이나 4월 어느 날 불쑥 녀석들은 남쪽이나 남서쪽에서 지평선 너머로 몰려와 며칠 동안 대지에 활기를 불어넣는다.

버로스의 관찰은 비둘기 적응증후군의 중요한 일면을 밝혀주었다. (수많은 바닷새와 마찬가지로) 나그네비둘기들이 동일한 장소에 반복해서 둥지를 틀었다면 천적이 모여들어 그 수가 늘어나고 비둘기 무리를 잠식할 수도 있었을 것이다. 무리 규모가 천적을 유인할 정도로 커진 순간, 이들 비둘기는 움직임을 계속 유지한 채 재빨리 도착했다가 다시 재빨리 떠나는 방식으로 한발 앞서갔기 때문에 천적이 모여들 겨를이 없었다. 만약 그렇다면 무엇이 녀석들을 그렇게 만들었을까?

버로스는 계속해서 이렇게 썼다. "전체 종은 몇 개의 무리나 군집으로 모인 것처럼 보인다. 실제로, 나는 그런 나그네비둘기가 미국에 단 한 번 존재했다는 생각을 이따금 했다." 그는 계속해서 다음과 같이 썼다.

분대를 발굴하고 모집하는 일은 낯설지 않으며, 몇 년에 한 번씩 우리는 더 규모가 커진 녀석들의 무리를 보게 되지만, 거대한 무리가 움직이면서 연출하는 엄청난 장관을 목격하는 것은 드문 일이다. 간혹 우리는 버지니아주나 켄터키주, 테네시주에서 녀석들의 울음소리를 듣는다. 다음으로는 오하이오주나 펜실베이니아주에서 들린다. 그런 다음 뉴욕에서는 물론 캐나다나 미시간주, 미주리주에서도 들린다. 녀석들은 시장에 내다팔기 위해 덫을 놓거나 엽총을 쏘는 탐욕스런 인간들에 의해 어느 지점에서 다른 지점으로, 주에서 주로 쫓겨 간다.

19세기 매사추세츠주 출신의 조류학자 E. H. 포부시(Forbush)는 다음과 같은 글을 남겼다.

범선에는 허드슨강을 따라 뉴욕의 시장으로 가게 될 비둘기가 대량으로 실리고 나중에 오대호 주변을 따라 도시가 점점 커지면서 대형 선박까지 등장했지만, 철도가 건설되기 전까지만 해도 이 모든 살육은 서구의 비둘기 개체수에 이렇다 할 영향을 주지는 못했다. …… 세인트루이스에서부터 보스턴에 이르기까지 모든 대형 시장은 철마다 비둘기가 들어 있는 수백 혹은 수천 개의 통을 사들였다. 뉴욕 시장에서는 하루에 100개의 통이 취급되기도 했다. …… 선적 기록에 따르면, 비둘기 서식지와 가까운 서쪽의 어느 도시에서는 둥지를 트는 시기

동안 비둘기가 수백만 마리씩 선적되는 일이 다반사였다.

명백한 사실은, 집단을 이룬 비둘기 규모가 워낙에 커서 천적의 눈에 띄지 않을 수 없었을뿐더러 현대 문명의 교통·통신망을 피할 수 있을 만큼 일시적인 현상도 아니었다는 점이다. 포부시는 비둘기 보금자리가 세상에 낱낱이 알려졌으며 발견되자마자 수많은 사람들에 에워싸였다고 썼다. 그중 상당수는 가장 효율적인 살육 장치로 무장한 전문적인 비둘기 사냥꾼이었다.

이제 최고 수준을 자랑했던 나그네비둘기의 적응이 이들의 멸망을 재촉한 이유에 대해 간단히 짚어보자. 사실 비둘기의 적응은 오랫동안 녀석들을 보호하는 데 큰 역할을 했기 때문에 처음부터 결점이었던 것은 아니다. 하지만 결국 대규모를 이룬 녀석들의 '완벽한' 적응은 천적에 의한 강력한 약탈을 불러왔다. 나그네비둘기에게는 집 경계가 없었고 녀석들은 계속해서 자기들 무리에게로만 향했다. 그 결과 세상 끝까지 어디든 존재할 수 있었다.

녀석들의 강한 사회적 의식은 멀리서부터 새로운 천적, 다시 말해 기술로 무장한 인간을 끌어들였다. 강한 사회적 의식 때문에 녀석들은 쉽게 표적이 됐을 뿐만 아니라 쉽게 속임을 당했다. 비둘기를 상업적 목적으로 잡아들인 사람들은 한 번에 수천 마리씩 잡을 수 있는 대형 그물까지 동원했다. 그들은 암수 비둘기 몇 쌍을 잡아다 눈을 봉합해 앞을 볼 수 없게 만든 다음 횃대에 매달아두는 방식을 취했다. 이들 유인용 '후림새(stool pigeon)'가 횃대 위에서 파닥이면 후림새가 된 동료를 살피기 위해 비둘기 떼가 내려앉았고, 결국 녀석들 역시 한 번에 수천 마리씩 잡혀 도살되는 처지에 놓였다.

우는비둘기와 같은 조상에서 나온 나그네비둘기의 시조는 조상 대대로 내려온 보금자리를 포기했지만, 우는비둘기는 보금자리를 여전히 지키고 있다. 나그네비둘기에게는 유일한 '집'이 무리 속에 있었고 바로 그 때문에 녀석들은 희생되고 말았다. 두 번째로, 보다 중요할 수도 있는 것은 총과 그물을 휴대하고 돼지까지 데리고 온 인간 천적들은 나그네비둘기의 개체수에 거의 혹은 전혀 영향을 미치지 않고도 자신들이 원하는 만큼 비둘기 고기를 먹을 수 있었다. 하지만 '비둘기 시장'은 모든 경계를 넘어 사실상 철도의 길이 말고는 달리 한계가 없는 '세계적' 규모로 약탈을 확대했다. 비둘기 무리가 더 이상 보이지 않게 되자 남은 비둘기만으로는 회복될 수 없었다. 녀석들이 둥지를 틀기 위해서는 자극제 역할을 하는 무리가 필요했기 때문이다.

나그네비둘기의 적응은 거품그물을 만들어 먹이를 에워싸는 수염고래의 사냥 전략에 맞선 청어 떼의 군영 대응 전략과 비슷했다. 차이가 있다면, 이 경우에는 '물고기'의 개체군 전체가 그와 동일한 물고기 떼에게로 모여들었다는 점이다. 통신, 도로나 철도 같은 효율적인 장거리 교통수단의 발달과 인간 포식자에게 세력권의 경계가 사라지는 현상은 국면을 전환시켜 나그네비둘기의 적응을 죽음으로 몰고갔다. 녀석들은 주기적으로 보금자리는 바꾸었지만, 언제나 자신을 지켜준 무리와 함께 머물며 무리를 따라가는 습성만은 버릴 수 없었다.

1914년 9월 1일, 신시내티동물원에서 사육되던 최후의 나그네비

둘기가 죽었다. 그럼에도 오늘날 사람들이 종종 나그네비둘기와 혼동
하지만 실은 녀석들과 사촌 격인 우는비둘기는 예전의 나그네비둘기
만큼이나 흔히 볼 수 있다. 우는비둘기 역시 사냥꾼들이 좋아하는 사
냥감으로 북미 대륙에 가장 널리 퍼진 조류 가운데 하나다. 녀석들은
수적으로 따지면 과거 나그네비둘기와 거의 비슷할지도 모르지만, 대
륙 전체에 흩어져 살아가기 때문에 그 수가 눈에 띌 정도로 많아 보이
지는 않는다.

한편, 멸종한 나그네비둘기와 달리 특별히 인간 덕분에 번영을
누리며 인간과 더불어 세계 전역의 거의 모든 도시에서 살아가는 집
비둘기가 있다. 전 세계적으로 290종의 비둘기가 있지만, 집비둘기만
인간이 살고 있는 도시에서 살아가는 습성을 가졌다. 녀석들은 바쁜
기차역과 도시의 거리에서 살아가며 창턱이나 교량, 지하도, 버려진
건물에 둥지를 튼다. 집비둘기는 배설물 때문에 눈총을 받기도 하지
만, 녀석들이 보여주는 귀소성 때문에 사랑을 받기도 한다. 하나의 비
둘기 종이 적어도 1,500년 넘게(어쩌면 그보다도 훨씬 오랫동안) 인간과
협정을 맺으며 살아왔을 뿐만 아니라 인간 덕분에 근래 들어 개체수
도 폭발적으로 증가한 반면, 또 다른 비둘기 종은 인간과 접촉하자마
자 멸종된 이유는 뭘까?

중요한 해답은 이번에도 역시 집을 만드는 방식과 관련이 있다.
비둘깃과(Columbidae)에 속한 거의 모든 비둘기는 엉성한 둥지를 짓
고 한 번에 순백색을 띤 두 개의 알을 낳는다. 대개의 종은 땅이나 나
무에 둥지를 튼다. 하지만 지중해와 북아프리카가 원산지인 집비둘기

우는비둘기(왼쪽), 나그네비둘기(가운데), 집비둘기(오른쪽)

는 예로부터 절벽 위에다 집을 지었다. 오늘날 녀석들은 인간의 주거지를 거의 완벽하게 설계된 안전한 보금자리로 '본다.' 인간이 재배한 곡식과 심지어 음식찌꺼기는 집비둘기가 손쉬운 밥줄을 절대 놓치지 않으리란 걸 의미한다.

집비둘기는 1600년대 초 미국에 들어왔으며 녀석들은 들어오자마자 곧장 거리를 점유했다. 녀석들은 오늘날 북미 전역에 걸쳐 살아간다. 집비둘기는 강철 대들보나 창턱, 처마의 장식용 돌림띠처럼 바위턱과 흡사한 곳, 고속도로 지하도, 교량 등지에 집을 짓고 거의 모든 도시의 구역, 고층건물, 기차역에서 살아간다. 1940년대 비둘기 연구의 대가로 꼽히는 구스타프 크라머 역시 비둘기가 천적에게서 안전한 장소에 둥지를 튼다는 점에 동의했을 것이다. 그는 비둘기 둥지를 찾아 절벽을 기어오르다가 추락해 목숨을 잃었다. 끊임없이 공급되는 먹이와 천적이 거의 없는 완벽한 보금자리를 가진 새에게 더 이상 무엇이 필요할까? 그리 많지 않을 것이다.

비둘기의 놀라운 삶에 대해 생각할 때 내 머릿속에 떠오르는 첫 이미지는 최근 방문한 적이 있는 수천 명의 인파로 북적이던 유럽의 어느 기차역이다. 기차의 요란한 굉음과 스피커에서 울리는 소음, 눈부신 조명, 강철 소재의 덮개 지붕 때문에 시야가 가로막힌 하늘, 위아래로 쉴 새 없이 오르내리는 에스컬레이터, 오고가는 수많은 기차. 이 모든 것이 공존하는 거대한 굴로 이어진 통로와 수많은 상점을 따라 사람들이 발길을 재촉하고 있었다. 그 기차역이 어디였는지는 정확히 기억나지 않는다. 베를린이었던 것도 같지만, 부산한 인파 속에서 발밑으로 돌아다니는 비둘기가 연출하는 비슷한 풍경은 보스턴, 바르셀로나, 파리, 모스크바, 로마에서도 볼 수 있을 것이다. 녀석들은 애완용 조류가 아니다. 야생 조류인 이들 비둘기는 과거 나그네비둘기만큼이나 야생성을 보인다. 녀석들은 대부분의 비둘기처럼 사회성을 보이지만 무리에 의존해 살아가지는 않는다. 한마디로 녀석들은 자유롭다. 우리들처럼?

집은 우리가 한 일이 결과를 맺는 곳이며 미래를 예측하고 우리가 한 일에 대해 긍정적이든 부정적이든 피드백을 받는 곳이기도 하다. 그런 피드백은 유일하지는 않더라도 우리 자신과 관련된 환경과의 균형을 유지하는 중요한 메커니즘일 것이다. 행위에 대한 대가를 치르려면 집에만 틀어박혀 있어서는 안 된다. 긍정적이든 부정적이든 피드백이 없다면 우리는 생물학자 가렛 하딘(Garrett Hardin)이 유명한 논문 「공유지의 비극(The Tragedy of the Commons)」*에서 언급한 것과 같은 상황에 놓일 수밖에 없다. 공유지의 비극은 바다를 플라스틱 폐기장으로 이용한다든지 수산자원을 고갈시키는 무제한적인 어업활동 때문에 벌어진다. 그것은 집 경계선 밖에서 살아가는 익명성을 가진 존재에 영향을 미치는 일이다. 실수 때문에 '즉각적으로' 나타나는 특정 지역의 파멸 대신 우리는 장기적 측면에서 전 세계적으로 나타나는 영향을 예상할 수 있다. 하지만 결국 강력한 과학기술의 무제한적 이용은 전 세계 환경을 집처럼 만들어놓았다. 독일의 생물학자 에른스트 헤켈(Ernst Haeckel)이 생태학(ecology)**이란 용어를 만들 때 이용했던 것은 그리스어로 '주택' 혹은 집을 의미하는 오이코스(oikos)다.

다른 동물과 마찬가지로 인간은 자신을 에워싼 경계를 정하는 한편, 자기 집을 구체적으로 지정해 만들고 개선하고 방어하도록 적응해왔다. 우리에게 집은 우리의 행위가 전혀 영향을 줄 수 없을 만큼 멀리 떨어진 '저기에' 있지 않으며, 그 반대의 경우도 마찬가지다. 오

---

* 개인과 공공의 이익이 서로 맞지 않을 때 개인의 이익만을 극대화한 결과, 경제 주체 모두가 파국에 이르게 된다는 이론. 가령 주인이 없는 목초지가 있을 경우 비용을 아끼기 위해 마을 사람들 모두 이곳에 소를 방목하여 풀을 먹이게 되고 결과적으로 이 목초지는 황폐해질 것이라는 주장이다.

** oikos(사는 곳)와 logos(학문)의 복합어.

직 지식과 상상력만이 그 먼 곳에 이를 수 있다. 감정이 따라갈 수는 있지만, 어쩔 수 없을 때만 그렇다. 감각적인 경험은 더욱 강력한 힘을 발휘한다. 달에서 지구를 바라본 것도 바로 그런 경험일 것이다. 달 탐사에 나선 우주비행사들은 그런 경험이 자신들의 삶을 완전히 바꿔놓았다고 전해주었다(www.spacequotations.com). 우주에서는 아무런 경계도 볼 수 없었고 지구 전체가 갑자기 고향집처럼 느껴졌다. 달을 탐사하기 위해 지구를 떠났던 인간은 달 대신 지구를 보았다. 인간을 달과 그 너머의 우주까지 데려다준 것은 기술이지만, 아이러니컬하게도 그런 기술은 그야말로 지구 전체에 영향을 미쳤으며 그 결과 지구 전체를 인간의 보금자리로 만들어놓았다. 이전까지만 해도 지구는 개별적으로 분리된 집들의 경계로 나뉘어 있었는데 말이다. 오늘날 우리는 백미러를 통해 우리가 살아가는 공동체적 보금자리의 물리적 이미지 속에서 스스로 한 행위의 실체를 말하고 보게 된다. 우리는 지구 전체를 조망하면서도 심리적으로는 거기에서 스스로를 분리시키고 있다. 한편, 우리는 점점 도시를 기반으로 살아가는 생물종이 돼가고 있다.

세계 인구는 해마다 대략 790만 명씩 증가한다. 도시를 중심으로 한 성장에서 사람들은 과거 그 어느 때보다 전자기술에 의해 상호 연결되고 있으며 갈수록 더 서로를 지향하는 추세에 있다. 과거에는 산, 대초원, 숲, 바람, 날씨, 비, 흙, 바다, 물고기, 새, 곤충, 들소, 나비가 인간을 지구와 한데 묶어주었지만(언제나 그에 앞서 국지적 성격을 띤 집과 먼저 이어주었다) 오늘날 인간은 다양한 사회적, 정치적, 종교적, 경제적,

산업적, 교육적 이해집단에 애착을 느끼며 정서적인 공감대를 형성해
가고 있다.

　자신이 나고 자란 보금자리에 대한 우리의 정서적 유대는 느슨해
지면서도 오히려 그 대용품에 대한 유대관계는 강화되고 있다. 이는
우리가 집에 묶이는 걸 원치 않기 때문이 아니라 보금자리를 만들 기
회가 과거보다 적기 때문이다. 지상의 집, 동식물과 긴밀한 유대관계
를 맺으며 수렵과 채집을 하던 인간의 생활방식은 농업에 종사하게
되면서 자신을 키워준 지구에 막대한 해를 끼치는 쪽으로 바뀌었다.
오늘날 엄청난 인구 증가와 함께 세계화가 진행되는 상황에서 수렵과
채집을 하며 살아가던 인류의 오랜 전통은 그 같은 본능을 우리 내면
에 새겨놓았다.

　사회 지향성은 시급히 해결해야 하는 생존과 번식에 도움을 주
었기 때문에 발전해왔으며 현재도 발전하고 있다. 사회 지향성이 미
래의 모습을 예측할 수 있는 것은 아니다. 메뚜기 떼, 나그네비둘기
는 물론 들소 역시 자신들이 몸담고 살아가는 세상에서 나타날 극적
인 변화를 전혀 눈치 채지 못했다. 우리는 녀석들이 살던 세상을 바꿔
놓았다. 또 과거에는 상상도 할 수 없던 방식으로 우리가 살아가는 세
상도 바꿔놓고 있다. 현재 궤도로 우주에서 세상을 바라보기 위해 우
리가 탑승한 기술은 그런 세상에도 막대한 영향을 끼치고 있다. 결국
우리는 외견상 공동체 내부에서 모든 것이 해결되는 시스템을 완성한
다음 메뚜기 떼와 나그네비둘기처럼 다음번 호재를 찾아 우르르 몰려
다니는 군상(群像)을 이룰 수도 있다. 이 경우 고래에 맞선 청어 떼처

럼 지금까지 입증돼온 함께 뭉치는 생존전략을 계속 유지할 것인가, 아니면 뭔가 새로운 변화를 모색할 것인가?

우리가 살아가는 행성에서의 놀랍도록 아름다운 삶에 대한 이야기를 하고 나서 침울한 분위기로 글을 마칠 생각은 전혀 없다. 요지는, 이미 일어난 사안의 중대성을 우리가 알 수 있다는 것이다. 우리는 지구상에서 자취를 감춘 '저들' 모두와는 바로 그런 점에서 다르며, 우리보다 못하다고 여기는 나머지 존재들과도 차별된다. 공유지와 개럿 하딘이 제기한 '공유지의 비극'을 만들어낸 집 경계선의 파괴가 공동의 적에 맞서 거대한 집단을 이루고 힘을 모을 기회가 될 수 있다는 점에서도 우리는 저들과는 다르다. 월트 켈리(Walt Kelly)의 만화 캐릭터인 오커퍼노키 습지의 포고(pogo)는 최고의 명언을 남겼다. "우리의 적은 바로 우리 자신이라네."

마치며

우리는 탐험을 멈추지 않으리라.
우리의 모든 탐험의 끝은
우리가 출발했던 곳으로 돌아가
처음으로 그 장소를 알게 되는 것이리라.
—T.S. 엘리엇, 「작은 현기증」

　최근 나는 메인주의 작은 마을 힝클리로 돌아왔다. 50년 전 나는 수많은 우여곡절 끝에 굿윌(GoodWill) 재단이 운영하는 보육원과 농장에서 자라고 학교를 졸업했다. 〈고향의 푸른 잔디(The Green, Green Grass of Home)〉라는 노래에는 이런 구절의 가사가 나온다. "열차에서 내려서니 고향마을은 변함없어 보이네." 메인주를 대표하는 케네벡강 옆의 오래된 철로와 나란히 놓인 고속도로를 차로 달리면서도 나는 고향의 모습을 전혀 예측할 수 없었다. 6년을 보낸 학교 교정에 들어서자마자 나는 기숙사를 지나는 샛길로 걸어 내려가보았다. 그러고는 어린 시절 수백 번도 더 가봤던 에드 삼촌의 길을 따라가보았다. 가지를 크게 뻗은 오래된 사탕단풍나무가 보고 싶었다. 거기서 우리 같은 아이들은 굵은 나뭇가지에 묶어둔 긴 밧줄에 매달려 놀곤 했다. 당시에도 고목이었던 나무는 여전히 그곳에 있었다. 타잔 흉내를 내느라 밧줄을 타고 나무 위로 올라가 양손으로 번갈아 밧줄을 잡아올리고 공중그네를 타며 덤불 위를 건너뛰던 기억이 되살아났다. 자진해서 학교에 간 적은 없었지만 이제와 보니 애정이 가득한 곳이었다.

사내아이들 몇몇은 거기서 멀지 않은 숲속 어딘가에 비밀 장소가 있었고 우리는 거기에 통나무집을 짓기 시작했다. 그곳은 우리에게 특별한 공간이었다. 설탕 수확의 계절이면 단풍나무에서 설탕을 얻는다던지, 내가 쏜 새총으로 잡은 다람쥐를 눈 속에 불을 피워 요리한다던지, 꼬챙이에 비둘기 새끼를 끼워 굽는다던지 하는 다양한 생존 체험을 했다. 우리는 헛간의 비둘기 둥지에서 녀석을 잡아왔다. 간혹 호저가 잡힐 때도 있었다. 우리는 호시탐탐 기숙사와 사악한 여사감에게서 벗어날 기회를 노렸고, 마침내 친구 두 녀석과 나는 그런 외출이 이루 말할 수 없는 재미를 선사한다는 이유로 기숙사를 '도망 나와' 영원히(예측 가능한 가까운 미래일 뿐, 까마득한 장래는 결코 아니었다) 숲에서 살아야 한다는 결정을 내리기에 이르렀다. 당시 내게 알래스카는 비현실적인 세계로 보였고, 친구들을 꼬드겨 함께 웰드 인근의 산속으로 들어갔다.

그곳은 우리 가족이 미국에 도착해 처음 정착했던 곳으로부터 몇 킬로미터밖에 떨어져 있지 않았다. 나는 그곳에서 최초로 '소속감'을 느꼈고 영원히 거기 머물며 벌을 치거나 농부가 되고 싶었다. 사냥꾼도 괜찮을 것 같았다. 지금은 모르겠지만, 당시 나는 어딘가 다른 곳에 있고 싶었다. 메인주 출신의 작가 E. B. 화이트는 알래스카를 여행하고 돌아와 쓴 「경이로운 세월」에서 그런 느낌을 다음과 같이 기록해두었다. "감당할 수 없는 꿈 말고는 매달릴 것이 거의 없고 건강한 육신 말고는 자신을 지탱해줄 것이 딱히 없으며 어딘가 가려 해도 마땅히 갈 곳이 없는 시절이 누구든 인생 초기에 있게 마련이다." 그것은 바로 우리를 두고 한 말 같았다. 하여 어느 날 밤 필립, 프레디, 그리고 나, 이렇게 셋은 하루는 버틸 수 있을 정도의 식량이 든 가벼운 배낭을 각자 짊어지고 숲으로 들어가기 위해 웰드 인근의 산이 있는 쪽으로 무작정 걸었다.

미국으로의 이주를 결정했을 때 우리 부모님은 집, 자주 다니던 자신들만의 공간을 비롯한 유형적 재산은 물론 부모, 친구, 언어, 사회적 지위, 익숙하면서도 애정이 깃든 들과 숲을 모두 잃었다. 어린 시절 미국으로 이주한 내게 집은 과거가 아닌 미래에 있었다. 하지만 최근에도 웰드 인근의 산으로 돌아가고 싶었던 적이 있었다. 그곳은 독일에서 오랫동안 불안한 시기를 보낸 뒤에 우리 가족이 처음으로 도착했던 곳이다.

아버지는 보로브케(Borowke)의 가족 농장에서 성장했다. 당시 그곳은 독일의 서프로이센 지방이었다. 제1차 세계대전이 한창이던 때 열일곱 살이던 아버지는 독일군에 입대해 러시아의 침략을 받은 고향을 지키기 위해 싸웠다. 그것은 아버지의 자발적인 의지에 따른 결정이었다. 새로 창설된 루프트바페(Luftwaffe)*에 속한 두 대의 비행기 추락사고와 독일의 패전 이후 보로브케는 폴란드 땅이 됐다. 하지만 고향에 머물려면 자신과 조상들이 언제나 보로브케에 충성을 다했다고 폴란드 당국을 납득시켜야 한다는 점 말고는 보로브케는 언제까지나 아버지 마음속에 남아 있었다. 전운이 감돌다 마침내 제2차 세계대전 이 발발하자 우리 가족은 러시아의 붉은 군대에 의해 고향 땅에서 쫓 겨났다. 수백만 명의 피난민 행렬에 뒤섞여 석 달 동안 마차, 트럭, 열 차, 연료 탱크가 바닥을 드러낸 낡은 비행기, 잠시이기는 했지만 독일 군 전차까지 얻어 타고 이동한 끝에 우리는 마침내 함부르크 인근의 서부 독일에 이르렀다. 그래도 우리 가족은 운이 좋은 편이었다. 어느 농부가 널찍한 외양간을 거처로 내주었고 그곳을 기반으로 해서 우리 는 한하이데(Hahnheide)로 불리는 숲 한복판에 한 칸짜리 오두막을 지 었다.

마침내 우리 가족이 돈 한 푼 없이 미국으로 이주해 메인주 웰드 인근에 자리 잡은 월튼이란 마을의 거의 아무것도 남아 있지 않은 작 은 농장에 정착했을 때 아버지는 그곳을 신(新)보로브케라고 이름 붙 였다. 그때, 나는 도로를 따라 한 줄로 길게 나무를 심었다. 아버지가 고향인 보로브케에서 그토록 아끼셨다는 나무들처럼.

메인주의 시골에 도착한 우리 가족이 만난 것은 여기저기 흩어 진 작은 농장들이었다. 즉시 수많은 사람들이 우리 가족에게 관심을 보였고 모임이 이루어졌다. 우리는 플로이드 애덤스 가족, 프랭크 쿠 리어 가족, 얼랜드 애덤스 가족, 필립 포터 가족, 얼 엘리히 가족, 키스

* 독일 공군의 정식 명칭.

브룩스 가족 등을 만났다. 짧은 시간 동안 우리는 수 킬로미터 떨어진 곳에 사는 이웃들까지도 알게 됐다. 그들은 생존에 필요한 것들을 우리 가족에게 아낌없이 베풀어주었고, 그런 마을사회에서 우리의 행로는 늘 똑같았다. 도랑을 따라가다 맥주병을 밟으면(여름이면 나는 맨발로 다녔다) 마을 의사인 허버트 지켈이 찢어진 내 발을 꿰매주었다. 물론 치료비는 받지 않았다. 그는 웰드에 있는 산 옆의 웸 호숫가 야영지로 우리를 데려갔다. 지붕을 수리할 필요가 있으면 플로이드와 필립네 가족이 즉시 달려와 도와주었다. 우리 부모님이 톱으로 손수 자른 통나무를 운반할 말이 필요하면 이웃인 얼랜드 애덤스가 수지(그의 황갈색 암말)를 빌려주었다. 물론 이 경우에도 아무런 대가는 오가지 않았다. 그것은 다만 이웃 간에 나누는 호의와 친절에 불과했다.

미국에 온 개척민은 대개 처지가 비슷했다. 조상 대대로 내려온 삶의 뿌리가 잘려 이제 더 이상 자신들이 살던 곳에서는 번영을 누릴 수 없다는 것이었다. 한편으론 그들이 새로운 것을 보고 경험하는 모험을 추구했을 가능성도 있으며, 돌이켜보면 그것이 주된 이유였던 것도 같다. 실제로 그들은 북미 대륙 전체에 정착해 자리를 잡았다. 자신들이 발을 들여놓은 곳이 마음에 들지 않으면 그들은 언제고 제 2의 장소로 옮겨갈 수 있었다.

우리 가족은 도착한 곳이 무척 마음에 들었고 그래서 다른 곳으로 떠날 생각은 하지 않았다. 하지만 이미 수많은 사람들이 그곳을 일찌감치 떠나 '서쪽으로 갔다.' 메인주의 숲은 땅값이 싸다는 것이 그 이유 중 하나였다. 아버지는 집을 지키려는 도덕적 헌신이 부족한 데다 먹이만 있으면 어디로든 몰려다니는 비둘기 떼처럼 행동한다는 이유로 미국인들이 변변찮다고 생각하셨던 것 같다. 아버지는 아들인 나 역시 그런 인간이 되지 않을까 염려하셨다.

수많은 동물의 새끼가 그렇듯, 그 당시 나 역시 탐색하고 방황할 필요가 있었던 게 사실이다. 당시에는 몰랐지만, 훗날 내 인생은 알바트로스와 젊은 연어의 삶을 그대로 보여주었다. 녀석들은 자신이 살던 고향을 떠나 방황하다 어른이 돼서야 기억 속에 각인된 고향이나 그 부근으로 돌아오는 습성을 지니고 있다. 나를 묶어둔 어린 시절의 기억은 빛이 바래지 않았다.

플로이드 애덤스 가족은 그들의 농장과 집으로 우리 가족을 초대했다. 플로이드는 자기 아이들과 나를 데리고 오래된 사과밭에서 벌 미행에 나서기도 하고 숲에서 사냥개와 함께 라쿤을 사냥하기도 했다. 그는 우리를 밤색 폰티액에 태워 인근의 산과 웹 호수, 홀트힐 옆 시내를 따라 자리 잡은 야영지로 데려가곤 했다. 애덤스 부부는 발드산, 텀블산, 잭슨산 등지에서 블루베리를 수확할 때면 우리 가족도 데려갔다. 우리는 버들가지로 엮은 바구니에 블루베리를 한가득 담아 등에 짊어지고 집으로 돌아왔다.

다시 농장 얘기로 돌아가면, 플로이드는 우리가 낚시를 하던 이들 가족의 소유지 가장자리에 있던 피즈 연못에 노 젓는 보트를 한 척 갖고 있었다. 우리 가족이 정착한 농장은 필과 미르틀 포터가 살던 그 연못 맞은편에 있었다. 이 두 사람은 웰드에 있는 웹 호수 인근에 타르지로 만든 오두막도 소유하고 있었다. 웰드는 필이 나를 데리고 사슴사냥을 하던 체리힐의 남쪽 경사면에 해당하는 카시지에 있었다. 우리는 체스터빌 마을에 있는 보그천으로 가서 카누타기를 즐겼다. 메인주 서부는 마음껏 돌아다닐 수 있는 낙원이었지만, 부모님이 '생계를 꾸리기 위해' 떠나야 했을 당시 누이동생과 나는 각각 6년과 8년 동안 굿월 학교에 남겨졌다. 학교에서 5년을 보낸 나는 내가 사랑해 마지않는 그곳으로 곧장 돌아가고 싶어 앞서 언급한 귀향을 성급하게 시도했다. 이틀하고도 하룻밤을 꼬박 걸은 끝에 우리는 가까스로 그곳에 도착했다.

우리 남매가 굿월 학교에서 '도망쳐 나온' 것은 아버지의 화를 돋 웠다. 하지만 이제와 생각해보면, 아버지는 오히려 나를 칭찬해주셨어야 한다. 도덕관에 가까울 정도로 아버지가 중요시 여기는 가치 가운데 하나는 자신의 집에 충실한 것이었다. 그로부터 2년이 지나 나는 거의 기적적으로 메인주립대학교를 졸업하게 됐지만, 아들인 내가 우수한 성적으로 대학을 졸업한 뒤 캘리포니아로 가서 결혼을 하고 UCLA에서 박사학위를 받고 UC버클리에서 곤충학과 교수직까지 얻었을 때 아버지의 두려움은 곧 현실이 되고 말았다. 나는 15년 동안 캘리포니아에 머물렀다. 내게는 '뿌리'라고 할 만한 것이 없었던 걸까? 삶의 근본을 이루는 가치를 찾지 못했던 걸까?

애당초 아버지를 기쁘게 해드리려는 생각은 아니었지만, 나는 아내 캐서린과 딸아이 에리카를 데리고 거의 해마다 여름이면 메인주의 농장을 오가기 시작했다. 하지만 예상했던 대로, 키우던 개에다 길들이기는 했지만 자유분방하고 성가시기 짝이 없는 큰까마귀 두 마리까지 데리고 부모님이 사시는 곳에서 우리 식구가 함께 생활하는 것은 여러모로 갈등을 빚었다. 우리는 기대했던 것만큼 환영받지 못했다. 부모-자식 간의 갈등이 시작된 것이다. 당시 나는 뒤영벌의 습성과 수분활동에 대한 현장연구에 몰두하느라 이런 문제는 무시하거나 의식조차 못했다.

1976년, 뒤영벌 연구를 위해 매년 여름 캘리포니아에서 고향인 메인주까지 오가던 내게 메인주의 이웃이자 '더 캐빈스'(The Cabins, 수입이 적은 학생들을 위해 마련된 독립적인 생활이 가능한 임대주택)의 동료이며 메인주립대학교에서 학장을 지낸 마이크 그레이엄이 웰드 인근에 '300에이커(약 37만 평) 정도' 되는 땅이 매물로 나왔다고 전해주었다. 나는 애덤스힐(나중에는 요크힐로도 알려짐)의 오래된 농장인 이 땅을 매입하기 위해 주저 없이 대출금을 신청했다.

4년이 지나 새로 맞은 아내 매기와 나는 타르지로 만든 기존의 오래된 한 칸짜리 오두막에서 여름을 보냈다. 'Kamp Kaflunk'라 적힌 문은 비바람에 씻긴 세월의 흔적을 보여주었다. 우리 부부의 벗은 길들여진 수리부엉이 한 마리와 아메리카까마귀 두 마리였다. 부엉이와 까마귀는 자유롭게 숲속을 날아다녔으며 수 킬로미터 떨어진 앨더천으로 우리가 목욕하러 갈 때도 가끔씩 동행했다. 나중에 우리는 잡초가 무성한 인근의 벌판에 통나무집을 지었다. 그곳에는 1930년대 초 화재로 소실되기 전까지만 해도 오래된 애덤스/요크 농가가 있었다. 회반죽을 쓰지 않고 자연석만으로 이루어진 집의 토대는 여전히 남아 있었지만, 지하저장고 입구로 무너져내린 상태였다. 그런 구덩이에서는 나무가 자라고 있었다. 우리는 뒤영벌, 흰머리말벌, 나비, 개미귀신에 대한 연구를 계속 진행했다.

1977년, 토지 소유권을 손에 넣자 나는 고향에 머물고 싶은 생각이 더욱 간절해졌고 UC버클리의 교수직에서 물러나 메인주로 돌아왔다. 내가 얻은 첫 번째 기회였다. 그때가 1980년이었고, 때마침 버몬트대학교에서 교수직을 제안해 왔다. 학교는 내가 현장연구를 계속하면서 한편으론 오래된 지하저장고 입구를 어슬렁거리고 애덤스/요크 농가 부지에 집짓기를 구상할 수 있을 만큼 충분히 가까운 거리에 있었다. 알바트로스와 아비새, 우리 인간에게 종종 집은 성장한 곳 근처가 되기도 한다. 기억과 동경은 우리를 그곳으로 데려가고, 지식은 우리를 그곳에 묶어준다.

• • •

비버와 마찬가지로 내가 집을 짓는 경우에도 공터를 만드는 모두베기(개벌)작업이 수반된다. 나는 도끼를 날카롭게 갈아 덤불을 제거하러 간다. 짙게 그늘을 드리운 숲에서 계속 살다 보면 우울해질 수도 있지만, 나는 숲을 정확히 그런 상태로 보존하는 것이 이를 필요로 하는 동물들에게 이롭다는 걸 알고 있다. 하지만 내 영혼에 잠재된 동물적 속성은 햇빛과 눈앞에 펼쳐진 '풍경'을 좋아한다.

마침내 내가 만들어낸 공터는 그것을 에워싼 숲의 바다 속에 떠 있는 섬과 같다. 그곳은 분홍바늘꽃, 미역취, 터리풀꽃이 만발하는 유일한 공간이며, 나비와 다양한 종의 말벌, 파리, 벌, 딱정벌레의 지상

낙원이다. 늦여름이면 꿀과 꽃가루를 수집하러 꽃으로 무리지어 모여드는 뒤영벌을 만날 수 있을 것이다. 흰머리말벌은 터리풀과 나무딸기 덤불 속에 종이처럼 얇은 둥지를 지었고, 공격하려는 강한 동기가 체온에 미치는 영향을 알아보는 실험에서 내게는 편리하면서도 협조적인 대상이 됐다(녀석들의 체온은 침을 쏘기 위해 내게로 날아오기 전후로 해서 몇 도 상승한다). 당연히, 모든 사람들이 이런 종류의 활동을 즐거워하지는 않을 것이다. 여기에는 시간을 들이는 것과 아울러 고통에 대한 인내도 필요하다. 그래도 대다수의 사람들은 새에 대해서는 호의적인 반응을 보인다.

그런 개벌지에는 예나 지금이나 근처 다른 어디서도 살지 않는 새들이 북적인다. 그중에서도 으뜸을 꼽자면, 단연 봄철 저녁과 새벽녘에 모습을 나타내는 멧도요(반드시 같은 종일 필요는 없다)일 것이다. 눈길을 사로잡는 녀석의 공중댄스는 혈관에 피가 흐르는 사람이라면 누구든 넋을 잃게 만든다. 개벌지에 초록이 움트고 붉고 노란 조팝나물에 꽃이 피기 시작하면 여기저기서 휘파람새의 연주회도 열린다. 오두막을 둘러싼 드넓은 서식지는 밤색허리솔새, 노랑목솔새, 붉은머리솔새의 보금자리다. 황금방울새, 지빠귀, 애기여새는 여름이면 대개 암수 짝을 이뤄 공터 가장자리에서 살아간다. 최근에는 야생 칠면조도 이곳을 찾았다. 하지만 나는 이렇게 천혜의 자연을 지켜낸 것에 대한 공적을 인정받고 싶은 게 아니다. 바로 옆에 시내가 있었다면 비버가 대신 이렇게 드넓은 공간을 차지했을 것이다. 게다가 비버와 이곳을 물려받은 그 후손들은 헤아릴 수 없이 많은 생물종이 살아가는 이

곳을 수세기에 걸쳐 유지했을 것이다. 지금 내가 할 수 있는 일은 숲
이 그 자리를 내주지 않도록 끊임없는 노력을 기울이는 것이다.

　나는 뒤영벌과 관련해 논란이 된 몇 가지 현안에 대한 해답을 얻
고 나서 이번에는 큰까마귀에게로 관심을 돌렸다. 큰까마귀에 대해
품었던 단순한 의문은 큰 관심을 얻어 수많은 동료, 친구, 제자들이
평생을 바칠 만한 과제가 됐다. 한편, 나는 지난 24년 동안 해마다 겨
울이면 학기 방학을 온전히 자연사 연구로 보내는 학생들에게 오두막
과 요크/애덤스힐을 내주었다. 기존의 통나무집은 학생들에게 적절한
편의를 제공해주었다. 내게는 좀 더 개인적으로 지낼 공간, 그리고 쉬
파리, 무당벌레, 흰발생쥐, 붉은날다람쥐 같은 불청객까지는 아닐지라
도, 겨울철 추위를 좀 더 잘 막아줄 공간이 필요했다.

　어린 시절 나는 잎이 무성한 나무 밑처럼 자연으로 에워싸인 공
간에 있는 걸 좋아했다. 거기서 바라볼 만한 전망이 있다면 더더욱 좋
았다. 나는 잎이 많은 나뭇가지로 원치 않는 공간의 '틈새'를 채우곤
했다. 그러고 나면 매력적인 장소가 또 하나 탄생했다. 둥지를 짓는
시기가 다가오면 새들은 이곳저곳에 시험 삼아 둥지를 만들다 마침내
하나의 둥지를 결정하게 될 것이다. 새로운 오두막 부지를 선정하는
일도 이와 같지 않을까 하는 생각이 들었다. 집터를 여기저기 몇 군데
시범적으로 살펴보고 나서 결국 나는 통나무집 옆에 원래부터 있던
오래된 지하저장고 입구를 선택했다.

　2007년 가을, 해마다 이루어지는 사슴사냥을 위해 조카인 찰리
세월이 요크힐을 찾았을 때 나는 처음으로 돌이 가득한 지하저장고

입구를 다시 살펴보기 시작했다. 무슨 연유에서인지 나는 체인톱에 시동을 걸고 구덩이 안의 나무와 잡목을 베어내기 시작했다. 이듬해 봄, 돌담을 쌓아본 적이 있는 친구 케리 킹이 와서 이제는 돌의 형체가 보다 분명히 드러난 무너진 돌담을 살펴봤다. 그는 돌을 끌어내기 시작했고, 나는 그렇게 끌어낸 돌을 그러모아 여기에는 납작한 돌을, 저기에는 또 다른 돌을 끼워맞추는 일을 했다. 케리는 돌무더기 속에서 정확히 들어맞는 돌을 찾아내 주었다. 북쪽 경계선에 있는 저장고 벽면이 어느 정도 형태를 갖추자 우리는 모퉁이에 놓을 큰 돌을 찾기 위해 서쪽 경계선을 따라 파내려가기 시작했다. 돌을 하나하나 끌어내는 작업이 계속됐다. 얼마 지나자 돌을 들어내 거대한 돌무더기 주위로 던져놓는 작업은 형태를 인식하는 작업으로 바뀌었다. 허물어진 오래된 돌담 잔해는 대개 이상야릇하게 생긴 돌이 뒤섞인 돌무더기를 만들어놓았다.

　우리는 이쪽 공간에 들어맞는 돌을 찾아내면 다시 저쪽 공간에 들어맞는 돌을 찾아내려고 애쓰면서 퍼즐조각 맞추기에 열중했다. 우리는 주춧돌로 쓰인 가장 큰 돌을 찾고 있었다. 돌무더기는 다채롭지만 비밀이 잔뜩 매장된 보물창고 같았다. 이상하기 짝이 없는 몇몇 돌은 아무 쓸모없는 폐기물처럼 보였지만, 케리는 다시 한번 이렇게 일러주었다. "결국 그것들이 들어갈 자리도 찾게 될 거야." 우리는 정말 이상하게도 빈 공간을 몇 군데 찾아냈고 거기에 꼭 들어맞는 돌을 찾아내는 데 재미를 붙였다. 그렇게 찾아헤매던 길고 납작한 돌도 찾아냈다. 그런 돌은 다른 돌들 위에 '다리'로 놓여 각각의 돌들을 구조물에 튼튼하게 연결하는 역할을 하게 될 것이었다. 아주 작은 돌까지 버릴 게 없었는데, 그런 잔돌은 틈새를 메우는 '충전제'가 됐다.

　나는 돌들이 마치 서로에게 속한 것처럼 절묘하게 들어맞는 방식에 마음이 끌렸고, 그저 단순한 장난질이 아니라 어쩌면 우리가 집의 기초공사를 하고 있는지도 모른다는 느낌마저 어렴풋이 들었다! 돌을 쌓는 작업은 마치 삶을 쌓아올리는 것처럼 여겨졌다. 우리 인생에도 몇 안 되는 주춧돌과 다리가 있다. 용도를 도무지 알 수 없고 이해하기 힘든 잡동사니로 이루어진 돌무더기 속에는 충전제 역할을 하는 잔돌도 수없이 많다. 그러고 보니 내가 쓰고 있던 귀소성에 관한 이야

지하저장고 입구의 북쪽 벽을 쌓으며 맞춰놓은 돌들.

기와 비슷하다는 생각이 들었다. 그 당시에는 서로 관련이 있다고 생각해본 적이 없던 조각들이 지금은 의미를 갖기 시작했다.

작업을 시작하기 전만 해도 도저히 엄두가 나지 않았던 '기초공사'는 당초 절반 정도 끝내리라고 계획했던 것보다 훨씬 더 진행된 상태였다. 나는 새로 지을 오두막을 마음속으로 그려보기 시작했다. 한 달쯤 지나 폰 프리슈의 제자인 휴버트 '짐' 마르클의 퇴임식을 기념하는 학회가 있었다. 그 자리에 참석해 벌 추적에 관한 란돌프 멘첼의 연구 발표를 들을 예정으로 독일 콘스탄츠로 가는 급행열차에 타고 있을 때도 나는 언젠가 짓게 될 오두막집에 대한 공상에 빠져 있었다. 나는 메모지와 펜을 집어들고 애덤스/요크힐에 짓게 될 오두막집의 모습을 대충 그려보았다. 그렇게 해서 나는 이 산비탈에 얽힌 역사에 더욱 관심을 갖게 됐다.

플로이드 애덤스와 그의 아내 레오나가 세상을 떠나고 나서 한참 뒤인 2011년에야 나는 놀랍게도 이 산비탈의 이름이 붙은 애덤스 가문이 1951년 우리 가족이 처음 미국에 왔을 때 농장 한편을 내준 가족과 같은 집안이라는 사실을 알게 됐다. 당시 그들의 도움이 없었다면 우리 가족은 메인주에 정착하지 못했을 것이다. 내가 미국 땅에서 사귄 최초의 친구는 플로이드와 레오나의 아들인 지미, 빌리, '부치'였고, 나는 그들에게서 영어를 배웠다. 60년이 지나 요크/애덤스 가문 종친회에서 들은 바에 의하면, 플로이드의 아버지는 여름이면 우리 가족이 살던 월튼 인근의 농장에서부터 이곳 애덤스힐까지 소를 몰고 와 풀을 먹였다고 한다.

완성된 오두막집.

이 책의 집필이 한창이던 해에, 나는 놀랍게도 조카인 찰리(찰리 H. 세월)가 세월 형제의 직계 자손이란 사실을 알게 됐다. 그들은 이 지역을 처음으로 탐험하고, '연못'에 서 있던 나무의 껍질에서 '웹(Th Webb)'이라 새겨진 머리글자를 발견한 뒤 이 연못에 웹 호수라는 이름을 붙인 사람들이었다. 웹 호수는 웰드 지역의 중심에 있었다. 내 누이동생 마리안의 남편인 찰스 F. 세월은 체스터빌 마을 인근에서 이 지역 '유지'인 더머 세월(1761-1846)의 묘비를 찾아내 사진으로 남겨 두었다. 습지대인 체스터빌은 1970년대 내가 뒤영벌 현장연구에 나섰던 곳으로 첫 책인 『뒤영벌의 경제학(Bumblebee Economics)』이 나오게 된 무대가 됐다.

　　당시 매제는 메인주 바스 출신의 더머 세월이 웹 호수 주변 지역을 측량한 대가로 체스터빌에 있는 땅을 양도받았다는 사실을 알게 됐다. 결국 후손들이 체스터빌 인근에서 발견한 조상의 묘비는 현재 내가 집이라 부르는 이 지역을 처음으로 탐험했던 인물의 묘비일 수도 있었다. 세월 형제는 개벌지에서 내려다보이는 경치를 관망하려고 이 산비탈을 올라 사과나무가 있던 지점 부근에 서 있지 않았을까? 지금으로부터 100년도 더 전에 헬렌 요크가 사진 촬영을 위해 그 밑의 돌담에 앉아 포즈를 취했던 그 사과나무 말이다. 확신할 수는 없지만, 그럴 가능성도 있다. 헬렌 요크가 그 밑에 앉아 사진을 찍던 오래된 사과나무 그루터기의 잔해는 여전히 그곳에 남아 있다(이 책 3부 중 '나무와 돌에 얽힌 집의 기억'의 장을 참조할 것).

　　최근 들어 오래된 사과나무는 다시 한번 나를 놀라게 했다. 2012년 8월 24일 오전 8시, 나는 앨더천으로 이어진 산비탈을 따라 사과나무 옆을 지나고 있었다. 그루터기에서 한 가닥 희미한 연기 같은 것이 올라와 숲을 이룰 만큼 빠른 성장세를 보이는 사탕단풍나무의 푸른 잎사귀 사이로 퍼져나가고 있었다. 가까이 다가서자 거대한 그루터기 전체가 희미하게 빛나고 있었다. 움직이는 수십 개의 날개가 햇빛을 받아 반짝였다. 수십만 마리에 이르는 검은 개미였던 것 같다. 녀석들은 혼인비행을 하며 집을 떠나는 '날개 달린' 개미들이었다. 그 사이에는 수적으로 거의 그에 맞먹는 연갈색을 띤 (날개 없는) 일개미도 섞여 있었다. 이 녀석들은 자기 집인 땅속으로 다시 들어가 살아 있는 한 그곳을 떠나지 않을 것이다. 오래된 이 사과나무 뿌리가 썩어 벌집

모양이 된 깊은 땅속의 집에서 나오던 날개(비행을 마치고 나면 몸에서 곧 떨어져나온다) 달린 개미들은 잠시 머뭇거리는 것 같더니 어느 샌가 다시 공중으로 힘껏 날아올랐다. 녀석들은 부서질 듯 약한 날개를 파닥이며 짝을 만나 보금자리를 꾸리기 위해 희망에 찬 비행에 나섰고 산들바람에 실려 어디론가 날아갔다.

감사의 말

수많은 이들이 메인주에 있는 나의 오두막집을 드나들었다. 오두막집과 요크힐 주변 땅에 대한 그들의 애정과 동지애와 영감은 나로 하여금 이곳에 더욱 애착을 갖게 해주었다. 거기에는 특히 찰리 세월, 린 제닝스, 글렌 부마, 케리 하디의 공이 크다. 요크힐에 대한 소중한 역사 정보와 사진을 제공해준 이제는 고인이 된 알베르트 소여와 그의 아들 A. 켄달 소여, 안네 아간에게도 고마운 마음을 전한다. '나무와 돌에 얽힌 집의 기억'이란 제목이 붙은 장은 과거 〈양키(Yankee)〉 잡지에 게재된 기사를 고쳐 쓴 것이다.

란돌프 멘첼과 메틸드 멘첼, 조지 햅과 크리스티 융커 햅 부부는 벌과 캐나다두루미의 귀소 행동을 가까이에서 관찰하기 위한 탐사활동 때문에 집을 떠나 있던 내게 집을 제공해주었다. 특히 무당벌레에 대한 정보를 기꺼이 나눠준 티모시 오터에게 감사를 드린다. 오랫동안 나는 링컨 브라우어에게는 제왕나비, 로버트 '스위프티' 스티븐슨에게는 열대이주나비, 란돌프 멘첼과 토머스 실리에게는 꿀벌, 테우니스 피어스마와 로버트 길에게는 도요새, 켄트 맥팔랜드에게는 개똥지빠귀, 에릭 한슨에게는 아비새, 데이비드 에렌펠드에게는 바다거북, 데이비드 맥페터스와 케리 하디에게는 장어, 피터 질레트에게는 별의 운행, 줄리 레이드와 루스 올레어리에게는 거위, 개리 클라워스에게는 쥐에 대한 조언을 들어왔다.

더글러스 모스와 래리 웨버는 나를 거미의 세계로 안내해주었으며, 특히 나와 동거했던 샬롯의 정체를 밝혀주기도 했다. 크리스토프 자이코스키와 제임스 프로젝은 수리남의 황야로 떠난 탐사여행 중에 리더십과 동지애를 발휘했다.

크레이그 네프와 파멜리아 마크우드는 마리아 지빌라 메리안의 흥미진진한 연구 성과를 소개해주었다. 앤도스 키스와 데이비드 러셀은 온갖 의문에 대한 답변을 통해 내게 소중한 정보를 제공해주었다.

막상 글쓰기에 돌입하면 예상치 못했던 생각과 본론에서 벗어나려는 유혹에 끊임없이 시달리는 가운데 수많은 우여곡절을 겪게 된다. 무엇보다 집중과 자기 정제의 시간이 간절했던 나를 참고 기다려준 사람들에게 이 자리를 빌려 심심한 감사를 드린다. 물론 이 책에 대한 최종적인 책임은 절대적으로 내게 있다.

참고문헌

시작하며

알바트로스

Akesson, S., and H. Weimerkirsch. Albatross long-distance navigation:Comparing adults and juveniles. *Journal of Navigation 58* (2005): 365–73.

Bonadonna, F., C. Bajzak, S. Benhamou, K. Igloi, P. Jouventin, H. P. Lipp, and G. Dell'Omo. Orientation in the wandering albatross: In-terfering with magnetic perception does not affect orientation per-formance. *Proc. R. Soc. Lond. B* 273 (2005): 489–95.

Fisher, H. I. Experiments on homing in Laysan albatrosses, *Diomedea immutabilis. Condor* 73 (1971): 389–400.

아비새

Evers, D. C. "Population Ecology of the Common Loon at the Seney National Wildlife Refuge, Michigan: Results From the First ColorMarked Breeding Population." In *The Loon and Its Ecosystem,* edited by L. Morse, S. Stockwell, and M. Pokras, 202–12. Concord, NH: U.S. Fish and Wildlife Service, 1993.

Mager, J. N., C. Walcott, and W. H. Piper. Nest platforms increase aggressive behavior in common loons. *Naturwissenschaften* 95 (2008): 141–47.

McIntyre, J. W. *The Common Loon: Spirit of Northern Lakes.* Minneapolis: University of Minnesota Press, 1988.

Piper, W. H., D. C. Evers, M. W. Meyer, K. B. Tischler, J. D. Kaplan, and R. C. Fleischer. Genetic monogamy in the common loon *(Gavia immer). Behavioral Ecology and Sociobiology* 41 (1997): 25–31.

Piper, W. H., J. N. Mager, and C. Walcott. Marking loons, making progress. *American Scientist* 99 (2011): 220–27.

Piper, W. H., K. B. Tischler, and M. Klich. Territory acquisition in loons: The importance of take-over. *Animal Behaviour* 59 (2000): 385–94.

Piper, W. H., C. Walcott, J. N. Mager, and F. J. Spilker. Fatal battles in common loons: A preliminary analysis. *Animal Behaviour* 75 (2008): 1109–15.

캐나다두루미 밀리와 로이의 귀향

캐나다두루미

Burke, A. M. Sandhill crane, *Grus canadensis*, nesting in the Yukon wetland complex, Saskatchewan. *Canadian Field Naturalist* 117 (2003): 224–29.

Forsberg, M. *On Ancient Wings: The Sandhill Cranes of North America.* Lincoln, NB: Michael Forsberg Photography, 2004.

Krapu, G., G. C. Iverson, K. J. Reinecke, and C. M. Boise. Fat deposition and usage by Arctic-nesting sandhill cranes during spring. *The Auk* 102 (1985): 362–68.

Miller, R. S., and W.J.D. Stephen. Spatial relationships in flocks of sandhill cranes *(Grus canadensis)*. *Ecology* 47 (1966): 323–27.

Russell, N., and K. J. McGowan. Dance of the cranes: Crane symbolism at Çatalhöyük and beyond. *Antiquity* 77, no. 297 (2003): 445–55.

Yuncker, C., and G. M. Happ. http://www.AlaskaSandhillCrane.com/. A website with history and excellent photographs of the cranes described in this chapter.

———. *Sandhill Crane Display Dictionary: What Cranes Say with Their Body Language.* Dunedin, FL: Waterford Press, 201.

Human-Guided Migration of Cranes

http://www.operationmigration.org.

벌들의 경이로운 소통방식

벌에 대한 미국 초기 개척자들의 지식

St. John de Crèvecoeur, H. *Letters From an American Farmer: Describing Certain Provincial Situations, Manners, and Customs, Not Generally Known; and Conveying Some Idea of the Late and Present Interior Circumstances of the British Colonies of North America.* 1782.

꿀벌의 귀소

Chittka, L., and K. Geiger. Honeybee long-distance orientation in a controlled environment. *Ethology* 99 (1995): 117–26.

Hsu, C.-Y., and C.-W. Li. Magnetoreception in honeybees. *Science* 265 (1994): 95–96.

Menzel, R., K. Geiger, L. Chittka, J. Joerges, J. Kunze, and U. Müller. The knowledge base of bee navigation. *J. Exp. Biol.* 199 (1996): 141–46.

Menzel, R., and M. Giurfa. Dimensions of cognition in an insect, the honeybee. *Behavioral and Cognitive Neuroscience Reviews* 5 (2006): 24–40.

Menzel, R., U. Greggers, A. Smith, S. Berger, R. Brandt, S. Brunke, G. Bundrock, S. Hülse, T. Plümpe, F. Schaupp, E. Schüttler, S. Stach, J. Stindt, N. Stollhoff, and S. Watzl. Honey bees navigate according to a map-like spatial memory. *Proc. Nat. Acad. Sci. USA* 102, no. 8 (2005): 3040–45.

Menzel, R., A. Kirbach, W. D. Haass, B. Fischer, J. Fuchs, M. Koblofsky, K. Lehmann, L. Reiter, H. Meyer, H. Nguyen, S. Jones, P. Norton, and U. A. Greggers. A common frame of reference for learned and communicated vectors in honeybee navigation. *Current Biology* 21 (2011): 645–50.

Riley, J. R., U. A. Greggers, A. D. Smith, D. R. Reynolds, and R. Menzel. The flight paths of honeybees recruited by the waggle dance. *Nature* 435 (2005): 205–7.

사막개미

Müller, R., and R. Wehner. Path integration in desert ants, *Cataglyphis fortis. Proc. Nat. Acad. Sci. USA* 85 (1988): 5287–90.

Seid, M. A., and R. Wehner. Delayed axonal pruning in the ant brain: A study of developmental trajectories. *Developmental Neurobiology* 69 (2009): 350–64.

Stieb, S. M., T. S. Münz, R. Wehner, and W. Rössler. Visual experience and age affect synaptic organization in the mushroom bodies of the desert ant *Cataglyphis fortis. Developmental Neurobiology* 70 (2010): 408–23.

저마다의 낙원을 찾아 이동하는 동물들

일반 참조

Dingle, H. Migration: *The Biology of Life on the Move.* New York: Oxford University Press, 1996.

제왕나비의 이동

Brower, L. P. Understanding and misunderstanding the migration of the monarch butterfly (Nymphalidae) in North America: 1857–1995. *Journal of the Lepidopterists' Society* 49 (1995): 304–85.

Brower, L. P., L. S. Fink, and P. Walford. Fueling the fall migration of the monarch butterfly. *Integrative and Comparative Biology* 46 (2006): 1123–42.

Etheredge, J. A., S. M. Perez, O. R. Taylor, and R. Jander. Monarch butterflies *(Danaus plexippus L.)* use a magnetic compass for navigation. *Proc. Nat. Acad. Sci. USA* 96, no. 24 (1999): 13845–46.

Froy, O., A. L. Gotter, A. L. Casselman, and S. M. Reppert. Illuminating the circadian clock of monarch butterfly migration. *Science* 300 (2003): 1303–5.

Mouritsen, H., and B. J. Frost. Virtual migration in tethered flying monarch butterflies reveals their orientation mechanisms. *Proc. Nat. Acad. Sci. USA* 99, no. 15 (2002): 10162–66.

Reppert, S. M., H. S. Zhu, and R. H. White. Polarized light helps monarch butterflies navigate. *Current Biology* 14 (2004): 155–58.

Riley, C. V. A swarm of butterflies. *American Entomologist,* September 1868, 28–29.

Urquhart, F. A. *The Monarch Butterfly: International Traveler.* Ellison Bay, WI: Wm. Caxton Ltd., 1987.

Zhu, H., A. Casselman, and S. M. Reppert. Chasing migration genes: A brain expressed sequence tag resource for summer and migrating monarch butterflies *(Danaus plexippus). PLoS* 3: e1293 (2008).

Zhu, H., I. Sauman, Q. Yuan, A. Casselman, M. Emery-Le, P. Emery, and S. M. Reppert. Cryptochromes define a novel circadian clock mechanism in monarch butterflies that may underlie sun compass navigation. *PLoS Biol* 6: e4 (2008).

제왕나비의 겨울나기

Brower, L. P., E. H. Williams, L. S. Fink, R. R. Zubieta-Hernández, and M. I. Ramírez. Monarch butterfly clusters provide microclimatic advantages during the overwintering season in Mexico. *Journal of the Lepidopterists' Society* 62, no. 4 (2008): 177–88.

Brower, L. P., E. H. Williams, D. A. Slayback, L. S. Fink, M. I. Ramírez, R. R. Zubieta Hernandez, M. I. Limon Garcia, P. Gier, J. A. Lear, and T. Van Hook. Oyamel fir forest trunks provide thermal advantages for overwintering monarch butterflies in Mexico. *Insect Conservation and Diversity* 2 (2009): 163–75.

Slayback, D. A., and L. P. Brower. Further aerial surveys confirm the extreme localization of overwintering monarch butterfly colonies in Mexico. *American Entomologist* 53 (2007): 146–49.

기타 나비목

Chapman, J. W., K. S. Lim, and D. R. Reynolds. The significance of midsummer movements of *Autographa gamma*: Implications for a mechanistic understanding of orientation behavior in a migrant moth. *Current Biology* 59 (2013): 360–67.

Chapman, J. W., R. L. Nesbit, L. E. Burgin, D. R. Reynolds, A. D. Smith, D. R. Middleton, and J. K. Hill. Flight orientation behaviors promote optimal migration trajectories in high-flying insects. *Science* 327 (2010): 682–85.

Haber, W. A., and R. D. Stevenson. "Biodiversity, Migration, and Conservation of Butterflies in Northern Costa Rica." In *Biodiversity Conservation in Costa Rica: Learning the Lessons in the Seasonally Dry Forest,* edited by G. Frankie, A. Mata, and S. B. Vinson, 99–114.

Berkeley: University of California Press, 2004.

Orsak, L. J. *The Butterflies of Orange County, California.* Berkeley: Center for Pathobiology Misc. Publ. #3, University of California Press, 1977.

사막메뚜기

Stower, W. J. The colour patterns of hoppers of the desert locust *(Schistocerca gregaria Forskal). Anti-Locust Bull.* 32 (1959): 1–75.

Sword, G. A., S. J. Simpson, O. Taleb, M. El Hadi, and H. Wilps. Density-dependent aposematism in the desert locust. *Proc. R. Soc. Lond. B* 267 (2000): 63–68.

왕잠자리의 이동

May, M. A critical overview of progress in studies of migration of dragonflies (Odonata: Anisoptera), with emphasis on North America. *J. of Insect Conservation* 17 (2013): 1–15.

Wikelski, M., D. Moskowitz, J. S. Adelman, J. Cochran, D. S. Wilcove, and M. May. Simple rules guide dragonfly migration. *Biology Letters* 2 (2006): 325–29.

뱀장어

Tesch, F. W. *The Eels.* Oxford, UK: Blackwell Science, 2003.

쇠똥구리

Dacke, M., E. Baird, M. Byrne, C. H. Scholtz, and E. J. Warrant. Dung beetles use the Milky Way for orientation. *Current Biology* 24 (January 2013).

자연의 신호를 읽어내는 법

이주에 대한 일반론

Berthold, P. *Bird Migration: A General Survey.* Oxford, UK: Oxford University Press, 2001.

Berthold, P., E. Gwinner, and E. Sonnenschein. *Avian Migration.* Berlin, Heidelberg, New York: Springer-Verlag, 2003.

Hilton, B., Jr. Bird-banding basics. *Wild Bird* 5, no. 10 (1991): 56–59.

Papi, F., ed. *Animal Homing.* London: Chapman & Hall, 1992.

Weidensaul, S. *Living on the Wind: Across the Hemispheres With Migrating Birds.* New York: North Point Press, 1999.

인간의 방향정위

Cornell, E. H., C. D. Heth, and D. M. Alberts. Place recognition and way finding by children and adults. *Memory and Cognition* 22 (1994): 537–42.

Cornell, E. H., A. Sorenson, and T. Mio. Human sense of direction and wayfinding. *Annals of the Association of American Geographers* 93 (2003): 402–28.

Darwin, C. Origin of certain instincts. *Nature,* April 3, 1873, 417–18.

Doeller, C. F., B. Caswell, and N. Burgess. Evidence for grid cells in a human memory network. *Nature* 463 (2010): 657–61.

Hafting, T., M. Fyhn, S. Molden, M. B. Moser, and E. I. Moser. Microstructure of a spatial map in the entorhinal cortex. *Nature* 436 (2005): 801–6.

큰흰배슴새

Mazzeo, R. Homing of the Manx shearwater. *The Auk* 70 (1953): 200–201.

큰뒷부리도요

Gill, R. E., Jr., T. Piersma, G. Hufford, R. Servranckx, and A. Riegen. Crossing the ultimate ecological barrier: Evidence for an 11,000-km-long nonstop flight from Alaska to New Zealand and eastern Australia by bar-tailed godwits. *The Condor* 107 (2005): 1–20.

Gill, R. E., Jr., T. L. Tibbitts, D. C. Douglas, C. M. Handel, D. M. Mulcahy, C. Gottschalck, N. Warnock, B. J. McCaffery, P. F. Battley, and T. Piersma. Extreme endurance flights by landbirds crossing the Pacific Ocean: Ecological corridor rather than barrier? *Proc. R. Soc. Lond.* B 276 (2009): 447–57.

Piersma, T., and R. E. Gill Jr. Guts don't fly: Small digestive organs in obese bar-tailed godwits. *The Auk* 115 (1998): 196–203.

비둘기

Fleissner, G., E. Holtkamp-Roetzler, M. Hanzlik, M. Winklhofen, G. Fleissner, N. Petersen, and W. Wiltschko. Ultrastructure analysis of a putative magnetoreceptor in the beak of homing pigeons. *J. Comparative Neurology* 458 (2003): 350–60.

Keeton, W. T. Magnets interfere with pigeon homing. *Proc. Nat. Acad. Sci. USA* 68 (1971): 102–6.

———. The mystery of pigeon homing. *Scientific American,* December 1974.

Schmidt-Koenig, K., and C. Walcott. Tracks of pigeons homing with frosted lenses. *Animal Behaviour* 26 (1978): 480–86.

Somershoe, S. G., C.R.D. Brown, and R. T. Poole. Winter site fidelity and overwinter site persistence of passerines in Florida. *Wilson Journal of Ornithology* 121, no. 1 (2009): 119–25.

Walcott, C. Multi-model orientation cues in homing pigeons. *Integrative and Comparative Biology* 45 (2005): 574–81.

Walcott, C., and R. P. Green. Orientation of homing pigeons altered by a change in the direction of an applied magnetic field. *Science* 184 (1974): 180–82.

겨울을 나는 집

Latta, S. C., and J. Faaborg. Demographic and population responses of Cape May warblers wintering in multiple habitats. *Ecology* 83 (2002): 2502–15.

———. Winter site fidelity of prairie warblers in the Dominican Republic. *Condor* 103 (2001): 455–68.

Morton, E. S., J. F. Lynch, K. Young, and P. Mehlhop. Do male hooded warblers exclude females from nonbreeding territories in tropical forest? *The Auk* 104 (1987): 133–35.

Rimmer, C. C., and C. H. Darmstadt. Non-breeding site fidelity in northern shrikes. *J. Field Ecology* 67 (1996): 360–66.

Rimmer, C. C., and K. P. McFarland. Known breeding and wintering sites of Bicknell's thrush. *Wilson Bulletin* 113 (2001): 234–36.

Townsend, J. M., and C. C. Rimmer. Known natal and wintering sites of a Bicknell's thrush. *J. of Field Ornithology* 77 (2006): 452–54.

Townsend, J. M., C. C. Rimmer, K. P. McFarland, and J. E. Goetz. Sitespecific variation in food resources, sex ratios, and body condition of an overwintering migrant songbird. *The Auk* 129 (2012): 683–90.

새들의 별자리 방향정위

Emlen, S. T. Bird migration: Influence of physiological state upon celestial migration. *Science* 165 (1969): 716–18.

———. Celestial rotation: Its importance in the development of migratory orientation. *Science* 170 (1970): 1198–1201.

———. Migratory orientation in the indigo bunting, *Passerina cyanea*. *The Auk* 84 (1967): 306–42, 463–82.

———. The stellar-orientation system of a migrating bird. *Scientific American*,

August 1975.

Emlen, S. T., W. Wiltschko, N. J. Demong, R. Wiltschko, and S. Bergman. Magnetic direction finding: Evidence for its use in migratory indigo buntings. *Science* 193 (1976): 505–8.

Sauer, E.G.F. Celestial navigation by birds. *Scientific American*, August 1958.

새들의 자기(磁氣) 방향정위

Edmonds, D. T. A sensitive optically detected magnetic compass for animals. *Proc. Biol. Sci.* 263 (1996): 295–98.

Lohmann, K. J., C.M.F. Lohmann, and N. F. Putman. Magnetic maps in animals: Nature's GPS. *J. Exp. Biol.* 210 (2007): 3697–3705.

Mouritsen, H., U. Janssen-Bienhold, M. Liedvogel, G. Feenders, J. Stalleicken, P. Dirks, and R. Weiler. Cryptochromes and neural-activity markers colocalize in the retina of migratory birds during magnetic orientation. *Proc. Nat. Acad. Sci. USA* 101, no. 39 (2004): 14294–99.

Mulheim, R., J. Bäckman, and S. Akesson. Magnetic compass orientation in European robins is dependent on both wavelength and intensity of light. *J. Exp. Biol.* 205 (2002): 3845–56.

Ritz, T., R. Wiltschko, P. J. Hore, C. T. Rodgers, K. Stapput, P. Thalau, C. R. Timmel, and W. Wiltschko. Magnetic compass of birds is based on a molecule with optimal directional sensitivity. *Biophysical Journal* 96, no. 8 (2009): 3451–57.

Stapput, K., O. Güntürkun, K. Peter Hoffmann, R. Wiltschko, and W. Wiltschko. Magnetoreception of directional information in birds requires nondegraded vision. *Current Biology* 20, no. 14 (July 8, 2010): 1259–62.

Wiltschko, W., and R. Wiltschko. Light-dependent magnetoreception in birds: The behaviour of European robins, *Erithacus rubecula*, under monochromatic light of various wavelengths and intensities. *J. Exp. Biol.* 204 (2001): 3295–3302.

———. Magnetic compass of European robins. *Science* 176 (1972): 62–64.

Wu, L.-Q., and J. D. Dickman. Neural correlates of a magnetic sense. *Science* 336 (May 25, 2012): 1054–57.

새들의 태양 나침반 방향정위

Kramer, G. Experiments on bird orientation and their interpretation. *Ibis* 99 (1957): 196–227.

Matthews, G.V.T. Sun navigation in homing pigeons. *J. Exp. Biol.* 30 (1953): 243.

Perdeck, A. C. Two types of orientation in migrating starlings, *Sturnus vulgaris* L., and chaffinches, *Fringilla coelebs,* as revealed by displacement experiments. *Ardea* 46 (1958): 1–37.

이주 방향의 유전적 통제

Berthold, P., and A. Helbig. Changing course. *Living Bird,* Summer 1994, 25–29.

———. The genetics of bird migration: Stimulus, timing, and direction. *Ibis* 34 (1992): 35–40.

Gwinner, E., and W. Wiltschko. Endogenously controlled changes in migratory direction of the garden warbler, *Sylvia borin. J. Comparative Physiology A* 125 (2004): 267–73.

방향정위 신호의 조정

Able, K. P., and M. A. Able. The flexible migratory orientation system of the savannah sparrow *(Passerculus sandwichensis). J. Exp. Biol.* 199 (1996): 3–8.

———. Ontogeny of migratory orientation in the savannah sparrow, *Passerculus sandwichensis:* Mechanisms at sunset. *Animal Behaviour* 39 (1990): 1189–98.

Benson, R., and P. Semm. Does the avian ophthalmic nerve carry magnetic navigational information? *J. Exp. Biol.* 199 (1996): 1241–44.

Cochran, W. W., H. Mouritsen, and M. Wilkelski. Migrating songbirds recalibrate their magnetic compass daily from twilight cues. *Science* 304 (2004): 405–8.

Wiltschko, W. U., H. Munro, R. Ford, and R. Wiltschko. Magnetic orientation in birds: Non-compass responses under monochromatic light of increased intensity. *Proc. R. Soc. Lond. B* 270 (2003): 2133–40.

바다거북

Carr, A. The navigation of the green turtle. *Scientific American,* May 1965.

Ehrenfeld, D. W. The role of vision in the sea-finding orientation of the green turtle *(Chelonia mydas)*. 2. Orientation mechanism and range of spectral sensitivity. *Animal Behaviour* 16 (1968): 281–87.

Lohmann, K. J., S. D. Cain, S. A. Dodge, and C.M.F. Lohmann. Regional magnetic fields as navigational markers for sea turtles. *Science* 294 (2001): 364–66.

Lohmann, K. J., J. T. Hester, and C.M.F. Lohmann. Long-distance navigation in sea turtles. *Ethology, Ecology, and Evolution* 11 (1999): 1–23.

Lohmann, K. J., and C.M.F. Lohmann. Detection of magnetic field intensity by sea turtles. *Nature* 380 (1996): 59–61.

Lohmann, K. J., C.M.F. Lohmann, L. M. Ehrhart, D. A. Bagley, and T. Swing. Animal behavior: Geomagnetic map used in sea turtle navigation. *Nature* 428 (2004): 909–10.

Luschi, P., G. C. Hays, C. D. Seppia, R. Marsh, and F. Papi. The navigation feats of green turtles migrating from Ascension Island investigated by satellite telemetry. *Proc. R. Soc. Lond. B* 265 (1998): 2279–84.

Papi, F., and P. Luschi. Pinpointing "Isla Meta": The case of sea turtles and albatrosses. *J. Exp. Biol.* 199 (1996): 65–71.

냄새로 어떻게 집을 찾을까

냄새를 이용한 곤충들의 집 찾기

Fabre, J. H. "The Great Peacock Moth." In *The Insect World of J. Henri Fabre*. Boston: Beacon Press, 1991.

———. *The Life of the Caterpillar.* 1878. First published in *Souvenirs Entomologiques.* English translation by Alexander Teixeira de Mattos. London and New York: Hodder and Stoughton, 1912.

Steck, K., M. Knaden, and W. S. Hansson. Do desert ants smell the scenery in stereo? *Animal Behaviour* 79 (2010): 929–45.

쥐들의 귀소

Hamilton, W. J., Jr. *American Mammals.* New York and London: McGraw-Hill, 1939.

냄새를 따라 고향으로 돌아가는 연어

Dittman, A. H., and T. P. Quinn. Homing in Pacific salmon: Mechanisms and ecological basis. *J. Exp. Biol.* 199 (1996): 83–91.

Hasler, A. D., and J. A. Larsen. The homing salmon. *Scientific American*, August 1955.

Hasler, A. D., and A. T. Scholz. *Olfactory Imprinting and Homing in Salmon.* Heidelberg: Springer-Verlag, 1983.

Hasler, A. D., and W. J. Wisby. Discrimination of stream odors by fishes and its relation to parent stream behavior. *American Naturalist* 85 (1951): 223–38.

Scholz, A. T., R. M. Horrell, J. C. Cooper, and A. D. Hasler. Imprinting to chemical cues: The basis for home selection in salmon. *Science* 192, no. 4245 (1976): 1247–49.

슴새목의 먹이 채집

Hutchison, L. V., and B. M. Wenzel. Olfaction guidance in foraging by procellariiforms. *Condor* 82 (1980): 314–19.

Nevitt, G. A. Sensory ecology on the high seas: The odor world of procellariiform birds. *J. Exp. Biol.* 211 (2008): 1706–13.

Nevitt, G. A., M. Losekoot, and H. Weimerkirch. Evidence for olfactory search in wandering albatross, *Diomedea exulans. Proc. Nat. Acad. Sci. USA* 105 (2008): 4576–81.

Verheyden, C., and P. Jouvien. Olfactory behavior of foraging procellariiforms. *The Auk* 111 (1994): 285–91.

바다제비의 귀향과 후각

Billings, S. M. Homing in Leach's petrel. *The Auk* 85 (1968): 36–43.

Griffin, D. R. Homing experiments with Leach's petrels. *The Auk* 57 (1940): 61–74.

Grubb, T. C. Olfactory guidance of Leach's storm petrel to the breeding island. *Wilson Bulletin* 91 (1979): 141–43.

———. Olfactory navigation to the nesting burrow in Leach's petrel *(Oceanodroma leucorrhoa). Animal Behaviour* 22 (1974): 192–202.

Pierson, E. C., C. E. Huntington, and N. T. Wheelright. Homing experiment with Leach's storm-petrels. *The Auk* 106 (January 1989):148–50.

냄새에 대한 인간의 각인(감지능력)

Gemeno, C., K. V. Yeargan, and K. F. Haynes. Aggressive chemical mimicry by the bolas spider, *Mastophora hutchinsoni:* Identification and quantification of a major prey's sex pheromone components in the spider's volatile emissions. *Journal of Chemical Ecology* 26 (2000): 1235–43.

Schaal, B., G. Coureaud, S. Daucet, M. Delaunay-El Allam, A. S. Moncomble, D. Montigny, B. Patris, and A. Holley. Mammary olfactory signalisation in females and odor processing in neonates: Ways evolved by rabbits and humans. *Behavioural Brain Research* 200 (2009): 346–58.

집터 후보지를 탐색하다

벌들의 의사소통과 귀소 능력

Beekman, M., R. L. Fathke, and T. D. Seeley. How does an informed minority of scouts guide a honeybee swarm as it flies to its new home? *Animal Behaviour* 71 (2006): 161–71.

Camazine, S., P. K. Vischer, J. Finley, and R. S. Vetter. House-hunting by honey bee swarms: Collective decisions and individual behaviors. *Insectes Sociaux* 46 (1999): 348–60.

Lindauer, M. *Communication Among Social Bees.* Cambridge, MA: Harvard University Press, 1961.

———. Schwarmbienen auf Wohnungssuche. *Zeitschrift für Vergleichende Physiologie* 37 (1955): 263–324.

Seeley, T. D. *Honeybee Ecology: A Study of Adaptation in Social Life.* Princeton, NJ: Princeton University Press, 1985.

———. *Honeybee Democracy.* Princeton, NJ: Princeton University Press, 2010.

———. Consensus building during nest-site selection in honey bee swarms: The expiration of dissent. *Behavioral Ecology and Sociobiology* 53 (2003): 417–24.

Seeley, T. D., and S. C. Buhrman. Nest-site selection in honey bees: How well do swarms implement the "best-of-*N*" decision rule? *Behavioral Ecology and Sociobiology* 49 (2001): 416–27.

Seeley, T. D., and J. Tautz. Worker piping in honey bee swarms and its role in preparing for liftoff. *J. Comparative Physiology A* 187 (2001): 667–76.

666

666

6666

66666

6666

666666666

6666666

Seeley, T. D., and P. K. Visscher. Quorum sensing during nest-site selection by honeybee swarms. *Behavioral Ecology and Sociobiology* 56 (2004): 594–601.

Seeley, T. D., P. K. Visscher, and K. M. Passino. Group decision making in honey bee swarms. *American Scientist* 94 (2006): 220–29.

von Frisch, K. Bees: *Their Vision, Chemical Senses, and Language.* Ithaca, NY: Cornell University Press, 1950.

———. *The Dancing Bees: An Account of the Life and Senses of the Honey* Bee. London: Methuen, 1954.

벌 무리의 온도 조절 능력

Heinrich, B. Energetics of honeybee swarm thermoregulation. *Science* 212 (1981): 565–66.

———. The mechanisms and energetics of honeybee swarm temperature regulation. *J. Exp. Biol.* 91 (1981): 25–55.

새들의 집과 영역

Ahlering, M. A., and J. Faaborg. Avian habitat management meets conspecific attraction: If you have it, will they come? *The Auk* 123 (2006): 301–12.

Amrhein, V., H. P. Kunc, and M. Naguib. Non-territorial nightingales prospect territories during the dawn chorus. *Proc. R. Soc. Lond. B* 271, suppl. 4 (2004): S167–S169.

Bernard, M. J., L. J. Goodrich, W. M. Tzilkowski, and M. C. Brittingham. Site fidelity and lifetime territorial consistency of ovenbirds *(Serus aurocapilla)* in a contiguous forest. *The Auk* 128 (2011): 633–42.

Cornell, K. L., and T. M. Donovan. Scale-dependent mechanisms of habitat selection for a migratory passerine: An experimental approach. *The Auk* 127 (2010): 899–908.

Jones, J. Habitat selection studies in avian ecology: A critical review. *The Auk* 118 (2001): 557–62.

Saunders, P., E. A. Roche, T. W. Arnold, and F. J. Cuthert. Female site familiarity increases fledging success in piping plovers *(Charadrius melodus). The Auk* 129 (2012): 329–51.

새들의 보금자리

Greeney, H. F., and S. M. Wethington. Proximity to active *Accipiter* nests reduces nest predation of black-chinned hummingbirds. *Wilson Journal of Ornithology* 121 (2009): 809–12.

Heinrich, B. *The Nesting Season: Cuckoos, Cuckolds, and the Evolution of Monogamy.* Cambridge, MA: Harvard University Press, 2010.

정교하고 아름다운 동물들의 건축술

새의 여러 가지 둥지들

Borgia, G. Why do bowerbirds build bowers? *American Scientist* 83 (1995): 542–47.

Goodfellow, P. Avian Architecture: *How Birds Design, Engineer and Build.* Princeton, NJ, and Oxford, UK: Princeton University Press, 2011.

Hansell, M. *Bird Nests and Construction Behaviour.* Cambridge, UK: Cambridge University Press, 2000.

Heinrich, B. *The Nesting Season: Cuckoos, Cuckolds and the Evolution of Monogamy.* Cambridge, MA: Harvard University Press, 2010.

Skutch, A. F. The nest as dormitory. *Ibis* 103 (2008): 50–70.

von Frisch, K. *Animal Architecture.* New York and London: Harcourt Brace Jovanovich, 1974.

비버

Aleksiuk, M. Scent-mound communication, territoriality, and population regulation in beaver *(Castor canadensis* Kuhl). *J. Mammalogy* 49 (1968): 759–62.

Barry, S. S. Observations on a Montana beaver canal. *J. Mammalogy* 4 (1923):92–103.

Bradt, G. W. A study of beaver colonies in Michigan. *J. Mammalogy* 19 (1938): 160–62.

Muller-Schwarze, D. *The Beaver: Its Life and Impact.* Ithaca, NY: Cornell University Press, 2011.

곤충들

Fraser, H. M. *Beekeeping in Antiquity.* London: University of London Press, 1931.

Hansell, H. M. Case building behavior of the caddis fly larva *Lepidostoma hirtum.* *J. Zool. London* 167 (1972): 179–92.

Hepburn, H. R. *Honeybees and Wax: An Experimental Natural History.* Berlin, New York: Springer-Verlag, 1986.

Hölldobler, B., and E. O. Wilson. *The Ants.* Cambridge, MA: Harvard University Press, 1990.

Michener, C. D. *The Social Behavior of Bees.* Cambridge, MA: Harvard University Press, 1974.

von Frisch, K. *Animal Architecture.* New York and London: Harcourt Brace Jovanovich, 1974.

안락한 집을 떠나 대자연 속으로

Merian, M. S. *Metamorphosis Insectorum Surinamensium.* 1705. Reproduced in K. Schmidt-Loske, *Insects of Surinam.* Köln: Taschen, 2009.

Todd, K. *Chrysalis: Maria Sibylla Merian and the Secret of Metamorphosis.* Orlando, FL: Harcourt Brace Jovanovich, 2007.

집을 찾는 불청객들

개미와 공생하는 동물들

Pierce, N. E., M. F. Brody, A. Heath, D. J. Mathew, D. B. Rand, and M. A. Travasso. The ecology and evolution of ant association in the Lycaenidae (Lepidoptera). *Annual Rev. Entomology* 47 (2002): 733–71.

Rettenmeyer, C. W., M. E. Rettenmeyer, J. Joseph, and S. M. Berghoff. The largest animal association centered on one species: The army ant *Eciton burchellii* and its more than 300 associates. *Insectes Sociaux* 58 (2011): 281–92.

Wilson, E. O. *The Insect Societies.* Cambridge, MA: Harvard University Press, 1971.

빈대

Brown, C. R., and M. B. Brown. *Coloniality in the Cliff Swallow: The Effect of Group Size on Social Behavior.* Chicago and London: The University of Chicago Press, 1996.

둥지에 녹색식물을 까는 매

Heinrich, B. Why does a hawk build with green nesting material? *Northeastern Naturalist* 200 (2013): 209–18.

우리 집 샬롯의 거미줄 집도 '특별하다'

Bradley, R. A. *Common Spiders of North America.* Berkeley: University of California Press, 2012.

사회성을 띤 동물들의 공동주택

새들의 건축 행동

Collias, N. E., and E. C. Collias. *Nest Building and Bird Behavior.* Princeton, NJ: Princeton University Press, 1984.

Diamond, J. Bower building and decoration by the bowerbird *Amblyornis inornatus. Ethology* 74 (1987): 117–204.

Hansell, M. *Bird Nests and Construction Behavior.* Cambridge, UK: Cambridge University Press, 2000.

Heinrich, B. *The Nesting Season: Cuckoos, Cuckolds, and the Invention of Monogamy.* Cambridge, MA: Harvard University Press, 2010.

von Frisch, K. *Animal Architecture.* New York and London: Harcourt Brace Jovanovich, 1974.

사회성을 띠는 베짜기새들의 둥지

Bartholomew, G. A., F. N. White, and T. R. Howell. The significance of the nest of the social weaver *Philetairus socius:* Summer observations. *Ibis* 118 (1976): 402–11.

Walsberg, G. E. Communal roosting in a very small bird: Consequences for the thermal and respiratory gas environments. *Condor* 92 (1990): 795–98.

White, F. N., G. A. Bartholomew, and T. R. Howell. The thermal significance of the nest of the sociable weaver *Philetairus socius:* Winter observations. *Ibis* 117 (1975): 171–79.

퀘이커앵무

Eberhard, J. R. Nest adoption by monk parakeets. *Wilson Bulletin* 108, no. 2 (1996): 374–77.

Hyman, J., and S. Pruett-Jones. Natural history of the monk parakeet in Hyde Park, Chicago. *Wilson Bulletin* 107, no. 3 (1995): 510–17.

Martin, L. F., and E. H. Bucher. Natal dispersal and first breeding age in monk parakeets. *The Auk* 110, no. 4 (1993): 930–33.

Spreyer, M. F., and E. H. Bucher. Monk parakeets *(Myiopsitta monachus). Birds of North America* 322 (1998): 1–23.

Van Bael, S., and S. Pruett-Jones. Exponential population growth of monk parakeets in the United States. *Wilson Bulletin* 108, no. 3 (1996): 584–88.

벌거숭이두더지쥐

Alexander, R. D. The evolution of social behavior. *Annual Review of Ecology and Systematics* 5 (1974): 325–83.

Jarvis, J.U.M. Eusociality in a mammal: Cooperative breeding in naked mole-rat colonies. *Science* 212 (1981): 571–73.

Sherman, P. W., J.U.M. Jarvis, and R. D. Alexander. *The Biology of the Naked Mole Rat.* Princeton, NJ: Princeton University Press, 1991.

진사회성을 보이는 벌들

Evans, H. E. The evolution of social life in wasps. *Proc. 10th Int. Congr. Entomology* (Montreal, 1956) 2 (1958): 449–57.

Evans, H. E., and M. J. West-Eberhard. *The Wasps.* Ann Arbor: University of Michigan Press, 1970.

Michener, C. D. The Evolution of Social Behavior in Bees. *Proc. 10th Int. Congr. Entomology* (Montreal, 1956) 2 (1958): 441–47.

———. *The Social Behavior of Bees.* Cambridge, MA: Harvard University Press, 1974.

먹이 채집 전문가 뒤영벌들

Heinrich, B. Foraging specializations of individual bumblebees. *Ecological Monograms* 46 (1976): 105–28.

Oster, G., and B. Heinrich. Why do bumblebees "major"? A mathematical model. *Ecological Monograms* 46 (1976): 128–33.

사막의 포유동물들

Hamilton, W. J., Jr. *American Mammals.* New York and London: McGraw-Hill, 1939.

네 그루의 밤나무로 인공적인 숲 경계를 무너뜨리다

Horton, T. The Revival of the American chestnut. American Forests (Winter 2010). www.americanforests.org/magazine/article/revival-of-the-american-chestnut.

Paillet, E. L. Character and distribution of American chestnut sprouts in southern New England woodlands. *Bulletin of the Torrey Botanical Club* 115 (1988): 32–44.

————. "Chestnut and Wildlife." In *Restoration of American Chestnuts to Forest Lands,* Proceedings of a Conference Workshop, May 4–6, 2004, edited by K. S. Steiner and J. E. Carlson. U.S. Department of the Interior, National Park Service. The North Carolina Arboretum. Natural Resources Report NPS/NCR/CUE/NRR-2006/001.

————. Chestnut: History and ecology of a transformed species. *Biogeography* (2002): 1517–30.

나무와 돌에 얽힌 집의 기억

Foster, E. J. *Early Settlers of Weld.* Vol. 1 of *The Maine Historical and Genealogical Recorder.* Portland, ME: S. M. Watson, 1884, 119–123, 172–179.

York, V. *The Sandy River and Its Valley.* Farmington, ME: Knowlton and McCleary, 1976.

따뜻한 온기를 품은 난롯가가 곧 집이 되었다

Laubin, R., and G. Laubin. *The Indian Tipi.* New York: Ballantine Books, 1957.

인류 유전학과 진화

Arjamaa, O., and T. Vuorisalo. Gene-culture coevolution and human diet. *American Scientist* 98 (2010): 140–47.

Huff, C. D., J. Xing, A. R. Rogers, D. Whitherspoon, and L. B. Jorde. Mobile elements reveal small population size in the ancient ancestors of *Homo sapiens. Proc. Nat. Acad. Sci. USA* 107, no. 5 (2010): 2147–52.

Schuster, S. C., W. Miller, et al. Complete Khoisan and Bantu genomes from southern Africa. *Nature* 463 (2010): 943–47.

Stix, G. Traces of a distant past. *Scientific American,* July 2008, 56–63.

Thomas, E. M. *The Harmless People.* New York: Vintage Books, 1989.

Weaver, T. D., and C. C. Roseman. New developments in the genetic evidence for human origins. *Evolutionary Anthropology* 17 (2008): 69–80.

무리를 따라서

일반론

Fisher, L. *The Perfect Swarm: The Science of Complexity in Everyday Life.* New York: Basic Books, 2009.

Leach, W. *Country of Exiles: The Destruction of Place in American Life.* New York: Vintage Books, 1999.

로키산메뚜기

Chapco, W., and G. Litzenberger. A DNA investigation into the mysterious disappearance of the Rocky Mountain grasshopper, mega-pest of the 1880s. *Molecular Phylogenetics and Evolution* 30 (2004): 810–14.

Cohn, T. J. The use of male genitalia in taxonomy and comments on Lockwood's paper on *Melanoplus spretus. Journal of Orthopteran Research* 3 (1994): 59–63.

Lockwood, J. A. *Locust: The Devastating Rise and Mysterious Disappearance of the Insect*

That Shaped the American Frontier. New York: Basic Books, 2004.

———. Phallic facts, fallacies, and fantasies: Comments on Cohn's 1994 paper on *Melanoplus spretus* (Walsh). *Journal of Orthopteran Research* 5 (1996): 57–60.

———. Taxonomic status of the Rocky Mountain locust: Morphometric comparisons *of Melanoplus spretus* (Walsh) with solitary and migratory *Melanoplus sanguinipes* (F.). *The Canadian Entomologist* 121 (1989): 1103–9.

Lockwood, J. A., and L. D. DeBrey. A solution for the sudden and unexplained extinction of the Rocky Mountain grasshopper (Orthoptera: Acrididae). *Environmental Entomology* 19 (1990): 1194–1205.

사막메뚜기

Roessingh, P., S. J. Simpson, and S. James. Effects of sensory stimuli on the behavioral phase state of the desert locust, *Schistocerca gregaria. Journal of Insect Physiology* 44 (1993): 883–93.

Rogers, S. M., T. Matheson, E. Despland, T. Dodgson, M. Burrows, and S. J. Simpson. Mechanosensory-induced behavioural gregarization in the desert locust *Schistocerca gregaria. J. Exp. Biol.* 206 (2003): 3991–4002.

Stower, W. J. The colour patterns of hoppers of the desert locust *(Schistocerca gregaria Forskal). Anti-Locust Bull.* 32 (1959): 1–75.

Sword, G. A., S. J. Simpson, O. Taleb, M. E. Hadi, and H. Wips. Density-dependent aposematism in the desert locust. *Proc. R. Soc. Lond. B* (2000): 63–68.

비둘기

Bucher, E. H. The causes of extinction of the passenger pigeon. *Current Biology* 9 (1992): 1–33.

Forbush, E. H. The last passenger pigeon. *Bird Lore,* March–April 1913.

———. "Passenger Pigeon." In *Birds of America,* edited by T. Gilbert Pearson. Garden City, NY: Garden City Books, 1917.

Schorger, A. W. *The Passenger Pigeon: Its Natural History and Extinction.* Madison, WI: University of Wisconsin Press, 1955.

심리학

Weinstein, N., A. K. Przybylski, and R. M. Ryan. Can nature make us more caring? Effects of immersion in nature on intrinsic aspirations and generosity. *Personality and Social Psychology* 35 (2010): 1315–29.

비둘기들이 둥지를 틀게 하는 자극제

Lehrman, D. S. Induction of broodiness by participation in courtship and nest-building in the ring dove *(Streptopelia risoria)*. *J. Comp. Physiolog. Psychol.* 51 (1958): 32–36.

————. On the origin of the reproductive cycle in doves. *Trans. New York Acad. Sciences* 21 (1959): 682–88.

Lehrman, D. S., N. Brody, and R. P. Wortis. The presence of nesting material as stimulus for the development of incubation behavior and the gonadotropin secretion in the ring dove *(Streptopelia risoria)*. *Endocrinology* 68 (1961): 507–16.

귀소본능

1판 1쇄 발행 2017년 11월 13일
1판 2쇄 발행 2018년 8월 23일

지은이 | 베른트 하인리히
옮긴이 | 이경아

발행인 | 김기중
주간 | 신선영
편집 | 강정민, 박이랑, 양희우, 정진숙
마케팅 | 정혜영
펴낸곳 | 도서출판 더숲
주소 | 서울시 마포구 양화로16길 18, 3층 (04039)
전화 | 02-3141-8301~2
팩스 | 02-3141-8303
이메일 | info@theforestbook.co.kr
페이스북 페이지 | @theforestbook
출판신고 | 2009년 3월 30일 제2009-000062호

ISBN 979-11-86900-37-6 (03470)

이 도서의 국립중앙도서관 출판예정도서목록(CIP)은
서지정보유통지원시스템 홈페이지(http://seoji.nl.go.kr)와
국가자료공동목록시스템(http://www.nl.go.kr/kolisnet)에서 이용하실 수 있습니다.
(CIP제어번호: CIP2017028320)